高 等 职 业 教 育 教 材

环境保护与可持续发展

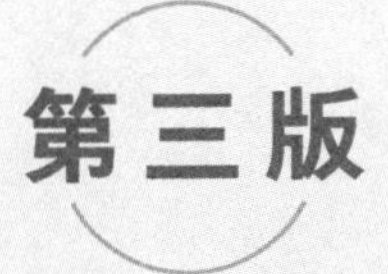

田京城　原东林　主编
朱天星　仝笑一　副主编

化学工业出版社
·北 京·

内容简介

本书共十一章，主要内容包括：绪论，地球环境与生态系统，资源问题，生态破坏及全球性环境问题，可持续发展的基本理论，清洁生产与循环经济，绿色经济与生活，碳达峰碳中和，“三废”污染及其他污染的防治措施。

本书贯彻生态文明思想，践行绿水青山就是金山银山的理念，推动绿色发展，促进人与自然和谐共生，充分体现了党的二十大精神进教材。

本书为高等职业教育本科、专科非环境保护类专业的公修课教材，也是高等职业教育本科、专科环境保护类专业的专业基础课教材，还可以作为环境保护工作者阅读的参考资料，以及关心环境问题读者的科普读物。

图书在版编目（CIP）数据

环境保护与可持续发展/田京城，原东林主编．—3版．—北京：化学工业出版社，2024.6

ISBN 978-7-122-45527-7

Ⅰ．①环…　Ⅱ．①田…②原…　Ⅲ．①环境保护-可持续性发展　Ⅳ．①X22

中国国家版本馆CIP数据核字（2024）第084792号

责任编辑：王文峡　　文字编辑：刘　莎　师明远
责任校对：田睿涵　　装帧设计：韩　飞

出版发行：化学工业出版社
（北京市东城区青年湖南街13号　邮政编码100011）
印　　装：河北延风印务有限公司
787mm×1092mm　1/16　印张16　字数415千字
2024年9月北京第3版第1次印刷

购书咨询：010-64518888　　售后服务：010-64518899
网　　址：http://www.cip.com.cn
凡购买本书，如有缺损质量问题，本社销售中心负责调换。

定　　价：49.00元　

第三版前言

本书自出版以来，被全国多所院校相关专业作为教材选用，受到广大师生和读者好评，他们提出了许多宝贵的建议和意见，在此向广大师生和读者表示衷心的感谢。

“绿水青山就是金山银山”“把建设美丽中国摆在强国建设、民族复兴的突出位置”“加快推进人与自然和谐共生的现代化”，加强环境保护实现可持续发展在广大人民群众心中已经形成共识，并在各个领域不断深入开展，取得了突出成效。作为即将走向经济建设岗位的各类专业技术人才，培养和建立生态环境意识，走可持续发展道路有着重要意义。

为了更好地为高等职业技术教育教学服务，满足教学需求，考虑到生态环境保护新的理念、技术和法律法规在不断发展完善，同时在听取相关学校任课教师的建议和要求后决定对该书进行修订出版。本书贯彻生态文明思想，践行绿水青山就是金山银山的理念，推动绿色发展，促进人与自然和谐共生，充分体现了党的二十大精神进教材。

本次修订的总体思路是在基本保持原书内容体系的基础上，对章节顺序进行了适当调整，更新和完善生态环境保护技术和法律法规，同时增加了“碳达峰碳中和”相关内容章节，融入了课程思政元素，更新了有关数据等内容。

本着实用、通俗、各专业兼容的思想，修订后的教材力求章节层次分明、条理清晰、重点突出、内涵丰富、覆盖面广，使各专业学生通过本教材学习，对生态环境保护知识有一定理解和认识，培养生态环境保护意识，树立可持续发展观，在未来的生活和工作中自觉承担起保护生态环境的责任和义务，共同建设好我们的美丽家园。

本书由焦作大学、河南工业和信息化职业学院、河南应用技术职业学院、焦作新材料职业学院、吉林工业职业技术学院等院校的部分老师共同编写完成。各章节的编写者是：绪论，田京城；第一章，仝笑一；第二章，朱天星；第三章、第四章，原东林、林茹；第五章，原超毅、孙淑香；第六章、第七章、第八章，原超毅、原东林；第九章、第十章、第十一章，仝笑一、朱天星、杨天天。全书由田京城、原东林担任主编；朱天星、仝笑一担任副主编。

本书在编写和修订过程中得到了符德学教授和河南省绿禾环保科技有限公司刘俊华高级工程师的悉心指导和帮助，并进行了最后的审稿工作，在此表示诚挚感谢。

由于编者水平所限，书中存在的不妥之处，请读者批评指正。

编　者

2023 年 10 月

目录

绪论

学习目标

【知识目标】了解环境问题的产生和发展，了解人类面临的主要环境问题及其原因，掌握环境科学的基本概念，了解中国的环境保护发展过程，熟悉可持续发展战略的提出和意义。

【能力目标】培养生态环境保护和可持续发展的意识，提升生态环境保护基本素养。

【素质目标】树立正确的生态环境保护观念，从我做起，自觉践行，共建美丽家园。

一、概述

自20世纪80年代以来，由于科学技术的进步，世界上发达国家由工业化社会步入信息化社会，发展中国家则是实现着工业化与信息化的双重迈进。人类这些生产方式的改变与进步，一方面实现了自己暂时的物质与精神生活富足，另一方面，也造成了比以往任何时候都更为严重的资源耗竭和环境破坏问题。当今各种环境问题呈现出更加多样化、复杂化、严重化、全球化等特征，例如口蹄疫、SARS、禽流感、臭氧空洞扩大、全球温度上升、气候异常、洪涝灾害、石油危机、矿物资源紧缺、华尔街金融危机、局部战争、恐怖主义、网络安全、新冠疫情等，这些21世纪以来凸显在世界各国的疫情、自然灾害、能源危机、金融社会危机、社会安全与信息安全危机等全球性自然环境和社会环境问题便是这方面的证明。

为了使人类目前和未来能较好地生存与发展，人们不得不重新反思自己生活与生产活动的方式和人类与环境的关系。20世纪80年代人类就开始了一场新的觉醒，那就是对环境问题进行了更深刻的认识，世界各国都把环境问题摆在战略高度，深入研究人类如何与环境世代友好相处，并在很多环境问题上达成共识。相对20世纪而言，当今人类社会最大的变化，莫过于环境与发展问题在大多数人们思想上的普及和前所未有的重视。近年来，联合国及世界各国不断推出保护人类生存环境的政策和举措，环境保护、可持续发展，清洁生产、循环经济、绿色工业、绿色产品、人与自然和谐、科学发展观、高质量发展等名词也成了人们的日常话题。因此，环境与发展问题已成为当今人类普遍关注和亟待解决的重大命题。

虽然环境与发展已成为当今人类社会的主旋律，但这并不等于人类所面临的环境与发展问题得以解决。相反，目前人类面临的环境与发展问题比以往任何社会都严重得多。这是因为在目前人类科学技术和生产力水平条件下，人类还不能正确处理环境保护与产品生产之间的矛盾，长久生存与目前生活贪求之间的矛盾，个别国家发展与整个人类乃至整个生态系统进化的矛盾。在这种状况下，人们一方面由于面临日益严重的环境破坏、资源耗竭、社会危机等要高呼保护环境，走可持续发展道路；另一方面在目前世界经济一体化的大潮中，为了个人、企业、民族、国家的生存与竞争，又不得不向自然界索取更多的资源并排放更大量的污染物。这大概就是目前环境污染、生态破坏与资源耗竭日趋严重，人类可持续发展越发受到威胁的主要症结。

实际上，只有全体人类从思想观念上真正正确认识了自己与环境的关系，并彻底抛弃自己以往肆意索取自然资源，以满足自己对物质无止境的贪婪需求，把生产与生活活动降低到自然环境的承载力之下，才能够实现人类自身的可持续发展。为此，大力普及环境保护和可持续发展理论与实践方面的教育，树立可持续的科学发展观，努力发展环境科学和环保技术，实现从黑色工业文明走向绿色生态文明的转变，创造人类与环境和谐的社会，便成为当代人类的首要任务之一。

党的十八大以来，以习近平同志为核心的党中央把生态文明建设摆在全局工作的突出位置，全面加强生态文明建设，一体治理山水林田湖草沙，开展了一系列根本性、开创性、长远性工作，决心之大、力度之大、成效之大前所未有，生态文明建设从认识到实践都发生了历史性、转折性、全局性的变化。习近平总书记传承中华民族传统文化、顺应时代潮流和人民意愿，站在坚持和发展中国特色社会主义、实现中华民族伟大复兴的战略高度，深刻回答了为什么建设生态文明、建设什么样的生态文明、怎样建设生态文明等重大理论和实践问题，系统形成了习近平生态文明思想，有力指导生态文明建设和生态环境保护取得历史性成就、发生历史性变革。习近平总书记关于生态文明建设的重要论述，立意高远，内涵丰富，思想深刻，对于深刻认识生态文明建设的重大意义，完整准确全面贯彻新发展理念，正确处理好经济发展同生态环境保护的关系，坚持走生产发展、生活富裕、生态良好的文明发展道路，加快建设资源节约型、环境友好型社会，推动形成绿色发展方式和生活方式，推进美丽中国建设，实现中华民族永续发展，实现“两个一百年”奋斗目标、实现中华民族伟大复兴的中国梦，具有十分重要的意义。

人类历史发展到今天，由于前辈所处历史阶段的限制，在对深奥繁杂的环境科学非常无知的情况下，对自己物质与精神生活无限追求，造成了生存环境的污染与破坏，并严重影响了当代人的生存与发展。当代人为了自己的生存与发展，就必须对前人们已造成的环境污染进行治理，这是人类历史赋予当代人的重任，更是赋予当代大学生的重任。

目前，在我国环境保护及可持续发展的法律法规正逐步建立健全，有关环保、可持续发展、清洁生产、循环经济等方面的概念、理论、工艺技术和生产设备也不断涌现。作为一个中国当代的大学生，应该了解有关环境科学和环境保护等方面的基本理论知识和技能，对就业和今后的事业发展都会有所帮助，同时也是应当具有的基本知识要求，更是当代大学生的显著标记之一。

二、环境问题的产生和发展

环境问题主要是指由于人类活动作用于人们周围的环境所引起的环境质量变化，以及这种变化反作用于人类的生产、生活和健康的影响问题。当前所研究的环境问题重点是由于人为因素而产生的环境问题，也称第二环境问题；而自然灾害引起的环境问题也称第一环境问题。环境问题由来已久，它伴随着人类的产生而产生，随着人类社会的发展而加剧。环境问题大体上可以分为四个阶段。

1. 环境问题的初级阶段

从远古时期一直到工业革命以前，由于人类对自然环境的认知能力和科学技术水平有限，人类对环境的影响并不十分明显；但为了生存会盲目乱采乱捕乱烧，滥用资源而造成生活资料短缺和环境的污染、破坏。

2. 环境的恶化阶段

产业革命到20世纪中叶，社会生产力迅速发展，机器代替人的手工劳动而被广泛使用，劳动生产率大幅提高，为人类创造了大量的财富，增强了人类利用和改造环境的能力，扩大了人类的活动领域；同时也排放出大量的废弃物进入环境，尽管环境自身有一定的自净能力，但是，当废弃物排放量愈来愈多超过环境的自净能力时，就会影响环境质量，造成环境污染。如从19世纪到20世纪中叶英国伦敦多次发生毒烟雾事件，造成大量居民生病甚至死亡而被称为“雾都”。

3. 环境问题的第一次高峰

从20世纪50年代到80年代，科学技术在工业、交通等各领域的广泛应用，生产力得到迅猛提高，工业生产规模不断扩大，能源消耗猛增，同时，由于世界处于相对和平稳定时期，人口迅猛增加，城市化速度加快。尤其是工业发达国家环境污染达到了十分严重的程度，直接威胁到人们的生命和安全。如：1955年美国洛杉矶发生的光化学烟雾事件造成数百人的死亡；1955年至1972年日本四日市由于工厂每年大量排放工业有害废气，使该城市终年烟雾弥漫，致使居民大量发生支气管疾病和肺癌，造成日本全国患该类病高达6000多人。环境问题的不断发生引起了全球的重视，1972年在斯德哥尔摩召开了全球环境会议，通过了《人类环境会议》；工业发达国家把环境问题摆上了国家议事日程。

4. 环境问题的第二次高峰

20世纪80年代以后，环境问题由局部向区域再向全球蔓延，并且日趋严重，主要表现在“温室效应”、臭氧层破坏、酸雨和荒漠化，突发性的严重环境污染事件频繁发生。这些问题已经严重威胁到人类的生存和发展，受到全球各国各阶层的广泛关注。在这种社会背景下1992年联合国在巴西里约热内卢召开了由世界一百多个国家首脑参加的环境与发展大会，这次会议人类正式提出了向环境污染进行宣战，成为解决环境问题的一个重要里程碑。

三、人类面临的主要环境问题

当前人类面临的主要环境问题表现为人口膨胀、资源短缺、生态破坏和环境污染问题；它们之间相互关联，相互影响，是目前环境科学重点研究的对象。

1. 人口膨胀

人口是生活在特定社会、特定地域、具有一定数量和质量，并且在自然环境和社会环境中同各种自然因素和社会因素所构成复杂关系的人的总称。人口的急剧膨胀是当前人类面临的主要环境问题之一。据统计，自人类诞生以来直到工业革命以前，这段漫长的时期里，世界人口总数很少，据估计每200km^2少于1个人。工业革命以后，人类的生产力水平迅速提高，人们生活水平和医疗卫生水平显著提高，尤其是第二次世界大战后，到1975年达到40亿，1995年达56.8亿，2023年已经超过80亿。预计到2050年世界人口预计将超过97亿，并继续增长，直到22世纪初世界人口才能达到稳定值。人虽然是宝贵的财富，但人口的快速增长和人均占有资源的矛盾愈加尖锐化；同时在生产过程中废弃物排放量也增大，加重了环境污染。另外，人口的增加会超出地球环境对人口的合理承载能力，这必将对人类的经济、社会、环境产生不可估量的影响。

2. 资源短缺

人口的增长必然带来从环境中攫取更多的资源，而那些不可再生资源将面临着短缺和耗竭的危险，即使是可再生资源也会出现供不应求的局面。全球资源问题主要表现为水资源严重短缺、土地资源不断减少和退化、能源紧张、矿产资源浪费和短缺等。

3. 环境污染问题

随着人口的增长、科学技术的发展，生活水平的不断提高，资源的需求量大增，在生产的大发展过程中也加快了环境污染问题，主要表现在：水质污染，很多江河湖泊及地表中的洁净水由于人类活动而被污染，危害人体健康，影响工农业产品的产量和质量，加速生态环境的退化和破坏，造成重大经济损失；大气污染，大量的工业和生活废气排放造成大气中有害物含量增高，形成酸雨现象，臭氧层破坏，产生“温室效应”和气候的异常变化；土壤污染，人类活动产生的污染物质通过各种途径进入土壤，其数量超过了土壤的容纳和同化能力，而使土壤的性质、组成及性状等发生改变，导致土壤功能失调，土壤质量恶化，土壤生产力下降。

4. 生态破坏

生态破坏主要表现为森林破坏、牧场退化、水土流失、荒漠化、生物多样性锐减。资料表明，全球目前水土流失面积达 2500 万平方公里，占全球陆地面积 16.8%；全球有 36 亿公顷干旱土地受到沙漠化的危害；有 10%～20%的植物消失，已知在过去的 4 个世纪中，人类活动已经引起全球 700 多种物种的灭绝。

5. 我国的环境问题

目前我国面临的是资源约束趋紧、环境污染严重、生态系统退化，环境状况总体恶化趋势没有根本遏制的严峻形势。

(1) 人口问题　据国家统计局 2022 年 2 月 28 日发布的**《中华人民共和国 2021 年国民经济和社会发展统计公报》**中的有关数据，2021 年末全国总人口为 14.12 亿人，比上年末增加 48 万人，其中城镇人口为 9.14 亿人，占总人口比重为 64.7%，比上年末提高 0.83 个百分点。全年出生人口 1062 万人，出生率为 7.52‰；死亡人口 1014 万人，死亡率为 7.18‰；自然增长率为 0.34‰。出生人口性别比为 105.07。0～15 岁（含不满 16 周岁）人口占总人口的 18.6%；16～59 岁（含不满 60 周岁）人口占总人口的 62.5%；60 周岁及以上人口占总人口的 18.9%。其中 65 周岁及以上占总人口的 14.2%。

目前我国人口占世界人口 21.5%，平均寿命 81.5 岁，已步入老龄化社会，存在着人口结构与生产力落后不协调问题。

(2) 资源问题

① 水资源　我国人均水资源量只相当于世界人均水资源量的四分之一，居世界第 109 位。全国年均缺水量超过 $500\times10^8 m^3$，有三分之二的城市缺水。大江大河特别是黄河、淮河、海河、辽河及西北内陆河区水资源开发利用接近或超过水资源承载能力，一些重点流域水污染严重。

② 耕地资源　我国人均耕地资源量不大，只相当于世界人均耕地资源量的四分之一，华北和华南许多地区人均耕地远低于联合国粮农组织提出的 0.05 公顷最低界限，耕地面积已接近 18 亿亩（15 亩=1 公顷）红线。

③ 矿产资源　我国人均煤炭和石油资源储量分别是世界人均的二分之一和十分之一，到目前为止被利用的矿产资源已超过 150 种，但在其开发和利用方面存在利用率低、对环境的污染严重等问题。目前我国资源约束趋紧，石油、铁矿石等重要矿产资源对外依存度都在 55%以上。

(3) 环境污染问题

据 2022 年 5 月 27 日公布的我国 2021 年环境污染状况如下：

① 水环境污染　地表水水质：长江、黄河、珠江、松花江、淮河、海河、辽河、浙闽

片河流、西南诸河及内陆诸河等十大水系检测的3117个国控断面中，Ⅰ～Ⅲ类、Ⅳ～Ⅴ类和劣Ⅴ类水质的断面比例分别为87%、12.1%和0.9%。

2022年全国统计调查的规模以上涉水工业企业废水治理设施共有68150套，化学需氧量去除率为97.3%，氨氮去除率为98.3%。

② 大气环境污染　2022年全国统计调查的规模以上涉气工业企业废气治理设施共有372962套，二氧化硫去除率为95.5%，氮氧化合物去除率为74.2%。

③ 工业固体废物　固体废物排放量略有减少。全国工业固体废物产生量为36.8亿吨，综合利用量20.4亿吨，综合利用率为55.43%，处置量为9.2亿吨。

④ 农村环境状况　随着农村经济社会的快速发展，农业产业化、城乡一体化进程的不断加快，农村和农业污染物排放量大，农村环境形势严峻。突出表现为部分地区农村生活污染加剧，畜禽养殖污染严重，工业和城市污染向农村转移。

我国现有水土流失面积$269.27\times10^4km^2$，占国土总面积的28.05%。其中水力侵蚀面积$112\times10^4km^2$，占国土总面积的11.67%；风力侵蚀面积$157.27\times10^4km^2$，占国土总面积16.38%。

四、环境问题的本质原因

目前人类所面临的环境问题，从时间上看是随着工业革命后的工业化生产方式的产生而产生的，从事物表面上看是科学技术进步带来的工农业生产力的高速发展造成的。

人类在工业革命后的发展进程中，以大工业化生产方式和科学技术进步为依托，只重视自己眼前的经济效益，而不顾长远的经济效益、社会效益和环境效益。由此造成因缺乏对环境与发展的合理规划而盲目发展，因不合理地开发利用资源、浪费破坏资源而使环境质量日益恶化等环境问题。因此有许多人会把环境问题归罪于工业化生产方式和科学技术的进步。按照这种认识，人类要克服环境问题，就得扔掉已有的科学技术，倒退到农业社会中去，这显然是不可能的。实际上环境问题的根本原因是人类对环境科学规律的认识不足，以及人类维生过程自私本性的过度扩张引起的。

1. 从人类和科学发展史来看，环境问题应是由人类对环境科学规律的认识不足引起的

（1）人类认识自然科学规律的阶段性　人类在地球上自诞生到现在，对于自己和周围环境的认识有一个逐渐从无到有、由少到多、由感性到理性的认识过程。当今人类在科学技术发展阶段上，在许多方面仍知之甚少，在环境科学的一些领域甚至还是盲区。在这种没有充分认识环境科学规律的历史阶段，出现违反环境科学的人类活动自然是不可避免的。

（2）环境科学是建立在其他科学基础之上的非基础本质特性　从环境科学的内容与分支可以看出，依其研究的性质和作用一般可分为三大部分，即环境学、基础学科环境学、应用环境学。显然若没有这些基础学科和应用学科的建立，自然不会有相关基础环境学及应用环境学的建立。环境科学这种建立在其他科学基础之上的非基础本质特性，造成了它当今的年轻性和不完善性。在这种情况下，人类不能完全按照环境科学规律指导自己的生产与生活活动也是情理之中的事。

（3）环境科学本身的复杂特性　环境科学是以环境整体系统及其所有因素为其特定研究对象的学科。是介于社会科学、技术科学和自然科学之间的边缘性、交叉性科学，是一门综合性很强的新兴科学。环境科学的研究对象决定了它本身的复杂特性。比如臭氧空洞、台风、地震、天气预报、全球气候变暖、地球内部结构、宇宙空间的黑洞等都是非常复杂的研究学科。环境学科的这种复杂特性决定了人类对其了解的不完全性。同时也决定了当今人类历史阶段出现环境问题的必然性。

2. 从生物科学及社会科学来看，人类维生过程自私本性的过度扩张也是引起环境问题的根本原因之一

任何生物在其整个生命活动过程中，都存在着一定的自私性。这种自私性在一定范围内适度存在是必需的，是生态系统内各种生物存在的基础前提。但如果这种自私性过度扩张就会造成许多或环境问题。这种自私性具有一定的相对性，比如人们可以为自己一人之私、一家之私、企业之私、民族之私、国家之私、人类之私等，人们在私自范围内奋斗而获得利益时，往往会自觉或不自觉地损害私自范围外的环境利益。

国内外许多恶性环境事件的频频发生以及国际上历次联合国有关气候变化会议各国达不成挽救全球气候变化的共识，正是人类这种自私特性的生动体现。因此，为从根本上解决人类所造成的环境问题，在生活与生产活动中，必须适度抛弃和限制自己的小私，从环境科学规律的大公出发，来规范自己的行为，才能从根本上解决人类所造成的环境问题。

综上所述，由于环境科学及人类自身特性决定了环境问题出现的必然性。根据人类在地球上从无到有、从低级到高级不断进化的发展过程特点，也可以说环境问题的出现是人类发展史上不可逾越的历史阶段。

总之，环境问题的出现已经告诫人们，只有在尊重环境的理念指导下，对环境的本质、特性、价值及环境科学规律进行深刻认识和研究，遵从和顺从环境科学规律，正确处理好人类与环境的关系，自觉维护生态平衡，增强环境保护意识，才可能从根本上解决环境问题，才能实现人类的可持续发展。

五、环境科学的基本概念

随着环境问题日渐突出，同时人类对环境问题的认识也逐步深入，并在与环境的斗争中积累了丰富的经验和知识，促进了各类学科对环境问题的研究，为解决环境问题打下了良好的基础。到了 20 世纪中期以后，环境科学才迅速发展起来的。

1. 环境科学的研究对象和任务

环境科学是一门研究环境质量及其控制工程的新兴综合性学科，以“人类-环境”这一对立统一体为其特定的研究对象。

人类与环境的关系主要是通过人类的生产和消费活动而表现出来的。人类的生产和消费活动也就是人类与环境之间的物质、能量和信息的交换活动，人类通过生产活动从环境中以资源的形式获得物质、能量和信息，然后通过消费活动再以“三废”的形式排向环境。因此，无论是人类的生产活动，还是消费活动（生产消费和生活消费），无不受环境的影响，也无不影响环境，其影响的性质、深度和规模则是随着环境条件的不同而不同、随着人类社会的发展而发展的。

根据环境科学的研究对象可概括其基本任务有以下几个方面：

① 探索人类生活空间内自然环境演化的规律，了解和掌握环境的变化过程。

② 探索人类与环境之间的相互依存关系。

③ 协调人类活动与环境之间的关系。

④ 探索区域环境污染综合防治途径。

2. 环境科学的内容及分支

环境科学研究的核心是环境质量的变化和发展以及污染的控制技术。当前的研究重点是污染控制和改善环境质量，包括自然环境保护、环境污染综合防治和改善生态系统。当然，随着科技的进步和社会的发展，环境科学的研究将更加深入和丰富多彩。

概括地说，环境科学是介于社会科学、技术科学和自然科学之间的边缘性、交叉性科学；是一门综合性很强的新兴科学。依其研究的性质和作用一般可分为三大部分，即环境学、环境基础学、环境应用学。

环境学包括综合环境学、理论环境学、部门环境学。

基础学科环境学包括环境数学、环境物理、环境化学、环境地学、环境生物学、环境医学、环境空气动力学等。

应用环境学包括环境工程学、环境管理学、环境规划、环境监测、环境质量评价、环境经济学、环境法学、环境行为学等。

环境科学的研究和应用已经在控制环境污染方面取得了一定成果，部分区域性的环境质量已有明显改善，环境科学也逐渐形成了自己的理论体系和研究方法。环境科学的分支学科也将得到进一步充实完善。

六、中国的环境保护发展过程

中华民族有着悠久的历史文化，数千年的文明史中，在开发和利用自然环境和自然资源的过程中，也逐步形成了一些环境保护意识，这在很多历史资料中都有记载和反映。如《周礼》强调自然对于人类以及万物生长的重要性时说："……天地之所合也，四时之所交也，风雨之所会也，阴阳之所和也。然则百物阜安……"同样在《荀子》《吕氏春秋》《孟子》《史记》等书中都有记载。他们都强调"天人合一"的人与自然和谐观。

而进入现代社会后，我国的环境保护工作由于各种社会原因起步较晚，1972 年 6 月我国首次派代表团参加了联合国在斯德哥尔摩召开的人类环境会议；这次会议使人们开始对环境问题和环境保护有了一定的认识，由此揭开了我国环境保护新的一页。

1. 启蒙阶段（1970～1979 年）

1973 年 8 月 5 日至 20 日我国在北京召开了全国第一次环境保护工作会议，这次会议总结了我国的环境问题；通过了"全面规划，合理布局，综合利用，化害为利，依靠群众，大家动手，保护环境，造福人民"的 32 字环境保护方针；会议制定了《关于保护和改善环境的若干规定（试行草案）》。

1973 年以来，我国从中央到地方陆续成立了环境保护的机构；1974 年 10 月，经国务院批准正式成立了国务院环境保护领导小组。

1978 年 3 月 5 日第五届人民代表大会第一次会议通过的《中华人民共和国宪法》（以下简称《宪法》）明确规定，国家保护环境和自然资源，防治污染和其他公害。

1978 年 12 月 31 日中共中央批准了国务院环境保护领导小组的《环境保护工作汇报要点》，汇报指出了环境保护是社会主义建设的重要组成部分。

2. 法规建设阶段（1979～1992 年）

1979 年 9 月 13 日，第五届人大常委会第十一次会议原则通过《中华人民共和国环境保护法（试行）》，并予以颁布。该法是我国环境保护的基本法，为制定环境保护方面的其他法规提供了依据。这标志着我国环境保护工作开始走上了法治化道路。

1983 年 12 月 31 日至 1984 年 1 月 7 日，我国在北京召开了第二次全国环境保护工作会议。这次会议提出了 20 世纪末我国环境保护工作的战略目标；同时把环境保护确定为我国的一项基本国策。

1989 年召开了第三次全国环境保护工作会议，会议通过了八项环境管理制度，确定了符合国情的三大环境政策，即"预防为主、防治结合、综合治理""谁污染谁治理""强化环境管理"；提出了努力开拓有中国特色的环境保护道路。

3. 规模化治理阶段（1992～2011 年）

1992 年在巴西里约热内卢召开了联合国环境和发展大会，此后不久，我国就提出了我国环境与发展的十大对策。这十大对策是：①实行可持续发展战略；②采取有效措施，防治工业污染；③深入开展城市环境综合整治，认真治理城市“四害”；④提高能源利用效率、改善能源结构；⑤推广生态农业，坚持植树造林，切实加强生物多样性保护；⑥大力推进科技进步，加强环境科学研究，积极发展环境产业；⑦运用经济手段保护环境；⑧加强环境教育，不断增强全民族的环境意识；⑨健全环境法治，强化环境管理；⑩参考环境与发展大会精神，制定中国行动计划。

1996 年 7 月在北京召开了我国第四次环境保护工作会议。本次会议提出了两项重大举措，即“九五”期间全国主要污染物排放总量控制计划和中国跨世纪绿色工程规划。此次会议对于落实环境保护目标和任务，实施可持续发展战略，有着十分重要的意义。

2002 年联合国在约翰内斯堡召开了全球可持续发展首脑会议。此次会议把新世纪解决环境问题、保持人类社会持续稳定提到了战略高度，制定了具体落实措施，具有里程碑式的意义。此后 2003 年我国又制定了“新世纪中国环境保护战略”。该战略对新世纪 10～20 年国家环境安全发展趋势作了初步预测；构建了国家环境安全的总体战略和对策，提出了建立保障环境安全的 7 大体系；同时将水环境安全、大气环境安全、生态环境安全、危险废物和土壤环境安全、核与辐射环境安全作为保障国家环境安全的重点领域，提出了具体措施。

2005 年 2 月 16 日，《联合国气候变化框架公约》缔约国签订的《京都议定书》正式生效，中国积极参加多边环境谈判，以更加开放的姿态和务实合作的精神参与全球环境治理。2008 年，国家卫星环境应用中心建设开始启动，环境与灾害监测小卫星成功发射，标志着环境监测预警体系进入了从“平面”向“立体”发展的新阶段。

4. 全面深入治理阶段（2012 年至今）

2013 年党的十八届三中全会召开以来，我国把生态文明建设摆在治国理政的突出位置。党的十八大通过的《中国共产党章程（修正案）》，把“中国共产党领导人民建设社会主义生态文明”写入《中国共产党章程》，这是国际上第一次将生态文明建设纳入一个政党特别是执政党的行动纲领中。

2014 年 4 月我国修订完成了《中华人民共和国环境保护法》，这是对 1989 年版本 25 年后的新修，被称为“史上最严”的环保法。

2018 年 3 月，第十三届全国人民代表大会第一次会议通过了《中华人民共和国宪法修正案》，把生态文明和“美丽中国”写入宪法，这就为生态文明建设提供了国家根本大法遵循。

2020 年，我国正式宣布中国将力争 2030 年前实现碳达峰、2060 年前实现碳中和。“十四五”循环经济发展规划中要求着力解决制约循环经济发展的突出问题，健全法律法规政策标准体系，强化科技支撑能力，补齐资源回收利用设施等方面的短板，切实提高循环经济发展水平。

七、可持续发展战略的提出和意义

发展是人类社会不断进步的永恒主题。环境安全与可持续发展密不可分，实施可持续发展战略是确保国家环境安全的必由之路。

随着社会生产力的极大提高和经济规模的不断扩大，人类前所未有的巨大物质财富加速了世界文明的演化过程。但是，人类在创造辉煌的现代工业文明的同时，对发展的内涵却步入了认识的误区，一味滥用赖以支撑经济发展的自然资源和生态环境，使地球资源过度消耗，生态急剧破坏，环境日趋恶化，人与自然的关系达到了空前紧张的程度，自然对人类的“报复”事件屡屡发生。面对严峻的现实，人类不得不重新审视自己的社会经济行为，深刻反思传统的发展观、价值观、环境观和资源观。世界上无论是发达国家还是发展中国家，都被迫理性地探索新世纪的发展模式和发展战略，试图冲破昔日牺牲生态环境、盲目追求经济增长的樊笼，寻求一条既能保障经济增长和社会发展，又能维护生态良性循环的全新发展道路。历史把人类推到了必须从工业文明走向现代新文明的发展阶段。可持续发展思想在环境与发展理念的不断更新中逐步形成。"可持续发展"战略正是在这一背景下提出的。

"可持续性"最初应用于林业和渔业，指的是保持林业和渔业资源延续不断的一种管理战略。其实，作为一个概念，我国春秋战国时期的思想家孟子，荀子就有对自然资源休养生息，以保证其永续利用等朴素可持续发展思想的精辟论述。西方早期的一些经济学家如马尔萨斯、李嘉图等，也较早认识到人类消费的物质限制，即人类经济活动存在着生态边界。

美国海洋生物学家蕾切尔·卡逊（Rachel Karson）于 1962 年发表了环境保护科普著作**《寂静的春天》**，初步揭示了污染对生态系统的影响。她告诉人们：地球上生命的历史一直是生物与周围环境互相作用的历史，只有人类出现后，生命才具有了改造其周围大自然的异常能力。在人对环境的所有袭击中，最令人震惊的是空气、土地、河流以及大海受到各种致命化学物质的污染。这种污染是难以清除的，因为它们不仅进入了生命赖以生存的世界，而且进入了生物组织内。

以麻省理工学院 Dennis. L. Meadows 为首的研究小组，针对长期流行于西方的高增长理论进行了深刻反思，于 1972 年提交了第一份研究报告——**《增长的极限》**。报告深刻阐明了环境的重要性以及资源与人口之间的基本联系。报告认为：由于世界人口增长、粮食生产、工业发展、资源消耗和环境污染这五项基本因素的运行方式是指数增长而非线性增长，全球的增长将会因为粮食的短缺和环境破坏于 21 世纪某个时段内达到极限。由于种种因素的局限，**《增长的极限》**的结论和观点存在十分明显的缺陷。但是报告所表现出的对人类前途的"严肃的忧虑"以及唤起人类自身的觉醒，有其积极意义。报告所阐述的"合理的、持久的均衡发展"，为孕育可持续发展的思想萌芽提供了土壤。

1972 年，联合国人类环境会议在斯德哥尔摩召开，这是人类第一次将环境问题纳入世界各国政府和国际政治的事务议程。大会通过了**《人类环境宣言》**，宣言向全球呼吁：现在已经到达历史上这样一个时刻，人们在决定世界各地的行动时，必须更加审慎地考虑它们对环境产生的后果。由于无知或不关心，人们可能给生活和幸福所依靠的地球环境造成巨大的无法挽回的损失。因此，保护和改善人类环境是关系到全世界各国人民的幸福和经济发展的重要问题，是全世界各国人民的迫切希望和各国政府的责任，也是人类的紧迫目标。各国政府和人民必须为着全体人民和子孙后代的利益而作出共同的努力。该宣言正式吹响了人类共同向环境问题挑战的进军号。各国政府和公众的环境意识，无论是在广度上还是在深度上都向前迈进了一步。

世界环境与发展委员会（WCED）经过 3 年多的研究和充分论证，于 1987 年向联合国大会提交了研究报告**《我们共同的未来》**。报告在系统探讨了人类面临的一系列重大经济、社会和环境问题之后，提出了"可持续发展"的发展模式，表明人类要想从根本上解决环境和发展关系，必须从传统的发展模式转变为可持续发展模式。

为了促进可持续发展战略的实施，联合国环境与发展大会（UNCED）于 1992 年 6 月在巴西里约热内卢召开。共有 183 个国家的代表团和 70 个国际组织的代表出席了会议，102 位国家元首或政府首脑到会讲话。会议通过了**《里约环境与发展宣言》**（又名**《地球宪章》**）和**《21 世纪议程》**两个纲领性文件。此外，各国政府代表还签署了**《联合国气候变化框架公约》**等国际文件及有关国际公约。可持续发展得到世界最广泛和最高级别的政治承诺。

自 1995 年到 2011 年以来，**《联合国气候变化框架公约》**缔约方大会每年召开一次。

1997年12月，第3次缔约方大会在日本京都举行，会议通过了《京都议定书》，对2012年前主要发达国家减排温室气体的种类、减排时间表和额度等作出了具体规定。根据这份议定书，从2008年到2012年间，主要工业发达国家的温室气体排放量要在1990年的基础上平均减少5.2%，其中欧盟将6种温室气体的排放量削减8%，美国削减7%，日本削减6%，里约集团就长期减排目标达成一致。美国人口仅占全球人口的3%至4%，而排放的二氧化碳却占全球排放量的25%以上，为全球温室气体排放量最大的国家。美国曾于1998年签署了《京都议定书》。但2001年3月，布什政府以“减少温室气体排放将会影响美国经济发展”和“发展中国家也应该承担减排和限排温室气体的义务”为借口，宣布拒绝批准《京都议定书》。2011年12月，加拿大宣布退出《京都议定书》，继美国之后第二个签署但后又退出的国家。在2011年波恩会议上，日本政府拒绝《京都议定书》第二承诺期。

可持续发展世界首脑会议于2002年在南非召开。这次会议的主要目的是回顾《21世纪议程》的执行情况、取得的进展和存在的问题，并制定一项新的可持续发展行动计划，同时也是为了纪念联合国环境与发展会议召开10周年。经过长时间的讨论和复杂谈判，会议通过了《关于可持续发展的约翰内斯堡宣言》以及《可持续发展世界首脑会议实施计划》。

2012年6月20日至22日在巴西里约热内卢召开了联合国可持续发展大会，又称“里约+20”峰会。本次大会官方发布了题为“我们憧憬的未来”的最终文件，成为此次峰会最重要的成果。这份文件体现了国际社会的合作精神，展示了未来可持续发展的前景，对确立全球可持续发展方向具有重要的指导意义。最终文件重申了“共同但有区别的责任”原则，使国际发展合作指导原则免受侵蚀，维护了国际发展合作的基础和框架；大会决定启动可持续发展目标讨论进程，就加强可持续发展国际合作发出重要和积极信号。2015年9月，联合国可持续发展峰会通过具有里程碑意义的《2030年可持续发展议程》，系统规划了今后15年世界可持续发展的蓝图，提出17个可持续发展目标，旨在从2015到2030年间以综合方式解决社会、经济和环境三个维度的发展问题，使全球实现可持续发展。

当然，人们应该明白，尽管可持续发展作为行动纲领已经提出，但要全面落实还有漫长的历程。联合国数据显示，支持人类生存空间和经济发展的四大生物系统——森林、海洋、耕地和草场、气候继续遭到巨大破坏。森林以每年1400万公顷的速度减少；全球土地荒漠化以每年500万至700万公顷的速度发展，有100多个国家面临荒漠化威胁；有80个国家面临淡水资源匮乏；海洋污染日益严重，赤潮成为全球性公害；全球有1/4的哺乳动物、12%的鸟类濒临灭绝。严峻的现实再一次显示了一个铁的事实：可持续发展，不能仅仅是一个口号，它要求人们每一个人都行动起来，从现在做起，勇于奉献。

复习思考题

1. 简述世界人类环境问题形成四个阶段的时间、特点、环境问题及其原因。
2. 人类目前面临的主要环境问题有哪几方面？其中人口问题都有哪些内容和特点？
3. 通过查阅生态环境部网站中国生态环境状况公报，了解我国2022年的环境现状如何。
4. 结合当前国内外环境事件实例谈一谈环境问题的本质原因有哪些。根据这些原因人类怎样做才能更好地解决目前面临的环境与发展问题？
5. 结合你的学习生活和工作实际，谈一下你对环境保护与可持续发展课程的认识。

第一章

地球环境与生态系统

学习目标

【知识目标】熟悉地球圈层及其与人类的关系；掌握环境与生态系统的概念、分类、组成、结构、功能及特性；熟悉生态平衡的概念及其影响因素；了解生态学在环境保护中的作用。

【能力目标】提升环境保护认识水平与处理生态平衡的能力。

【素质目标】树立正确的自然观、价值观；牢固树立“绿水青山就是金山银山”的思想。

第一节 地球环境的圈层结构与人类的关系

在浩瀚的宇宙中，地球只是一颗十分普通的星球。作为太阳系的一个成员，地球受到了太阳的巨大影响和作用，它的诞生和演变同样是一个极其漫长而复杂的过程。今天的地球正是其长期演化的结果，造就了自身的形态结构和物质组成。但地球又是一颗极为特殊的独一无二的天体，其地质活动的激烈程度在九大行星中是首屈一指的，它是太阳系中唯一表面大部分被水覆盖的行星，更为重要的是地球是孕育生命和人类的源地，是人类居住的星球。

一、地球概况

在太阳系九大行星中，按距离太阳远近计，地球仅远于水星和金星，居第三位。在太阳系中，地球属距太阳较近、体积和质量相对较小的内行星。而九大行星中位于最外侧的冥王星距太阳要比地球远 40 倍（即 40 个天文单位）。地球的这一位置对于接受太阳热辐射而言是适中的，从而导致在地球表面形成了适宜的温度，这对生命圈的出现十分重要。

地球的形状近似于球形，是一个赤道凸出、两极扁平的椭球体。经人造卫星观测，准确的形态除了赤道半径大于两极半径外，呈北极略凸、南极略平的“橘状体”（见图 1-1）。因为存在着地球绕轴自转产生的惯性离心力，两极半径应小于赤道半径，地球的南北两半球是不对称的，呈椭球形。北极较椭球凸出 18.9km，南极凹入 25.8km（图 1-2）。

地球之所以近似于球形，是因为它的质量较大，自引力也大。自引力的作用使大量物质集中到尽可能小的体积内，圆球是表面积相等而容积最大的形体，所以在演化过程中逐渐形成球状。质量较小的天体由于自引力小于固体分子的内聚力，往往不能形成球状。同时不停顿的自转使天体成为椭球形，自转愈快，扁度愈大，即赤道部分的半径越长。地球由于地内物质分布不均、各处密度不同、地表高低不一，加上内外力的作用、地球自转速度时快时慢等原因，并不是一个稳定平衡有规则的标准的椭球体。

图 1-1 地球概貌

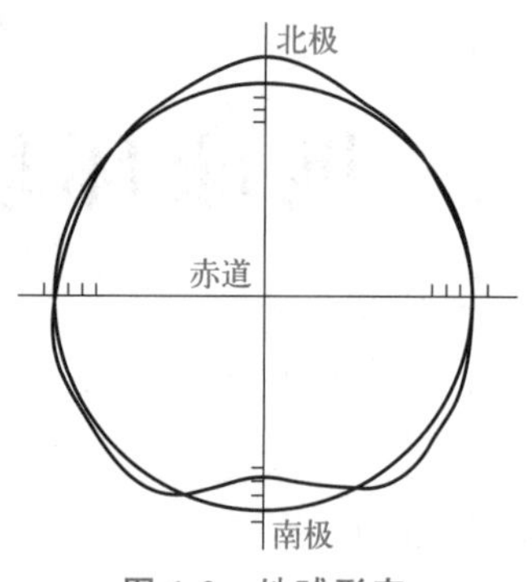

图 1-2 地球形态

球状的形态使地球上各处太阳高度不同，造成地球表面各处受热状况和自然环境的极大差异。

地球的平均半径为 6371km，赤道半径为 6378.2km，极地半径为 6356.755km。地球的体积为 $1.083\times10^{12}km^3$，质量为 $5.976\times10^{27}g$，平均密度为 $5.52g/cm^3$。

地球具有的巨大质量和体积形成了强大的引力，这就能够吸附着包围它的地球大气，避免地表大气逸散到外层空间去。由于地球引力的存在，地球上的物质至少要有 11.2km/s 的速度才能脱离飞向太空，而大气中气体微粒的运动速度最快仅为其 1/7，因而地球大气不会逃逸出去，这对生命的存在是极为有利的。假如地球的体积和质量没有这样大，地球大气层就不复存在了，地球表面将没有水、没有风，地表的温度将比现在要低得多，气温的日变幅增大，紫外辐射增强，生物也就不可能存在，地球表面的自然景象将完全不同于今天。

地球具有环绕自身公转的卫星——月球。月球距地球 38.4×10^4km，平均半径是 1737km，是地球半径的 1/4；体积为 $2.119\times10^{10}km^3$，是地球体积的 1/49。月球本身不发光，而是反射太阳的光。其表面温度变化很大，白天月球上受太阳光照射的部分，温度高达 130～150℃，午夜可降至－180～－160℃。月球表面没有大气和水分，接近真空状态，因而受到陨石的猛烈撞击和宇宙射线、太阳辐射的强烈照射，造成表面凹凸不平。所以月球是一个无空气、无地表水、无生命、无声响、冷热剧变和非常干旱的寂静世界。月球由于距地球近，对地球所起的作用是极为显著的，地球的潮汐现象和日食现象都深受月球的影响。月球在晚上还起着反射太阳光的照明作用。

二、地球圈层的形成和演变

地球诞生于约 46 亿年前，根据放射性同位素的测定，地球上最古老的岩石已有 40 多亿年的历史，和最古老的陨星岩石相近，是和太阳的历史一样久远的。但原始地球是一个死寂、冰凉的世界，是能量的获取使地球开始了发展。从形成之时起一直在不断发展演变中。地球在其早期演化过程中，基本的运动形式是持续发生的圈层分化运动，即重物质向地心和轻物质向地表的运动。地球的原始地质圈层形成之后，随地球物质圈层分化的不断进行，仍继续处于不断变化和发展之中。在地质演化的历史阶段，地球由低级的、原始的地质圈层向现今的高级圈层不断发展，成为地球最基本的地质演化内容。地球圈层的这种发展演化过程，是一个有一定方向的不可逆的历史过程。

（一）地球的圈层结构

地球是指整个地球及其携带的一切物质形态。大量资料充分证明，整个地球不是一个均质体，而是具有明显的圈层结构，这是地球结构最主要的特征，即从地球核心到它的外部是由不同的圈层构成的，地球的每个圈层都有各自的物质成分、物质运动特点和物理化学等性质，厚度也各不相同，但都以地心为共同的球心，这样的圈层称为同心圈层。地球圈层结构的形成源于原始地球的分化演变。了解地球各大圈层的基本特征是认识地球圈层的形成和演变的基础。

以固体的地球表面为界，整个地球主要划分为外部圈层和内部圈层两大部分，即内三圈和外三圈（图 1-3）。内三圈指固体地球内部的主要分层，由地表到地心依次分为地壳、地幔、地核；外三圈指地球外部离地表平均 800km 以内的圈层，包括大气圈、水圈和生物圈。此外，在外部圈层之外，还存在着超外圈——磁层，起始于离地表 600～1000km，磁层顶在向太阳一侧为 10.5 个地球半径，在背向太阳一侧可延伸到几百至 1000 个地球半径；在外部圈层和内部圈层相互接触处称为地球表层，是多圈层相互渗透彼此交织在一起的特殊圈层，也是地球与人类生存关系最为密切的一部分。

1. 地球的外部圈层

地球的外部圈层通常是指大气圈、水圈和生物圈。不仅它们之间没有严格的界限，而且上与星际空间，下与地壳之间也没有明显的界线。特别是大气的底层、水圈、生物圈以及地壳，相互渗透，彼此交织在一起（图 1-4）。

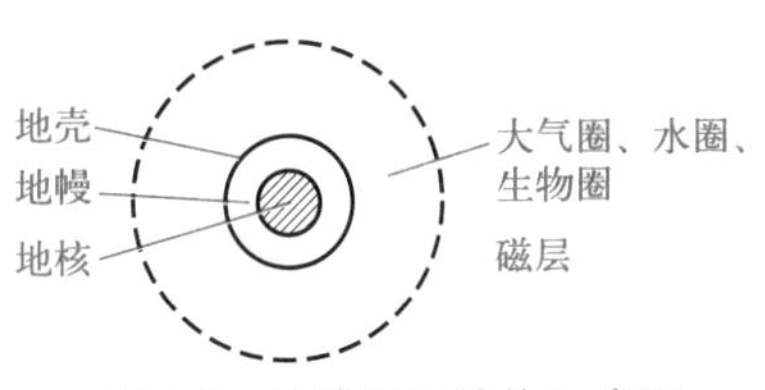

图 1-3　地球圈层结构示意图

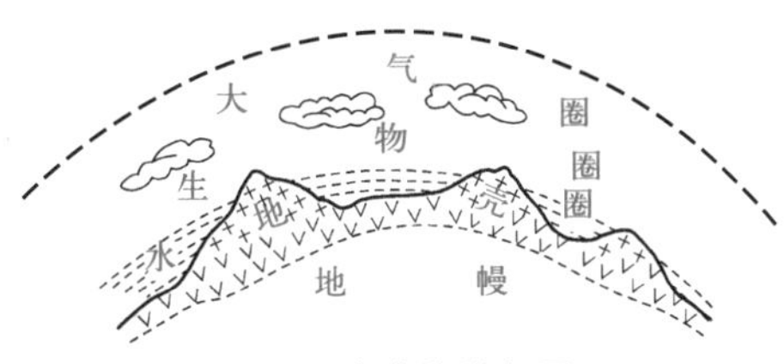

图 1-4　地球的外部圈层

（1）大气圈　空气是地球自然物质组成中最轻的物质，包围着固体地球，成为地球最外面的一个圈层，称为大气圈。大气圈没有明显的上界，在赤道上方高 42000km 和两极上方高 28000km 的高空仍有大气存在的痕迹。

① 现代大气圈的形成及成分　原始大气主要是二氧化碳、一氧化碳、甲烷和氨等。地球在分异演化中，不断产生大量气体，经过“脱气”逃逸到地壳之外，也是大气的一个来源。绿色植物出现之后，在光合作用中吸收二氧化碳，放出游离氧，对原始大气缓慢地氧化，使一氧化碳变为二氧化碳，甲烷变为水汽和二氧化碳，氨变为水汽和氮。光合作用不断进行，氧气从二氧化碳中分离出来，最终形成以氮和氧为主要成分的现代大气。现在大气中氮占总体积的 78.09%，氧占 20.95%，氩占 0.93%，二氧化碳占 0.03%，以及微量的氖、氦、氙、氪、臭氧、氡、氨、氢等。此外还有水汽和尘埃微粒等。

② 大气圈的垂直结构　大气圈是环绕地球最外层的气体圈层，它的密度随高度的增加而减小，越向上空气越稀薄，并逐渐转化为宇宙空间。大气上界的具体数字还难以确定，根据人造卫星所得的资料，在 2000～3000km 的高空，还有稀薄的空气痕迹；在 16000km 高空仍存在更稀薄的气体或基本粒子。大气圈的垂直结构如图 1-5 所示。

a. 外层（逃逸层）　热层以上的大气层统称外层。外层大气部分处于电离状态，质子的含量大大超过中性氢原子的含量。由于大气高度稀薄，同时地球引力场的束缚大大减弱，大气质点不断向星际空间逃逸。外层是大气的最外层，但其边界在哪里，尚不能定论，实际上外层是大气圈向星际空间的过渡。

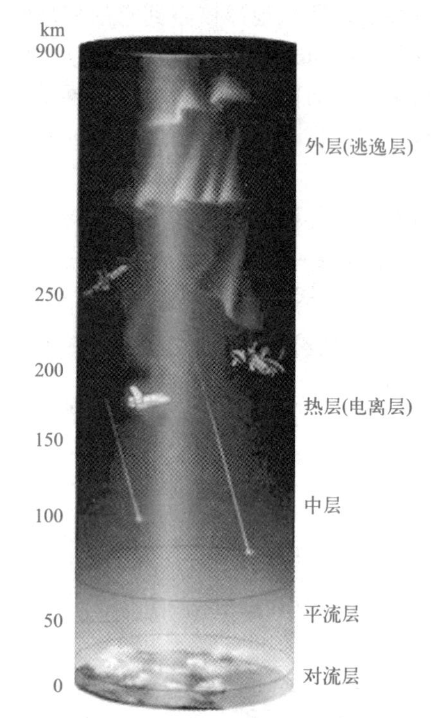

图 1-5 大气圈的垂直结构

b. 热层（电离层） 热层大气温度随高度迅速增加，在 700km 处，温度可达 1500K。该层能量主要来自波长小于 175nm 的紫外光，以及太阳的微粒辐射及宇宙空间的高能粒子。本层下部的带电层可反射无线电短波，并可使之围绕地球折射若干次。

c. 中层 中层温度随高度而降低，到顶层温度降至 190K 左右。本层高度为 80～85km，大气在中层进行着强烈的化学反应。

d. 平流层 平流层内空气表现为大尺度的平流运动。由于平流层中水汽含量很少，在对流层中经常出现的气象现象很少会发生，尘埃含量很少，大气透明度很高。平流层中臭氧集中，太阳辐射光中紫外部分（<290nm）几乎全部被吸收，因此温度较高。温度最初随高度缓慢递增，高度达 25km 以上时，增温变快，到 50km 处可达 270～290K。

e. 对流层 对流层位于近地面，直接与水圈、岩石圈、生物圈接触，与人类活动最为密切。对流层中空气分布相当均匀，这是由于地面吸收了太阳辐射中的红外线、可见光部分及波长大于 300nm 的紫外线，并将这部分光转化为热能，使之内部发生强烈对流的缘故。对流层内温度随高度向上递减，降温率为 6.5K/km。对流层的高度分布不均匀，赤道地区有 16～18km，两极仅为 8～12km。

（2）水圈 水圈是指连续包围地球表面的水层，既有液态水，也包括气态水和固态水。地表的广大面积被水所覆盖，主体是海洋，占地球表面积的 70.9%，覆盖着南半球的 4/5 和北半球的 3/5 面积，约占全球总水量的 96.5%。海洋的平均深度为 3.9km。陆地水大部分是固态水，即为覆盖两极的冰原和高山冰川，存在于河流湖沼的地表水是有限的。此外，在土壤中有土壤水；陆地深处有地下水。气态水赋存于大气层中，其含量在水圈中微不足道，主要集中于大气圈的对流层中。这样就构成了一个不甚规整而基本上连续的水圈。水圈质量为 140 亿吨，约为 $13.6\times10^{8}km^{3}$，占地球总质量的 0.024%。陆地水以淡水为主，海洋水则含有丰富的盐分，其化学成分以氯（占海水 1.9%）和钠（占 1%）为主，此外还有镁、硫、钙、钾、碳。水圈的运动和循环影响着地球上各种环境条件的变化，水是生命过程的重要介质，没有水就没有生命。

（3）生物圈 生物圈是指地球表层生物有机体及其生存环境的总称。这是一个独特的有生命的圈层，生命现象在陆地、海洋和底层大气中到处都有存在。生物圈是地球大气、水和地壳长期演化的产物，还参与了对地表、大气和水的改造。其上限一般为 7～8km，甚至可达 23km 的高空；其下限在大洋中的深度为 10km，在陆地上深度一般为百余米，但 12km 的深层仍发现有生命存在，可见生物圈是一个和大气圈、水圈甚至地壳交织在一起的圈层，是有机体活动和影响的范围。有机界的组成除了人类以外，还有植物、动物和微生物，是极其丰富多彩的。目前已知的植物约 30 万种，动物约 150 万种，微生物则不计其数。生物圈是地球特有的圈层，对地表物质的循环，能量转换和积聚具有特殊作用。地球上外部圈层的大气圈、水圈和生物圈既是相互区别和相互独立的，又是相互渗透和相互作用的。

2. 地球的内部圈层

根据地球物理的研究，地球内部是一个非均质体，各层物质的成分、密度和温度互不相同。地球内部存在两个明显的地震波速急剧变化的不连续界面，即莫霍面和古登堡面，由此将地球内部分为地壳、地幔和地核三个同心圈层（图1-6）。其中地壳及地幔顶部是由坚硬的岩石所组成的，厚度约为70～150km，又称为岩石圈。

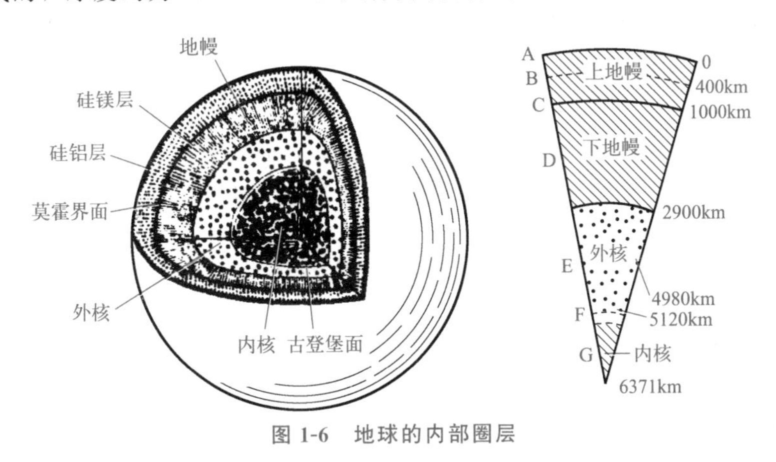

图1-6　地球的内部圈层

（1）地壳　地壳是从地表到莫霍界面的圈层，是地球表面薄薄的一层固体外壳。地壳的厚度是不均匀的，大陆地区平均厚度约35km，最厚处可达70km（如我国的青藏高原）；海洋地区平均约7km，最薄处仅4km，地壳的体积为全地球体积1%，质量为全球的0.4%，密度是地球平均密度的1/2，为2.7～2.9g/cm^3。危害极大的大陆浅源地震，就是发生在地壳这一层内。

地壳又可分为两层：上层称硅铝层，富含氧化硅和氧化铝，岩性以沉积岩和花岗岩为主。硅铝层为大陆地壳所特有，厚度为10～40km不等。大洋地壳缺失该层。下层称硅镁层，富含氧化硅和氧化镁，岩性由玄武岩和辉长岩类构成，厚度仅5～8km。因此地壳又可分为大陆型地壳和大洋型地壳。大陆型地壳为双层结构，大洋型地壳是单层结构。

地壳是由90余种化学元素组成的。但各种元素含量差别很大，氧、硅、铝、铁、钙、钠、镁、钾等8种元素含量最大，共占地壳总重量的97%以上，其余几十种元素总共还不到3%。其中又以氧的含量最大（约占一半），硅的含量居次（约占1/4）。

（2）地幔　地幔是从莫霍界面到古登堡界面之间的圈层，介于地壳和地核之间，又称中间层或过渡层。古登堡界面位于地球内部约2900km的深处。地幔的体积约占地球总体积的83%，质量占地球总质量的68%，密度向内逐渐增大；由近地壳处的3.3g/cm^{3}增至近地核处的5.6g/cm^3。

地幔以约1000km深处为界分为上、下地两幔部分。上地幔构成物质除硅和氧外，铁和镁显著增加，铝则明显减少，由橄榄岩类岩石构成，物质状态属固态结晶质，具较大塑性；平均密度3.8g/cm^3，温度400～3000℃。下地幔的构成物质除硅酸盐外，铁、镍成分显著增加，物质处于非晶质固态，或具潜藏的可塑性固态；平均密度为5.6g/cm^3，温度为1850～4400℃。

上地幔60～250km深度范围内物质具有柔性，称为软流圈，位于岩石圈之下，一般认为可能是岩浆的源地，并与地球表面的许多活动有密切的关系，可造成地幔对流、海底扩张和板块构造，在地表出现地震和火山现象，形成有用的矿藏。

（3）地核　地核指古登堡界面以下直至地心的地球核心部分，半径约3400km，质量和体积分别为全球的31.5%和16%，密度相当高，边缘区为9.7g/cm^3，地核中心则高达13g/cm^3，温度也随深度而上升，地核边缘的温度是3700℃，地心达到5500～6000℃。根据地震波传播特征测定，地核可分为外核和内核两部分，其界面约在5155km深处。外核由铁、硅、镍等物质构成，呈熔融态或近于液态；内核由铁和镍构成。一般认为，由于外核流体的运动，根据磁流体力学的规律而形成地球磁场。

整个自然界包括地球在内，都处于不断变化中。对于地球的每一圈层，包括海洋和陆地在内的地面来说，情形都是这样的。

（二）地球内部圈层的形成和演变

地球从诞生以来经历了从原始地球形成到生命产生、人类出现等一系列极其复杂漫长的演化过程，发生了各种各样的变化，其中影响最为深远的是整个地球分化成为同心圈层的变化，包括地球内部地核、地幔和地壳的形成和演变和大气圈、水圈的形成和演变，尤其重要的是生物圈的出现和演变。

原始地球从太阳星云分化出来以后，最初阶段各种物质是混杂在一起，并没有明显的分层现象。此时温度很低，各种不同物质以固态存在，它们不能在重力作用下自由地升降。但是由于地球体积的逐渐变大，地球保存热能的能力不断加强。随着地球内部放射性物质衰变产生能量的大量积聚，地球温度逐渐升高。这样，地球本身产生的热能，就在地球内部积累起来，地球内部的温度就逐渐升高。在地内温度逐渐升高的前提下，地内物质也就具有越来越高的可塑性甚至处于熔融状态，在地球重力作用下不可避免地发生圈层分化。这样当温度升高，地内物质的可塑性达到一定程度时，较重物质就缓慢地下沉，同时较轻物质就缓慢地上升。这就开始了地球的圈层分化。

地球圈层分化时首先发生的是硅酸盐和铁镍的分化。硅酸盐的熔点较高而密度则较低，因此当地内温度上升到足以使铁镍熔化的时候，硅酸盐仍然处于固体状态。处于熔化状态的铁镍物质就渗过硅酸盐物质，流向地内深处形成原始地核。同时地内深处的硅酸盐物质浮到地球上部而成为原始地幔。接着发生的是原始地幔的分化，形成地壳和地幔，成分上地壳是以硅铝和硅铁为主的硅酸盐物质，地幔则是以超铁镁物质为主的硅酸盐物质。这样在地球重力的作用下，地球内部按化学组成的不同而分化成地核、地幔和地壳。然后在每一个内部圈层内进一步分化，地核分化成为外核和内核；地幔分化成为上地幔和下地幔；地壳分化成为硅铝层和硅镁层。地球表层物质由于放热冷却而固结成岩，出现一层硬壳而形成固体地壳。

（三）大气圈和水圈的形成和演变

原始大气圈和水圈产生在地球外部。在地球分化过程中原先在地球内部的各种气体上升到地表，受地球引力作用集聚在地壳外围而成为原始大气圈。而原先以结晶水形式存在于地球内部的大量水随着地内温度的升高成为水蒸气，通过火山活动进入大气层，最终以降雨的形式到达地面形成原始的水圈。

1. 大气圈的形成和演变

整个太阳系包括地球在内都是由原始星云形成的，原始星云的组成物质主要是气体和尘埃，其中气体所占比例更大。但是，在行星形成的初期，由于气体的热运动使地球胚胎无法拥有大量气体，因此组成原始地球的主要物质是尘埃，没有所谓大气的存在。但随着地球质量的不断增大，地球的引力也在不断地增长，可以通过吸积作用拥有气体，逐渐使地球拥有一个气体的包层。这是地球的原始大气，即第一代大气。

随着地球质量的增长和地球内部温度的升高，地球内部不断产生气体，并且随着地球内部物质圈层分化的持续进行而跑到地球外部。这样就使来自地球内部的气体在地球大气中占有优势。这是地球的第二代大气。但此时的大气是还原大气，主要成分是二氧化碳、一氧化碳、甲烷和氨，并没有多少氧，特别是没有多少动植物呼吸所必需的游离氧。

现代的大气是氧化大气，是由第二代大气演化而来的，其中起关键作用的是绿色植物，因为绿色植物在光合作用中能够吸收二氧化碳，放出游离氧，从而把还原大气变成氧化大气。但是，绿色植物并不是地球所固有的；二氧化碳也不是地球上从来就大量存在的。地球大气由还原大气到氧化大气的关键性事件，是地球在距今30亿年以前出现了原始的低等植物——蓝绿藻。到距今6亿年以前，绿色植物开始在海洋中占优势。在距今4亿年以前，绿色植物开始在陆地上出现。从此以后，还原大气的氧化过程就得以加速进行。在氧化过程中，一氧化碳逐渐转变成为二氧化碳；甲烷逐渐成为二氧化碳和水汽；氨逐渐转变成为水汽和氮。这样，二氧化碳就逐渐在地球大气中占有优势。但这种大气还不是氧化大气。由于绿色植物光合作用的持续进行，大气中的二氧化碳日益减少，而游离氧日益增多。最后，以氮、氧为主要成分的氧化大气终于出现了。这就是地球的第三代大气，即现代大气。

2. 水圈的形成和演变

原始地球形成后，地球表面原本并没有水的存在。地球上的水绝大部分以岩石中结晶水的形式，存在于地球的内部。随着原始地球的变热，地内温度的升高，地球内部产生愈来愈多的水汽。这些水汽往往通过火山活动跑到地球的外部，出现在大气中，然后以雨滴的形式降落到地面，并逐渐地形成海洋，出现原始的水圈。因此地表水圈中水的直接来源是大气，是大气中水汽的凝结物，但从根本上讲是来自地球内部，来自地下的岩石。

原始海水的数量是不多的，这是因为原始大气中所能容纳的水汽不多。现代浩瀚的大海之所以能形成，是海水有一个逐渐增加数量的过程的。原始海水不是淡水，这是因为海底火山把大量盐分从地下带给海水，但也不同于目前海水盐度，海水逐渐变咸同河水的注入有关，含有一定量盐分的河水不断注入使得海水中的盐分逐渐增加。水是生命过程的重要介质，水圈的形成和发展对地球上的生物来说是极其重要的。生物所需要的某些矿物就是从水中来的，例如海洋中的贝壳动物需要大量钙质，以碳酸钙为主要矿物质的河水流入大海后，钙质被消耗，造成海水含的矿物质主要是氯化钠而不是碳酸钙。

水圈和大气圈关系密切，是相互联系、相互制约的。地球上的气候变化常常反映为海面的升降。当冰期来临气候变冷时，一部分水冻结在陆地上而导致海面的下降；反之，当间冰期来临气温回升时，海面就上升。

（四）生物圈的形成和演变

尽管原始大气和原始水圈已经在地球上出现，但地球上仍是一个没有生命的世界。然而大气、水和原始地壳的出现却为生命的诞生奠定了必要的基础。从无生命物质到生命的转化是一个极为缓慢的过程，生命是由无生命的物质转化来的。约35亿年前，原始生命产生于原始海洋之中。在太阳的紫外线、大气的电击雷鸣、地下的火山熔岩等作用下，原始大气中存在的甲烷、氨、水汽和氢转化成简单的有机物。但简单的有机物还不是有生命的物质，从简单的有机物转化为有生命的物质，原始的海洋是重要的条件。大气中的有机物随降水进入海洋，同时地壳上的有机物和无机盐随地面径流进入海洋。它们在海水中发生频繁的接触和密切的联系。这样简单的有机物就逐渐发展成多分子的有机物，并且逐步变成能够不断自我更新、自我再生的物质，从而形成了原始的生命。

这样在距今大约35亿年以前，原始生命就已经在海水中产生。但是，在大约30亿年的长时间里，生命始终局限在海水中。没有海水的保护，生命在当时就难以避免强烈的太阳紫外线的伤害。因此生命也是在水中发展的。最初出现的是异养细菌，靠水中有机物进行无氧呼吸；逐渐发展到自养生物，能够利用太阳光进行光合作用，吸收矿质营养和二氧化碳放出氧气，绿色植物在距今6亿年前开始在海洋中占优势。这时生物开始对地球自然环境的发展产生重大影响，由于大气中氧的含量增加改变了原始大气的成分，使原始生物从厌氧生物发展成好氧生物，逐渐形成生物圈。有机体的发展增加了太阳能在地球表层的存储，改变了地球表层的结构。

绿色植物的出现为生物登陆创造了前提条件，因为绿色植物在光合作用中所产生的游离氧的积累，终于导致大气中出现臭氧，并在高空中形成臭氧层。臭氧能够有效地吸收紫外线，因而对地面上的生物起保护作用。高空臭氧层的出现意味着陆上生物的生命有了保障。这样，绿色植物就在距今4亿年前登陆成功，使生物从海洋登上陆地。首先登陆的是陆生孢子植物。此后，陆地上出现了生物的大发展，在植物方面，依次出现裸子植物和被子植物；在动物方面，依次出现两栖动物、爬行动物和哺乳动物。生物的数量和种类开始了大幅度的增长，在陆地和海洋都出现了动植物的大繁荣，进而发展成为完善的地球生物圈，使地球的自然环境出现了大变化，至今150多万种动物和30多万种植物组成了瑰丽多彩的生物世界。

生物圈形成以后，整个地球仍然在发展变化着。特别是大约300万年前，作为高等动物的人类的出现，开始了地球发展演化的新阶段，这是影响地球自然环境的重大飞跃。人类从依附自然、依靠自然到利用自然、改造自然。现在人类的活动已极大地改变了地球表层的面貌，形成了社会经济圈。

三、人类只有一个地球

地球是迄今为止所确认的唯一有生命存在的天体。它是生命孕育的摇篮，是人类生活的家园，与人类生存和发展的关系是十分密切的。人们一直在探索地球的奥秘，了解地球的组成、结构和演化的历史和规律，但是更为重要的是人类应该爱护地球，保卫地球，因为地球只有一个。

根据直至今日的观测，在太阳系的其他星球上几乎不存在生命的迹象。地球具有独特的条件，有最适合人类繁衍的环境。在宇宙无数的天体中，地球是一颗得天独厚的星球。

（一）地球具备的特殊条件

地球之所以能哺育生命，是因为在太阳系中唯有它具备了最适宜的条件：距太阳的远近适中，大小适当，有球状的形态并旋转适度。这些条件造就了合适的地球环境，是诞生生命、繁衍人类必不可少的前提，正是这些独特因素的综合才使生命的孕育、保护和发展拥有了基础。

1. 地球和太阳的距离适中

在太阳系九大行星中，地球是离太阳第三位远的内行星，日地平均距离为1.496×10^{8}km，离太阳不近也不远。这一距离使地球不像水星那样受太阳光过大的辐射，在水星表面太阳直射时温度高达427℃，这样的温度足以使铅熔化；也不远离太阳，能得到充分的太阳光，在地球表面形成了适宜的温度（－70～55℃），这对生命圈的出现十分重要。木星、土星等外行星因离太阳较远，所受到的太阳光照和辐射热就要微弱得多，太阳系最外围的冥王星表面温度约为－230℃，根本不可能有生命存在。

2. 地球的体积和质量适当

在太阳系九大行星中，地球的体积和质量居中，体积为$1.083\times10^{12}km^{3}$，质量为5.965×10^{27}g，按数值排列均为第五位。从绝对量看地球质量仍是巨大的，足以形成强大引力避免地表大气逸散到外层空间，形成对生命至关重要的大气圈。水星的体积和质量均很小，所以大气就极其稀薄。月球的演化过程中也被认为有气体产生，但月球的质量仅是地球的

1.23%，引力小而没有可能保有大气，所以经常直接遭到陨星冲击，使月球表面呈千疮百孔的环形山群。另外地球的质量不是过于庞大，不会保持太厚的大气和太多的有害气体。太阳系中的木星、土星等体积和质量虽大但密度低，表面没有岩石结构，而是由液态的氢、氦等组成的。

3. 地球是一个球体并有快慢适当的旋转

地球是一个赤道突出、两极扁平的椭球体，从它诞生之日起就在不停地旋转着，以一日为周期严格地自转着，这一适度的旋转速率使地球原始物质产生分化，形成地球的圈层构造，出现了大气圈、水圈和岩石圈等，造成地球的磁场，并导致地球上的昼夜交替现象，使地表热量平衡，有利于生物正常生存。如果地球的自转周期像金星那样长（243 日），所造成的影响是难以想象的。球状的形态使地球各处太阳高度不同，造成热量的带状分布和自然现象的复杂多样。

（二）地球表层是人类的居住环境

人类生活在地球表层，整体上看这是一个良好的居住环境。地球表层是和人类有直接关系的那部分地球环境，是指地球上大气圈、水圈、岩石圈、生物圈接触渗透、相互作用、彼此制约、协同发展的部分，形成的一个统一的环境生态系统。一般认为，这个生态系统的上界以对流层高度为限，即极地上空约 8km，赤道上空约 17km，平均 10km；下到岩石圈的上部，即陆地往下 5～6km，海洋往下约 4km。这也正是人类生存的环境。人类与地球表层朝夕相处，地球表层对人的影响、对社会的发展都有密切的关系。

从地球表层各圈层来看，它们是一个相互作用的整体。例如，海洋由于海水热容量大，通过吸收太阳辐射成为巨大的能源库，向大气输送热量。大气通过风效应推动和影响大洋环流。陆地和海洋的不同加热率，形成了季风环流。地壳的板块运动和造山运动，导致了海陆变迁，火山喷发又影响气候变化。风化和水蚀作用导致地壳的剥蚀和沉积过程。地表和近地面空间的温度、光照、大气成分、水分、土壤等状况，是生物生存的必需条件。生物的繁殖又影响了大气成分和地表环境。所有这些相互作用，主要都是发生在地球表层系统内，它们之间彼此相互紧密联系，组成一个完整的相互作用的整体。人类活动对地球表层的影响也已成为当今的重要问题之一。

地球表层有如下基本特征：

① 太阳辐射能到达地球主要集中在地球表层，其中只有小部分被高空大气吸收，而到达地表的大部分太阳辐射能又只能穿透地面和水面的很小厚度，因此到达地表的太阳辐射能主要在地球表面发生转化，并对地表几乎所有的自然过程起作用，对维持独特的环境生态系统的有序性起着十分重要的作用。

② 地球表面固态、液态、气态物质同时存在，又相互接触渗透。陆地表面是气、固态界面，海洋表面是液、气态界面，海洋底是液、固态界面，而陆地与海洋沿岸则为三相接触带，相互作用尤为强烈。

③ 在地球表层进行着复杂的物质、能量的交换和循环，是无机物和有机物转化的场所。进行着地质地貌循环、大气循环、水循环、生物循环等。地表物质、能量转化的强度和速度远比在地球内部和地球外层大，表现形式也更复杂多样。

④ 地球表层是影响地球的外力和内力作用最为明显的地方，各种作用相互叠加，产生各种自然现象，如刮风下雨，火山地震等，也使地球表面具有特殊的地质地貌现象，例如沉积岩、风化壳、土壤层等；并且存在着复杂的内部分异，其中包括水平方向和垂直方向上的分异。

⑤ 地球表层是人类和人类社会存在的环境。人类社会的发生、发展和存在有其内在的规律性，构成独特的社会环境系统，但又与自然环境系统相互影响、相互制约，存在着千丝万缕的联系。

总之地球表层是包括非生物、生物和人的一个重要系统，地球表层内各圈层之间的相互关系十分密切，能量、物质和信息的流通转化频繁。同时存在着外部环境对地球表层的重大影响，包括太阳辐射、其他天体等天文因素，大气、地质、地震因素都会对地球表层产生影响，甚至造成自然灾害，引起地球表层内部功能结构的重大变化。最重要的是人类社会和自然环境之间的相互作用。人类作为地球表层中的控制者，应该认识地球表层本身及其环境的运动规律，找出使环境改善与进化的对策，要预测人类活动的后果，协调人与自然的关系，亦即人与环境的相互关系。

四、环境的基本概念

（一）环境定义的讨论

由于环境科学是一门年轻的现代科学，几十年来，随着人类科学技术的发展，生产方式从农业化向工业化的转变及相应环境问题的日益恶化，人们对环境概念的认识也在不断改变着、深化着，下面介绍目前国内外已有的几种较为典型的环境概念。

1. 目前几种典型环境概念及其特点

1989 年我国颁布的《**中华人民共和国环境保护法**》中的环境是指影响人类生存和发展的各种天然的和经过人工改造过的自然因素的总体。

《**中国大百科全书（环境科学卷）**》中，环境是指围绕着人群的空间及其中可以直接、间接影响人类生活和发展的各种自然因素的总体。

2003 年中国科学院可持续发展战略研究组在《**2003 中国可持续发展战略报告**》中提出的环境是指围绕着人的全部空间以及其中一切可以影响人的生活与发展的各种天然的与人工改造过的自然要素的总称。

上述环境概念显然仅是一个狭义的人类生存环境的概念，现代科学知识表明，在宇宙及地球进化史中，人类的存在只是短暂一瞬，在人类诞生之前或消亡之后，环境都是依然存在的。所以这些概念既不能定义其他不影响人类生存的生物生存环境，也不能定义非生存环境。

哲学中对于环境的概念是指“相对于主体的客体”。意思即 A 若是主体则 B 就为环境，反之若 B 是主体则 A 就是环境，突出了一个相对性的概念。此概念虽很具哲学特色极其简练，但也存在着没有指明主、客体的存在时空，使环境难以确定的问题。

2004 年北师大环境科学院主编的《**环境科学概论**》中的环境概念是：“指与体系有关的周围客观事物的总和，体系是指被研究的对象，即中心事物。环境是一个相对的概念，它以某件中心事物作为参照系，因中心事物的不同而不同，随中心事物的变化而变化，中心事物与环境之间存在着对立统一的相互关系。”这个环境概念抛弃了人类生存环境与生物生存环境的观念束缚，是一个较为广义的环境概念。但根据这一概念，若用中心事物直接替代体系，便可说环境是指与中心事物有关的周围客观事物的总和。这里虽然强调了“体系”这一重要概念，但这里的体系是指中心事物而不是环境，环境则是与体系有关的客观事物的总和。这很容易让人认为环境是与中心事物有关的周围客观事物的代数和，客观事物之间是没有体系特性的。同时，在这个定义中，显然中心事物是主要的，只有中心事物确定了，它周围的环境才有可能确定。另外，这个定义没有指明体系或中心事物的存在时空，也是一个难以确定的事物。

2. 新环境概念的引出

从上述有关环境概念的讨论可知，随着人类社会文明的发展，环境的概念经历了一个从不确定的广义抽象概念到一个确定的狭义概念的发展阶段，现在又正向一个较确定的广义概念发展。人类社会发展到今天，通过现代科学技术对宏观宇宙太空的观察，对微观物质基本粒子的研究，对于宇宙、地球、生物及人类演变史的探索，人们已经知道人类以前和人类以后的地球环境，地球以外的宇宙环境实际上都不是围绕着人类存在的，现在世界上的其他生物也不是为了围绕人类这个主体而生存的，以往的环境概念已不能涵盖人们已认识的环境类型。因此，现在应该提出一个大可包括所有宇宙太空环境，小可包括物质基本粒子环境，追往昔可包含最近一次宇宙大爆炸以前的环境，向未来可包含人类社会以后的所有环境类型的环境概念。有了这样一个广义的环境概念，将有助于人类从更高的角度去了解自己在宇宙、地球及生物发展史中的位置，认识以往那些把人类生存环境及生物生存环境作为环境概念的狭义局限性，看清现在许多人思想上根深蒂固的人类中心主义环境伦理观对人类生存与发展的危害性，从而有助于人类较好地认识和解决当前及今后一定时期内所面临的环境问题。

从上述愿望出发，这里提出一个全新的环境概念："环境是一定时空内客观事物的总体"。相对以往的环境概念，此概念有意突出以下特点。

① 突出环境存在的时空观念，从而使环境研究具有确定性。

新定义中的"一定时空内"几个字首先突出了环境存在的时空观念，宇宙间一切环境都有它存在的一定时空，只有先从时间和空间对环境进行限制，才有可能进一步确定所研究的环境。

② 突破传统对于环境的思维定式，不再以人类或中心事物为主体或为中心。

目前有关环境的概念，往往被环境的本意所束缚，习惯于从画圆圈的几何画法出发，先确定圆心即中心事物，然后以一定半径画圆，圆心与圆环之间便是人们要确定的环境，这种基本思路可以说是我国目前已有环境概念的总体特征。在这种传统思维定式作用下，不仅使环境概念跳不出圆环的圈子，同时也使人们的环境伦理观产生一种思维定式，认为中心事物或主体是起决定作用的，而其周围的环境则是起从属作用的。这大概就是在人类生存环境中总是以人为中心来定义环境的缘故，也是人类中心主义产生的渊源之一，同时也是当代环境问题产生的根本原因之一。

③ 可把各种性质的环境及要素都包括进去，是一个相对广义的环境概念。

从这个新环境概念出发，只要是"存在于一定时空的客观事物"，不管是与人类有关的生存环境，还是与人类无关的其他生物生存环境及非生存环境，不管是微环境，还是宏观的宇宙环境，不管是以前的还是现在的及今后的环境，都可以包括进去。

④ 显示环境的整体系统特征。

在这个环境概念中用"总体"两个字，表示了"总和与体系"的环境特性。环境的突出特性之一是具有系统性，即环境中的各个因素之间具有相互联系、相互作用、相互制约、相互影响的整体系统特性。人类当今所遇到的环境问题，正是以往人类只知从环境中索取自己生存发展所需的各种资源，而不顾及这种索取对环境中其他生物及非生物存在的作用和影响，不了解人类与其生存环境各因素之间相互联系、相互制约的对立统一关系，才使人类自食恶果。

（二）环境的分类与命名

目前关于环境的概念认识不一，从不同概念出发，有各种不同的环境分类方法及命名方案。从上述新环境概念出发，综合目前多种环境分类的方案，这里提出如下环境分类方法及命名方案。

1. 环境的分类及依据

由新环境概念可知：决定环境类别的要素是事物发生的时间、空间及事物的性质。因此可以用事物发生的时间、空间及事物的性质这三个要素作为环境的分类依据。

（1）按时间分　150亿年前、150亿～70亿年间、70亿～50亿年间、46亿年前、冥古代、太古代、元古代、古生代、中生代、新生代、第四纪、40万年前、1万年前、原始社会、奴隶社会、封建社会、现代社会和未来社会环境等。

（2）按空间分　总星系、星系、星际、星体、地球环境（地核、地幔、地壳、大气圈、水圈、生物圈环境）、微环境（细菌及病毒内部、分子、原子、原子核、质子、中子、电子、基本粒子环境）等。

（3）按事物的性质分

① 自然环境：生存、非生存、无机、有机、地理、地质环境等；

② 自然-人工环境：土壤、水库、聚落环境（城市、村落、庭院、居室环境）等；

③ 人工环境：美国生物圈二号、太空舱、医院婴儿特护室环境等；

④ 社会环境：政治、经济、文化、生活、工作、网络环境等。

2. 环境的命名

对于一个具体的环境，可依次按照事物发生的时间、空间及事物的性质进行命名，如：21世纪中国经济环境等。

（三）环境的作用

1. 提供资源

为一切生物提供其生存所需的资源，是一切生物生存的基本条件。

2. 消纳废物

在其环境容量范围内，消化和容纳各种废物。消化是环境将废弃物经过稀释、转化而重新进入物质元素循环的过程。容纳是环境以一定空间容存废弃物的过程。当排放废弃物的速度大于环境消化废物的速度时就产生了环境污染。

3. 生命支持系统

美国的生物圈二号实验证明，在一个预先设计好的与世隔绝的封闭系统中，没有自然界各种生物及环境因素的支持，人类就不能生存。

4. 美学与精神享受

情节优美的生活环境可使人精神愉快、身心健康、工作效率提高。

（四）环境的特性

1. 整体性与区域性

整体性即系统性，指环境系统与其各子系统及环境要素之间具有相互联系、作用与依存的关系。区域性指不同时空中的环境系统特性所存在的差异，如城市与农村环境的差异。

2. 变动性与稳定性

变动性指当人类或自然因素作用超过环境系统的承载力时，环境系统的组成、结构与状态发生显著变化的特性。而当其作用不超过环境系统的承载力时，系统在自我调节能力的作用下，则处于一个相对稳定的状态，此即环境系统的稳定性。环境的变动性是绝对的，稳定性是相对的，因为从微观和宏观上来看，环境中的物质和能量时时刻刻都在运动着、变化着。只是这种运动和变化速率相对人们的观察认识来说不太显著而已。

3. 滞后性与脆弱性

滞后性指自然环境受到外界影响后，其产生的变化往往是潜在的、滞后的，主要表现为引发的许多影响不能很快表现出来，以及发生变化的范围和程度很难了解清楚。脆弱性指环境系统一旦被破坏后，所需的恢复时间很长且很难恢复。如目前大气臭氧层要恢复到破坏前的状态将需要很长的时间，某些已灭绝的生物要再恢复也几乎是不可能的。

4. 资源性与价值性

人类生存与发展要从环境中获得一定的物质和能量，要求环境系统有所付出（如矿山开采），环境中的物质和能量是有限的，不是无限的、取之不尽的，这就是环境的资源性。同时环境也要求人类在获得自己所需的物质和能量时要付出一定的劳动代价，这就是其价值性。

5. 非独占性与非排他性

环境具有所有人同时公用而非个人专用（天空的空气不能专供某个人使用）的公共物品特性，即为非独占性。在环境自净能力范围内，利用环境的同时不会降低他人对环境的可利用性，这就是非排他性。

6. 外部性

环境污染者不承担环境污染治理费用而由社会来承担的特性即其外部性。例如，某家企业把本属于应该在工厂内部净化处理的污染废气排放到了工厂的外部，这样就减少了治理污染废气的设备、人力、物力、技术等多方面的投资与消耗，使该企业的内部经济效益增加，而处于企业之外的整个社会效益、经济效益和环境效益则因污染物的排放而下降。这也是目前我国环境问题产生和发展的主要原因之一。

（五）环境的影响

环境的影响指人类经济、政治、社会活动导致的有益或有害的环境变化，以及由这些变化产生的对人类社会的效应。

1. 直接影响

人类活动对环境及人类社会的直接作用即为直接影响，具有人类活动与影响时空一致性的特征。如人们向室内释放 CO、CO_2、H_2S 等有害气体，改变了空气组分，同时也会使人煤气中毒。

2. 间接影响

直接影响诱发的后续结果为间接影响。这种影响相对人类活动具有时间延迟、空间推移的特征。如人们生产、生活过程排放大量温室气体造成大气温升，大气温升又引起冰川融化，气候异常等自然灾害。

（六）环境的承载力

在人为及自然因素的作用下，环境系统保持其组成、结构、功能不发生破坏的能力。目前人类所造成的环境问题，正是人们生产与生活过程所排放的污染物，超过了环境对这些污染物承载力的结果。

五、聚落环境中的基本环境问题及其解决途径

（一）聚落环境的定义

聚落环境是人类聚居和生活的场所，是人类利用和改造自然环境而创造出来的生存环境。它是与人类的工作和生活关系最密切、最直接的环境。

（二）聚落环境的作用

聚落环境的发展，为人类提供了愈来愈方便、舒适的工作和生活环境，扩大了人类的生存领域，但与此同时，也往往因为人口密集、人类活动频繁而造成局部环境的污染。

（三）聚落环境的分类

聚落环境属人工-自然环境类型。根据其性质、功能和规模可分为居室环境、院落环境、

村落环境、城市环境等。

1. 居室环境

（1）定义　由各种不同功能与结构的房间所构成的环境。

（2）作用　是人们工作或工作之后休息、生活的室内场所。

（3）特点　大小、室内空间结构、装修特点等方面，因人而异，并随时间变化较快。

（4）环境问题　阳光、通风、温度、湿度、装修污染等室内环境问题正日益严重威胁着人们的身体健康和生命安全。例如现在城市楼房在冬天天冷或夏天天热使用空调需关闭门窗时，室内就缺乏自动流进新鲜空气和排出废气的通道系统，从而造成了严重的室内空气污染。

（5）污染治理　城市楼房应尽快改进室内自然通风方面的结构设计，促使室内空气流通化；室内装修要回归自然，进行厨房煤、油烟气治理。

2. 院落环境

（1）定义　院落环境是由一些功能不同的建筑物和与其联系在一起的场院组成的基本环境单元。

（2）特点　结构、形式、布局、规模、功能多种多样，现代化程度也很不相同，可以简单到一座孤立的居住房屋，也可以复杂到一座大住宅（如故宫）；具有明显的时代特征和地方色彩，如我国西南地区少数民族的竹楼、内蒙古草原的蒙古包、黄土高原的窑洞、山区里的小木屋等。

（3）作用　适应当地的自然地理、气候、环境及人的基本生活需要，为人们提供良好的生活空间环境；

（4）环境污染　院落环境在促进人类发展中起到了积极的作用，但也相应地产生了消极的环境问题。如燃煤、烧柴引起的空气污染、能源浪费，还影响健康，生活垃圾废弃物滋生细菌、传染疾病，造成环境污染。

（5）污染治理　院落环境园林化，要种植多种花草树木、蔬菜与鲜花；垃圾粪便沼气化，沼渣处理深埋化；灶具燃料节能化、气体化、电气化、太阳能化；家庭养殖专业化、区域化。充分利用自然能源、资源，利用太阳能、植物物质流，把院落环境建造成一个结构合理、功能良好、物尽其用、结构美观的人工生态系统。

3. 村落环境

（1）定义　村落主要是院落基本环境单元的有序组合，是农业人口聚居的地方。

（2）特点　其结构形式、规模、功能随自然地理、气候、风俗、经济条件及从事的农、林、牧、副、鱼等农业活动的种类不同而各异。如平原上的农村、海滨湖畔的渔村、深山老林的山村等。

（3）作用

① 使多数农民聚居在一个更大的环境单元里，利于协作、交流、提高劳动效率；

② 方便人们建立集贸市场进行物质交换及丰富文化生活；

③ 利用人们聚集形成各种生活、劳动社会组织，完成个人或家庭不能完成的各种生产及社会活动。

（4）环境问题

① 生活污染源：如垃圾、粪便、炉灶等；

② 农业污染源：化肥、农药；

③ 工业污染源：乡镇企业污染。

（5）污染治理

① 科学施用化肥、农药，既可节省费用又减少环境污染、节省资源；

② 推广使用有机肥及生物防治病虫害技术；

③ 加强农业植物秸秆的综合利用研究，开发太阳能、风能、水能、生物能等新的能源，如用植物秸秆发酵技术制酒精做汽车的燃料，利用太阳能做饭、发电等。

④ 加强农田基本建设及绿化田间山坡，减少氮磷钾肥料及水土流失，既保护了土地肥力，又减少了水体的富营养化。

4. 城市环境

（1）定义　城市环境是人类利用和改造环境而创造出来的高度人工化的生存环境，是随着私有制及国家的出现而出现的非农业人口聚居的场所。

（2）特点

① 规模、个数、居住人口正在不断扩大和连接。世界人口中城市人口 1950 年为 28.7%，1990 年大于 50%；中国人口 2003 年城市人口占 41.07%。2012 年末占 52.57%，2021 年末占 64.7%。规模也由小城市向大城市及城市群发展，如上海、北京、重庆、天津的人口都已超过 1000 万。

② 具有各种现代化的工业、商贸、交通、运输、文化、教育、娱乐、服务、通信及建筑等设施，为居民的物质及文化生活创造了优越的条件。

③ 因居住人口密集、高楼林立、交通拥挤、能源消耗量大而使环境遭受严重的污染与破坏。

（3）作用　随着生产力的发展，城市以较小的空间容纳了世界上多数人口，是目前大多数工业国家经济发展的主体。

（4）环境问题

① 城市化对大气环境的影响：

a. 城市化改变了下垫面的组成和性质：城市用砖瓦、水泥、玻璃和金属等人工表面代替了土壤、草地和森林等自然地面，改变了反射和辐射面的性质，改变了近地面层的热交换和地面粗糙度，从而影响大气的物理性状。

b. 城市化改变了大气的热量状况：城市化消耗大量能源，并释放出大量热能。大气环境所接受的这种人工热能，接近甚至超过它所接受的太阳和天空辐射。据统计，德国汉堡自煤燃烧的热能约为 $1674.8kJ/m^2$，而它在冬季所接受的太阳和天空辐射能为 $1758.5kJ/m^2$。

c. 城市化大量排放各种气体和颗粒污染物：这些污染物会改变城市大气环境的组成。一般说来，在工业时代以前，城市燃料结构以木柴为主，大气主要受烟尘污染。18 世纪进入工业时代以来，城市燃料结构逐渐以煤为主，大气受烟尘、二氧化硫及工业排放的多种气体污染较重，进入 20 世纪后半期以来，城市中工业及交通运输以矿物油作为主要能源，大气受 CO、NO_x、碳氢化合物（HC）、光化学烟雾和二氧化硫污染日益严重。

因此，相对地说，城市气温、云量、雾量、降雨量、烟尘、碳氧化物、氮氧化物、硫氧化物以及多环芳烃等有害气体含量较高。伦敦型烟雾和洛杉矶型烟雾等重大污染事件大都发生在城市中。相对湿度、能见度、风速、地表面所接受的总辐射和紫外辐射等则较低，而局部湍流则较多。由于城市气温高于四周，往往形成城市热岛。城市市区被污染的暖气流上升，并从高层向四周扩散；郊区较新鲜的冷空气则从低层吹向市区，构成局部环流（图 1-7）。这样，加强了城区与郊区的气体交换，但也一定程度上使污染物局限于此局部环流之中，而不易向更大范围扩散，常常在城市上空形成一个污染物幕罩。

② 城市化对水环境的影响：

a. 对水量的影响：城市化将增加耗水量，往往导致水源枯竭、供水紧张。地下水过度

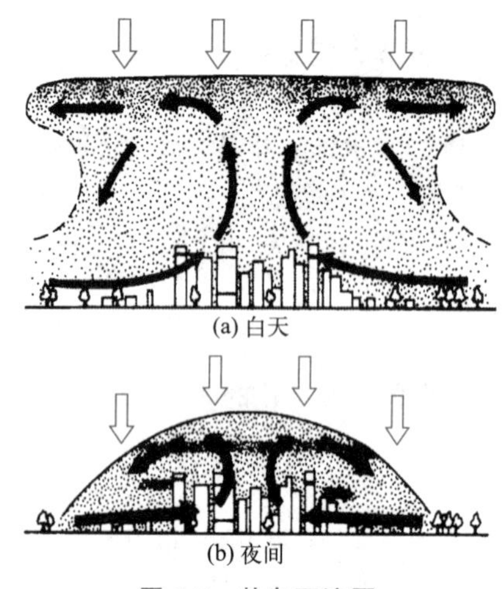

图 1-7 热岛环流图

开采，常导致地下水面下降和地面下沉。城市化增加了房屋和道路等不透水面积和排水工程，特别是暴雨排水工程，从而减少了渗透，增加了流速，使地下水得不到地表水足够的补给，破坏了自然界的水分循环。

b. 对水质的影响：这主要指生活、工业、交通、运输以及其他服务行业对水环境的污染。在 18 世纪以前，以人畜生活排泄物和相伴随的细菌、病毒等的污染为主，常常导致水质恶化、瘟疫流行。而在工业革命之后至今，随着生产力的发展，人们生产和生活活动中正把种类越来越多、毒性越来越大的污染物排放到水体中，从而造成了空前严重的各种水体污染。

③ 城市化对生物环境的影响：城市化严重地破坏了生物环境，改变了生物环境的组成和结构，使生产者有机体与消费者有机体的比例不协调，特别是近代工商业大城市的发展，往往不是受计划的调节，而是受经济规律的控制，许多城市房屋密集、街道交错，到处是水泥建筑和柏油路面，几乎完全消除了森林和草地，除了熙熙攘攘的人群，几乎看不到其他的生命，因此被称为“城市荒漠”。尤其在闹市区，高楼夹峙，街道深陷，形如峡谷，更给人以压抑之感。与此同时，野生动物群在城市中消失了，鸟儿也少见了，这种变化在 20 世纪 60 年代已引起人们的注意，在这种变化下，生态系统遭到破坏，影响到了碳、氧等物质循环。为了改善城市环境，许多国家都制订了切实可行的措施，加强城市绿化。我国各大城市也都正在为创造优美、清洁的城市环境而大力开展绿化工作。城市化过程也经历着一个破坏原有的自然生态环境，重建新的人工生态环境的过程。

城市化的趋势是必然的，但城市过大的弊端又是明显的。因而，许多国家采取种种措施，如控制城市户口、禁止某些工业在大城市兴建、征收高额环境保护税、土地税、疏散企业和机构、建立卫星城，或在较远地区建立中、小城市，以抵制大城市的吸引，形成所谓“抗磁力中心”等，以防止城市化自流发展，使城市的规模和结构与其功能相适应。

（5）污染治理

① 确定城市功能，指明城市发展方向；

② 确定城市规模，控制人口及占地面积；

③ 确定城市环境质量，制定城市环境规划，合理布局城市结构（居住区、工业区、商业区、公园绿化区等）；

④ 严格执行城市环境管理制度，增强居民环境意识，大力推行循环经济和清洁生产工艺。

第二节 生态系统

一、生态系统概述

（一）种群和群落

1. 种群

某一种生物所有个体的总和叫种群。例如，所有的天鹅是一个种群；所有的柳树也是一个种群；而所有的某种真菌个体组成了另一个种群。

2. 群落

生活在一定区域内的所有种群组成了群落。生物群落是由植物群落、动物群落和微生物群落构成的。例如在黄河流域生活的所有种群（牛马、树草、细菌……）组成了黄河流域的群落。

（二）生态系统及其组成

1. 生态系统

生态系统（ecosystem）是一定空间中共同栖居着的所有生物与其环境之间由于不断进行物质循环和能量流动过程而形成的统一整体。

任何生物群落与其环境组成的自然体都可以叫生态系统。因此，可以用一个公式表示：

生态系统＝生物群落＋环境条件

生态系统中，各种生物彼此间以及生物与非生物的环境因素之间互相作用，关系密切。在一个复杂的大生态系统中，又包括无数个小的生态系统。小至一条小水沟、一个小池塘、一簇花丛，大至森林、草原、湖泊、海洋乃至整个生物圈，都可看成是一个生态系统。从人类角度来看，生态系统包括人类本身和人类的生命支持系统，即大气、水、生物、土壤和岩石，它们相互作用构成了人类生存的自然环境，是一个大的自然生态系统。

根据地理条件的不同，地球上的生态系统可分为水生生态系统和陆地生态系统两大类。二者还可进一步细分为更多种的生态系统。如水生生态系统可分为海洋生态系统和淡水生态系统。淡水生态系统又可分为流水生态系统和静水生态系统等。同样，陆地生态系统也可以分为森林、草原、荒漠、高山等生态系统。森林生态系统还可细分为热带、亚热带、温带和寒温带森林等生态系统。如果把地球上所有生存的生物和周围环境条件看作一个整体，那么这个整体就称为生物圈。

生态系统虽然有大和小、简单和复杂之分，但其结构和功能都相似，都是自然界的一个基本活动单元，生物圈就是由无数个形形色色、丰富多彩的生态系统有机地组合而成的。由此可见，生物圈就是地球上最大的生态系统，其余的生态系统都是构成生物圈的基本功能单元。一个简化的陆地生态系统如图1-8所示。

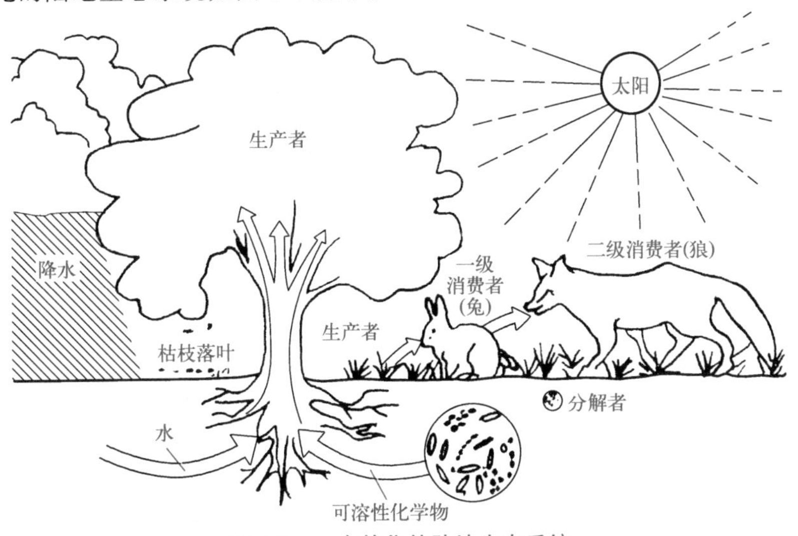

图1-8　一个简化的陆地生态系统

2. 生态系统的组成

（1）生产者　自然界的绿色植物及凡能进行光合作用、制造有机物的生物（单细胞藻类和少数自养微生物等）均属生产者，或称为自养生物。生产者利用太阳能或化学能，把无机物转化为有机物，这种转化不仅是生产者自身生长发育所必需的，同时也是满足其他生物种群及人类食物和能源所必需的，例如绿色植物的光合作用过程：

$$6CO_2+6H_2O \longrightarrow C_6H_{12}O_6+6O_2$$

（2）消费者　消费者针对生产者而言，它们本身不能利用无机物制造有机物，而是直接或间接利用生产者所制造的有机物质，属于异养生物。主要指食用植物的生物或相互食用的生物称为消费者。按营养方式的不同，消费者可分为草食动物（如牛、羊、兔），直接以植物为食，是一级消费者；以草食动物为食的肉食动物（如池塘中某些鱼类和草地上的狼、狐等动物），是二级消费者。消费者虽不是有机物的最初生产者，但在生态系统中也是一个极重要的环节，大型肉食动物或顶级食肉动物为三级消费者，如池塘中的黑鱼和草地上的鹰等猛禽。

（3）分解者　分解者也是异养生物，其在生态系统中的作用是将动植物残体的复杂有机物分解为生产者能够重新利用的简单化合物，并释放出能量，称为分解者或还原者。包括各种具有分解能力的细菌和真菌，也包括一些原生生物。例如，池塘中的细菌和真菌以及蟹、软体动物、蠕虫等无脊椎动物；草地中生活在枯枝落叶和土壤上层的细菌和真菌以及蚯蚓等无脊椎动物，均属于分解者。

（4）无生命物质　生态系统中各种无生命的无机物、有机物和各种自然因素，如水、空气、阳光等均属无生命物质。

以上四个部分构成一个有机的统一整体，相互间沿着一定的途径，不断地进行物质和能量的交换，并在一定条件下，保持暂时的相对平衡。某一区域生态系统如图 1-9 所示。

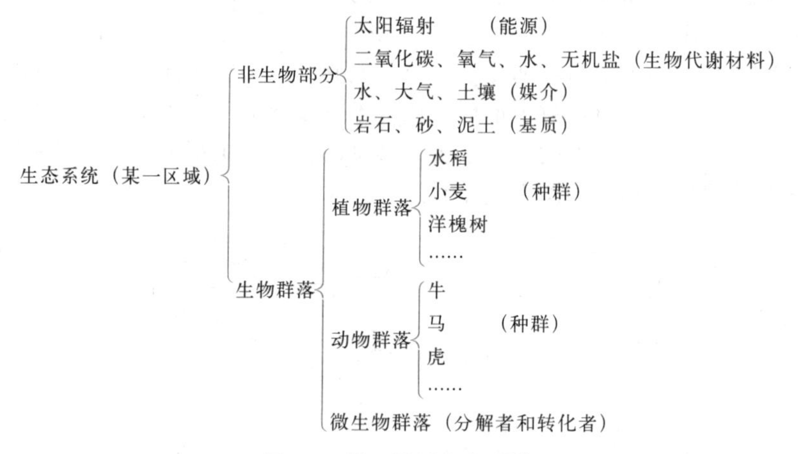

图 1-9　某一区域生态系统

（三）食物链和食物网

1. 食物链

生态系统中各种生物之间存在着取食和被取食的关系，它们按食物关系排列的链状顺序，就是食物链。我国既有“大鱼吃小鱼，小鱼吃虾米”的民谚，也有“螳螂捕蝉，黄雀在后”的典故，都是食物链的生动写照，或者说一切生物为了维持生命都必须从外界摄取能量和营养，以这种能量和营养的联系而形成的各种生物之间的链称为食物链。例如绿色植物在阳光下进行光合作用，把无机物转化为有机物储存于体内，而后绿色植物为草食动物所食，草食动物又为肉食动物所食，逐级传递能量和营养，构成食物链。

食物链上的每一个层次都称为一个营养级。最简单的食物链仅有 2 个营养级，当然，也存在较复杂的食物链，由于各级消费者之间能量的利用率不高，所以食物链一般不超过 5

级。在生态系统中，食物链主要有三种类型：

（1）牧食食物链　牧食是指草食动物吃植物。这种食物链是以活的绿色植物为基础，从食草动物开始的，也叫捕食链。如：青草—蝗虫—鸟—蛇……

（2）腐食食物链　腐食是指微生物或某些土壤动物将动植物尸体分解，矿化或形成腐殖质。这种食物链是以死的动植物残体为基础，从真菌、细菌和某些土壤动物开始的，也叫分解链。如：动植物残体—蚯蚓—线虫类—节肢动物……

（3）寄生食物链　这种食物链是以活的动植物有机体为基础，从某些专营寄生生活的动植物开始的。如：牧草—黄鼠—跳蚤—鼠疫细菌……

一般说来，上述三种食物链，在不同类型的生态系统中（如森林、草原、水域生态系统中等），几乎是同时存在的。它们各有侧重，相互配合，保证了生态系统中物质循环与能量流动的畅通。

2. 食物网

各个食物链之间并不是彼此分离的，田间的野鼠可以吃好几种植物的种子，而野鼠也是好多种肉食动物的捕食对象。每一种肉食动物都能以多种动物为食，由此可见，各个食物链还会彼此交织在一起，互相联系成网，也就是说，食物链上每一个环节总是和其他食物链相联系，并且由此而引起复杂的供养关系组合，将这组合称之为食物网。图 1-10 是一个简化了的陆地生态系统食物网，实际的食物网远比这复杂得多。

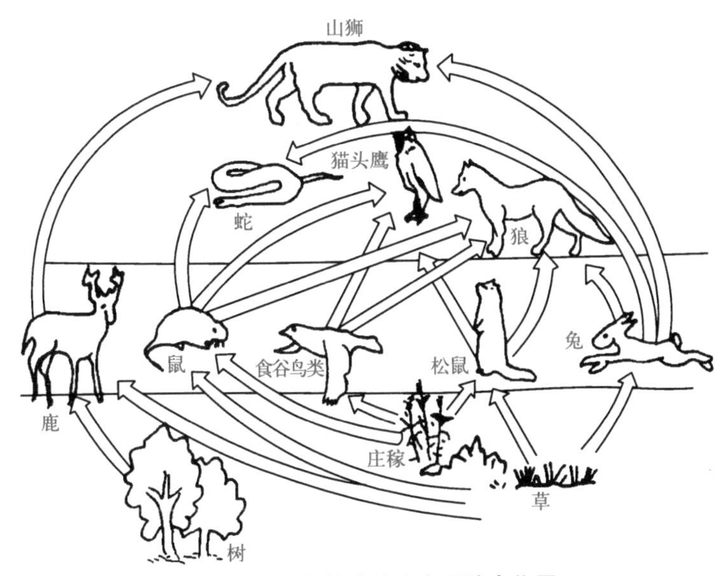

图 1-10　简化的陆地生态系统食物网

3. 食物网的稳定性

食物网的稳定性与其复杂性密切相关，所谓稳定即每一种群中，所有个体的数目趋向于一个近似的恒量。一般地说，食物网越复杂，生态系统越稳定。反之，食物网简单的生态系统，某种生物，尤其是在生态系统中起关键作用的物种一旦消失或受到严重破坏，往往会导致该系统的剧烈波动。而一个非常简单的食物网，即使发生不太大的变化时，也会使种群的数目产生较大的改变，甚至使某种生物灭绝。例如，在美国亚利桑那州的一个林区生态系统中，曾经只有一条食物链：林草—鹿—狼。由于狼被大量捕杀，没有天敌的鹿大量繁殖，超过了林草的承载力，草地和森林遭到破坏，鹿群也被饿死，结果是整个生态系统被破坏了。

生态系统中，一般均存在两类食物链，即捕食食物链和腐食食物链，前者以活的动植物为起点，后者则从分解动植物尸体或粪便中的有机物颗粒开始。

现在来讨论一下只有一个被捕食者种群和一个捕食者种群的食物链的情况：

A(被捕食者)→B(捕食者)

如果A种群开始减少，可以预料到，因被捕食动物的不足而引起B种群的下降。当B种群减少时，由于捕食者的食物来源又丰富起来，B种群也将随着增长，在捕食者增加的地方又使得A种群再度减少。因此，对于一个简单的食物网，容易出现波动现象。一个最实际的例子是，我国珍贵动物大熊猫只爱吃箭竹，当箭竹开花而大面积死亡时，就导致了大熊猫种群数量的减少。

稍微复杂一些的食物网情况就不一样了，例如

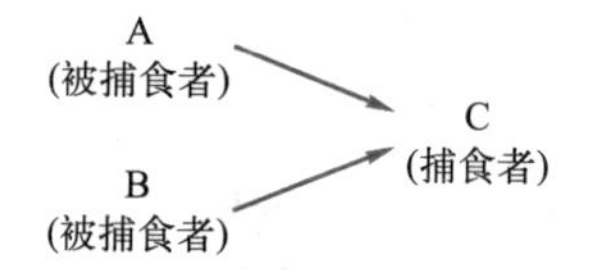

如果A种群减少，C种群可以捕食B种群生物，这样A种群生物就能得到恢复而不至于使生态平衡受到严重破坏。例如，草原上的野鼠由于流行鼠疫而大量死亡，原来以捕鼠为食的猫头鹰，并不因鼠类的减少而发生食物危机，这是因为鼠类减少后，草类就大量繁殖起来，繁茂的草类可以给野兔的生长和繁育提供良好的环境，野兔的数量开始增多，猫头鹰则把捕食目标转移到野兔身上。

虽然有很多例外，但大量的事实证明了多样性导致稳定性的规律，并由此得到一个基本结论：食物网中所包含的生物种类越多，与物种连接的食物链的环数越多，则所构成的生态系统越稳定。

4. 食物链在生态系统中的作用

食物链在生态系统中起着重要的作用。从太阳能开始，自然界的能量经过绿色植物的固定，沿着食物链和食物网流动，最终由于生物的代谢、死亡和分解，而以热的形式逐渐扩散到周围空间中去。

自然界的各种物质包括越来越多的人造物质，由植物摄取，也沿着食物链和食物网移动并且富集，最终随着生物的死亡、腐烂和分解返回无机自然界。由于这些物质可以被植物重新吸收和利用，所以它们周而复始，循环不已。

食物链在陆地、淡水和海洋中广泛存在，不仅为人类提供了取之不尽的植物产品，也源源不断地为人类提供了丰富的动物产品。但是，各种有毒物质也能沿着食物链逐渐积累、富集，造成对环境的污染，最终危及人类（生物）的生存。在生态学中，把有毒物质沿食物链逐渐累积的现象称为富集作用。

第二次世界大战后，DDT曾经被人们当成防治各种虫害的灵丹妙药而大量使用。虽然大部分DDT都喷洒在仅占陆地面积20%的土地上，但是后来，人们不仅在荒凉的北极地区的格陵兰岛动物体内测出了DDT，而且也在远离任何施药地区的南极动物企鹅体内发现了DDT。有毒物质沿着食物链的富集作用如图1-11所示。

（四）生态金字塔的定义及特点

1. 定义

指生态系统中由于1/10定律作用所形成的低营养级与高营养级之间生物质量及能量逐步缩小的现象。如图1-12所示。

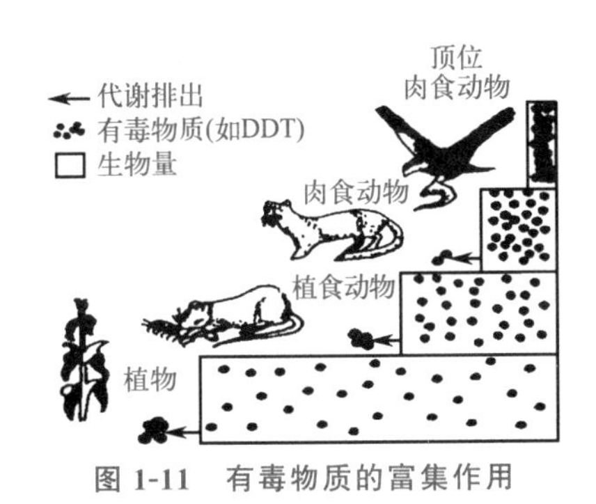

图 1-11　有毒物质的富集作用

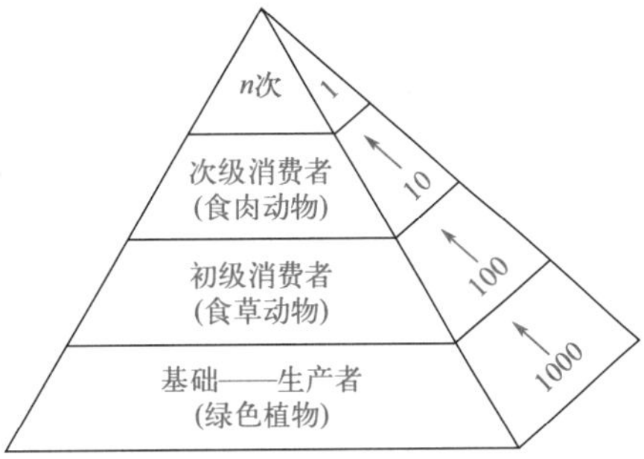

图 1-12　生态金字塔

2. 特点

（1）在生态金字塔中所处级别越高，其食物来源越少，也越难生存；

（2）杂食性生物因其食物来源广泛而易于生存。

3. 1/10 定律

指在生态系统中，下面营养级所储存的质能只有大约 1/10 能被其上一级营养级所利用的现象。其他大部分质能被消耗在该营养级的新陈代谢作用上，以代谢产物和热量的形式释放到环境中去。

（五）生态系统的功能

生态系统的基本功能是生物生产、能量流动、物质循环和信息传递，它们是通过生态系统的核心——有生命部分，即生物群落来实现的。

1. 生物生产

生物生产包括植物性生产和动物性生产。绿色植物以太阳能为动力，水、二氧化碳、矿物质等为原料，通过光合作用来合成有机物。与此同时，又把太阳能转变为化学能贮存于有机物之中，这样就生产出了植物性产品。动物采食植物后，经动物的同化作用，将采食得来的物质和能量，又转化成自身的物质和潜能，使动物不断繁殖和生长。动物性生产为次级生产，而植物性生产则为初级生产。

2. 能量流动

在生态系统中，全部生命活动所需要的能量几乎均来自太阳，进入大气层的太阳能大约是 81.17kJ/(m^2 · min)。其中 30%被反射回去，20%被大气吸收，只有 50%左右到达地面（入射日光能量分配如图 1-13）。真正被绿色植物利用的只占辐射到地面上太阳能的 1%左右。绿色植物利用这一部分太阳能，进行光合作用制造的有机物质，每年可达 1500 亿～2000 亿吨，这是提供给消费者的有机物产量。绿色植物通过光合作用，把太阳能（光能）转变成化学能贮存在这些有机物质中，并提供给消费者。能量在生态系统中的流动是从绿色植物开始的，食物链是能量流动的渠道。

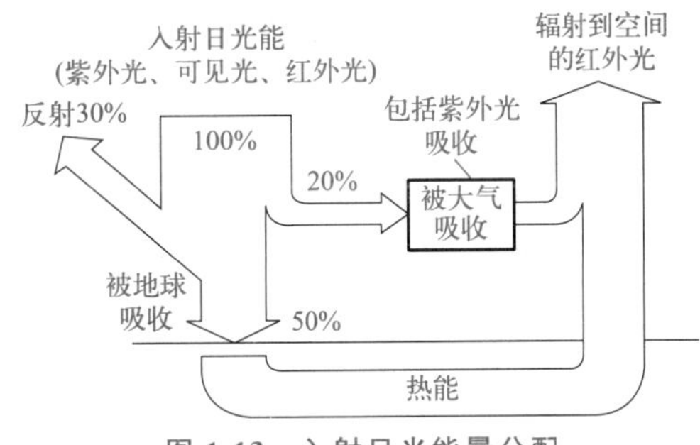

图 1-13　入射日光能量分配

在生态系统中，能量流动有两个显著的特点：

（1）沿着生产者和各级消费者的顺序逐渐减少。能量在流动过程中大部分用于维持新陈代谢，在呼吸过程中，以热的形式散发到环境中去。只有一小部分用于合成新的组织或作为潜能贮存起来。由于在生态系统中能量的利用率很低，所以，能量在沿着从绿色植物—草食动物——级肉食动物—二级肉食动物等逐级流动过程中，后者所获得的能量大体上等于前者所含能量的1/10，也就是说，大约有9/10的能量损失掉了，从这个意义上说，人类以植物为食要比以动物为食经济得多。

（2）能量的流动是单一方向的，不可逆的。因为来自太阳的能量以光能的形式进入生态系统后，经过食物链能量流动的渠道，由低营养级生物向高营养级生物进行转化和流动，并以热能的形式逸散于地球表层环境中，进而辐射到宇宙空间中去。这些辐射到宇宙空间中去的热能是不可能再返回到地球表层环境中的，而是沿着原来食物链能量流动渠道的相反方向进入高营养级生物体向低营养级生物体转化和流动，最后再以光能的形式回到太阳那里去。所以，能量只能按前进的方向依次流过生态系统，是一个不可逆的过程。生态系统只能不断地从太阳辐射摄取能量，这就是人们常说“万物生长靠太阳”的原因。也许有人会问，既然在能量流动过程中有许多能量以热的形式逸散于环境之中，那么，地球上的温度为什么不会一直上升呢？这是因为地球表面不断把热量辐射到宇宙空间中去的缘故。

3. 物质循环

研究表明，生态系统中的物质是在生产者、消费者、分解者、营养库之间循环的，称之为生物地球化学循环。

植物、动物、微生物，包括人类在内，都是由运动着的物质构成，没有不运动的物质，也没有离开物质的运动。

生态系统中的生物，在生命过程中大约需要30～40种化学元素，这些元素都是由地球供给的，其中碳、氢、氧、氮、磷、钾、硫、钙、镁是构成生命有机体的主要元素，它们也是自然界中的主要元素。因此，这些元素的循环是生态系统基本的物质循环。铁、硼、锰、锌、钼、铜、钴等生物需要的微量元素，在生态系统中也构成了各自的循环。微量元素在生命过程中需要量虽然不多，但却是不可缺少的。如果缺少这些元素，常常会引起发育异常或疾病。

地球在漫长的演化过程中，通过化学进化，从无机到有机，从简单到复杂，终于孕育并诞生了生命，又逐渐形成了人们现在所见到的丰富多彩的各种生态系统。

生态系统中的物质循环是：绿色植物不断地从环境中吸收各种化学营养元素，将简单的无机分子转化成复杂的有机分子，用以建造自身。当草食动物采食绿色植物时，植物体内的营养物质又转入到草食动物体内。当植物、动物死亡后，它们的残体和尸体又被微生物（还原者）所分解，复杂的有机分子转化为无机分子复归于环境，以供绿色植物再吸收，进行再循环。因此，可以这样假想：吸入肺部的一个氧分子，过去可能是一棵松树中酪蛋白分子的组成部分，而更早的时候，它可能是海洋中水分子的组成部分。正是由于生态系统中存在着连续不断的物质循环。人们所居住的地球，至今仍然清新活跃，生机盎然。

生态系统中的物质循环过程十分复杂，常常需要放眼较大的生态系统，甚至是整个生物圈。生态系统中水、碳、氮、磷、硫的循环如下。

（1）水循环　水是地球上最丰富的无机化合物，也是生命组织中最多的单一成分。水曾是原始生命的摇篮，直至今日，仍是许多生物的自然环境。在太阳能和地球表面热能的作用下，地球上的水不断被蒸发成为水蒸气，进入大气。水蒸气遇冷又凝聚成水，在重力的作用下，以降水的形式落到地面，这个周而复始的过程，称为水循环，如图1-14所示。

生态系统中的水循环包括截取、渗透、蒸发、蒸腾和地表径流。植物在水循环中起重要作用，植物通过根吸收土壤中的水分。与其他物质不同的是进入植物体的水分，只有1%～3%参与植物体的建造并进入食物链，由其他营养级所利用。其余97%～98%通过叶面蒸腾作用返回大气中，参与水分的再循环。例如，生长茂盛的水稻，一天大约吸收70t/hm^{2}的水，这些被吸收的水仅有5%用于维持原生质的功能和光合作用，其余大部分成为水蒸气从气孔排出。

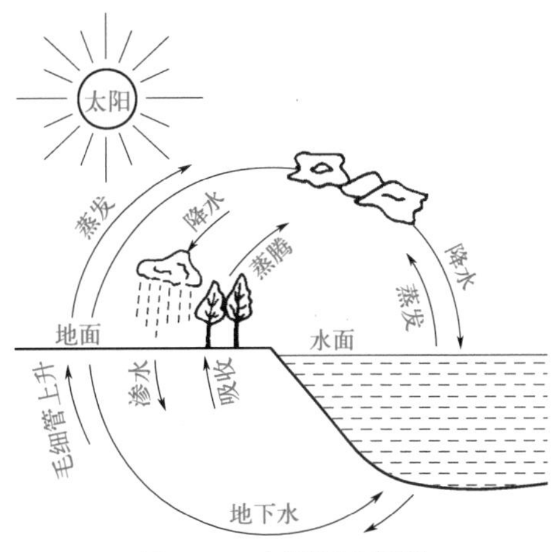

图 1-14　水循环示意图

(2) 碳循环　自然界碳循环的基本过程是：大气中的二氧化碳被陆地和海洋中的植物吸收，然后通过生物或地质过程以及人类活动，又以二氧化碳的形式返回大气中。碳是构成生物体的基本元素，占生物总质量的25%左右。

生物可直接利用的是水圈和大气圈中以二氧化碳形式存在的碳。植物在光合作用的过程中，吸收大气中的二氧化碳，生产出葡萄糖等有机物质，并释放出氧气。其中一部分氧气作为能量为植物本身消耗，另一部分经过消费者和分解者，在呼吸和残体腐败分解后，再回到大气圈中，进入新一轮循环。另外，煤、石油、天然气等物质的燃烧，有机体的腐败分解过程，也是吸收氧气而放出二氧化碳，这样碳元素又进入大气。二氧化碳可以由大气进入海水，也可以由海水进入大气。大气中的二氧化碳溶解在雨水和地下水中成为碳酸，碳酸能把石灰岩（碳酸盐）变为可溶性的碳酸氢盐，并被江河输送到海洋中，同时有碳酸盐沉积于海底形成新岩石，或者通过水生生物的骨骸转移到陆地。火山爆发和森林大火等自然现象也会使碳元素变为二氧化碳回到大气中。自然界中的碳循环如图1-15所示。

(3) 氮循环　氮气占大气总体积的78%以上。氮在大气中主要以氮的分子态存在，还以氨、一氧化氮、二氧化氮等氮的化合态形式存在。这些化合态的氮在云、气溶胶粒子、雨滴中转化为铵和硝酸根离子，随降水降落到地面。大气中的氮气和氧气可在雷电作用下反应，最终生成硝酸根离子。大气中的氮也可被土壤和水体中某些细菌和微生物吸取，和氢结合成为氨。这样生成的氨以及大气中降落的铵化合物在微生物的硝化作用下，最终变为硝酸盐。硝酸盐很容易被植物根系吸收，可在植物体内合成多种有机化合物如蛋白质，然后通过食物链的传递成为动物体的蛋白质。动、植物死亡后，遗体被微生物分解，氮又以氨的形式回到土壤和水体中。动物排出的粪便含尿素和氨，尿素也可被微生物转变为氨。土壤中的硝酸盐在微生物的反硝化作用下还原为氮和氧化亚氮（N_2O）逸入大气中。氨也可由于挥发而进入大气。土壤中的硝酸盐和氨极易溶于水，所以很容易随地表径流和地下水排入水体中。生态系统中氮循环如图1-16所示。

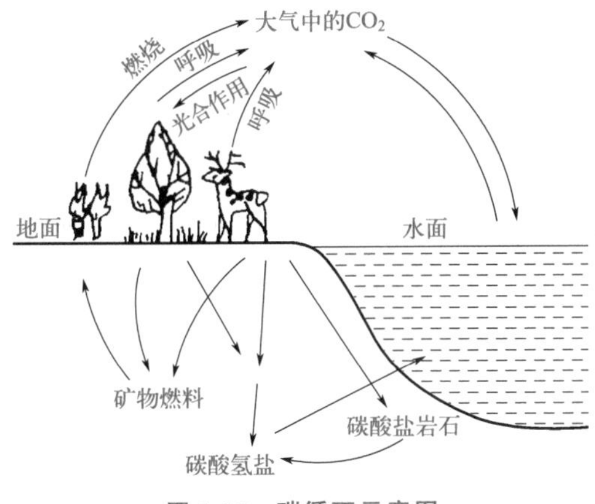

图 1-15　碳循环示意图

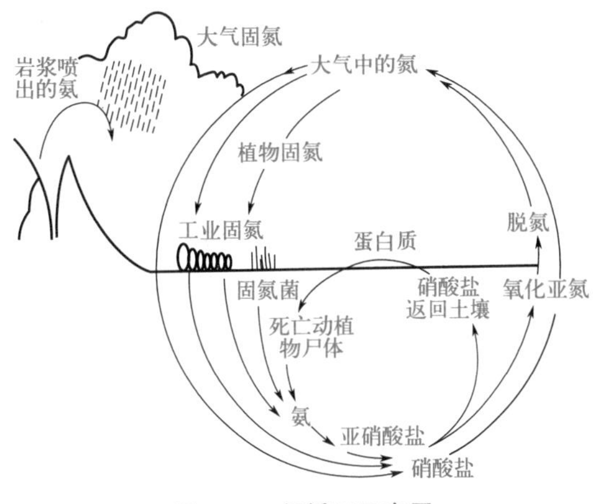

图 1-16　氮循环示意图

（4）磷循环　磷是生物不可缺少的重要元素，生物的代谢过程都需要磷的参与。磷是核酸、细胞膜和骨骼的主要成分。

参与生态系统中物质循环的磷存在于岩石相和溶解盐相中。循环源于岩石的风化，终于水中的沉积。由于风化侵蚀作用和人类的开采，磷释放出来，在降水作用下成为可溶性磷酸盐，经由植物、食草动物和食肉动物而在生物之间流动，待生物死亡后被分解，又回到环境中。溶解性磷酸盐也可随水流进入江河湖海，并沉积在海底。其中一部分长期留在海底，另一部分可形成新的地壳，在风化后再次进入循环。

（5）硫循环　硫是原生质体的重要组分。地球中的硫大部分储存在岩石、矿物和海底沉积物中，以黄铁矿、石膏和水合硫酸钙的形式存在。

进入生态系统的硫主要来自土壤中的硫酸盐和大气中的二氧化硫，它们被植物吸收，然后通过食物链被动物利用。动植物死亡后，蛋白质在微生物作用下分解，硫释放出来，进入土壤后再被微生物利用，以硫化氢或硫酸盐形式脱离生态系统或进入再循环。

4. 信息传递

生态系统的功能除体现在生物生产过程、能量流动和物质循环以外，还表现在各生命成分之间的信息传递。与物质循环和单向能量流动不同，信息传递是双向的，既有从输入到输出的信息传递，也有从输出到输入的信息反馈。

生态系统中包含多种多样的信息，大致可以分为物理信息、化学信息、行为信息和营养信息。

（1）物理信息　生态系统中以物理过程为传递形式的信息称为物理信息，包括声、光、电、磁和颜色等。例如，动物的叫声可以传递惊慌、警告、安全和求偶等信息；某些光和颜色可以向昆虫和鱼类提供食物信息；电场、磁场对动物定向有重要作用；季节、光照的变化引起动物换毛、求偶、冬眠、贮粮和迁徙；昼夜有节律的更替影响植物开花、结实；大雁发现敌情时，发出鸣叫声等。

（2）化学信息　生态系统的各个层次都有生物代谢产生的化学物质参与传递信息、协调各种功能，这种传递信息的化学物质统称为信息素。

化学信息是生态系统信息流的重要组成部分。植物可利用其体内含有的某些激素来抵御害虫的侵袭，如某些金丝桃属植物，能分泌一种引起光敏性和刺激皮肤的化合物——海棠素，使误食的动物变盲或死亡，故多种动物会避开这种植物。动物利用信息素传递信息的例子也不胜枚举。如七星瓢虫捕食棉蚜虫时，被捕食的棉蚜虫会立即释放报警信息素，通知同类个体逃避，于是周围的蚜虫纷纷跌落；与此相反，小蠹甲在发现榆、松寄生植物后，会释放聚集信息素，召唤同类前来共同取食；蚂蚁在爬行时会留下“痕迹”，以使别的蚂蚁能尾随跟踪。

（3）营养信息　营养信息由食物和养分组成。通过营养交换的形式，可以将信息从一个种群传递到另一个种群。在生态系统中，生物的食物链和食物网就是一个营养信息系统，各种生物通过营养信息关系联系成一个相互依存和相互制约的整体。各营养级的生物数量要求符合生态金字塔规律，即养活一只食草动物需要几倍于它的植物，养活一只肉食动物需要几倍数量的食草动物。前一营养级的生物数量可反映出后一营养级的生物数量。例如，在草原牧区生态系统中，草原的载畜量必须根据牧草提供的营养信息来确定，超载放牧，就必定会因牧草饲料不足而使牲畜生长不良和引起草原退化。又以鼠类为例，当狐狸大量捕食鼠类时，便传递了野兔数量不多的信息。又如啄木鸟以昆虫为食，昆虫多的区域，啄木鸟就能迅速生长和繁殖，昆虫就成为啄木鸟的营养信息。

（4）行为信息　通过行为和动作，在种群内或种群间传递识别、求偶和挑战等的信息叫行为信息。无论是同一种群还是不同种群，它们的个体之间都存在着行为信息的表现。例如，蜜蜂发现蜜源时，就用舞蹈动作通知其他蜜蜂去采蜜。蜂舞用各种形态和动作来表示蜜源的远近和方向，如蜜源较近时，作圆舞姿态；蜜源较远时，作摆尾舞等。又如，杜鹃是草原中的一种鸟，当发现敌情时，雄鸟就会急速起飞，扇动两翼，给在孵卵的雌鸟发出逃避的信息；丹顶鹤通过雌雄双双起飞的动作来传递求偶的信息等。当今在许多科研项目的系统分析中，都把研究信息在系统中的运动放在重要位置，研究生态系统也是如此。目前对同一种群不同个体之间，无机环境与生物机体之间的信息传递比较容易观察和理解，而对不同物种之间的信息传递关系尚知之甚少。

二、生态平衡

（一）生态平衡的含义

任何一个正常的生态系统中，能量流动和物质循环总是不断地进行着，但是在一定的时期内，生产者、消费者和还原者之间都保持着一种动态平衡。进而言之，生态系统发展到成熟的阶段，它的结构和功能，包括生物种类的组成、各个种群的数量比例以及能量和物质的输入、输出等都处于相对稳定的状态，这种相对稳定状态称作生态平衡，又叫自然平衡。

一个平衡的生态系统通常具有以下特征：生物种类组成和数量相对稳定；能量和物质的输入及输出保持平衡；食物链结构复杂而形成食物网；在生产者、消费者和还原者之间有完好的营养关系。因为能量流动和物质循环总在不间断地进行，生物个体也在不断地更新。在自然条件下，生态系统的演替总是自动地向着物种多样化、结构复杂化、功能完善化的方向发展。如果没有外来因素的干扰，生态系统最终将达到成熟的稳定阶段。那时生物种类最多，种群比例最适宜，总生物量最大，系统的内稳性最强。

生态平衡是一个相对的动态平衡，生态系统能够保持相对的平衡状态，主要是由于其内部具有自动调节的能力，但是这种调节能力是有一定限度的。它有赖于种类成分的多样性和能量流动及物质循环途径的复杂性，同时取决于外部作用的强度和时间。在寒冷的北极，如果那里地衣的生长受到阻碍，整个生态系统就可能崩溃，因为那里的异养生物都直接或间接地依靠地衣为主。而在温带、热带的生态系统中，情况就不一样，一个种群的暂时消失，不会危及整个生态系统，因为有代替的食物可供利用。例如，某一森林生态系统中食叶昆虫（如松毛虫）数量增多（信号），林木因此受害。这种信号传递给食虫鸟类（如灰喜鹊），促使其大量繁殖，捕食食叶昆虫，使虫数量得到控制，于是生态系统的生态平衡逐渐得到恢复。

（二）影响生态平衡的因素

影响生态平衡的因素有自然因素和人为因素。

自然因素主要是指自然界发生的异常变化或自然界本来就存在着对人类和生物的有害因素。如火山爆发、山崩、海啸、水旱灾害、地震、台风、流行病等自然灾害，从而使生态平衡遭到破坏。

人为因素主要是指人类对自然资源不合理开发利用及工农业生产发展等带来的环境破坏问题，包括毁坏植被，引进或消灭某一生物种群，建造某些大型工程，以及现代工业、农业生产过程中排出某些有害有毒物质和向农田中喷洒大量农药等。

人类有意或无意地在生态系统中引入或消灭某种生物，就可能对整个生态系统造成影响。如澳大利亚原来没有兔子，因此引进后食其肉，用其皮毛，可谓一举两得。殊不知在澳大利亚没有兔子的天敌，致使兔子大量繁殖，遍及田野，滥吃草木，牛羊失去了牧场，水土流失严重，生态平衡遭到严重破坏，后来不得不引进一种兔子的传染病，才控制了“兔子危机”。另外，滥捕鸟类、滥伐树木等都会造成某一物种的减少或灭绝而影响生态平衡。

生态系统是所有物种存在的基础。物种的相互依存性和相互制约性形成了生态系统的主要特征——整体性。生态系统多样性是物种多样性和基因多样性的基础，自然生态系统的稳定与平衡，为物种进化和种内基因变异提供了保证。

应当指出，必须在基因、物种和生态系统三个层次上都得到保护，生物多样性才能真正得到保护。而生物多样性保护的重点应是保持生态系统的完整性和保护珍稀濒危物种。

生物多样性资源是大自然赐予人类最宝贵的财富。依靠地球的生物多样性资源，人类社会得以存在和发展，并形成今天这个五彩缤纷的世界。多种多样的基因、物种以及包容它们的生态系统，为地球上包括人类在内的所有生物提供食物、保护和生态服务，成为生命的支持系统。这一点，直到最近二三十年才被人类真正认识到。

生态系统是一个复杂、和谐而又处于动态进化中的体系。由于其组成的多样性，对外来干扰具有一定的缓冲能力，对局部的破坏也有一定的修复功能。因此，生态系统的破坏是一个渐进的、累积的过程。有人用铆钉做比喻，形象地说明了生态系统的破坏过程：当飞机的机翼上选择适当的位置除掉一个或几个铆钉时，造成的影响可能微不足道，当铆钉一个一个地被拔出时，危险逐渐增大，每一个铆钉的拔出都增加了下一个铆钉断裂的可能，当铆钉少到一定程度时，飞机的突然解体也就成为必然。

在生态系统中，每一个物种的灭绝犹如飞机损失了一个铆钉，虽然可能无足轻重，但一个生物种群的灭绝，可以影响到十几个生物种群的生存，物种损失到一定程度，生态系统也就必然破坏。这种现象已被很多观察研究所证实。

（三）生态危机

生态危机是指由于自然过程或人类的盲目活动，而导致局部地区，甚至整个生物圈组成、结构和功能的破坏，从而威胁到生物生存的现象。

20 世纪 30 年代，美国由于盲目开垦西部地区，使草原植被遭到严重的破坏，连续发生了三次“黑色风暴”。其中最严重的一次是 1934 年 5 月 9 日～11 日，黑色风暴以 100km/h 的速度，从美国西海岸一直刮到东海岸，卷走了 3 亿吨土壤，毁坏了数千公顷良田，黑色风暴所到之处，昏天黑地，人们不得不在脸上蒙上纱巾，防止沙尘通过口鼻进入体内，美国对西部草原的盲目开垦，受到了尘土风暴的无情袭击和报复。

苏联为了增加粮食生产，从 1954～1960 年，在哈萨克斯坦北部、西伯利亚西部和俄罗斯东部盲目开垦了 $4\times10^{11}m^2$ 荒地，相当于英国国土面积的 3 倍。虽然在最初的几年内，粮食产量有所增长，但是到了 1963 年，干旱使 $4\times10^{11}m^2$ 农田颗粒无收，并先后出现过几次黑色风暴，使 $2\times10^{11}m^2$ 农田受害，黑色风暴把宝贵的土壤表土席卷而去，使人类再一次因盲目开垦草原而受到大自然的惩罚。

我国当前生态平衡遭到破坏的情况也很严重，从南到北，很多河流和湖泊都受到了污染。由于森林、植被受到破坏，全国现有水土流失面积 $269.27\times10^4km^2$，占国土总面积的 28.05%。仅黄河和长江两条大河，每年流入海洋的泥沙就多达 20 亿吨，这些泥沙如果用火车装运，车长可绕赤道两周。如果站在南京长江大桥眺望一下滚滚东去的长江水，就会为长江是否会变成第二条黄河而担忧。事实上，长江水含沙量已越来越接近黄河。

1993 年 5 月 5 日下午，一场历史上罕见的特大黑风暴自西向东席卷了我国新疆、甘肃、宁夏和内蒙古部分地区。在风和日丽时突然降临的这场黑风暴，使人民群众的生命、财产蒙受重大损失。有关专家认为，引起这场黑色风暴的原因之一，是这一地区的生态环境严重恶化。在 1995 年 5 月初，我国甘肃地区又一次发生了黑风暴。

生态危机在潜伏时期往往不容易被人们觉察，一旦出现生态危机，就很难在短时期内得到治理，因此，当它处于潜伏期时，就应当采取适当措施加以防止。

三、生态学在环境保护中的应用

人口超载已成为我国和世界许多国家沉重的包袱。由于人口的飞速增长，各个国家都拼命发展本国经济，刺激工农业生产的发展和科学技术的进步。随着人们对改造自然能力的增强，在自然资源开发利用的过程中，生态系统遭到了严重的破坏，并引起了生态平衡的失调，大自然反过来也毫不留情地惩罚人类：森林面积减少，沙漠面积扩大；洪、涝、风、虫、鼠等灾害频繁发生；工业、生活污水未能得到有效处理，使得一些地区几乎没有洁净的水源；各种大气污染物浓度上升，人类难以呼吸到新鲜的空气。人们终于认识到了要按照生态学的规律来指导人类的生产实践和一切经济活动，要把生态学的原理应用到环境保护中去。

（一）全面考察人类活动对环境的影响

任何一个生态系统，都有其特定的能流和物流规律，只有遵循这个规律，人们才能既不断发展生产，又保持一个洁净、优美和宁静的环境。从人类历史来看，过去人们一直重视经济效益而忽视了生态效益，饱尝了苦果。总结经验教训，人们深知必须应用生态学规律，充分考察各项活动对环境可能产生的影响，并采取相应的对策，以防患于未然。

（二）充分利用生态系统的调节功能

生态系统具有不同程度的自净能力，被污染的环境介质，如大气、水体、土壤等都可以依靠本身的自净能力，减轻污染程度或恢复正常状态。应尽量有目的地、广泛地利用这种自净能力来防治环境污染。

植树造林可在一定程度上防治大气和噪声的污染。1978 年以来，我国开展了规模宏大的森林生态工程建设。三北（东北、华北、西北）防护林体系工程，横跨了 13 个省区，目前已开始显示出明显的生态效益和经济效益。

(1) 改善局部气候　如山西省某林场的人工林区，年降雨量比附近无林地区多 12%，同时新增加 16 处泉水眼，洪水量减少 70%。

(2) 抗灾能力提高　1981 年 5 月，风暴袭击了内蒙古赤峰市，但是该市的太平地乡，由于林网的保护（森林覆盖率达 28.5%），有效地抗御了 11 级大风，$45356\times10^3m^2$ 农田安然无恙，而林网外的农田，秋收亩产比常年减少 76%。

(3) 沙化面积减少，农牧增产增收　内蒙古伊金霍洛旗森林覆盖率由 9%提高到 23%。由于全旗的耕地大部分置于林带保护之下，粮食产量提高，畜牧业连续 7 年增产，创下历史最高水平。

(4) 解决了地方用材，提高人民经济收入　新疆莎车县，17 年植树 1.1 亿株，总蓄材量达 $70\times10^4m^3$，现在每年生产间伐林 $1\times10^4m^3$，基本上解决了地方用材。

（三）对环境质量进行生物监测和评价

利用生物个体、种群或群落对环境污染或变化所产生的反应阐明环境污染状况，从生物学角度为环境质量的监测和评价提供依据。例如对北京官厅水库、湖北鸭儿湖、辽宁浑河等水体的生物监测，利用鱼血酶活力的变化反映水体污染，用底栖动物监测农药污染等，都取得了一定成果。在利用植物监测大气污染方面，科学工作者也进行了大量的研究，并取得了一定成果。

（四）以生态学规律指导经济建设

在制定国家发展规划时，应该利用生态学原则，把经济因素与地球物理因素、生态因素和社会因素等紧密结合在一起进行考虑，使国家和地区的发展能顺应环境条件，不致使生态平衡遭到破坏，以达到经济发展与人类环境相适应、实现可持续发展的战略目标。

复习思考题

1. 地球是由哪些圈层组成的？与人关系最密切的是哪一层？
2. 对流层和平流层的特点是什么？
3. 地球对于生命的产生具备什么特殊条件？
4. 环境的定义是什么？分类有哪些？
5. 环境的性质有哪些？
6. 城市环境中有哪些环境问题？该怎样处理更合理？
7. 举例说明种群、群落、自养生物、异养生物的含义。
8. 试述生态系统的定义及组成。
9. 食物链、食物网、营养级、生态金字塔的定义及特点是什么？
10. 生态系统中能量流动与物质循环是如何进行的？其特点是什么？
11. 食物链在生态系统中的作用有哪些？
12. 碳在生态系统中是如何循环的？
13. 生态系统的功能有哪些？通过什么来实现？
14. 什么是生态平衡？影响生态平衡的因素有哪些？

第二章

资源问题

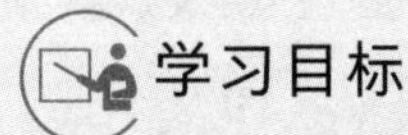

【知识目标】掌握自然资源的概念；熟悉资源短缺和能源问题的原因。

【能力目标】能认识资源问题对人类社会和经济发展的影响；能够分析资源与环境的关系问题。

【素质目标】培养资源节约意识。

第一节　世界人口发展状况

当今世界人口迅速膨胀，给人类社会带来一系列严峻问题，严重威胁着人类的生存。人口问题已成为世界上影响社会经济发展的三大难题（人口、资源、环境）的核心。研究人口发展和生存环境，就是要在分析人口发展规律的基础上协调好二者的关系，使生存环境得到科学保护和发展。

一、人口的变迁

为认识人口对社会经济发展的影响，有必要了解人口增长与分布的规律。

（一）人口学的有关概念

指数增长：指在一段时期内，人口数量以固定百分率增长。

自然增长率 r：r＝出生率－死亡率。

倍增期：表示在固定增长率下，人口增长一倍所需的时间。

人口容量与中国人口容量：国际人口生态学界将人口容量定义为在不损害生物圈或不耗尽可合理利用的不可再生资源的条件下，世界资源在长期稳定状态下所能供养的人口数量的大小。我国人口学家普遍认为中国人口的极限容量为 16 亿，而中国适宜的人口容量为 6.5 亿～8.0 亿之间。

（二）人口的增长

自从人类在地球上诞生数百万年以来，据估计地球上已繁衍了约 800 亿人，而其中 1/14 是生活在当今世界上的。古代人口的增长是极其缓慢的，根据联合国人口基金会公布的统计数字，世界人口经过百万年之久直到 1804 年才达到 10 亿。此后世界人口增长越来越快，经过 123 年后于 1927 年达到了 20 亿，又经 33 年后于 1960 年达到 30 亿，经过 14 年于 1974 年达到 40 亿，13 年后于 1987 年上升到 50 亿，而从 50 亿人口增长到 60 亿仅用了 12 年。最近一个世纪以来每增加 10 亿人的时间缩短，从 100 多年缩短为 10 余年。世界人口

70 年增加了 2 倍：1999 年 10 月 12 日，地球村第 60 亿位居民降生，该日成为联合国确定的“世界 60 亿人口日”。这是人类发展的一个里程碑，也是人口增长过快的警钟。2011 年 10 月 31 日凌晨前 2 分钟，作为全球第 70 亿名人口象征性成员的丹妮卡·卡马乔在菲律宾降生，2023 年世界人口已经超过 80 亿。

《世界人口展望 2022》报告显示，预计到 2050 年全球人口达到 97 亿；21 世纪 80 年代达到约 104 亿的峰值，并保持这个水平到 2100 年。联合国数据显示，到 2050 年，预计平均预期寿命达到 77.2 岁；65 岁以上人口占总人口比例，2022 年为 10%，到 2050 年将升至 16%。

联合国预计，到 2050 年，全球新增人口中超过一半将集中在刚果（金）、埃及、埃塞俄比亚、印度、尼日利亚、巴基斯坦、菲律宾和坦桑尼亚 8 个国家。

印度于 2023 年成为世界第一人口大国，根据《世界人口展望 2022》报告，在 2050 年预计达到 17 亿。

反映人口发展的基本要素是人口出生率和死亡率，以及由这两者的变化所决定的人口自然增长率。人口出生率和人口死亡率分别指每 1000 人口中一年时间内平均出生或死亡的人口数，人口出生率与死亡率两者相减就是人口自然增长率。在不同的历史发展阶段人口的自然增长率是大不相同的，人口增长的全部历史中曾出现生育的三次浪潮。

1. 新石器时代人口浪潮

原始社会阶段是人口缓慢增长阶段。由于生产力极低，人抵御灾害、疾病、饥寒的能力很差，所以死亡率极高，人类平均寿命低，人口增长缓慢。旧石器时代初期全球人口仅 1 万～2 万人，到旧石器时代后期，全球人口上升到 100 万～300 万人。直到新石器时代，随着生产工具的改进，生产效率的提高，人类开始学会播种和收获，开始驯养野生的飞禽走兽，食物来源也比较稳定，人类逐渐改变了以往那种追逐水草、追逐森林的迁徙生活，开始定居下来。安定的生活环境，使人口的繁衍速度不断加快，由此出现了人口生育的第一次浪潮。世界人口增长到 5000 万人。在新石器时代延续好几千年的时间里，世界人口平均每年增长 0.3%，是当时历史条件下飞跃发展的速度。

2. 近代人口浪潮

18 世纪产业革命兴起，机器工业为主体的大生产逐渐取代以农业为主体的自然经济，创造出前所未有的巨大生产力，生产资料日益丰富和多样化。机器的广泛使用，铁路的通行，轮船的航行，矿产的开发，工厂的建立，新城市的诞生……征服自然力的种种经济活动无不迫切需要大量的劳动力。为顺应生产蓬勃发展的需要，客观上要求人口大量地增长。生活资料的日益丰富又正好为人口增长提供了物质基础。造成人口大量死亡的三大原因——战争和动乱、恶性传染病、饥荒逐渐消失，人口死亡率从长期的高水平降了下来，与此同时，出生率提高了。这样继新石器时代之后的第二次人口浪潮，也叫近代人口浪潮到来了。世界人口增长达到每年 0.6%～0.8%的空前高速度。产业革命的发源地英国的人口增长率，由产业革命前的负增长猛升到产业革命时期 0.1%～0.14%的年平均增长率。

3. 第三次人口浪潮

20 世纪 30～40 年代，由于西方世界接连不断地爆发了经济危机，第二次世界大战又在此间爆发，人口增长率出现了一个大的“低谷”。但从该世纪 60 年代末开始，世界人口年平均增长率破天荒地达到 2%以上，由此便形成、出现了第三次人口浪潮。世界人口平均每年递增 2%，这意味着全球人口只需 35 年就会翻一番。2011 年全世界人口为 70 亿，照这样的速度递增下去，2046 年便可达到 140 亿，2081 年间达到 280 亿……到那时，也许在雪山、极地都难找到插足的地方，前景令人忧虑。

目前，在地球上每一秒钟就约有 3 个人诞生，每分钟净增 180 人，每小时净增 10800 人，每天净增 259200 人，每周净增 181 万人，每月净增 788 万人，每年净增近 950 万人。

美国未来学家阿西莫夫曾有过预言，如果地球人口继续像这样每过 35 年就增加 1 倍，那么到公元 3550 年，人类机体的总质量将会等于地球的质量。

4. 世界人口增长规律及原因

从上述世界人口增长的三次浪潮来看，世界人口增长具有如下规律：

(1) 工业革命前生产力低下，生育无控制，但生活水平及医疗技术都很低，因而出现高出生率、高死亡率、低增长率的现象。

(2) 工业革命后生产力提高，生育无控制，但生活水平及医疗技术都显著提高，因而出现高出生率、低死亡率、高增长率的现象。

(3) 目前经济发达国家的生产力进一步提高，人们的福利及养老问题不再过分依靠儿女，生活有了保障，生育观发生了变化，为了追求更高的物质与精神享受，生育有了自我控制，因此出现了低出生率、低死亡率、低增长率的现象。

(4) 人口问题是随着生产力的转变而转变的。随着生产力的提高，人口增长率呈现由低到高再由高到低的转变，因此人口问题是生产力发展过程的产物，是人类社会由低级到高级进化的必然进程。

（三）人口的分布

人口问题是一个全球性的问题，但它在不同国家的表现却有着极大的差别。世界人口的分布极不均衡。从各大洲来看，亚洲人口最多，占一半以上；亚洲连同非洲和拉丁美洲，则占世界人口的 72%以上，有约 36 亿人；未来新增人口的 97%也都集中在发展中国家，只有 3%在发达国家。因此，所谓世界人口问题，可以说是发展中国家的人口问题。这样的世界人口格局，将意味着饥饿和贫穷的人数增加，而且速度更是令人担忧。发达国家的人口只占世界人口总数的 20%，却拥有世界 80%的财富；而占人口总数 60%的发展中国家．只拥有世界上 5%的收入。在发展中国家，大约 14 亿人口无法得到合格的饮用水，大约有 5 亿人口缺乏食物；而发达国家则占有 70%的能源消耗量、75%的金属、80%的木材和 70%的其他能源，最为重要的是发达国家还占有了 60%的食物。

人口分布的另一个突出问题是人口过度大城市化，过多的人口向特大城市、大城市聚集，使世界人口城市化畸形发展。世界人口过度大城市化主要反映在以下几个方面：

一是大城市人口发展迅速。从世界人口城市化发展的资料可以看到，城市人口增长的速度几乎与城市大小规模成正比，大城市人口发展速度最快，中等城市人口发展速度次之，小城镇人口增长最慢。

二是大城市数量急剧增加。在 1950～1980 年的 30 年里，全世界百万以上人口的大城市数量已由 75 座迅速增加到 234 座；其中 500 万以上人口的特大城市有 17 座，1000 万以上的超大城市也有 9 座。目前仅我国有 105 个大城市，包括 7 个超大城市、14 个特大城市、14 个Ⅰ型大城市以及 70 个Ⅱ型大城市，其中上海、北京、深圳这 3 座超大城市位列前三位。

三是大城市人口比重增加迅速。1980 年，世界 100 万以上人口的城市人数只有 6.5 亿，占世界总人口的 14.9%，到 1990 年，增加到 9.8 亿，净增加了 3.3 亿，比重也增加到 18.6%。2000 年人口绝对数达到 13.7 亿，相对数比重也达到 21.9%。也就是说，2000 年，全世界每 10 人中至少有 2 人居住在百万人口的大城市，至少有 1 人来自 500 万以上人口的特大城市。

二、人口对自然环境的影响

一切生物赖以生存的能量来自太阳，包括所有的地下能源，如石油、煤都是远古时期太阳能的储存形式。而地球接受太阳光的面积是有限的，经光合作用而被绿色植物所固定的太阳能也是有限的。资料显示，全球绿色植物的净生产能力每年为1000亿～3000亿吨，其中只有1%的植物能被人食用，同时食用植物的不仅仅只有人类，还有许多植食性动物。因此，专家预测地球最多只能养活80亿人，而不可能容纳无限多的人口。

（一）人口增长对自然资源的影响

人口急剧增长的直接后果，是人均土地资源越来越少，大量新增人口的住房、交通、公共设施都要占用土地。在20世纪70年代初，世界平均每公顷耕地只需养活2.6人，到2000年则需要养活4个人。中国人均耕地仅有1亩（15亩=1公顷）左右，每公顷土地就要养活15人。我国以占世界7%的耕地养活了占世界22%的人口，这是一个了不起的成绩，但同时也说明，我国的土地资源承受着巨大的负载。

人口增长也使水资源的紧张状况更加突出。人口急剧增长在一定程度上减少了水资源的总量。围湖造田破坏了地表水资源。对地下水的超量开采，减少了地下水的总储量。工业废水的大量排放，污染了水资源。生活生产用水急剧增加，人均水资源占有量就急剧减少。人口增加一倍，人均水资源将相应减少一半。

人口增长产生对木材的巨大需求，造成人类对森林资源的乱砍滥伐，森林资源大量减少。据推测，8000年前有将近1/2的陆地被森林所覆盖。进入21世纪，随着人口的激增，到目前，森林覆盖率约为20%。例如，巴西森林覆盖率已从400年前的80%减少到40%。许多地方的原始森林已经踪迹全无了。我国人均森林面积仅是世界水平的61.52%，居世界第134位。

人们在日常生活和生产中，需要各种形式的能量。能源的使用推动了社会生产力的发展。我国许多资源和产品的总量位居世界前列，但人均可采储量只相当于世界人均值的50%。不少矿产资源绝对量很丰富，但35种主要矿产人均占有量只占世界人均水平的60%左右。

（二）人口增长对环境的影响

有识之士指出，人口剧增导致了对环境的破坏。人类正面临着从未有过的环境危机。在耕地减少的情况下，要解决吃饭问题，必须提高粮食的产量，而提高粮食产量的主要措施之一便是大量施用化肥、农药，这又会使土壤受污染、板结，肥力下降，使土地资源遭到破坏。酸雨现象、温室效应、臭氧层被破坏、噪声污染、垃圾包围城市等一系列环境问题，无不与人口急剧增长有千丝万缕的联系。

要解决人类与环境的矛盾，发展生产力才是主要的途径。人的思想道德水平、科学技术文化水平和健康水平对于合理利用自然、改造自然、保护环境将起到决定性的作用。

第二节 中国人口发展情况

一、中国人口现状

我国人口约占世界总人口的21.5%，因人口的基数很大，所面临的人口问题十分严峻。2021年5月11日，第七次全国人口普查结果公布，全国人口共141178万人。与2010年的

133972 万人相比，增加了 7206 万人，增长 5.38%；年平均增长率为 0.53%，比 2000 年到 2010 年的年平均增长率 0.57%，下降 0.04 个百分点。数据表明，我国人口 10 年来继续保持低速增长态势。全国人口中，男性人口占 51.24%；女性人口占 48.76%。总人口性别比为 105.07。其中 60 岁及以上人口占 18.7%，其中 65 岁及以上人口占 13.5%。汇总结果表明，我国人口有如下变化：

1. 人口保持低速增长

这次人口普查，全国总人口为 141178 万人，年平均增长率为 0.53%，第六次全国人口普查时年平均增长率为 0.57%。这一结果证明，我国已经开始进入低生育水平的发展阶段。

2. 人口素质进一步提高

全国人口中，拥有大学（指大专及以上）文化程度的人口为 218360767 人；拥有高中（含中专）文化程度的人口为 213005258 人；拥有初中文化程度的人口为 487163489 人；拥有小学文化程度的人口为 349658828 人（以上各种受教育程度的人包括各类学校的毕业生、肄业生和在校生）。与 2010 年第六次全国人口普查相比，每 10 万人中拥有大学文化程度的由 8930 人上升为 15467 人；拥有高中文化程度的由 14032 人上升为 15088 人；拥有初中文化程度的由 38788 人下降为 34507 人；拥有小学文化程度的由 26779 人下降为 24767 人。全国人口中，文盲人口（15 岁及以上不识字的人）为 37750200 人，与 2010 年第六次全国人口普查相比，文盲人口减少 16906373 人，文盲率由 4.08%下降为 2.67%，下降 1.41 个百分点。

3. 老龄化进程加快

全国人口中，0～14 岁人口为 253383938 人，占 17.95%；15～59 岁人口为 894376020 人，占 63.35%；60 岁及以上人口为 264018766 人，占 18.70%，其中 65 岁及以上人口为 190635280 人，占 13.50%。与 2010 年第六次全国人口普查相比，0～14 岁人口的比重上升 1.35 个百分点，15～59 岁人口的比重下降 6.79 个百分点，60 岁及以上人口的比重上升 5.44 个百分点，65 岁及以上人口的比重上升 4.63 个百分点。这反映出，随着社会、经济迅速发展，人民生活水平和医疗卫生保健事业的巨大改善，特别是人口生育水平的迅速下降，人口老龄化进程加快。

4. 少数民族人口有较快增长

全国人口中，汉族人口为 1286311334 人，占 91.11%；各少数民族人口为 125467390 人，占 8.89%。与 2010 年第六次全国人口普查相比，汉族人口增加 60378693 人，增长 4.93%；各少数民族人口增加 11675179 人，增长 10.26%。

5. 家庭户规模继续缩小

全国人口中，人户分离人口为 492762506 人，其中，市辖区内人户分离人口为 116945747 人，流动人口为 375816759 人。流动人口中，跨省流动人口为 124837153 人，省内流动人口为 250979606 人。与 2010 年第六次全国人口普查相比，人户分离人口增加 231376431 人，增长 88.52%；市辖区内人户分离人口增加 76986324 人，增长 192.66%；流动人口增加 154390107 人，增长 69.73%。家庭户规模缩小，主要是人口控制所产生的积极效果。

6. 城镇化水平发展较快

这次人口普查，大陆 31 个省、自治区、直辖市和现役军人的人口中，居住在城镇的人口为 901991162 人，占 63.89%（2020 年我国户籍人口城镇化率为 45.4%）；居住在乡村的人口为 509787562 人，占 36.11%。与 2010 年第六次全国人口普查相比，城镇人口增加

236415856人，乡村人口减少164361984人，城镇人口比重上升14.21个百分点。

二、中国人口发展趋势

1. 涌现更多新城市

中国有可能在相对较短的时期内完成工业化过程，使绝大多数地区迈入工业化社会，进而改变中国目前的城市化过程和城乡空间结构。又由于中国幅员辽阔，各地区经济社会发展水平悬殊较大，所以未来发展潜力难以在同一时期内发挥，在未来相当一段时期内，这种发展梯度还可能呈进一步扩大之势。随着市场经济体制的建立。户籍对人口迁移限制作用力的减弱和大量农村剩余劳动力向城市的涌入，未来中国城市化过程将出现难以避免的快速发展，导致更多设市城市的诞生，使中国城市体系步入到一个新的发展阶段。

2. 大都市连绵区更具发展活力

自20世纪70年代美国社会率先进入信息化社会以来，人们即开始关注信息革命可能带来的空间分散化趋势，认定分散化趋势确实已经展开。但这一结论只适合于城市微观区域的情形。从更宏观区域来看，集中化趋势似乎更明显，近几十年来，大都市连绵区和大都市带在世界各国的快速发展印证了这一集中化过程。城市这种“大集中小分散”的地域发展格局在信息社会也许还会长久地持续下去。目前，我国的长江三角洲已具备大都市连绵带的轮廓。

3. 城市间快速通道网密布

未来城镇体系将随着快速通道网的建设发展，逐步由中心——腹地体系的蛛网系统向联系各个经济重心间的通道网发展转化，形成全国范围内以大中城市为节点的经济网络。在高速铁路、高速公路的交会点，将会形成新兴的工业城市，使其经济的增长远远超过其他地区的发展速度。沿高速路两侧有利于高新技术产业带的形成。

4. 郊区与城市中心区共同繁荣

中国是一个人多地少的国家，城市土地尤为珍贵，因此中国的城市人口密度会始终居高不下。而市政府一般又位于城市中心，因此保持城市中心的发展活力是政府的优先考虑。在未来相当长时期内，中国城市的空间结构仍会呈“摊大饼”式的发展过程。郊区与市区的差距越来越小，繁荣度越来越接近市区。

5. 东中西部城市化水平差异趋于缩小

目前东部局部地区的城市化水平高的已达到60%以上。从短期看，东部地带城市化的发展速度要继续明显快于西部地带，前者平均每年增长1.08个百分点，而后者则只有0.71个百分点。但从总体发展趋势上说，省际间城市化差异未来将趋于缩小，最高和最低间的差异将由4倍降为2倍多。

三、中国人口老龄化及趋势的含义

按国际老年人口的标准，中国在总体上已成为60岁及以上老年人口比例超过10%或者65岁及以上老年人口比例超过7%的老年型国家。

1. 中国人口老龄化的现状和趋势

人口老龄化是一种全球性的发展趋势，中国也不例外。从绝对数看，目前中国60岁及以上老年人口2.64亿人，占18.7%。一般认为，从人口年龄结构变动的整体趋势来看，中国已在21世纪初期成为老年型国家，或者说在总体上进入老龄社会的行列。以联合国的中位预测为例，2040年中国将达到人口老龄化峰值年份，60岁及以上老年人口占总人口的23.7%，65岁及以上老年人口占总人口的18.3%。以65岁及以上老年人口比例由7%上升到17%而论，中国历时不到40年，发达国家一般要经历80多年，有些国家在100年以上。中国2040年65岁及以上老年人口占总人口的18%以上，人口老龄化程度已经超过目前人口老龄化最严重的发达国家，届时仅比发达国家23%的总体水平低一点，但是大大高出发展中国家13.1%的水平。

2. 中国人口老龄化的两大特点

中国人口老龄化的特点之一是人口老龄化的速度可能是世界上最快的。原因在于中国总和生育率（TFR）下降相当快，同时还有平均预期寿命延长的作用。进入20世纪90年代，中国的生育率结束了80年代的徘徊局面进一步下降，有研究结果显示，中国的总和生育率比原定的人口计划提前8年下降到了更替水平。这意味着中国人口老龄化的速度比以往预计要快。

中国人口老龄化的另一特点是人口老龄化超前于经济社会的现代化，是在人均收入水平较低、社会保障体系不十分健全的条件下提前进入老龄化社会的。总之，中国人口老龄化具有“快速”和“超前”的特点。

第三节 自然资源与资源短缺

一、自然资源概述

自然资源，广义地说，是自然环境的同义词；狭义地说，是自然环境的重要组成部分。

自然资源是人类从自然环境中经过特定形式摄取利用于生存、生活、生产所必需的各种自然组成成分，主要包括土地、土壤、水、森林、草地、湿地、海域、野生动植物、微生物、矿产及其他等等。随着社会进步、科技发展、人类需求的转变和环境的变化，自然资源的含义也在不断地转化和扩大，例如，随着环境科学研究的深入，原来所谓的环境要素如水、空气等等，现在都已演变成自然资源的重要组成部分，自然资源和自然环境已成为自然这一整体的两个侧面，实质上无明显的界限。

人类社会的生存活动，在最基本的层次上，是物质生产活动，或者更宽泛一点说是经济活动。在一般视角上，人们把自然环境中可以通过自己的劳动将其转变为对人类生存“有用”的“物质”称为资源。后来，人们从更广义的角度，把产出“有用物质”的一切必要条件和能力，如资金、劳动力、科学技术、管理等等，都称为“资源”。于是，为区别起见，就把前述存在于自然环境中的资源称作“自然资源”。人们为了使自己的生存获得更大的保障，就要不断地开发自然资源；自然资源是社会和经济发展必不可少的物质基础，是人类生存和生活的重要物质源泉。同时，自然资源为社会生产力发展提供了劳动资料，是人类自身再生产的营养库和能量来源。同样，社会经济发展对自然资源利用又会产生巨大的反作用。

可见，要使社会生产得以正常进行，经济得到快速发展，就要求人类在开发利用自然资源的过程中，正确对待作为社会生产和经济发展基础的自然资源，按照资源生态系统的特性和运动规律来组织社会生产和规定经济发展的方向和速度。

随着全球人口的急剧增长和经济的快速发展，资源需求也与日俱增，人类正受到某些资源短缺和耗竭的严重挑战。资源问题已威胁到人类的生存和持续发展。在国际上，各个国家为了自身的安全，必须不断地提高自己的经济实力，于是就要不断地加倍开发自然资源。在工业文明的时代，开发自然资源的能力，几乎已不受怀疑地成了国力强弱和发达与否的标尺。人类沿着这个方向努力了二三百年，结果导致了自然环境的严重恶化和毁坏。

由上所述可知，自然资源是人类社会系统和自然环境系统相互作用、相互冲突最严重的地方。因此，处理好自然资源的开发和保护的关系是处理好人与环境关系最关键的问题，是关系到人类社会持久、幸福生存的大问题。

对待自然资源，既不可“任意滥用”，当然也不能是“禁止动用”。人类社会唯一可选择的态度只能是“不要擅动”。

下面就对人类而言至关重要的几种资源做简单的分析。

二、水资源

（一）水资源的概念与特点

1. 水资源的概念

这里所说的水资源，专指自然形成的淡水资源。它的应用价值从水量、水质及水能三个方面来表现。需要注意的是，自然界中的淡水水体，并不一定都能被称为水资源，因为它们并不一定都能具有经济学上的“资源”的作用。因此水资源仅指在一定时期内，能被人类直接或间接开发利用的那一部分水体。这种水资源主要指河流、湖泊、地下水和土壤水等淡水，个别地方还包括微咸水。这几种淡水资源合起来约为 $1065\times10^4km^3$，只占全球总水量的 0.32%左右，所占比例虽小，但其重要性却极大。

这里需要说明的是，土壤水虽然不能直接用于工业、城镇供水，但它是植物生长必不可少的，所以土壤水属于水资源范畴。至于大气降水，它是径流、地下水和土壤水形成的最主要，甚至唯一的补给来源。

2. 水资源的特点

（1）循环再生性与总量有限性　水资源属可再生资源，在循环过程中可以不断恢复和更新。但由于其在循环过程中，要受到太阳辐射、地表下垫面、人类活动等条件的制约，因此每年更新的水量又是有限的。这里还需注意的是，虽然水资源具有可循环再生的特性，但这是从全球范围水资源的总体而言的。淡水资源虽然能在较长时间内保持平衡，但在一定时间、空间范围内，它的数量是有限的，并不像人们所想象的那样可以取之不尽、用之不竭。一个具体的水体，如一个湖泊、一条河流，完全可能干涸而不能再生。因此在开发利用水资源过程中，一定要注意不能破坏自然环境的水资源再生能力。

（2）时空分布的不均匀性　由于水资源的主要补给来源是大气降水、地表径流和地下径流，它们都具有随机性和周期性（其年内与年际变化都很大），在地区分布上又很不均衡，因此在开发利用水资源时必须十分重视这一特点。北非和中东很多国家（如埃及、沙特阿拉伯等）降雨量少、蒸发量大，因此径流量很小，人均及单位面积土地的淡水占有量都极少；相反，冰岛、厄瓜多尔、印尼等国，每公顷土地的径流量比贫水国高出 1000 倍以上。

（3）功能的广泛性和不可替代性　水资源既是生活资料又是生产资料，在国计民生中发挥着广泛而又重要的作用，如保证人畜饮用、农业灌溉、工业生产使用、养鱼、航运、水力发电等。水资源这些作用和综合效益是其他任何自然资源无法替代的。

（4）利弊两重性　由于降水和径流的地区分布不平衡和时程分配不均匀，往往会出现洪涝、干旱等自然灾害。如果开发利用不当，也会引起人为灾害，例如，垮坝、水土流失、次生盐渍化、水质污染、地下水枯竭、地面沉降、诱发地震等。这说明水资源具有明显的利弊两重性。因此，开发利用水资源时必须重视这一特点。

3. 世界水资源短缺趋势分析

水资源量是指全球水量中可为人类生存、发展所利用的水量，主要是指逐年可以得到更新的那部分淡水量。最能反映水资源数量和特征的是年降水量和河流的年径流量。年径流量不仅包括降水时产生的地表水，而且还包括地下水的补给。

水资源在不同地区、不同年份和不同季节的分配是极不均衡的。由于工农业的不断发展，人口的急剧增加和生活水平的提高，以及水资源的不合理利用和浪费，许多国家不断增长的需水量与有限的水资源之间的矛盾日益突出。近年来，越来越多的人警觉到，水资源没有想象的那样丰富，很多地区出现的水荒已经造成了对经济发展的限制和对生活的影响，预示着全球性水资源短缺危机的到来。目前世界上有60%的地区处于淡水不足的困境，40多个国家严重缺水。世界上有约1亿人口得不到符合卫生标准的淡水。世界银行认为，占世界40%的80多个国家在供应清洁水方面有困难。有的国家大量排放污水造成的水资源污染，不仅加剧了本国水资源不足的矛盾，而且使世界生态环境受到破坏，直接威胁着人类自身的健康和生存条件。根据全球气候条件变化与人口预测，到2025年，全球大约有1/3的人口将生活在用水紧张或水荒环境中。

水资源短缺直接制约着经济的发展，影响着人们赖以生存的粮食的产量，损害着人们的身体健康。例如，非洲是地球上严重缺水的地区之一。在世界上严重缺水的26个国家中，11个都位于非洲。近30年来，非洲的人口增长率为3%，而粮食增长率只有2%，水资源匮乏是粮食生产不能满足需求的重要原因之一。

另一方面，水资源短缺也导致一些地区的国家因为争夺水资源而关系紧张，爆发国际冲突。例如，在水资源匮乏的中东地区，阿拉伯河的主权问题曾引发了长达8年的两伊战争；旷日持久的阿以冲突与水也有不可分割的联系；围绕约旦河水的分配问题，约旦贝都因人对以色列人的仇恨与日俱增；在如何分配尼罗河水的问题上，埃及与苏丹、埃塞俄比亚等国之间也是争执不断。

4. 我国水资源的分布、特点及水资源短缺趋势分析

（1）总量多、人均占有量少　中国陆地水资源总量为$2.8\times10^{12}m^3$，仅少于巴西、俄罗斯、加拿大、美国和印度尼西亚，占世界第6位。多年平均降水量为648mm，年平均径流量为$2.7\times10^{12}m^3$，地下水补给总量约$0.8\times10^{12}m^3$，地表水和地下水相互转化和重复水量约$0.7\times10^4m^3$。但由于中国人口多，故人均占有量只有$2632m^3$，约为世界人均占有量的1/4，居世界第110位，人均水资源明显不足。

（2）地区分配不均，水土资源组配不平衡　总体上说来，我国陆地水资源的地区分布是东南多、西北少，由东南向西北逐渐递减。

在淮河、秦岭以南广大地区及云南、贵州、四川大部、西藏东南部为多水地区，年降水量大于800mm，最高为台湾东北部山地，达6000mm。

在北方，吉林、辽宁两省的长白山区，年降水量也大于800mm，是北方仅有的多水地区。

在东北西部、内蒙古、宁夏、青海、新疆、甘肃及西藏大部分地区是少水地区，一般年降水量少于400mm。新疆的塔里木盆地、吐鲁番盆地和青海的柴达木盆地中部，年降水量不足25mm，是中国降水量最少的地区。

淮北、华北、东北和山西、陕西大部，甘肃和青海东南部，新疆北部和西部山区，四川西北和西藏东部，年降水量在400～800mm之间，属多水地区与少水地区的过渡区。

另外，我国的水土资源的组配很不平衡，平均每公顷耕地的径流量为$2.8\times10^4m^3$。长江流域为全国平均值的1.4倍；珠江流域为全国平均值的2.42倍；淮河、黄河流域只有全国平均值的20%；辽河流域为全国平均值的29.8%；海河、滦河流域为全国平均值的13.4%；长江流域及其以南地区，水资源总量占全国的81%，而耕地只占全国的36%。黄河、淮河、海河流域，水资源总量仅为全国的7.5%，而耕地却占全国的36.5%。

地下水的分布也是南方多，北方少。占全国国土50%的北方，地下水只占全国的31%。

晋、冀、鲁、豫4省，耕地面积占全国的25%，而地下水只占全国的10%。因此形成了南方地表水多，地下水也多；北方地表水少，地下水也少的极不均衡的分布状况。

(3) 年内分配不均、年际变化很大　我国的降水受季风气候的影响，径流量的年内分配不均。长江以南地区3～6月（或4～7月）的降水量约占全年降水量60%；而长江以北地区6～9月的降水量，通常占全年降水量的80%，秋冬春则缺雪少雨。另外，在北方干旱、半干旱地区，一年的降水量往往集中在一两次历时很短的暴雨中。降水的过分集中，造成雨期大量弃水，非雨期水量缺乏。降水集中程度越高，旱涝灾害越重，可用水资源占水资源总量的比重也越少。

由于降水年内分配不均，年际变化很大，中国的主要江河都出现过连续枯水年和连续丰水年。如松花江（哈尔滨站）1900～1907年和1917～1922年分别连续出现过8年和6年的枯水期，其中1920年年径流量为正常年份的32%。黄河（陕州站）出现过1922～1932年连续11年的枯水期，平均年径流量为正常年份的70%。

(4) 部分河流含沙量大　我国平均每年被河流带走的泥沙约35×10^8t，年平均输沙量大于1000×10^4t的河流有115条。其中黄河年径流量为$543\times10^8m^3$，平均含沙量为$37.6kg/m^3$，多年平均年输沙量为16×10^8t，居世界诸大河之冠。由于泥沙能吸附其他污染物，所以水的含沙量大将会在造成河道淤塞、河床坡降变缓、水库淤积等一系列问题的同时，加重水的污染，进而增大了开发利用这部分水资源的难度。

(二) 水资源开发利用中的环境问题

1. 主要环境问题

水资源开发利用中的环境问题，是指水量、水质、水能发生了变化，导致水资源功能的衰减、损坏甚至丧失。具体表现主要有：

① 河流、湖泊面积日益缩小，水文条件改变较大，从而使调洪、泄洪能力减弱、洪涝灾害加重、通航里程缩短，水产资源和风景资源受到不同程度的破坏。

② 水体污染日益严重，水生态环境受到严重破坏，影响了人体健康和生存质量，约束着流域社会经济的发展。

③ 地下水量日渐枯竭，地面沉降现象屡见不鲜。我国河北沧州1973年地下水的中心水位埋深33m，到1980年，中心埋深为68m。这种现象还导致不少沿海地区地面沉降、海水入侵，地下水水质恶化，一些内陆碳酸岩地区也因此岩溶塌陷。

2. 水环境问题产生的主要原因

水环境问题产生的原因多种多样，总体来说都是人类社会行为的不当，主要有以下几方面：

① 砍伐森林，破坏地表植被，造成水土流失、水源枯竭，使河水的水量减少，输沙量增加，河道和湖泊淤塞。

② 围湖造田，使湖泊数量、面积均大幅度减少。如我国江汉平原，面积在$50hm^2$以上的湖泊的数量，20世纪80年代就比50年代减少了49.36%，总面积减少了43.67%。其结果则是使湖泊的各项功能都日渐衰退。

③ 随着人口的增加、经济的发展，工业、农业、生活的用水量（包括地下水的抽取量）与污水排放量均迅速增加，从而使水体污染日益严重，水资源量的分配愈加不合理。

水资源保护包含水质和水量两个方面，二者相互联系和制约。水资源的质量降低，就必然会影响到水资源可开发利用，而且会对人民的身心健康和自然生态环境造成危害。

农业缺水和城市缺水是中国水资源短缺的两大主要表现。我国农业用水占全国用水总量的很大部分。由于水量不足，目前全国近一半的耕地得不到灌溉，它们中的大部分位于北方，以河北、山东和河南三省农业缺水最为严重。城市缺水问题在目前的中国表现得日益突出。据统计，全国 600 多个城市中，缺水城市已达 300 余个。其中严重缺水的城市有 114 个，城市缺水量并不完全取决于供水资源的丰歉程度，也与需水量及供水能力密切相关。

造成我国水资源短缺的原因是多方面的，如环境污染、沙漠化面积增大等等。但不可否认，用水过程中的浪费是重要因素之一。因此，为了解决水资源短缺的矛盾，除了对可利用的水资源量进行周到规划，并对水资源的管理开发和利用进行规划、建设之外，还应大力强调和提倡节流，以保护水资源，减轻水资源不足导致的供需矛盾。

海洋约占地球表面的 71%，覆盖着南半球的 4/5 和北半球的 3/5 的面积，是一个巨大的资源宝库。我国近海海洋环境优越，拥有多种多样的海洋资源。渤海、黄海、东海和南海四大海区互相连接，给海上交通运输提供了便利条件；浅海水面宽广，18000 多公里的漫长海岸线上发育了众多港湾，发展了 20 多个海港城市，成为我国城市发展的重要基地和海陆运输的主要枢纽。如果能合理利用海水，可缓解水资源短缺的情况。比如青岛拟采用海水冲厕，洗车等，以节约淡水资源。

三、土地资源

（一）土地资源概述

1. 土地及土地资源的概念

广义的土地概念，是指地球表面陆地和陆内水域，不包括海洋。它是由大气、地貌、岩石、土壤、水文、水文地质、动植物等要素组成的自然历史综合体。

狭义的土地概念，是指地球表面陆地部分，不包括水域，由土壤、岩石及其风化碎屑堆积组成。

土地资源是指地球表层土地中，现在和可预见的将来，能在一定条件下产生经济价值的部分。从发展的观点看，一些难以利用的土地，随着科学技术的发展，将会陆续得到利用，在这个意义上，土地资源与土地是同义语。

2. 土地资源的特性

土地资源是在自然力作用下形成和存在的，人类一般不能生产土地，也不能使土地消亡，只能利用土地，影响土地的质量和发展方向。

土地资源占据着一定的空间，存在于一定的地域，并与其特定的周围环境相互联系，具有明显的地域性。

土地资源作为人类生产、生活的物质基础，基本生产资源和环境条件，其基本用途和功能不能用其他任何自然资源来替代。

地球在形成和发展过程中，决定了现代全世界的土地面积。一般来说，土地资源的总量是有限不变的。

土地资源在人类开发利用过程中，具有一定程度的可塑性，其状态和价值可以被提升，也可能下降。

3. 土地资源功能与作用

土地具备供所有动植物滋生繁衍的营养力，可生产出人类生存所必需的生活资料。

土地是人类生产、生活活动的场所，是人类社会立足的载体。

土地资源为人类社会进行物质生产提供了大量的生产资料。土地本身就是农、林、牧、副、渔业最基本的生产资料，同时也为人类生产金属材料、建筑材料、动力资源等提供生产资料。

一些土地类型的自然和人文景观奇特，可供人类观赏，陶冶情操。

（二）世界土地资源概况

1. 世界土地资源现状

土地是人类生存的基地，是所有生活活动和生产活动必不可少的一种自然资源。作为一种资源，它有两个主要属性，即面积和质量。从面积上说，全球无冰雪覆盖的陆地面积为1.33亿平方千米，对于全世界居民而言，这无疑是一个巨大的数字。即使按当前70亿的世界人口数量来计算，人均占有陆地面积约为1.9公顷时，也不算小。但是，考虑到土地质量属性、土地不同利用方式（农业利用、工矿和城乡建设等）要求以及土地通达性等因素，上述陆地面积中约有20%处于极地和高寒地区，20%属于干旱地区，20%为坡地，另有10%的土地岩石裸露，缺少土壤和植被，它们共占陆地面积的70%，在土地利用上存在着不同程度的限制因素。其余30%土地限制性较小，适宜于人类居住，称为适居地，包括可耕地和住宅、工矿、交通、文教和军事用地等。按人均2.5公顷的30%计，人均0.75公顷。在适居地中，可耕地占60%～70%，折合人均面积0.45～0.53公顷。

2. 世界耕地需求及短缺趋势分析

耕地是土地中最重要的组成部分。据联合国粮食及农业组织和美国农业部于20世纪70年代提供的数字，全世界可耕地总面积为29.5亿公顷，其中最肥沃、交通最好、最容易开垦的已被耕种，面积为15.4亿公顷。其余虽尚有开垦潜力，但由于土壤肥力和通达性等质量因素的限制，必须有较大投入，如采用灌溉、施肥和其他土壤改良措施，才能有效利用。随着世界人口的增长，人类正在面临土地资源不足的问题。在假定世界可耕地面积为29.5亿公顷，人均需要可耕地面积为0.4公顷，部分可耕地必须用于非农业用途以及人口倍增时间约为40年的前提下，著名的罗马俱乐部对世界人口的增长和土地资源的需求进行了颇具代表性的预测，进入20世纪后，随着世界人口的急剧增长，一方面是世界可耕地面积逐渐减少，而且速度越来越快；另一方面是全球对耕地的需求增长，且速度也越来越快。上述两种相反的趋势必然使代表它们的两条曲线相交，届时世界可耕地将全部开垦完毕。人类面临着土地匮乏的严峻局面。开垦条件较差的处女地，可以弥补可耕地的损失，但是，开垦处女地成本较高，经济上不甚可行。

另外，农用技术进步和农业投资大量增加，有可能使农业产量得以翻一番乃至翻两番，进而减缓土地需求增长速度，使土地匮乏出现的时间后延。但这样做同样存在着很大的局限性，实际上难以实现。因为，农业生产上有一条“费用递增率”，即产量的每次翻番都比上一次费用昂贵得多。

上述分析使人们能够清晰地认识到，人类将在几十年内面临土地资源短缺的问题。尽管对这一天到来的时间尚不确定，但如果人类在控制人口增长和制止耕地损失两方面缺乏强有力的措施，则它的到来必定为时不远。

（三）中国的土地和耕地资源

中国土地总面积960万平方千米，居世界第三位。土地资源中的耕地大约占世界总耕地的7%，概括起来具有以下基本特点。

① 人均耕地面积少。虽然中国耕地总面积并不少，但人均耕地面积相对较少，只有世界人均耕地面积的1/4。到1995年，人均耕地面积大于0.13公顷的省和自治区，主要集中于水热条件较差的东北、西北地区，耕地生产力水平低。自然和生产条件相对较好的地区如上海、北京、天津、湖南、浙江、广东和福建等，人均耕地面积小于0.07公顷，其中上海、北京、天津、广东和福建等地甚至低于联合国粮农组织提出的人均0.05公顷的最低界限。

② 分布不均衡。中国耕地大致分布在东南部湿润区、半湿润季风区、西北部干旱区、干旱内陆区和西部的青藏高原区，其中东南部湿润区和半湿润季风区集中了全国90%以上的耕地。

③ 耕地自然条件差。中国耕地质量普遍较差，高产稳产田只占1/3，低产田也占1/3。其中涝洼地和盐碱地各约400万公顷，水土流失地约670万公顷，红壤低产地约1200万公顷。

④ 后备耕地资源不足。我国尚有作物、发展人工牧草和经济林木的土地，约占全国土地总面积的3.7%。其中绝大部分是质量差、开发困难的三等地，占总量的68.6%。

⑤ 耕地质量退化、污染严重。由于大面积施用农药、化肥以及污水灌溉等原因，耕地地力退化迅速，污染日趋严重，加剧了耕地需求不足的局面。

通过上面的分析可以看出，中国的耕地资源面临着需求日益不足的严峻形势，“依靠占世界7%的耕地养活了占世界22%的人口”就是这种局面的真实写照。因此，如何有效保护耕地，就成为实现我国可持续发展的关键。

（四）土地资源开发利用中的环境问题

土地资源开发利用造成的环境问题，主要是生态破坏和环境污染，其表现是土地资源生物或经济产量的下降或丧失。这一环境问题也称为土地资源的退化，是全球重要的环境问题之一。土地退化的最终结果，除了造成贫困外，还可能对区域和全球性安全构成威胁。据联合国环境规划署估计，全球有100多个国家和地区的$36\times10^8hm^2$土地资源受到土地退化的影响，由此造成的直接损失达423亿美元，而间接经济损失是直接经济损失的2～3倍，甚至10倍。

我国是全世界土地退化比较严重的国家之一，主要表现在以下几个方面。

1. 水土流失

过度的樵采、放牧，甚至毁林、毁草开荒，破坏了植被，造成了水土流失。近年来，随着经济大发展，工矿、交通、城建及其他大型工程日益增多，建设中不注意水土保持，也是使水土流失加重的主要原因之一。

另外，水土流失还将使土地资源的生产力迅速下降。据研究，在花岗岩地区，经轻度侵蚀的红壤表层有机质为1.3%～3.78%，强度侵蚀的红壤表层有机质降至0.57%，红土层降至0.157%～0.233%，砂土层和风化碎屑层则降至0.108%～0.171%。

再有，水土流失后，地表径流将冲走大量泥沙，并在河流、湖泊、水库淤积，使河床抬高，并使一些河流缩短通航里程，一些水库库容减少，导致泥石流和滑坡，严重影响下游人民群众的生产和生活。

2. 土地沙化

土地沙化是指地表在失去植被覆盖后，在干旱和多风的条件下，出现风沙活动和类似沙漠景观的现象。在我国北方和西北干旱、半干旱地区，已有$31.1\times10^4km^2$的土地成为沙漠化土地，占全国土地总面积的3.9%。土地一旦沙化，其发展速度会迅速加快。土地沙化后，其生产力将急速下降甚至完全丧失。

3. 土地盐渍化

盐渍化指土地中易溶盐分含量增高，并且超过作物的耐盐限度时，作物不能生长，土地丧失了生产力的现象。我国盐渍化土地有$81.8\times10^4km^2$，其中原生盐渍化土地面积为$44.9\times10^4km^2$，现代形成的盐渍化土地面积为$36.9\times10^4km^2$，次生盐渍化的土地面积有$6.3\times10^4km^2$，此外，还有易发生盐渍化的土地$17.33\times10^4km^2$。

4. 土壤肥力下降

土壤肥力是指土壤供应植物生长所必需的水分、养分、空气和热量的能力。土壤肥力下降是由于土壤结构破坏、养分减少、水分和空气不协调的结果。

当前，我国有36.6%的耕地普遍缺氮，59.1%的耕地缺磷，22.9%的耕地缺钾。有50%的耕地土壤有机质仅在0.5%～2%之间。除土壤养分退化外，重用轻养、耕作粗放，使土壤结构破坏，耕层板结，土壤中水分、空气和热量等肥力因素难以协调，致使土壤肥力下降。

5. 土壤污染

随着工业的发展，特别是乡镇企业的兴起，工厂矿山生产建设中污染物的排放增加，农业环境污染日益加重。据报道，我国受污染的耕地土壤近$2000\times10^4hm^2$。另据统计，2011年我国酸雨区面积约占国土面积的12.9%。全国酸雨分布区域主要集中在长江沿线及以南到青藏高原以东地区。

6. 城乡建设用地逐年扩大，耕地面积不断减少

据估计，我国自1949年以来，由于工业、交通和城乡建设的迅速发展，耕地累计减少$4273\times10^4hm^2$，扣除开荒造田$2633\times10^4hm^2$，净减少$1640\times10^4hm^2$。现有在册耕地$9567\times10^4hm^2$，人均只有$0.08hm^2$，即使按现有耕地$1.33\times10^8hm^2$计，人均也只有约$0.1hm^2$，仍低于20世纪50年代的水平。随着经济的发展和人口的增长，进一步占用耕地难以避免，耕地总量和人均量还将进一步下降。

四、矿产资源

1. 世界矿产资源的供需矛盾

矿产资源是一种不可再生的资源，是地壳形成后经过几千万年、几亿年甚至几十亿年的地质作用而生成的，露于地表或埋于地下。矿产资源是人类生活资料与生产资料的主要来源，是人类生存和社会发展的重要物质基础。目前95%以上的能源、80%以上的工业原料、70%以上的农业生产资料、30%以上的工农业用水均来自矿产资源。

如前所述，与其他的自然资源不同，矿产资源具有不可再生性和可耗竭性。目前，世界矿产资源，尤其是能源和金属矿物，在供需方面面临着严重威胁：在可预见的未来，经济上和技术上可供开采的矿产资源确实有限，而人类需求却仍然处于不断增长之中。这一矛盾必然导致矿产资源的耗竭，而且这种耗竭的前景已迫在眉睫。

尽管建立在资源有限论基础之上的上述预测只是众多预测中的一种，但是已能够从一个侧面反映出未来矿产资源供需所面临的严峻形势。

2. 中国的矿产资源

人们历来都把矿产资源称作“宝藏”，把能源和原材料矿产称为工业的“血液”和“粮食”。目前，我国80%以上的工业原材料、90%左右的能源、70%以上的农业生产资料和30%以上的生活用水都来自矿产资源。我国矿产资源勘查开发不断取得巨大成就，相继发现、探明、开发了一批重要矿床和重要地下水源地，形成了能源与原材料矿产品较强的供应系统，有力地支持了国民经济和社会发展。截至目前，我国已发现171种矿产，探明储量的有158种。其中，能源矿产10种，金属矿产54种，非金属矿产91种，其他水气矿产3种。矿产地约18000处，其中，大中型矿产地7000余处。在诸多矿产中，石油、天然气、煤、铁、铜、铝、硫、磷等45种主要矿产，对国民经济发展发挥了无可替代的重要作用，为我国的工业化作出了巨大的贡献。但是，我国在发展中也付出了较高的资源环境代价。我国单位国内生产总值的金属消耗量是世界平均水平的近4倍。在过去的20年，我国GDP翻了两

番，能源消费量也翻了一番。我国的国情决定了不能走依靠资源的高消耗来推进工业化的道路。

中国矿产资源的特点如下。

① 总量大，人均占有量少。中国矿产资源总量约占世界的12%，居世界第三位，但人均占有量只有世界平均水平的58%，居53位。个别矿种甚至居世界百位之后。

② 贫矿多，富矿少。中国矿产资源是贫富兼有，但贫矿多，富矿少，大多数品位低，能直接供冶炼和化工行业利用的较少。加之开采中采富弃贫，使矿产品位下降，富矿越来越少。

③ 共生矿多，单一矿少。中国复杂矿多，含有伴生和共生的元素达10多种或几十种，有的伴生组分价值甚至超过主要成分的价值。

④ 地区分布不均衡。中国矿产品的加工消费主要集中在东南沿海地区，但矿产资源则主要富集在中部或西部地区。

⑤ 规模小，生产效率较低。中国已探明的2万多个矿床，多为中小型矿床，大型矿床只有800多个，具有明显的大矿少、中小型矿多的特点。我国可露天开采的煤炭储量仅占总储量的7%，而美国、澳大利亚则分别达60%和70%左右。到目前为止，中国45种主要矿产的探明储量有相当部分不能满足经济发展的需要。

目前，我国已有2/3的国有骨干矿山进入中后期，400多座矿山因资源逐步枯竭濒临关闭，有的已停产闭坑。这不仅威胁到资源供应，由此带来的社会问题也日益严重。我国石油已连续11年净进口，并且进口量急剧上升。2021年，原油、成品油进口量已超过5亿吨，铁矿石进口量超过11亿吨，这已占到世界自由贸易量的70%；铜精矿和氧化铝消费量的60%以上都依赖进口。

我国煤炭资源丰富，但多数含硫量高，开发利用的环保要求高。现已探明的储量中，可供建井的储量少。长期开发利用率低，布局不尽合理，开采秩序混乱、浪费资源和污染环境现象相当普遍而且严重，发展生产需要解决投入、运力等问题。重要大宗固体矿产，如铁、锰、铝、铜、磷等，国内资源贫矿多、共生与伴生矿多、难选冶矿多，开发难度较大。许多二十世纪五六十年代建设的主力矿山有相当一部分已难以为继，这些大宗矿产的可供性持续下降。优势矿产。我国钨、锡、锑、稀土等矿产的储量、产量均居世界首位。但一度乱采滥挖，资源被破坏浪费严重。由于过量开采、低水平加工，甚至根本不加工，只出口原料，加上多头出口竞相压价，曾出现过产量、出口翻番，而创汇减少过半的情况。国内丰富的建材矿产保障了加快建设的需要。但在开发利用中也存在粗放开采、盲目建设等不少问题，当前正在专项整顿。

地下水不仅是水资源，而且是重要的矿产资源，在我国西部地区是具有特殊重要功能的生态要素。新一轮全国地下水资源评价与战略研究表明：全国地下水淡水天然资源量，多年平均为8837亿立方米，约占全国水资源总量的1/3，多年平均可开采水资源量为3527亿立方米。目前，一些地方在地下水方面存在的问题：一是由于不合理开发，已经引发了一系列地质环境问题。全国已形成区域地下水降落漏斗100多个，华北平原近7万平方公里土地的地下水水位低于海平面。由于地下水位下降、海水入侵，地下水水质严重恶化，进而导致土壤盐碱化、地表植被破坏，湿地萎缩。山东半岛和辽东半岛情况尤为严重。全国已至少有46个城市由于过量开采地下水而出现地面沉降。二是部分地区地下水资源丰富但没有得到科学利用。比如，地下水资源丰富的西南地区，由于多种原因，已出现了区域的工程性缺水现象，沙漠化严重。三是部分地区地下水水质差。在北方丘陵山区局部地区，分布着可导致克山病、大骨节病、甲状腺肿等地方病的高氟水、高砷水、低碘水。在南方有的地方，由于地表水污染，地下水过量开采，致使地下水质也并不好。部分地区由于工业和生活污水的直接排放，以及受农业大量使用化肥、农药的影响，地下水污染问题相当突出。

多年来，国家在资源战略研究和勘查开发等方面做了大量工作，取得明显成效。但目前的问题仍然突出。一是多种因素导致地质找矿滞后，探明矿产储量增长速度赶不上消耗速度。为适应市场经济的要求，国家主要是对公益性、基础性地质工作和部分战略性矿产勘查进行投资，商业性矿产勘查由企业自主投资或通过市场来吸纳社会资金。二是一些地方非法开采、乱采滥挖屡禁不止。我国矿山的特点是“小、散、多”。由于我国大部分矿山建设得早，开采技术相对落后，资源利用效率低，矿山环境问题也很突出，随着我国对矿产资源保护力度的加大，当前已有明显改善。三是利用国外资源的力度有限、方式相对单一。矿产资源是全球配置的资源，任何国家都不可能单靠本国的资源开发利用来满足发展需要。全球重要的矿产资源，正在出现由少数大的跨国矿业集团占据与瓜分的态势。全球资源早被许多发达国家在巨量和快速地耗费，应当分享全球化成果。

第四节 能源问题

一、地球上的能源

能源，顾名思义就是能量的来源，也就是人们能够通过直接或间接的转换而获得能量的自然资源。能量有多种形式，现在，人们使用最多的能量形式有四种：热量、机械能、电能和化学能。地球上的能源，也可以认为是能够转换成热能、机械能、电能和化学能的各种能量的资源。

1. 能源的分类

地球上的能源，按其来源可分为三类：一是来自天体的能量，包括各种宇宙辐射能和太阳的辐射能，其中最主要的是太阳辐射能，它不仅产生光和热，还间接促使了煤、石油、天然气的形成和产生了生物质能、水能、海洋能、风能等能量。二是来自地球本身的能量。如地球在形成过程中所蕴藏的地热能，以及在海洋和地壳中储藏的核能。三是来自于地球与其他天体相互作用而形成的能量，如潮汐能等。

能源的分类方法还有多种，若按能源形成条件分类，能源又可分为一次能源和二次能源两类。一次能源是指自然界中以天然形式存在的能量资源，即天然能源，如原煤、石油、天然气、风能、太阳能等；而二次能源是指一次能源通过直接或间接加工转换成其他形式的能源，即人工能源，如煤气、焦炭、汽油、热水、电等。按能源能否再生，即能源产生周期长短分类，可分为再生能源和非再生能源。若按能源使用性质分类，可分为燃料能源和非燃料能源。若按使用过程中对环境污染程度分类，可分为清洁能源和非清洁能源。若按能源利用技术状况分类，能源又可分为常规能源和新能源。

2. 常规能源

常规能源也称传统能源，是指在现阶段科学技术水平条件下，已广泛应用，且利用技术比较成熟的一些能源，如煤炭、石油、天然气、水力资源等。就目前人类的科技水平而言，能够左右人类社会整个能源形势的正是地球上这几种常规能源，它们在人类社会能源结构中占主要地位。

(1) 煤炭　煤炭的化学成分主要是碳、氢、氧、氮，其中碳占60%～90%。煤炭热值约为$108\times10^{7}\sim34\times10^{7}$J/kg。煤炭除了可以作燃料外，还是一种重要的化工原料。从十八世纪英国产业革命以后，一直到二十世纪初期，煤炭作为世界主要能源，在全球能源结构比例中占 70%以上。然而，早期大多国家把煤炭作为燃料直接燃烧，燃煤释放的二氧化硫、氮氧化物等大气污染物，造成了世界范围的环境污染，因此，素有“大气污染始于燃煤”之说。世界各国在解决燃煤对环境污染问题时通常采用两类技术：一是燃煤技术改进，主要包括燃烧前洗选、燃烧中用石灰石固硫、燃烧后烟气净化和灰渣处理等；二是采用转化技术，如煤炭气化、煤炭液化、煤气联合循环发电等，减少烟尘的污染。

(2) 石油　石油是一种重要的常规能源，人类利用石油的历史，可以追溯到两千多年以前，但真正意义上的以石油、天然气为主要能源，产生对工业国能源结构的调整，却只有五十多年的历史。

世界石油资源的储量，据世界能源保存委员会的测算，常规石油包括陆地、近海、近海深处的极限的可采储量约为 2600 亿吨。大约有 42%的石油储量，集中在中东和北非。我国石油总资源量，包括大陆和大陆架约为 787 亿吨，但按石油人均储量计只有世界人均储量的八分之一。

石油是碳氢化合物和少量氧化物、硫化物的混合物，它的热值为 $4.096\times10^7\sim4.514\times10^7$J/kg。石油不仅是重要的常规优质燃料，而且是宝贵的非再生资源，它可以通过蒸馏和裂化等方法提炼出汽油、煤油、重油等各种石油产品。石油还是现代化学工业的重要支柱，是生产乙烯、丙烯、丁二烯、苯、甲苯、甲醇等基本化工原料的原料。

然而，石油登上能源舞台至今，其供需矛盾相当突出，有专家告诫，三十至五十年以后，石油将面临枯竭。这将迫使人们向海洋进军，到大海中去寻找海底石油，或去寻求石油替代品。人们试图从煤炭的液化、从植物和垃圾中提炼石油。目前，各种替代石油的方法都在探索中。

(3) 天然气　天然气是一种可燃烧的低分子量的饱和烃类气体混合物，主要成分是甲烷、乙烷，可作为燃料和化工原料。煤炭、石油、天然气同属化石燃料，它们是古代植物和动物的遗骸在缺氧的条件下，经高压、高温作用，经漫长地质年代改变而形成的。天然气在燃烧时不产生粉尘，二氧化碳产生量也较少。因此，对环境污染较少。另外，它的开采成本较低，近年来其消耗量在逐渐上升，世界各国正积极开发海洋天然气。截至 2020 年底，全球天然气剩余可开采储量为 188.1 万亿立方米，储采比为 49.8%。天然气在世界范围内呈现不平衡分布的态势，主要分布在中东国家、欧洲及欧亚大陆。我国天然气储量约 12.4 万亿立方米。

(4) 水力资源　水能是天然水流的位能和动能。水力资源的开发广泛应用于水力发电，因此，其资源可用水力发电的全部潜力来表示。世界水力发电的全部潜力，通常可用已经安装和可以安装的水力发电能力的总数来表示。

人类开发利用水能的历史悠久，许多世纪以前，人类就开始利用水下落所产生的能量。最初，人们以机械的形式利用这种能量，如水轮机。在十九世纪末期，人们学会将水能转化为电能，世界上第一座水力发电站于 1878 年在法国建成。

3. 新能源

新能源是相对于常规能源而言的，指新近开发利用或正在研究开发的一些能源，包括太阳能、地热能、海洋能、生物质能、风能、氢能和核能等。由于常规能源中，大多是非再生能源，按目前世界能源消费量计算，石油、天然气将在短短几十年之内开采完，即使是储量较丰富的煤炭，在石油、天然气资源枯竭后，也仅能维持一二百年之久，能源短缺是人类必须面对的现实问题。另外，常规能源中化石燃料的大量使用，对环境造成的危害，如酸雨、全球气候变暖等全球性环境问题，已成为世界各国共同关心的重大课题。新能源中太阳能、风能、地热能、海洋能等，都是非燃料能源，它们在开发和利用过程中对环境污染较少，又属于可再生能源，且储量大，有的甚至可以说是无限的，或者说是取之不尽、用之不竭的。因此，新能源的开发、利用，已成为世界各国关注的重大问题。但是，目前人类科学技术水平有限，尽管这些新能源的储量极其丰富，但由于它们的能量密度相对较小，人类对它们的利用还是有限的，或者说还尚难很好地开发利用。有专家预测，到二十一世纪后半叶，新能源中储量最大的太阳能和核能将会逐步取代其他能源，在世界能源结构中占主导地位。

二、能源与人类社会

能源对人类社会发展起着重要的作用，人类对能源的开发利用，几乎从原始社会一直过渡到现代文明社会，伴随着人类历史的发展。

1. 能源与人民生活

能源与人民生活息息相关，可以说，人民的衣、食、住、行样样离不开能源。一个国家或地区人民生活水平的高低，可以从能源消费构成中直接反映出来。

(1) 能源消费量与人民生活水平　对一个国家来说，能源的消费除一部分用于国家安全以外，其余的都用于生活与生产。能源在生活消费中一部分是直接能耗，用于烹饪、点灯、取暖、供水和其他各种设备。另一部分为间接能耗，指造房、生活消费品、交通运输等，为人民吃、穿、住、用、行所间接消耗的能源。能源在生活消费中，一部分是转到生活消耗中去，而另一部分则用于社会的扩大再生产，但其最终目的还是为了不断提高社会的物质和文化生活水平。一般而言，用于生活和生产的能耗越多，人民的物质就越丰富，生活现代化程度也越高。

尽管世界各国的自然地理条件、科学技术水平、能源构成和经济结构都不尽相同，但年人均能源消费量与年人均国内生产总值之间的比例关系都遵循基本的相似规律，即年人均能源消费量随着年人均国内生产总值的增长而增加。综合世界各国能源消费量进行分析，人民的生活水平按年人均能源消费量划分成三个等级：

① 温饱水平：能源的消费量约为400千克（标准煤）/(人·年)，能源主要用于维持现阶段人们的生存。

② 小康水平：能源的消费量约为1200～1600千克（标准煤）/(人·年)，用于人民过现代化生活的最低限度需要。

③ 富余水平：能源的消费量为2000千克（标准煤）/(人·年）以上或更多，用于人民过更高级的现代化生活的需要。

有些能源工作者认为：现代文明社会人均能源消费量最低水平估计为1615千克（标准煤)/(人·年)。

(2) 能源消费构成与人民生活水平　能源消费构成与人民生活水平密切相关，特别是从常规能源中产生的电能消费量，在能源消费总量中所占比例，最能衡量一个国家和地区经济发展的水平，而生活用电量的多少，也可以作为衡量人民生活水平的一个重要指标。

从国外情况看，生活用电的发展水平大致可分成三个阶段。第一阶段是用于照明或耗电量较少的家用电器，如电视机、洗衣机等。第二阶段是用于耗电量较大的电气设备，如电冰箱、空调、电热水器和炊事电器等。第三阶段是家庭全盘电气化。我国生活用电水平处于第二阶段。2021年，中国电力需求快速增长。全国全社会用电量为8.31万亿千瓦时，同比增长10.3%，增速远高于全球水平。国内制造业用电量为5.51万亿千瓦时，较上年增长9.1%；第三产业用电量为1.42万亿千瓦时，较上年增长17.8%；我国城乡居民用电量为1.17万亿千瓦时，同比增长7.3%。值得关注的是，新兴产业（如5G基站、数据中心等新型基础设施）具有高耗能、24小时不间断运行的特点，耗电量极大；“碳达峰”“碳中和”

目标下方兴未艾的光伏发电机组的部件生产制造过程亦表现出高耗能的特点。此外，半导体行业蓬勃发展、钢铁行业转型都将促进全社会用电量的增长。

2. 能源与国民经济

一个国家或地区的国民经济状况，通常可以用国内生产总值、国内生产增长速度、人均国内生产总值等来表示。而能源消费量可用能源消费总量、能源消费增长速度、人均能耗、能源消费弹性系数等表示。这两组数据呈现着一种对应的变化规律。

（1）能源消费总量与国内生产总值　任何生产过程，除了原料、资金和劳动力的投入以外，还需要相应能量的投入，其中，包括产品在生产过程中直接消耗的和生产设备消耗的能量。因此，能源是创造国内生产总值的重要条件。世界各国经济技术发展的事实表明：机械化、自动化水平及电气化程度越高，经济和技术越发展，劳动生产率就越高，能源消费量也就越大。一般来说，能源消费总量越大，国内生产总值越高。

现代社会对能源的需求量越来越高，能源短缺将是人类社会面临的实际问题。据分析，由于能源供应不足所引起的工业产值损失，大约为能源本身价值的 20～60 倍，换句话说，如果能源短缺 1000 万吨（标准煤），则工业产值就要损失 100 多亿美元。例如发生在 1973 年的世界能源危机，对 1974 年世界经济的发展产生了巨大的负面影响，使西方主要的工业国如美国、法国、英国等国的国内生产总值，都有不同程度的下降。因此，对能源短缺问题的严重性和紧迫性要有足够的认识。

（2）能源消费量的增长速度与国内生产总值的增长速度　能源消费量的增长速度与国内生产总值的增长速度在正常情况下呈正比例。例如 1966～1976 年，我国工农业生产受到严重干扰，能源消费量和国内生产总值增长速度都较低。改革开放以后，1978 年，我国能源消费总量也仅为 57144 万吨（标准煤），而到了 1993 年就飞速达到 111768 万吨（标准煤），增长 1.96 倍，2020 年能源消费总量为 49.8 亿吨（标准煤），有力地支持了我国国内生产总值的持续稳定高速增长。

（3）年人均能源消费量与年人均国内生产总值　年人均国内生产总值与年人均能源消费量也呈正相关。例如，1991 年美国的年人均能源消费量占世界第一，为 11 吨（标准煤），其年人均国内生产总值也位于世界前列；而我国的年人均能源消费量只有 0.896 吨（标准煤），只是世界平均水平的 44.2%，我国当年的年人均国内生产总值较低，在国际社会排名位于后列。到 2020 年我国人均能源消费量达到 3.531 吨标准煤，人均国内生产总值为 8.14 万元人民币。

（4）能源消费构成与国民经济的发展　能源消费构成对国民经济的发展有一定的影响。世界工业发展的历史证明：能源消费构成以煤炭为主时，工业发展速度较慢；以石油和天然气为主时，工业发展速度较快。西方主要工业国家的油、气在能源消费量比例中已高达 60%以上。截至 2021 年底，中国可再生能源发电装机容量达到 10.63 亿千瓦，占发电装机总容量的 44.8%。其中，水电装机容量达 3.91 亿千瓦，风电装机容量达 3.28 亿千瓦，光伏发电装机容量达 3.06 亿千瓦，生物质发电装机容量达 3798 万千瓦，分别占全国发电装机总容量的 16.5%、13.8%、12.9%和 1.6%。2021 年，我国可再生能源发电量稳步增长，全国可再生能源发电量达 2.48 万亿千瓦时，占全社会用电量的 29.8%。其中，水电为 13401 亿千瓦时，同比下降 1.1%；风电为 6526 亿千瓦时，同比增长 40.5%；光伏发电为 3259 亿千瓦时，同比增长 25.1%；生物质发电为 1637 亿千瓦时，同比增长 23.6%。水力发电量、风能发电量、光伏发电量和生物质发电量分别占全社会用电量的 16.1%、7.9%、3.9%和 2%。2021 年，中国核电保持良好增长态势，全国运行机组数量同比增长 8.2%，装机容量同比增长 7.1%。根据国家能源局发布的 2021 年可再生能源并网运行数据，2021

年，中国风电装机容量突破3亿千瓦，海上风电装机容量跃居世界第一。

电能的应用程度更是衡量国民经济发展的一个标志，这是因为电能可以大规模集中生产又便于运输，还可以直接应用于各种场合，在使用过程中既方便又无污染；而且，由电能转换成其他形式的能量，能量转换率高，设备简单。因此，电能被称为现代能源。电能的广泛应用对促进社会生产力和提高人民生活水平，都起着重要作用。

3. 能源开发利用与人类环境

由能源消费增长所带来的环境问题，已引起全人类的极大关注。特别是化石燃料和核能燃料的开发利用，对环境造成了不同程度的影响。

（1）化石燃料的开采和加工对环境的影响　煤炭开采会破坏地壳内部原有力学平衡状态，或破坏地表环境。酸性矿井水或洗煤排放的大量洗煤水和煤泥悬浮物排入河道，会污染水体。石油开采中产生的泥浆，含有酸、碱、盐类等物质会污染附近水域和农田，石油加工中产生的废气，大多是低碳氢化合物，会污染大气。

（2）化石燃料的利用对环境的影响　主要表现为直接燃烧产生污染物。如二氧化硫、氮氧化物，会形成酸雨，造成森林破坏和水体酸化。二氧化碳是造成温室效应的主要气体，全球气候变暖与此相关。大气污染物中的苯并〔*a*〕芘是致癌物质。当大气中的烟尘与其他污染物协同作用时，会发生严重的烟雾事件。可以这样说，当今世界上三大环境热点问题中的酸雨、全球气候变暖都与矿物燃料燃烧有直接关系。

三、能源更迭与科学技术

能源更迭是指能源结构的变化，也就是能源构成中主要能源的变更。能源的更迭常常伴随着科学技术的重大革命。历史上，能源结构已经经历了三个时期，即柴薪能源时期，煤炭能源时期和石油、天然气能源时期。

1. 柴薪能源时期

早期的人类，在能源利用上与动物并无明显的差别。那时，人们利用的能源主要是贮存在食物中的化学能。原始人依靠体力获取食物，并通过自身的消化作用，摄取食物中的化学能，作为自身从事劳动的能量来源。“钻木取火”的发明，是人类认识和利用能源的开端。正如恩格斯指出的那样，原始人类在学会了摩擦生火后，第一次支配了一种自然力，从而最终把人类同动物界分开，这种发现，也可以看作是人类历史的开端。随着“钻木取火”的应用，人类社会进入到以树枝、杂草和作物为燃料的柴薪时期。在这漫长的时期里，人类“刀耕火种”从事农业，以草木为燃料取暖煮食，靠人力畜力并利用一些简单的水力和风力机械作为动力，从事生产活动。那时，生产和生活水平都很低。人类使用柴薪为主要能源，始于新石器时代，一直延续到18世纪的产业革命。

2. 煤炭能源时期

世界上最早利用煤炭的国家是中国，早在汉朝已知煤可以燃烧。南北朝有记载：“人取此山石炭，冶此山铁”，描述当时用煤炼铁的景象。而以煤炭能源真正取代柴薪能源，始于18世纪60年代的欧洲工业革命。18世纪中叶，随着人类改造自然能力的增强，特别是1765年，瓦特发明了蒸汽机，柴薪已不再适应机器生产的需要。1825年，世界上第一条铁路通车，使蒸汽机得以推广，铁路和运输业得到发展，扩大了煤炭的应用，也表明了煤炭能源时期的到来。而煤炭作为这一时期的主要能源，也极大地促进了工场工业的发展，机器大生产也逐步代替手工业生产，社会劳动生产率的极大增长，加速了西方国家工业化的进程。煤炭在整个能源结构中所占比例逐渐增加，并达到70%以上，成为整个19世纪资本主义工业化的动力基础。19世纪末，由传统能源转换来的电力，进入社会生活的各个领域，成为社会生产、生活的重要能源，生产力更加迅速发展，社会面貌发生巨大变化，尽管如此，电力仍不能取代煤炭在能源结构中的地位。

3. 石油、天然气能源时期

人类利用石油也有悠久的历史，据《汉书》记载："高奴有洧水，肥可燃。"说的是两千多年前，人们的祖先就利用石油照明。1859 年，美国人德莱克用单缸发动机钻出世界上第一口油井，拉开了人类开采石油的序幕。此后，苏联开发了巴库油田。但石油作为重要的能源被广泛利用，却不足百年历史。20 世纪 20 年代初期，内燃机的兴起，在西方工业国兴起了所谓"动力革命"，预示世界能源结构又一次重大的转变。到 20 世纪中叶以后，世界工业国能源消耗转向以石油和天然气为主。1965 年，石油首次取代煤炭，在世界能源中占首位，达 39.4%，而当年煤炭只占 38.7%。到 20 世纪 70 年代以后，世界石油天然气消费量已占能源总消费量的 50%。在 20 世纪最后的二三十年里，世界上许多国家，依靠石油和天然气，创造了人类历史上空前灿烂的物质文明。这一时期，在全球范围，一方面能源工业迅速发展，石油的开采和炼制，使热裂化、催化裂化、加氢裂化、重整等技术发展起来，推动了石油化工工业的发展，以获取更多的汽油、煤油、柴油等，来满足交通运输和汽车工业的发展需要。另一方面，石油资源的日渐短缺，也迫使人们利用煤炭合成液体燃料促进煤炭液化技术的进步。特别是航天技术的发展、火箭技术的进步，又促进了高能燃料的发展，如：有机胺类、液氢以及高分子合成的固体燃料的诞生和利用。核技术的发展，预示着核能利用的开始。总之，能源的更迭、科学技术和生产力的突飞猛进，使世界上不少国家在此期间进入了现代化。

现在，人类已进入新世纪，这将是新能源的时代，也是多能源时代，并逐渐进入以核能、太阳能等可再生能源为主体的多样性新能源时代。尽管核聚变能的利用，目前仍有许多高难技术问题尚未解决，有待于新材料技术的突破；太阳能的富集和转化，也有待于功能材料和高效光电转化等技术的发展，但能源革命中最辉煌的一页已经展现在人类的面前。

四、新的绿色能源开发技术

常规能源的大量使用，一方面造成了全球环境的污染，另一方面也使人类面临能源资源短缺甚至枯竭的挑战。人们在寻求新能源的同时，也积极开发各种新能源技术。

（一）核能与核电站

1. 核能

核能包括两类：一是核裂变能，是重元素（铀或钍等）的原子核在中子的轰击下，发生裂变反应时放出的能量；二是核聚变能，这是指轻元素（氘和氚）的原子核发生聚变反应时放出的能量。

1898 年 2 月，杰出的科学家居里夫妇发现放射性元素镭（Rn），并发现镭在蜕变时伴随着能量的释放，开始了人类对核能的探究。1905 年，爱因斯坦提出关于质能关系理论，在理论上预示核能利用的可能性。1938 年发现链式反应以及量子力学理论的发展，才标志了人类开始利用核能。科学家对核能的研究历时整整四十年，才使核能真正为人类利用。尽管核裂变能的成就最先应用于给人类造成毁灭性灾难的军事，但人类还是利用自己的聪明才智，已经将包括核聚变在内的核能，用于和平建设。

（1）核裂变能　某些重核原子如 ^{235}铀等，在高能中子的轰击下，原子核发生裂变反应，产生质量相差不多的两种核素和几个中子，同时，释放出大量的能量。

据测算，1kg ^{235}铀全部裂变放出的能量，相当于 2700t 的煤全部燃烧放出的化学能。在链式反应中，从一个原子核开始裂变起放出中子，到引发下一代原子核的裂变，约只需 1ns

时间。可以想象，在核裂变反应的一瞬间，在有限空间中，集中释放了那么巨大的能量，必然会产生剧烈的爆炸。原子弹就是根据这种不加控制的链式反应的原理制成的。

（2）核聚变能　核聚变是由两个或几个氢原子，如氢的同位素氘或氚的原子核，聚合成一个较重的原子核的过程，此时，也会释放出巨大的能量。

据测算，每克氘聚变时所释放的能量为 5.8×10^{8}kJ。不过，氘的聚变核反应的引发，需要很高的温度，理论上的温度为 1×10^{9}℃。氢弹的制造原理，就是利用了一个小的原子弹作为引爆装置，来引发氘的核反应。

因为聚变核反应的产物是相当稳定的氦核，没有放射性污染，所以更具有安全性。在地球的海洋中，蕴藏着大量的氢，海洋是一个潜在的能源宝藏。但由于聚核反应需要瞬间高温来引发，就人类目前的科技水平，尚无法解决高温来源、容器材料和反应过程控制等问题，因而，核聚变的和平利用尚有待于人类去探索。不过有报道说，氘和锂（Li）为原料的聚核反应，可以在较低的温度下进行。科学家已尝试用激光技术作为引发此类反应的手段，但目前还处于实验室试验阶段。最近有资料表明，美国、俄罗斯、日本、欧共体正加紧研究，并计划联合研制一座实验性的核聚变反应堆。随着激光技术、新材料技术等高新技术的发展，人们有理由相信在21世纪中，核聚变能在新能源革命中会占有重要的地位。而对于核裂变反应，人类已大量用于和平建设，那就是核电站发电。

2. 核电站

核电站的核心问题，就是要按人类的意愿，有控制地使铀核分步反应，将释放出的能量转换成电能。核电站的中心装置是由核燃料和控制棒组成的反应堆。其中关键设计是在核燃料中插入一定量的控制棒。一般控制棒是用能够吸收中子的材料制成，如硼（B）、铬（Cr）合金等，它们具有吸收中子的特性，能控制核燃料裂变链式反应的速度。

原子核反应堆分为两类：一是热中子反应堆，是利用普通水（H_2O）或重水（D_2O）或石墨作为慢化剂和冷却剂，把快中子的速度降低变为热中子，再利用热中子去诱发原子核链式反应。按照使用的慢化剂不同，热中子反应堆又分为轻水堆（包括压水堆型和非水堆型）、重水堆、石墨气冷堆三大类。二是快中子反应堆，它是直接利用核裂变时放出的高速度、高能量的快中子，来引发链式反应。目前实际应用核技术较成熟的多是热中子反应堆，世界上，60%的核电站是压水型堆。我国自行设计、建设的秦山核电站在1985年3月动工建造，采用压水堆型，反应堆额定热功率为966MW，额定发电功率为300MW，于1991年12月正式运行，并网发电，1993年8月，我国广东大亚湾984MW的核电站也正式并网发电，2021年，中国核电保持良好增长态势，全国运行机组数量同比增长8.2%，装机容量同比增长7.1%。初步核算，2021年我国核能发电4075.2亿千瓦时，比2020年增长11.3%，我国和平利用核能技术已达世界先进水平。

核电是一种清洁能源，是解决电力缺乏的重要选择。核电站初期建设投资高，核电站安全问题和核废料处置等问题尚待妥善对待。应该说。高投资可以在核电站运作时加以消化。人们担忧的核安全问题，从迄今为止的半个多世纪中，世界上发生的两次重大核泄漏事故，均系人为原因造成的。如1986年4月26日，苏联切尔诺贝利核电站放射性物质外泄事件，就是人为违章操作而造成爆炸所致。只要核电站建立一整套严格的防护措施和安全检查制度，其安全性就可被人们所接受。

（二）太阳能的开发和利用

1. 太阳能的特点

太阳是银河系中离地球最近的一颗恒星，它是地球上光和热的源泉，地球上几乎所有的生命活动和自然现象都与太阳能有关。由于在太阳内部不断地进行着氢核聚变成氦核的热核反应，产生了大量的热量。据估计，太阳表面温度约 6000 摄氏度，其中心温度高达 1500 万～2000 万摄氏度，如同一个巨大“火球”。太阳向宇宙空间的能量辐射功率约为 3.8×10^{23} 千瓦，而到达地球大气层的能量仅占其总辐射能的二十亿分之一，但也已高达 80 万亿千瓦，相当于目前地球上总发电功率的 8 万倍。

太阳能作为能源有独特的优势：

① 储量丰富。人类只要利用到地球表面太阳能的 5%，就可远远超过目前世界能源消费量，在此意义上说，太阳能可以说是取之不尽。

② 分布广泛。太阳能除白昼与黑夜、晴天与雨日之变化外，是唯一真正能为世界各国共享的能源。

③ 对环境无害。总体来说太阳能的利用对环境无害，但是，大规模集中开发利用也可能对局部环境造成一定影响。

但是太阳能的开发和利用有一定困难，因为太阳能的能量密度低，加之其强度受季节、昼夜气候、地理环境等诸多因素影响，使其能量缺乏稳定性和规律性，开发利用困难。

2. 太阳能的转换技术

当前，人类直接利用太阳能是利用化学、物理学等原理，将太阳能收集起来并转换成其他形式的能量，再加以利用。常用方法有光-热转换、光-电转换、光-化学转换三类。

（1）光-热转换技术　光-热转换就是将太阳能直接转换成热能，这是目前应用最广泛和最有价值的一种太阳能利用技术。

光-热转换装置的基本设计思想是：设法把太阳能辐射能收集起来，然后用一种集热装置转变为热能。要想有效地收集和充分发挥太阳的热能，关键是有一种将收集的热能加以储存和进行热交换的设备。目前，太阳能的光-热转换技术应用非常广泛，常见聚集太阳辐射能的装置有平板式集热器和聚光式集热器。

平板式集热器是太阳能光-热转换最简单的一种装置，由涂黑的采热板和与采热板接触的水构成，太阳光被黑色的采热板吸收，转换成热能使水温升高，热水供人利用。这种集热器转换效率低，人们常在集热器加上“选择性涂层”，提高转换效率，来获取更多能量。

聚光型集热器是利用光线的反射和折射原理，采用反射器或折射器使阳光聚集在吸热物体上。这种集热器较多地应用于太阳能聚光灶和太阳能高温炉。我国广大农村中使用的各式太阳灶已有好几十万台。

太阳能利用领域很广，如太阳能热水、太阳能供暖、太阳能空调等。目前，我国太阳能产业规模已位居世界第一，是全球太阳能热水器生产量和使用量最大的国家和重要的太阳能光伏电池生产国。

（2）光-电转换技术　光-电转换技术就是把太阳辐射直接转换成电能，其基本原理就是利用“光电效应”。1954 年，美国首先制成单晶硅，以单晶硅制成的世界上第一台硅太阳能电池是利用光电效应的发电元件，又称光电池。光电池的工作原理是：当太阳光照射到特殊结构的硅半导体时，波长极短的光被半导体晶体吸收，并去碰撞硅原子中的价电子，产生自由电子，并驱使电子从 N 区（负极）向 P 区（正极）流动，形成电流。目前，太阳能电池除了单晶硅以外，还陆续出现磷化铟电池、砷化镓电池和有机半导体电池等。

太阳能电池问世不久，就被用于人造卫星和空间宇航站上。1958 年美国制造的“先锋号”人造地球卫星和 1971 年我国制造的“东方红号”人造卫星上，都安置了太阳能电池，全世界已建成许多这种电站。美国加利福尼亚一座发电功率达 1.0MW 的太阳能发电站，是目前世界上最大的太阳能发电站。在过去的三十年中，光-电转换技术已取得长足进展。但太阳能电池的更多开发，需解决降低成本、增强功率和提高转换效率等问题。1968年，美国的格拉塞首先提出，利用宇宙飞船或航天飞机运送太阳能电池到空间站，建立太空太阳能电站，然后，通过微波将产生的电能不间断地送回地面，由地面接收站将其转换成常规的电力供用户使用，这种设想的实现可加快人类对太阳能的利用。

2021年中国光伏发电装机容量达3.06亿千瓦，同比增长25.1%；2022年，我国光伏行业持续深化供给侧结构性改革，加快推进产业智能制造和现代化水平，全年整体保持平稳向好的发展势头，有力支撑"碳达峰、碳中和"顺利推进。2022年，国内光伏大基地建设及分布式光伏应用稳步提升，国内光伏新增装机超过87GW；全年光伏产品出口超过512亿美元，光伏组件出口超过153GW，有效支撑国内外光伏市场增长和全球新能源需求。

（3）光-化学转化技术　光-化学转化技术是将太阳能直接转化成化学能。自然界中绿色植物通过光合作用将太阳能转换成自身的化学能，就是一种光-化学转化。但绿色植物的这种转换效率很低，仅为千分之几，而且不受人控制。目前，人们正试验模拟植物的光合作用，来实现完全可控制的光-化学能转换；或者试验用太阳能催草木生长，再将草木高温分解，制得炭、煤气等燃料。这种综合性的燃料栽培场有希望使光-化学转化技术得以发展。

另一类光化反应也是光-化学能转换的形式。例如氯气（Cl_2）在太阳光的照耀下吸热分解：

$$Cl_2 \longrightarrow 2Cl\cdot$$

当光解产物氯原子复合时，会释放出所吸收的太阳能。人们设想利用这种方法进行太阳能发电，目前还处于试验研究阶段。

（三）生物质能与氢能

1. 生物质能的利用

生物质能在学术上称为"以生物质为载体的能量"，是可再生的绿色能源。实质上，它是太阳能以生物质形式，固定下来的能源，包括动物、植物和微生物，以及由这些生物产生的排泄物和代谢产物。生物质能的种类繁多，目前，人们可利用的大致有六大类：木质素、农业废弃物、水生植物、油料作物、加工废弃物和粪便。人类最原始的生物质能利用方法，是直接燃烧获取能量。此法简单，但转换效率低，还严重污染环境。对生物质能的开发利用，是当代人类新能源技术革新之一。20世纪90年代以来，我国农村广泛推广和使用的沼气，就是通过生物质能的生物转化技术得到的。其基本原理是，在一定温度和隔绝空气下，通过微生物甲烷菌的作用，将生物质能转换成可燃气体燃料——沼气（主要成分为甲烷和二氧化碳）。沼气池填料主要是粪便、秸秆、污泥和水。这种技术推广以后，除了获得优质燃料以外，发酵后的沼液、沼渣都是很好的有机肥料。沼气的开发，有利于农村燃料、肥料和饲料的解决，也有利于垃圾的无害化处理，更有利于促进农业生产系统的良性循环和农业生态平衡。

2. 氢能的利用

氢是一种燃料，其热值比石油、天然气、煤炭都高，而且在燃烧时没有烟尘，氢能是最清洁、又可再生的新能源。氢也是自然界里最丰富的元素之一，但主要以化合物的形态存在。因此，制取氢主要依靠人工完成，如水的分解、从碳氢化合物中制取氢、利用微生物生产氢等，而地球表面的四分之三是海洋，这正是氢取之不尽、用之不竭的资源。就长远和宏观而言，水的分解制氢应是当代高技术的主攻方向。氢又可以再生和循环，如：

$$2H_2+O_2 \longrightarrow 2H_2O$$

氢能可作为石油的替代燃料。人类将氢能源作为车用燃料已有相当多的研究，国外已在试运营燃氢轿车和公共汽车，而且证明汽车性能良好，排放的尾气清洁程度明显提高，对现有汽车发动机的改进也不大。氢燃料更多的是用于航天工业、液氢燃料的推力，将火箭、宇宙飞船升上太空。目前，有些国家正试验着把液氢喷气式发动机用于民用航天运输和超音速飞机上，这种超音速飞机的速度可达6～8倍音速。

氢能也可作为发电燃料，通过燃料电池或燃气-蒸气涡轮发电装置来发电。这两种发电装置的能量转换效率高达60%～70%，比目前最先进的火力发电站的热效率高20%～30%。发电站的形式有氢能发电站、氢氧燃烧的磁流体发电站、联合循环发电站等。

氢能作为家用燃料也具有良好的开发前景，如燃氢的家用热水器、取暖器和炊灶等。

氢能作为燃料前途无量，将有可能弥补矿物燃料的逐渐枯竭。如果利用太阳能或核反应堆废热裂解水来制取氢的技术得到广泛使用，则可能使氢能和核能利用向多功能方向发展。应当指出，氢能的生产和利用都与其他能源关系密切，而且对氢能的储存技术和研究，在经济上的可行性等问题尚待进一步探索。

（四）风能、地热能和海洋能

1. 风能

风是地球上的一种自然现象，是由太阳辐射热引起的，太阳光照射到地球表面，地球表面各处受热不同，产生温差，从而引起大气对流运动形成风。据估计到达地球的太阳能大约有0.2%转化为风能，但其总量仍十分可观。

人类利用风能的历史可追溯到公元前，但数千年来，风能利用技术发展缓慢，没有引起人们足够的重视。自1973年世界石油危机以来，在常规能源告急和全球生态环境恶化的双重压力下，风能作为一种无污染、可再生的新能源有着巨大的发展潜力，特别是对于沿海岛屿、边远山区、草原牧场以及远离电网的农村、边疆，作为解决生产和生活能源的一种可靠途径，有着十分重要的意义。

风能目前的应用主要有：

① 风力提水，该方法自古至今一直都有广泛的应用，主要是为解决农村、牧场的生活、灌溉和牲畜用水的运送；

② 风力发电，这是风能利用的主要形式，用于解决农村和海岛的供电；

③ 风帆助航，古老的风能利用方法，目的是节约燃油和提高航速，日本已在万吨货轮上采用电脑控制取得风帆助航，节油率达15%；

④ 风力制热，可解决家庭和低品位工业热能的需要。

我国陆地50米高度处3级及以上风能资源潜在开发量为23.8亿千瓦，主要分布在新疆、内蒙古和甘肃河西走廊，东北、西北、华北和青藏高原等地区；近海5～25米水深范围内风能资源潜在开发量为2亿千瓦，主要分布在东南沿海及附近岛屿。目前，我国风电已进入大规模发展阶段，截至2021年底，我国风电装机容量达3.28亿千瓦，占总容量的13.8%。

2. 地热能

地热能是来自地球深处的可再生热能，起源于地球的熔融岩浆和放射性物质的衰变。据估计全球地热资源的总量大约有14.5×10^{25}焦耳，相当于4948×10^{12}吨标准煤燃烧时放出的热量。在地质学上，常把地热资源分为蒸汽型、热水型、干热岩型、地压型和岩浆型五大类。目前，应用最广的是蒸汽型和热水型，干热岩型、地压型的应用尚处于试验阶段。仅按目前可供开采的地下3千米范围内的地热资源来计算，就相当于2.9×10^{12}吨煤炭燃烧发出的热量。

地热能的应用有：

① 地热发电，这是地热利用的最重要的方式。其原理是利用地下的热能在汽轮机中转变为机械能，然后带动发电机发电。

② 地热供暖，这是将地热能直接用于采暖、供热和供热水，这种方式简单、经济性好，备受各国重视。如冰岛首都雷克雅未克，建成了完善的地热供热系统，被誉为“世界上最清洁无烟的城市”。

③ 地热务农，即利用温度适宜的地热水灌溉农田，可使农作物早熟增产，以及利用地热水养鱼，利用地热给沼气池加温，提高沼气的产量等。

④ 地热行医，热矿水被视为一种宝贵的资源，由于地热水从地下提到地面，除高温外，常含有一些特殊的化学元素，从而具有一定的疗效，地热在医疗领域的应用有诱人的前景。

3. 海洋能

地球表面的71%是海洋，海洋不仅为人类提供航运、水产之利和丰富的矿藏，还蕴藏着巨大的能量。太阳到达地球的能量，大部分落在海洋上空和海水中，部分转化为各种形式的海洋能。海洋通过各种物理过程接收、储存和散发能量，这些能量以潮汐、波浪、温度差、盐度梯度、海流等形式存在于海洋之中。其中，温差能是热能；潮汐、波浪、海流都是机械能，潮汐能是地球旋转所产生的能量通过太阳和月亮的引力作用而传递给海洋，并由长周期波储存的能量，潮汐能量与潮差大小和潮量成正比；海流能量与流速平方和通流量成正比；波浪能是一种在风的作用下产生的，并以位能和动能的形式由短周期波储存的机械能，它与波高的平方和波动水域面积成正比。海水盐度差则是一种化学能。

海洋能中的潮汐能利用作为成熟的技术将得到大规模的利用，小型潮汐发电技术基本成熟，近期已开发中型潮汐电站，但现有的潮汐电站发电容量还很小，大规模利用潮汐能和大型的基础建设工程，在融资和环境评估方面都需要相当长的时间。

海洋能中的波浪能在经历了十多年的示范应用后，正向商业化应用发展，且在降低成本和提高利用效率方面仍有很大技术潜力。

从21世纪的观点和需求看，温差能利用应放在相当重要的位置，海洋温差能的利用可以提供可持续发展所需的能源、淡水、生存空间，并可以和海洋采矿与海洋养殖业共同发展，以解决人类生存与发展的资源问题。值得注意的是，海洋能的利用是和能源、海洋、国防和国土开发都紧密相关的领域，应当从发展和全局的观点来考虑。

4. 可燃冰

(1) 可燃冰的组成与结构　可燃冰其实就是天然气水合物，是气体水合物的一种。气体水合物在自然界其实很多，都是一些小气体，甲烷、乙烷和二氧化碳和水结合时形成一种笼状的晶体物质，水分子通过气体形成一些笼子，然后把气体包在笼子之中，就形成了水合物。目前常见的有三种结构，结构一、结构二和结构H，可燃冰就是结构一。据报道1立方米纯净的可燃冰有可能释放出164立方米的天然气。

(2) 可燃冰的储量与开发　可燃冰可代替煤、石油等传统化石燃料，是一种潜在的清洁能源。目前专家们估计，全球天然冰的储量，相当于石油、天然气与煤总和的两倍。

五、人口增长对能源的压力

能源短缺是一个世界性难题，其原因固然很多，但就发展中国家来说，人口激增无疑是重要原因。能源作为典型的矿产资源，构成了现代工业发展的动力基础。例如，森林资源破坏的主要原因就是愈来愈多的生活燃料靠砍树木来维持，发展中国家90%被砍伐的树木是用作生活燃料的。许多地区树木被砍光，植物秸秆被烧光，甚至牲畜粪便也用作燃料。据联合国粮食与农业组织估计，在亚洲远东和非洲每年作为燃料烧掉的牛粪达 6800 万吨，蔬菜下脚料 3900 万吨。

近年来，我国原煤和石油产量又有所增加；因此，无论从探明储量还是从产量来看，中国都称得上能源大国。但是，人均能源占有量较少，同工农业快速发展的要求仍有很大差距，能源短缺一直是制约我国经济发展的因素之一。

复习思考题

1. 谈谈你对中国人口老龄化的认识。
2. 自然资源的概念是什么？如何对自然资源进行科学分类？
3. 简述我国土地资源的特点。
4. 为什么说自然资源是有限的？
5. 为什么说我国是全世界土地退化比较严重的国家之一？主要表现哪些方面？
6. 土地资源环境管理的原则和方法有哪些？
7. 简述水资源的特点及我国水资源的分布现状。
8. 简述环境问题产生的主要原因、具体表现。
9. 简述资源环境管理的原则和方法。
10. 如何合理开发利用海洋资源？
11. 什么是能源？有哪些分类方法？
12. 常规能源和新能源有何区别？
13. 举例说明能源和人民生活、国民经济的关系。
14. 我国能源面临哪些问题？你是如何看待这些问题的？
15. 裂变能与核聚变能有什么不同？
16. 太阳能有哪些特点？为什么说人类目前开发利用太阳能有一定的困难？
17. 为什么说生物质能是“绿色能源”？

第三章

生态破坏及全球性环境问题

学习目标

【知识目标】熟悉由于生态平衡破坏造成的全球性环境问题；了解生态平衡破坏的原因及现状。

【能力目标】能够分析和解决生态平衡问题。

【素质目标】树立生态环境保护意识，树立大局意识。

人类社会发展到今天，创造了前所未有的文明，但同时又带来了一系列环境问题。当前世界范围内，一些环境问题正危及人类的生存与社会的发展，如生态环境退化和自然资源枯竭的现象。近代工业革命使人与自然环境的关系又一次发生巨大变化。特别从20世纪中叶开始，科学技术的飞跃发展和世界经济的迅速增长，使人类“征服”自然环境的足迹遍布全球，人类成为主宰全球生态系统的至关重要的一支力量。世界著名科学刊物《科学》（*Science*）于1997年发表的文章《人类主宰地球生态系统》表明，人类活动正在改变全球的生态系统。确实，在战后短短的几十年历程中，环境问题迅速从地区性问题发展成为波及世界各国的全球性问题，从简单问题（可分类、可定量、易解决、低风险、近期可见性）发展到复杂问题（不可分类、不可量化、不易解决、高风险、长期性），出现了一系列国际社会关注的热点问题，如过度放牧导致的草原退化、毁林开荒造成的水土流失和沙漠化，温室气体的排放量逐年增加使臭氧层遭到越来越严重的破坏，酸雨的危害增加造成植被减少和生物多样性锐减，国际水域与海洋污染、有毒化学品污染和有害废物越境转移等。围绕这些问题，国际社会在经济、政治、技术、贸易等方面形成了复杂的对抗或合作关系，并建立起了一个庞大的国际环境条约体系，正越来越大地影响着全球经济、政治和技术的未来走向。

第一节 植被破坏

植被就是覆盖地表的植物群落的总称。所谓植物群落，是指占据一定地段的植物的总体，如森林、灌丛、草丛、果园、玉米地等。一棵树、一株草、一株玉米等都是植物的概念，而不是植被。植被对植物个体来说，是一个整体、全面的概念。植物的生长，或者植被的发育，是受生态因子（即自然条件）控制的。生态因子主要是阳光、温度、水分、矿物质（土壤）、氧气、二氧化碳等。植被的分布主要与气候和土壤有关系。人类对植被的改造利用，同样不能脱离一定的气候和土壤条件。

由于要解决日益增加的人口和粮食问题，人们正在大量焚毁有丰富动物资源的热带草原，但是，在干旱地区采用传统农业方法既不可靠又危险。沼泽湿地不仅是生物的生活环境，而且在水文循环中起着重要的作用，可调节河流的流速，改善地下水的补给。但是为了发展工业和建筑住房，许多湿地不是被排干就是蓄满了水。试图把湿地转变为耕地，结果常常是造成土贫产低。都市化常常意味着为建设住宅、街道和停车场而牺牲耕地。这样耕地就变成了不能出产生物的废地。从自然或经济的角度来看，这样的土地很难再恢复成农田。除传统的森林砍伐外，天然森林还会受到其他的严重威胁，例如雨林被单一的经济林所代替，经过几次好收获之后，土地将会变得贫瘠，只能生长一些贫瘠的灌木丛。如今这种破坏过程发展得如此迅猛，以致热带雨林正面临着在几十年内完全消失的危险。当森林死亡的时候，死亡的不仅仅是树木，而是一个生态系统。

一、森林

据测算，进入20世纪90年代以来，每年有约13万～15万平方千米的热带雨林变成荒地，非洲的热带雨林只剩下原先的三分之一。据世界自然保护基金会估计，全球的森林正以每年2%的速度消失，按照这个速度，50年后人们将看不到天然森林了。

森林是陆地生态的主体，在维持全球生态平衡、调节气候、保持水土、减少洪涝等自然灾害方面，都有着极其重要的作用，各种林产品也有着广泛的经济用途。但从全球来看，森林破坏仍然是许多发展中国家所面临的严重问题，所导致的一系列环境恶果引起了人们的高度关注。森林对保护生态环境具有重要的作用。

① 森林是陆地生命的摇篮。自然界中的一切动物都要靠氧气来维持生命，而森林是天然的制氧机。如果没有森林等绿色植物制造氧气，则生物生存将失去保障。

② 森林是消灭环境污染的万能净化器。森林能够阻滞酸雨、降尘、可衰减噪声，还可以分泌杀菌素，杀死空气中的细菌，净化大气。

③ 森林是自然界物质能量转换的加工厂和维护生态平衡的重要原动力。森林是使CO_2转化为生物能量的重要加工厂，能促进水循环，调节气候，延缓干旱和沙漠化发展；能保护农田，增加有机质，改良土壤。

④ 森林是陆地上最大、最理想的物种基因库。森林是世界上最富有的生物区，繁育着多种多样的生物物种，保存着世界上珍稀特有的野生动植物，为人类提供了大量林木资源。

⑤ 森林具有保护环境、美化环境及生态旅游等功能。

（一）全球森林状况

从世界各地区的情况来看，在非洲、亚洲和拉美等地，约有热带森林18亿公顷，包括雨林和湿润落叶林等。北美、欧洲、亚洲等地的温带森林共有16亿公顷，主要集中在工业化国家。由于热带森林有着丰富的物种和巨大的调节气候功能，热带森林减少近年来一直是世界热点问题。

（二）森林减少的主要原因

1. 砍伐林木

温带森林的砍伐历史很长，在工业化过程中，欧洲、北美等地的温带森林有1/3被砍伐掉了。热带森林的大规模开发只有30多年的历史。在这一期间，各发达国家进口的热带木材增长了十几倍，达到世界木材和纸浆供给量的10%左右。但近年来，为了保护热带森林，越来越多的国家已禁止出口原木。

2. 开垦林地

为了满足人口增长对粮食的需求，在发展中国家开垦了大量的林地，特别是农民非法烧荒耕作，刀耕火种，造成了对森林的严重破坏。据估计，热带地区半数以上的森林采伐是烧荒开垦造成的。在人口稀少时，农民在耕作一段时间后就转移到其他地方开垦，原来耕作过的林地肥力和森林都能比较快地恢复，刀耕火种尚不对森林构成多大危害。但是，随着人口增长，所开垦林地的耕作强度和持续时间都增加了，加剧了林地土壤侵蚀，严重损害了森林植被再生和恢复能力。

3. 采集薪材

全世界约有一半人口用薪柴作炊事的主要燃料，每年有1亿多立方米的林木从热带森林中运出用作燃料。随着人口的增长，对薪材的需求量也相应增长，采伐林木的压力越来越大。

4. 大规模放牧

为了满足美国等国对牛肉的需求，中南美地区，特别是南美亚马逊地区，砍伐和烧毁了大量森林，使之变为大规模的牧场。

5. 空气污染

在欧美等国，空气污染对森林退化也产生了显著影响。据1994年欧洲委员会对32个国家的调查，由于空气污染等原因，欧洲大陆有26.4%的森林有中等或严重的落叶。

（三）森林减少的影响和危害

1. 产生气候异常

没有森林，水从地表的蒸发量将显著增加，引起地表热平衡和对流层内热分布的变化，地面附近气温上升，降雨时空分布相应发生变化，由此会产生气候异常，造成局部地区的气候恶化，如降雨减少，风沙增加。

2. 增加二氧化碳排放

森林对调节大气中二氧化碳含量有重要作用。科学家认为，世界森林总体上每年净吸收大约15亿吨二氧化碳，相当于化石燃料燃烧释放二氧化碳的1/4。森林砍伐减少了森林吸收二氧化碳的能力，把原本贮藏在生物体及周围土壤里的碳释放了出来。据联合国粮农组织估计，由于砍伐热带森林，每年向大气层释放了15亿吨以上的二氧化碳。

3. 物种灭绝和生物多样性减少

森林生态系统是物种最为丰富的地区之一。由于世界范围的森林破坏，数千种动植物物种受到灭绝的威胁。热带雨林的动植物物种可能包括了已知物种的一半，但它正在以每年460万公顷的速度消失。

4. 加剧水土侵蚀

大规模森林砍伐通常造成严重的水土侵蚀，加剧土地沙化、滑坡和泥石流等自然灾害。

5. 减少水源涵养，加剧洪涝灾害

森林破坏还从根本上降低了土壤的保水能力，加之土壤侵蚀造成的河湖淤积，导致大面积的洪水泛滥，加剧了洪涝的影响和危害。

二、牧场退化

牧场包括草地、林中空地、林边草地、疏林、灌木丛以及荒漠、半荒漠地区植被稀疏地段。牧场是放牧家畜和野生动物栖息的地方。但过度放牧和不科学的开垦耕种，往往会引起牧场退化、土壤侵蚀和荒漠化等自然生态破坏现象，使大量物种濒临灭绝。

牧场退化主要表现为草群稀疏、低矮，牧草产量降低，草质变差，造成生态环境的破坏，其实质就是荒漠化。

目前，世界各国的牧场都有不同程度的退化现象出现。北美各国牧场大多经历了过度开

发、滥用和逐步改善三个阶段，生态环境逐渐变好。非洲许多国家的牧场已严重荒漠化，南美的牧场也存在着退化现象；只有欧洲情况比较好。而发展中国家的牧场大多仍处在退化阶段。

我国内蒙古有13亿亩（15亩=1公顷）草原，占全国草原面积的22%，居全国五大牧区之首，具有发展畜牧业的优势。目前，内蒙古畜牧业形成了年总增2500万头牲畜的综合生产能力，绵羊毛、山羊绒产量居全国首位，牛羊肉、皮张产量位居全国前列，成为国家重要的畜产品基地之一。但是，由于受种种因素的制约，过去畜牧业走了一条重数量、轻质量，低投入、高索取的粗放经营路子，严重的超载过牧导致草原生态恶化。面对这种形势，当地政府积极寻找一条既能促进畜牧业发展，又可保护生态的路子。首先，以草原生态建设为重点，加强畜牧业基础设施建设。发展生态畜牧业，必须进一步加强以保护草原生态为重点的畜牧业基础设施建设。特别是抓住国家实施沙源治理、天然草原保护、退耕还林还草、牧草种子基地等重大生态建设项目的机遇，充分发挥这些龙头项目的示范辐射作用。在建设方式上，要以草灌为主，围封和保护为主，宜林则林，宜草则草，促进草原生态的恢复，为畜牧业的良性发展奠定基础。其次，以推广舍饲、半舍饲为切入点，加快转变畜牧业生产经营方式。发展生态畜牧业关键在于饲养方式的转变。重点是把那种粗放的单一的靠天然草场放牧饲养方式，转变为科学轮牧、季节性休牧以及舍饲半舍饲的饲养。牧区要实行划区轮牧、围栏封育，有条件的地方积极推广舍饲圈养。第三，以结构调整为着力点，发挥生态畜牧业的比较优势。调整畜牧业结构，不仅是实现产业化升级的重大举措，也是发展生态畜牧业的客观要求。要从区域上适当调整畜牧业的布局。第四，以推进畜牧业产业化为途径，提高生态畜牧业的综合效益。使草场退化现象得到一定的遏制。

三、我国森林和草地的现状

1. 森林资源

根据第九次全国森林资源清查（2014～2018年）结果，全国森林覆盖率22.96%，森林面积2.2亿公顷，其中人工林面积7954万公顷，继续保持世界首位。森林蓄积175.6亿立方米。森林植被总生物量188.02亿吨，总碳储量91.86亿吨。年涵养水源量6289.50亿立方米，年固土量87.48亿吨，年滞尘量61.58亿吨，年吸收大气污染物量0.40亿吨，年固碳量4.34亿吨，年释氧量10.29亿吨。同时，森林资源还存在这样几个问题：一是森林资源质量不高，中幼龄林比重大，其面积占全国林分面积的71%，而人工林中的中幼龄林比重高达87%。二是森林资源分布不均，主要分布于东北、西南、东南地区，而西北、华北地区森林资源稀少，风沙危害严重。三是森林资源破坏严重，乱砍滥伐现象比较普遍，1990～2020年，约有4.2亿公顷的森林因砍伐而消失。近年来，随着生态环境保护意识的上升，毁林速度已经放慢，但在2015～2020年间，每年仍有1000万公顷森林毁坏。四是森林灾害较为频繁，2022年，全国共发生森林火灾709起，受害森林面积约4689.5公顷。

2. 草地退化严重

《第三次全国国土调查主要数据公报》显示，我国现有草地面积26453.01万公顷。造成草地退化的原因主要有：一是长期超载过牧，过度使用；二是气候干旱，使草地逐步沙化；三是人为采樵、滥挖药材、采摘发菜、开矿和滥猎，破坏草地植被，致使草地退化。

从近些年的实践看，草原生态建设必须坚持保护与建设并举、通过围封轮牧、休牧和必要的人工补种等途径，加大天然草场保护力度，使其恢复自然生态。对草原退化、沙化严重的地区，坚决实行禁牧、轮牧。对半农半牧区，全面实施退耕还林还草战略。

第二节 水土流失

土壤侵蚀是土及其母质在水力、风力、冻融、重力等外力作用下被破坏、剥蚀、搬运和沉积的过程。这一定义与国际上是相近的。土壤流失与土壤侵蚀基本上是同义语，土壤侵蚀侧重于过程，而土壤流失侧重于结果。在国际学术文献中，目前更多地与水连用，称为水土流失。

水土流失和水土保持是两个相对的概念，水土流失是指土壤侵蚀（包括水、风等营力）造成水土资源和土地生产力的破坏和损失。与土壤流失或土壤侵蚀相比，在应用水土流失概念时，水不仅是作为引起土壤侵蚀的营力，同时也是作为农业生产的资源要素。从农业生产角度，土壤侵蚀不仅造成土壤及其养分的流失，也造成土壤水分和水资源的流失或损失。水土保持的意义则是防止水土流失、保护和合理利用水土资源、提高土地生产力的措施的总称。水土流失面积是我国长期使用的概念，国际上使用土壤侵蚀面积。土壤侵蚀面积包括风蚀面积和水蚀面积。水土流失不能理解为仅仅是水力侵蚀引起的水土资源流失，因此水土流失面积不能理解为水力侵蚀的面积。

和1996年全国21亿亩的耕地总面积相比，全国2004年的耕地面积只有18.89亿亩。据东北、华北以及广东、福建、山东、四川、河南14个省市统计，由于开矿、采石、基建、筑路、毁林毁草开荒等原因，新增水土流失面积2.8万平方公里，新增土壤侵蚀量5.54亿吨。事实证明，掠夺式经济活动是造成水土流失的主因，中国的水土流失治理必须采取综合的防治战略，特别应防止新的破坏。

一、干旱灾害

现代的干旱问题，除了降水量少的因素外，人类的社会活动是一个重要因素。人类活动的发展不断破坏地表植被及上层结构，从而减弱了植被在水平衡中的功能，使得更多的天然降水无效流失，减少了可用水量。此外，随着人口及社会生产力的增加，对水的需求量也不断增加，社会的发展速度远远超过了降水量的变化趋势。

由于环境恶化，加重了干旱的严重程度，在干旱的反作用下，加之人类活动的影响，进一步引起一系列的环境恶化现象，造成恶性循环。在此影响下，水资源持续减少，湖泊水位降低，水面缩小甚至干涸，冰川退缩和变薄。分析表明，我国的多数冰川（占44.6%）在后退和变薄，雪线在上升。冰川后退的平均速度为10～20m/a，其中后退速度最快的是昆仑山，超过了100m/a，后退量最大的是天山和祁连山。

沙漠化土地明显扩展。沙漠化是在干旱多风和沙质地表条件下，人为活动导致脆弱生态平衡的破坏，地表出现风沙活动，使非沙漠地区出现了沙漠化的环境退化过程。由于人类活动导致生态环境恶化，使沙漠化进程加快，近年来我国的沙漠化以$2100km^2/a$的速度在扩展。

地下水超采引起地面下沉和沿海地带海水入侵。由于干旱造成过量开采地下水，现在全国已有20多个城市，包括天津、上海、北京、太原、西安及其他一些沿海城市发生了不同程度的地面沉降，其中塘沽和汉沽沉降速率达188mm/a。超采地下水，也加重了地裂缝的扩展。目前全国有200个县市共发现地裂缝757处。其中西安市最为严重，已发现较大裂缝13条，目前已造成340幢房屋破坏，221处市政设施损坏，每年造成的经济损失达数亿元；大同市由于地裂缝的扩展，每年造成的经济损失也近千万元。

地下水超采使沿海一些地区遭到海水大面积入侵，并使土地盐碱化，这一现象在我国山东、河北、辽宁、江苏、天津和上海等省市均有发生，以山东胶东半岛沿海最为严重。

二、洪涝灾害

历史上我国洪涝灾害十分频繁，自公元前206年至公元1949年，2155年间发生过较大洪涝灾害1092次，平均每两年一次。1950～1980年，我国平均每年受涝灾耕地面积达0.1亿公顷，成灾面积0.08亿公顷，粮食损失100亿公斤左右，受灾人口以百万计，造成经济损失平均每年150亿～200亿元。从20世纪80年代以来，洪涝灾害更有发展之趋势，我国长江、黄河、珠江、淮河等七大江河的水灾面积和成灾率都比20世纪60年代和70年代有所增加。1998年夏季我国发生了历史上罕见的特大洪涝灾害，波及29个省市，特别是长江发生了自1954年以来又一次全流域性大洪水，松花江、嫩江出现超历史纪录的特大洪水。造成受灾人口2.23亿人，死亡3004人，农作物受灾面积0.21亿公顷，成灾0.13亿公顷，倒塌房屋497万间，直接经济损失达1666亿元。

洪涝灾害的发生与人类不合理的生产活动破坏了自然环境有重要关系。多年来，盲目开垦砍伐使植被大面积丧失，造成水土流失、江河泥沙淤积，河床抬高。20世纪50年代初，长江流域的水土流失面积已达29万平方公里，到了20世纪90年代，已升至56万平方公里，四十年来水土流失面积增加了近一倍，年土壤侵蚀量24亿吨，其中上游地区水土流失面积35万平方公里，年土壤侵蚀量16亿吨。水土流失在中下游造成更多的“悬河”“悬湖”。目前长江的荆江河段河床已高出两岸8米，黄河下游河床已高出河岸4～12米，这两处河段，事实上已成为“悬河”，一旦河堤决口，后果将不堪设想。与此同时，由于人为的围湖造田，加之上游挟带的泥沙淤积，致使湖面急剧萎缩，调蓄能力大幅下降。如鄱阳湖1954年面积为5000多平方公里，现仅为3900平方公里，湖面缩小了1/5以上。据不完全统计，20世纪50年代以后，长江中下游湖泊面积消失了45%，损失蓄水容积560多亿立方米。

三、水土流失灾害

中国是世界上水土流失最严重的国家之一。现有水土流失面积356.92万平方千米，占国土总面积的37.2%。其中水力侵蚀面积161.22万平方千米，占国土总面积的16.8%；风力侵蚀面积195.70万平方千米，占国土总面积的20.4%。每年流失土壤总量达50亿吨，占世界总流失量（600亿吨）的1/12。流失的土壤还造成水库、湖泊和河道淤塞，黄河下游河床平均每年升高10厘米。仅黄河和长江两条大河，每年流入海洋的泥沙就多达20亿吨，占世界陆地人均海泥沙量（240亿吨）的1/12。这些泥沙如果用火车装运，车长可绕赤道两周。事实上，长江水含沙量已越来越接近黄河。水土流失导致土地荒漠化，严重地影响了农业经济的发展。全国200多个贫困县中，有87%属于水土流失严重地区。据联合国《世界资源》一书统计，黄河和长江的年输沙量分别占世界九大河流的第一位和第四位。

我国南方红黄壤区是仅次于黄土高原的严重流失区，近数十年来，水土流失又有了新的发展。据调查，长江流域13个流失重点县的流失面积，平均每年以125%的速率递增；江西省水土流失面积在20世纪的50年代、60年代和70年代分别占总面积的6%、10%和12.9%，20世纪80年代已增至20.7%。

在开垦历史较晚的东北地区，水土流失也有发展，吉林省的水土流失面积占总面积的15.4%；辽宁省水土流失面积已占总面积的38%。东北三省包括内蒙古的部分盟、旗，水土流失面积约18.5万平方公里。

水土流失造成的直接灾害是使土层变薄肥力降低，含水量减少，土地生产力下降，造成粮食减产，仅此一项每年给我国造成的损失就是非常大的。

水土流失造成的次生灾害是加剧滑坡、崩塌、泥石流灾害的发生，抬高河床，淤塞水库，加速灾难性洪涝的发生和发展。

人类的活动是水土流失灾害发生的一个十分重要的因素。由于人类掠夺性地盲目利用土地资源，乱垦土地，滥伐森林，破坏草场，使生态环境遭到严重破坏，诱发和加速了水土流失的发展。水土流失流走的是“血液”，留下的是贫瘠和荒凉，埋下的是祸患。它不仅破坏了土地资源，恶化了生态环境，加剧了自然灾害，导致了贫穷，还严重制约了生态农业和国民经济的持续发展。保持水土、保护生态环境，促进生态农业发展，就是保护和发展生产力，就是保护人类自己。

四、滑坡灾害

我国滑坡灾害之严重和分布范围之广是世界上少有的几个国家之一。历史上每年都有滑坡灾害发生，而近十年来我国的滑坡更是规模大、速度快，给人们造成的灾难更大。滑坡对交通运输的危害更是惊人。2021 年，全国共发生地质灾害 4772 起，其中，滑坡 2335 起，占总地质灾害的 48.9%。我国的滑坡发育地区主要是云、贵、川、西藏东部、甘肃省南部和黄土高原沟壑区。

滑坡的发生除自然形成的条件外，还与人为的作用密切相关。如人为的爆破作用、开挖坡脚或矿坑、坡面上堆填加载、生产和生活用水下渗等改变了原有的地质环境，破坏了平衡，矿山、铁路、水库旁的山体滑坡主要是这个原因。

五、泥石流灾害

我国是一个多山的国家，山地、高原、丘陵占国土面积的 60%，复杂的地质条件，使得我国成为世界上泥石流灾情最严重的国家之一。受泥石流危害的主要地区是西南、西北山区，其次是青藏高原东部、南部和北部边缘、秦巴山区、太行山-燕山-辽南山区。

地质结构的长期演变和发育是泥石流发生的根本原因。但加速其发展的重要原因，是人类的生产活动改变了自然环境。近四十年来，工矿企业迁入山区，城镇、交通、农田和水利建设不断发展，滥伐森林、草坡过牧、陡坡垦殖、开矿弃渣、筑路弃土、劈山引水等活动，使地表自然结构被破坏，生态环境恶化等，最终促使了泥石流的发生。

第三节 荒漠化

在全球干旱和半干旱地区发生的土地荒漠化，不仅造成了长期的农业和生态退化，还曾引发过严重的环境灾难。20 世纪 80 年代非洲撒哈拉地区发生的大灾荒，就是荒漠化所引起的最引人注目的一次环境灾难，难民的悲惨景象震惊了全世界。事实上，历史上一些繁盛一时的文明的神秘消失，往往同土地荒漠化有着直接或间接的联系。

一、世界土地荒漠化的基本状况

荒漠化是指在干旱、半干旱和某些半湿润、湿润地区，由于气候变化和人类活动等各种因素所造成的土地退化，使土地生物和经济生产潜力减少，甚至基本丧失。荒漠化大致有四类：一是风力作用下的，已出现风蚀地、粗化地表和流动沙丘为标志性形态；二是流水作用下的，已出现劣地和石质坡地作为标志性形态；三是物理和化学作用下的，主要表现为土壤板结、细颗粒减少、土壤水分减少所造成的土壤干化和土壤有机质的显著下降，结果出现土壤养分的迅速减少和土壤的盐渍化；四是工矿开发造成的，主要表现为土地资源损毁和土壤严重污染，致使土地生产力严重下降甚至绝收。

荒漠化是当今世界最严重的环境与社会经济问题。联合国环境规划署曾三次系统评估了全球荒漠化状况。从1991年底为联合国环境与发展大会所准备报告的评估结果来看，全球荒漠化面积已从1984年的34.75亿公顷增加到1991年的35.92亿公顷，约占全球陆地面积的1/4，已影响到了全世界1/6的人口（约9亿人）、100多个国家和地区。据估计，在全球35亿公顷受到荒漠化影响的土地中，水浇地有2700万公顷，旱地有1.73亿公顷，牧场有30.71亿公顷。从荒漠化的扩展速度来看，全球每年有600万公顷的土地变为荒漠，其中320万公顷是牧场，250万公顷是旱地，12.5万公顷是水浇地。另外还有2100万公顷土地因退化而不能生长谷物。

非洲大陆有世界上最大的旱地，大约是20亿公顷，占非洲陆地总面积的65%。整个非洲干旱地区经常出现旱灾，目前非洲有36个国家受到干旱和荒漠化不同程度的影响，估计将近5000万公顷土地半退化或严重退化，占全大陆农业耕地和永久草原的1/3。根据联合国环境规划署的调查，在撒哈拉南部每年有150万公顷的土地变成荒漠，在1958～1975年间，仅苏丹撒哈拉沙漠就向南蔓延了90～100公里。亚太地区也是荒漠化比较突出的一个地区，共有8600万公顷的干旱地、半干旱地和半湿润地，7000万公顷雨灌作物地和1600万公顷灌溉作物地受到荒漠化影响。这意味着亚洲总共有35%的生产用地受到荒漠化影响。遭受荒漠化影响最严重的国家依次是中国、阿富汗、蒙古国、巴基斯坦和印度。从受荒漠化影响的人口的分布情况来看，亚洲是世界上受荒漠化影响的人口分布最集中的地区。表3-1为世界荒漠化状况；表3-2为各大洲荒漠化状况。

表3-1 世界荒漠化状况

项目	面积/万平方公里	占干地的比例[①]/%
1. 退化的灌溉农地	43	0.8
2. 荒废的依赖降雨农地	216	4.1
3. 荒废的放牧地(土地和植被退化)	757	14.6
4. 退化的放牧地(植被退还地)	2576	50.0
5. 退化的干地(1+2+3+4)	3592	69.5
6. 尚未退化的干地	1580	30.5
7. 除去极干旱沙漠的干地总面积	5172	100

① 干地指极干旱、干旱、半干旱、干性半湿润土地的总和。

表3-2 各大洲荒漠化状况

地区	干地总面积/万平方公里	退化面积/万平方公里	退化比例/%
非洲	1432.59	1045.84	73.0
亚洲	1881.43	1341.70	71.3
大洋洲	701.21	375.92	53.6
欧洲	145.58	94.28	64.8
北美洲	578.18	428.62	74.1
南美洲	420.67	305.81	72.7

二、土地荒漠化的成因及危害

土地荒漠化是自然因素和人为活动综合作用的结果。自然因素主要是指异常的气候条件，特别是严重的干旱条件，由此造成植被退化，风蚀加快，引起荒漠化。人为因素主要指过度放牧、乱砍滥伐、开垦草地并进行连续耕作等，由此造成植被破坏，地表裸露，加快风蚀或雨蚀。就全世界而言，过度放牧和不适当的旱作农业是干旱和半干旱地区发生荒漠化的主要原因。同样，干旱和半干旱地区用水管理不善，引起大面积土地盐碱化，也是一个十分严重的问题。从亚太地区人类活动对土地退化的影响构成来看，植被破坏占 37%，过度放牧占 33%，不可持续农业耕种占 25%，基础设施建设过度开发占 5%。非洲的情况与亚洲类似，过度放牧、过度耕作和大量砍伐薪材是土地荒漠化的主要原因。

荒漠化的主要影响是土地生产力的下降和随之而来的农牧业减产，相应带来巨大的经济损失和一系列社会恶果，在极为严重的情况下，甚至会造成大量生态难民。在 1984～1985 年的非洲大饥荒中，至少有 3000 万人处于极度饥饿状态，1000 万人成了难民。据 1997 年联合国沙漠化会议估算，荒漠化在生产能力方面造成的损失每年接近 200 亿美元。1980 年，联合国环境规划署进一步估算了防止干旱土地退化工作失败所造成的经济损失，估计在未来 20 年总共约损失 5200 亿美元。1992 年，联合国环境规划署估计由于全球土地退化每年所造成的经济损失约 423 亿美元（按 1990 年价格计算）；如果在下一个 20 年里在防止土地退化方面继续无所作为，损失总共将高达 8500 亿美元。从各大洲损失比较来看，亚洲损失最大，其次是非洲、北美洲、大洋洲、南美洲、欧洲。从土地类型来看，放牧土地退化面积最大，损失也最大，灌溉土地和雨浇地受损失情况大致相同。从 1980 年和 1990 年所作估算的比较来看，由于世界各国防治土地荒漠化的进展甚微，在 1978～1991 年间，全世界的直接损失约为 3000～6000 亿美元。这尚不包括荒漠化地区以外的损失和间接经济损失。

三、耕地质量下降

第三次全国国土调查结果显示，目前我国耕地面积达到 19.18 亿亩，实现了国务院确定的 2030 年耕地保有量 18.25 亿亩的目标。但我国耕地质量普遍不高，中低产田比例大，占耕地总面积的 78.55%。耕地养分含量不高，土壤有机质含量低的比例高达 31.26%，缺氮耕地 4.7 亿亩，占耕地 33.6%；缺磷耕地 6.84 亿亩，占耕地 49%；缺钾耕地 1.82 亿亩，占耕地 13%。土壤盐化、碱化、渍涝、板结、侵蚀、薄土地等影响农业生产的障碍因子多，所占比例大。坡耕地面积大，近于 7 亿亩，占耕地面积 34.7%。与此同时，耕地重用轻养现象严重，肥料使用不当，有机肥施用量少，化肥施用量大，致使氮、磷、钾失衡，钾透支严重。由于大水漫灌，造成土壤次生盐渍化现象突出。化肥、农药的大量施用，造成土壤酸化，地下水污染。党的十八大以来，我国耕地保护政策逐步完善，通过压实地方党委政府耕地保护责任，严格划定耕地保护红线，规范占补平衡、坚决遏制耕地“非农化”“非粮化”等一系列新政策新举措出台。

四、我国荒漠化现象

我国是世界上荒漠分布最多的国家，总面积约 128 万平方公里，占国土面积 13.3%，分布在北纬 37°～50°、东经 75°～125°之间；新疆、青海、甘肃、宁夏、内蒙古、陕西、辽宁、吉林和黑龙江共 9 个省区，形成南北宽 600 公里，东西长 4000 公里的荒漠带。其中沙漠面积 71 万平方公里，占国土面积的 7.4%；戈壁面积 57 万平方公里，占国土面积的 5.9%。位于南疆塔里木盆地的塔克拉玛干沙漠面积 33.76 平方公里，是我国最大的沙漠，也是世界上第二大流动沙漠。更为严重的是，我国沙漠每年正以 2100 平方公里的速度扩展，相当于每年减少两个香港的土地。据统计，我国受荒漠化影响的土地面积为 332 万平方公里，其中沙质荒漠化土地 153 万平方公里，占国土面积的 15.9%，受荒漠化危害的人口有近 4 亿，农田 1500 万公顷，草地 1 亿公顷，大面积的草场由于荒漠化造成牧草严重退化，载畜量下降；800 公里铁路和数千公里公路因风沙堆积而阻塞。据估算，全国每年因荒漠化危害造成的经济损失约20亿～30亿美元，间接经济损失为直接经济损失的2～3倍。

中国荒漠化土地面积近几十年来呈不断扩展之势。沙质荒漠化土地蔓延的速度在20世纪60～70年代每年约为1560平方公里，到80年代每年约达2100平方公里；据我国第五次全国荒漠化和沙化监测结果，全国的荒漠化土地面积达261.16万平方千米，沙化土地面积为172.12万平方千米。现在，不仅北方干旱、半干旱多风地区分布有广大的荒漠化土地，就是湿润、半湿润地带如豫东、豫北平原及唐山市郊、鄱阳湖畔、北京市周边地区也出现以风沙为标志的沙质荒漠化土地。水蚀为主形成的岩地及石质坡地荒漠化土地在中国南方也在扩大中。土地荒漠化主要是由于过度农垦、过度放牧及破坏植被造成的。

五、土壤危机

土壤是地壳表层长期演化形成的，是生命的温床，是复杂的生物物理化学体系。人类的生存与发展时刻离不开土壤这一宝贵资源，但是由于工业文明和社会经济的飞速发展，随着人口迅速膨胀，人类对粮食的需求、对生存空间的需要大大增加，土地被过度开发或被建筑物占用，土壤面临着严峻的危机。主要包括以下几个方面：

① 全方位、多来源的污染。有毒有机物（农药、洗涤剂、除草剂）、重金属工业废水或汽车尾气中的Hg、As、Cu、Pb等、放射性物质、病原微生物、生产生活垃圾直接或间接地进入土壤，破坏了土壤生态，甚至生产出有毒的粮食、蔬菜。

② 滥伐森林，引起大面积水土流失，土壤面积迅速减少。

③ 盐碱化。在蒸发量大于降雨量的地区，因人类灌溉而使土地中盐分逐渐增加，逐渐盐碱化。

④ 沙漠化和耕地侵蚀。

因此，保持土壤使之可持续地被人类所利用已是迫在眉睫的历史任务。

第四节　气候变化

气候变化是国际社会公认的最主要的全球性环境问题之一。20世纪70年代，科学家把气候变暖作为一个全球环境问题提了出来。随着对人类活动和全球气候关系认识的深化，随着几百年来最热天气的出现，这一问题开始成为国际政治和外交议题。为保护全球气候，自1992年6月联合国第一次环境与发展大会起，全世界150多个国家签署了**《联合国气候变化框架公约》**。2015年12月12日，**《联合国气候变化框架公约》**近200个缔约方一致同意通过**《巴黎协定》**，协定将为2020年后全球应对气候变化行动作出安排，我国也是缔约方之一。气候变暖问题直接涉及经济发展方式及能源利用的结构与数量，正在成为深刻影响21世纪全球发展的一个重大国际问题。

一、气候变化及其趋势

气候变化是指除在类似时期内所观测气候的自然变异之外，由于直接或间接的人类活动改变了地球大气的组成而造成的气候变化。它被认为是威胁世界环境、人类健康与福利和全球经济持续性的最危险的因素之一。大多数科学家们认为，地球的气候正受到不断累积的温室气体的影响，诸如由人类活动产生的CO_2等。

在地质历史上，地球的气候发生过显著的变化。一万年前，最后一次冰河期结束，地球的气候相对稳定在当前人类习以为常的状态。地球的温度是由太阳辐射照到地球表面的速率和吸热后的地球将红外辐射线散发到空间的速率决定的。从长期来看，地球从太阳吸收的能量必须同地球及大气层向外散发的辐射能相平衡。大气中的水蒸气、二氧化碳和其他微量气体，如甲烷、臭氧、氟利昂等，可以使太阳的短波辐射几乎无衰减地通过，但却可以吸收地球的长波辐射。因此，这类气体有类似温室的效应，被称为温室气体。温室气体吸收长波辐射并再反射回地球，从而减少向外层空间的能量净排放，大气层和地球表面将变得热起来，这就是温室效应。大气中能产生温室效应的气体已经发现近 30 种，其中二氧化碳起重要的作用，甲烷、氟利昂和氧化亚氮也起相当重要的作用（见表 3-3）。从长期气候数据比较来看，在气温和二氧化碳之间存在显著的相关关系（见图 3-1）。目前国际社会所讨论的气候变化问题，主要是指温室气体增加产生的气候变暖问题。

表 3-3 主要温室气体及其特征

气体	大气中浓度/10^{-6}	年增长/%	生存期/年	温室效应（CO_2=1）	现有贡献率/%	主要来源
CO_2	355	0.4	50～200	1	55	煤、石油、天然气、森林砍伐
氯氟烃（CFC）	0.00085	2.2	50～102	3400～15000	24	发泡剂、气溶胶、制冷剂、清洗剂
甲烷	1.714	0.8	12～17	11	15	湿地、稻田、化石、燃料、牲畜
NO_x	0.31	0.25	120	270	6	化石燃料、化肥、森林砍伐

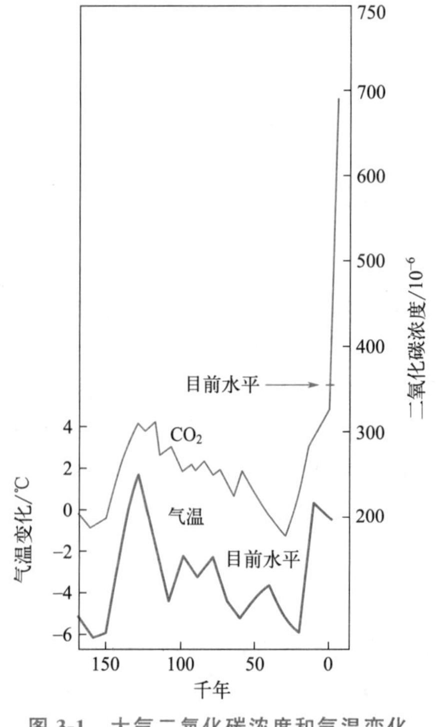

图 3-1 大气二氧化碳浓度和气温变化

一些科学观测表明，大气中各种温室气体的浓度一直在增加。1750 年之前，大气中二氧化碳含量基本维持在 280×10^{-6}。工业革命后，随着人类活动，特别是化石燃料（煤炭、石油等）消耗量的不断增长和森林植被的大量破坏，人为排放的二氧化碳等温室气体不断增长，大气中二氧化碳含量逐渐上升，每年大约上升 1.8×10^{-6}（约 0.4%），到目前已上升到近 360×10^{-6}。从测量结果来看，大气中二氧化碳的增加部分约等于人为排放量的一半。按照政府间气候变化小组（IPCC）的评估，在过去一个世纪里，全球表面平均温度已经上升了 0.3～0.6℃，其中 11 个最暖的年份发生在 20 世纪 80 年代中期以后，全球海平面上升了 10～25cm。许多学者的预测表明，到下世纪中叶，世界能源消费的格局若不发生根本性变化，大气中二氧化碳的浓度将达到 560×10^{-6}，地球平均温度将有较大幅度的增加。政府间气候变化小组 1996 年发表了新的评估报告，再次肯定了温室气体增加将导致全球气候的变化。依据各种计算机模型的预测，如果二氧化碳浓度从工业革命前的 280×10^{-6} 增加到 560×10^{-6}，全球平均温度可能上升 1.5～4℃。

二、影响气候变化的因素

自然界本身也排放着各种温室气体。在地球的长期演化过程中，大气中温室气体的变化是很缓慢的，处于一种循环过程。碳循环就是一个非常重要的自然循环过程，大气和陆生植被、大气和海洋表层植物及浮游生物每年都发生大量的碳交换。从天然森林来看，二氧化碳的吸收和排放基本是平衡的。人类活动极大地改变了土地利用形态，特别是工业革命后，大量森林植被迅速砍伐一空，化石燃料使用量也以惊人的速度增长，人为的温室气体排放量相应不断增加。从全球来看，从 1975 年到 1995 年，能源生产就增长了 50%，二氧化碳排放量相应有了巨大增长。迄今为止，发达国家消耗了全世界所生产的大部分化石燃料，其二氧化碳累积排放量达到了惊人的水平，如到 20 世纪 90 年代初，美国累计排放量达到近 1700 亿吨，欧盟达到近 1200 亿吨，苏联达到近 1100 亿吨。目前，发达国家仍然是二氧化碳等温室气体的主要排放国，一些发展中国家的排放总量也在迅速增长。2020～2021 年，中国的排放量位居世界第一（见表 3-4），成为发达国家关注的一个国家。但从人均排放量和累计排放量而言，发展中国家还远远低于发达国家。

表 3-4　十个排放二氧化碳最多的国家（2020～2021 年）

序号	国家	二氧化碳排放量/万吨	序号	国家	二氧化碳排放量/万吨
1	中国	10357	6	德国	798
2	美国	5414	7	伊朗	648
3	印度	2274	8	沙特阿拉伯	601
4	俄罗斯	1617	9	韩国	592
5	日本	1237	10	加拿大	557

人为的温室气体排放的未来趋势，主要取决于人口增长、经济增长、技术进步、能效提高、节能、各种能源相对价格等众多因素的变化趋势。

三、气候变化的影响和危害

近年来，世界各国出现了几百年来历史上最热的天气，厄尔尼诺现象也频繁发生，给各国造成了巨大经济损失。发展中国家抗灾能力弱，受害最为严重，发达国家也未能幸免于难，1995 年芝加哥的热浪引起 500 多人死亡，1993 年美国一场飓风就造成 400 亿美元的损失。20 世纪 80 年代，保险业同气候有关的索赔是 140 亿美元，1990～1995 年间就几乎达 500 亿美元。这些情况显示出人类对气候变化，特别是气候变暖所导致的气象灾害的适应能力是相当弱的，需要采取行动防范。按现在的一些发展趋势，科学家预测将来有可能出现以下影响和危害。

1. 海平面上升

全球气候的小幅度波动虽然并不为人明显发觉，但对于冰川来说则有显著影响。长期观察表明，气温的轻微上升都会使高山冰川的雪线上移，海洋冰川范围缩小。

根据海温和山地冰川的观测分析，估计由于近百年海温变暖造成的海平面上升量约为 2～6cm。其中格陵兰冰盖融化已经使全球海平面上升了约 2.5cm。全球冰川体积平衡的变化，对地球液态水量变化起着决定性作用。如果南极及其他地区冰盖全部融化，地球上绝大部分人类将失去立足之地。近年来温室气体的不断增加，造成了全球性气温上升，导致海水受热膨胀、高山冰川融化、南极冰盖解体，使得海平面上升，并且由于人为因素导致的陆地地面沉降，又造成了海平面的相对上升。

全世界大约有 1/3 的人口生活在沿海岸线 60km 的范围内，经济发达，城市密集。全球气候变暖导致海洋水体膨胀和两极冰雪融化，自20世纪末以来，海平面上升约10cm。据预测，到22世纪末，海平面将比现在上升50cm甚至更多，危及全球沿海地区，特别是那些人口稠密、经济发达的河口和沿海低地。这些地区可能会遭受淹没或海水入侵，海滩和海岸遭受侵蚀，土地恶化，海水倒灌和洪水加剧，港口受损，并影响沿海养殖业，破坏供排水系统。由于世界人口、工业、经济等主要集中在沿海地区，据推测，今后海平面上升1m，全世界受灾人口将达10亿，其中3亿～4亿人将无家可归，一些国家，尤其岛国，将从地球上消失，全世界受灾土地总面积可达500万平方千米，世界上1/3可耕地将受影响。据预测，我国海平面上升100cm，长江三角洲海拔2m以下的1500平方千米低洼地将受到严重影响或淹没。

2. 影响农业和自然生态系统

随着二氧化碳浓度增加和气候变暖，可能会增加植物的光合作用，延长生长季节，使世界一些地区更加适合农业耕作。但全球气温和降雨形态的迅速变化，也可能使世界许多地区的农业和自然生态系统无法适应或不能很快适应这种变化，使其遭受很大的破坏性影响，造成大范围的森林植被破坏和农业灾害。

3. 加剧洪涝、干旱及其他气象灾害

气候变暖导致的气候灾害增多可能是一个更为突出的问题。全球平均气温略有上升，就可能带来频繁的气候灾害——过多的降雨、大范围的干旱和持续的高温，某些地区的降水将减少，而蒸发将增大，致使径流减少。地表径流减少会导致一系列的缺水问题，世界上本来就存在一些水资源短缺的地区，在此背景下将变得更加困难，荒漠化是必然结果。目前，世界沙漠化的速率是6万平方千米/年，这对于70%的干旱地区（全球陆地面积的25%）是一种潜在威胁，会造成大规模的灾害损失，值得引起足够重视。有的科学家根据气候变化的历史数据，推测气候变暖可能破坏海洋环流，引发新的冰河期，给高纬度地区造成可怕的气候灾难。

4. 影响人类健康

气候变暖有可能加大疾病危险和死亡率，增加传染病。高温会给人类的循环系统增加负担，热浪会引起死亡率的增加。由昆虫传播的疟疾及其他传染病与温度有很大的关系，随着温度升高，可能使许多国家疟疾、丝虫病、血吸虫病、黑热病、登革热、脑炎增加或再次发生。在高纬度地区，这些疾病传播的危险性可能会更大。

5. 气候变化对我国的影响

从中外专家的一些研究结果来看，总体上我国的变暖趋势冬季将强于夏季；在北方和西部的温暖地区以及沿海地区降雨量将会增加，长江、黄河等流域的洪水暴发频率会更高；东南沿海地区台风和暴雨也将更为频繁；春季和初夏许多地区干旱加剧，干热风频繁，土壤蒸发量上升。农业是受影响最严重的部门。温度升高将延长生长期，减少霜冻，二氧化碳的“肥料效应”会增强光合作用，对农业产生有利影响；但土壤蒸发量上升，洪涝灾害增多和海水侵蚀等也将造成农业减产。对草原畜牧业和渔业的影响总体上是不利的。海平面上升最严重的影响是增加了风暴潮和台风发生的频率和强度，海水入侵和沿海侵蚀也将引起经济和社会的巨大损失。

全球气候系统非常复杂，影响气候变化因素非常多，涉及太阳辐射、大气构成、海洋、陆地和人类活动等诸多方面，对气候变化趋势，在科学认识上还存在不确定性，特别是对不同区域气候的变化趋势及其具体影响和危害，还无法做出比较准确的判断。但从风险评价角度而言，大多数科学家断言气候变化是人类面临的一种巨大环境风险。

第五节 臭氧层破坏

20 世纪 70 年代初，一些科学家开始认识到了臭氧层破坏的化学机制，提出了研究报告。20 世纪 80 年代中期，观测数据证实了氟利昂等消耗臭氧物质同南北极臭氧层破坏的关系，促使国际社会积极行动，制定了保护臭氧层的公约和议定书，进行了成功的国际环境保护合作，使人类有望在 21 世纪中叶逐步使遭受破坏的臭氧层得到恢复。

一、臭氧层破坏及其成因

大气中的臭氧含量仅一亿分之一，但在离地面 20～30 千米的平流层中，存在着臭氧层，其中臭氧的含量占这一高度空气总量的十万分之一。臭氧层的臭氧含量虽然极其微小，却具有非常强烈的吸收紫外线的功能，可以吸收太阳光紫外线中对生物有害的部分。由于臭氧层有效地挡住了来自太阳紫外线的侵袭，才使得人类和地球上各种生命能够存在、繁衍和发展。

1985 年，英国科学家观测到南极上空出现臭氧层空洞，并证实其同氟利昂分解产生的氯原子有直接关系。这一消息震惊了全世界。到 1994 年，南极上空的臭氧层破坏面积已达 2400 万平方公里，北半球上空的臭氧层比以往任何时候都薄，欧洲和北美上空的臭氧层平均减少了 10%～15%，西伯利亚上空甚至减少了 35%。科学家警告说，地球上臭氧层被破坏的程度远比一般人想象的要严重得多。

氟利昂等消耗臭氧物质是臭氧层破坏的元凶。氟利昂是 20 世纪 20 年代合成的，其化学性质稳定，不具有可燃性和毒性，被当作制冷剂、发泡剂和清洗剂，广泛用于家用电器、泡沫塑料、日用化学品、汽车、消防器材等领域。20 世纪 80 年代后期，氟利昂的生产达到了高峰，产量达到了 144 万吨。在对氟利昂实行控制之前，全世界向大气中排放的氟利昂已达到了 2000 万吨。由于它们在大气中的平均寿命达数百年，所以排放的大部分仍留在大气层中，其中大部分仍然停留在对流层，一小部分升入平流层。在对流层相当稳定的氟利昂，在上升进入平流层后，在一定的气象条件下，会在强烈紫外线的作用下被分解，分解释放出的氯原子同臭氧会发生连锁反应，不断破坏臭氧分子。科学家估计一个氯原子可以破坏数万个臭氧分子。

二、臭氧层破坏的危害

臭氧层破坏的后果是很严重的。如果平流层的臭氧总量减少 1%，预计到达地面的有害紫外线将增加 2%。有害紫外线的增加，会产生以下一些危害：

① 使皮肤癌和白内障患者增加，降低人的免疫力，使传染病的发病率增加。据估计，臭氧减少 1%，皮肤癌的发病率将提高 2%～4%，白内障的患者将增加 0.3%～0.6%。有一些初步证据表明，人体暴露于紫外线辐射强度增加的环境中，会使各种肤色人们的免疫系统受到抑制。

② 破坏生态系统。对农作物的研究表明，过量的紫外线辐射会使植物的生长和光合作用受到抑制，使农作物减产。紫外线辐射也会使处于食物链底层的浮游生物的生产力下降，从而损害整个水生生态系统。有报告指出，由于臭氧层空洞的出现，南极海域的藻类生长已受到了很大影响。紫外线辐射也可能导致某些生物物种的突变。

③ 引起新的环境问题。过量的紫外线能使塑料等高分子材料更加容易老化和分解，从而造成光化学大气污染。

据加拿大政府 1997 年的一项研究结果，到 2060 年为止，实施蒙特利尔议定书以控制臭氧层破坏的行动的总成本是2350亿美元，但其通过渔业、农业和人工材料损害的减少所带来的效益是4590亿美元。另外，还将减少数千万人患皮肤癌和上亿人患白内障的可能性。这也从另一个侧面反映了臭氧层破坏的危害性。

三、控制臭氧层破坏的途径和政策

在现代经济中，氟利昂等物质应用非常广泛，要全面淘汰，必须首先找到氟利昂等的替代物质和替代技术。在特殊情况下需要使用，也应努力回收，尽可能重新利用。目前，世界上一些氟利昂的主要生产厂家参与开发研究了替代氟利昂的含氟替代物（含氢氯氟烃HCFC和含氢氟烷烃HCF等）及其合成方法，有可能用作发泡剂、制冷剂和清洗溶剂等，但这类替代物也会损害臭氧层或产生温室效应。同时，还在开发研究非氟利昂类型的替代物质和方法，如水清洗技术、氨制冷技术等。

为了推动氟利昂替代物质和技术的开发和使用，逐步淘汰消耗臭氧层物质，许多国家采取了一系列政策措施，一类是传统的环境管制措施，如禁用、限制、配额和技术标准，并对违反规定的实施严厉处罚。欧盟国家和一些经济转轨国家广泛采用了这类措施。另一类是经济手段，如征收税费，资助替代物质和技术开发等。美国对生产和使用消耗臭氧层物质实行了征税和可交易许可证等措施。另外，许多国家的政府、企业和民间团体还发起了自愿行动，采用各种环境标志，鼓励生产者和消费者生产和使用不带有消耗臭氧层物质的材料和产品，其中绿色冰箱标志得到了非常广泛的应用。

四、淘汰消耗臭氧层物质的国际行动

1985年，在联合国环境规划署的推动下，制定了保护臭氧层的《维也纳公约》。1987年，联合国环境规划署组织制定了《关于消耗臭氧层物质的蒙特利尔议定书》（以下简称议定书），对8种破坏臭氧层的物质（简称受控物质）提出了削减使用的时间要求。这项议定书得到了163个国家的批准。1990年、1992年和1995年，在伦敦、哥本哈根、维也纳召开的议定书缔约国会议上，对议定书又分别作了3次修改，扩大了受控物质的范围，并提前了停止使用的时间。根据修改后议定书的规定，发达国家到1994年1月停止使用哈伦，1996年1月停止使用氟利昂、四氯化碳、甲基氯仿；发展中国家到2010年全部停止使用氟利昂、哈伦、四氯化碳、甲基氯仿。中国于1992年加入了议定书。消耗臭氧层物质的消费趋势见图3-2。

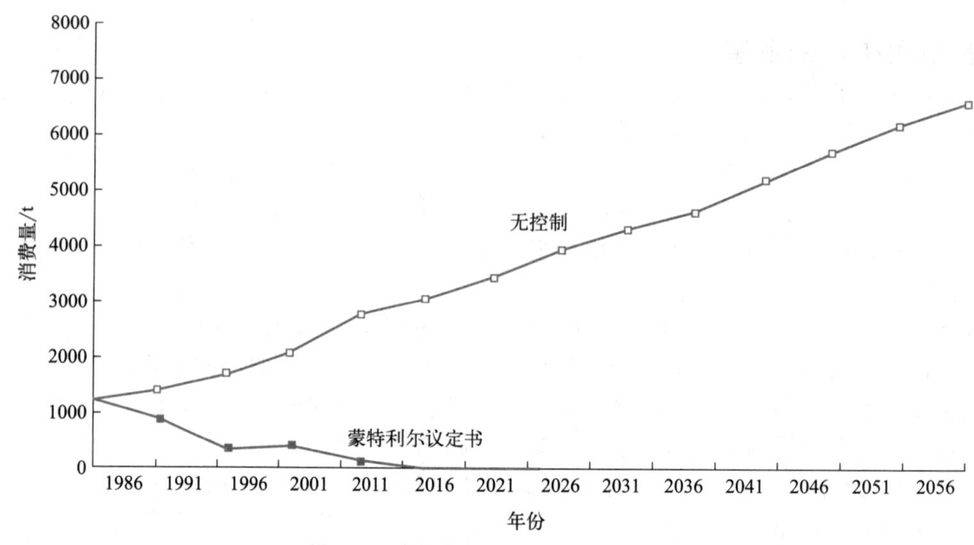

图3-2 消耗臭氧层物质的消费趋势

到 1995 年，经济发达国家已经停止使用大部分受控物质，但经济转轨国家没有按议定书要求削减受控物质的使用量。发展中国家按规定到 2010 年停止使用，受控物质使用量目前仍处于增长阶段。中国由于经济持续高速增长，家用电器、泡沫塑料、日用化学品、汽车、消防器材等产品都大幅度增长，受控物质使用量比 1986 年增长了一倍以上，成为世界上使用受控物质最多的国家之一。

从各项国际环境条约执行情况而言，这项议定书执行得是最好的。目前，向大气层排放的消耗臭氧物质已经逐年减少，从 1994 年起，对流层中消耗臭氧层物质浓度开始下降。到 2000 年，平流层中消耗臭氧层物质的浓度达到最大限度，然后开始下降。但是，由于氟利昂相当稳定，可以存在 50～100 年，即使议定书完全得到履行，臭氧层的耗损也只能在 2050 年以后才有可能完全复原。另据 1998 年 6 月世界气象组织发表的研究报告和联合国环境规划署作出的预测，到 21 世纪中期臭氧层浓度才能达到 20 世纪 60 年代的水平。

第六节 生物多样性保护

人类的生存离不开其他生物。地球上多种多样的植物、动物和微生物为人类提供了不可缺少的食物、纤维、木材、药物和工业原料。它们与物理环境之间相互作用所形成的生态系统，调节着地球上的能量流动，保证了物质循环，从而影响着大气构成，决定着土壤性质，控制着水文状况，构成了人类生存和发展所依赖的生命支持系统。不同地理、气候环境具有不同的生物群落。随着工业文明的发展，人类社会逐步扩张，改变了广大地区的生物环境，严重影响了生物多样性，物种正以前所未有的速度从地球上减少。据估计，全世界每年有数千种动植物灭绝。1988 年，全世界有 1200 种动植物濒临灭绝。2000 年，地球上 10%～20%的动植物消失。物种的灭绝和遗传多样性的丧失，将使生物多样性不断减少，逐渐瓦解人类生存的基础。

一、生物多样性含义

1994 年中国政府制定并公布的《中国生物多样性保护行动计划》(BAP) 对生物多样性概念做了定义：所谓生物多样性就是地球上所有的动物、植物和微生物及其所构成的综合体。生物多样性包含以下三层含义：

(1) 生态系统多样性　地球表层自然环境因种种原因形成了丰富多样的区域分异，使地球表层的不同区域几乎找不到完全一样的生态条件。地球上生态系统多达数千个类型。根据《中国生物多样性保护行动计划》，中国的生态系统分成 595 类，其中仅森林生态系统就达 248 类。

(2) 物种多样性　在不同生态系统中生活着的植物、动物、微生物，估计有 1300 万至 1400 万种，科学家们描述过的大约有 175 万种，占估计物种总数的 12.5%～13.5%。据某些科学家估计，地球历史上先后产生过 5 亿个物种。

(3) 遗传多样性　物种的遗传多样性主要指遗传物质发生新表达的可能性是巨大的，水稻有 24 条染色体，其非同源染色体间的组合可达 4096 种，而同源染色体内碱基顺序（基因）的交换简直无法测算。

以上三者之间既有区别又有联系，形成一个整体。三者中，生态系统多样性是基础，物种多样性是关键，遗传多样性的潜在价值最大。

二、生物多样性及其价值

生物多样性是一个地区内基因、物种和生态系统多样性的总和，分成相应的三个层次，即基因、物种和生态系统。基因或遗传多样性是指种内基因的变化，包括同种的显著不同的种群（如水稻的不同品种）和同一种群内的遗传变异。物种多样性是指一个地区内物种的变化。生态系统多样性是指群落和生态系统的变化。目前国际上讨论最多的是物种的多样性。科学家估计地球上大约有1400万种物种，其中有190万种经过科学描述。对研究较多的生物类群来说，从极地到赤道，物种的丰富程度呈增加趋势。其中热带雨林几乎包含了世界一半以上的物种。

生物多样性具有多种多样的价值，从长远来看，它对人类的最大价值可能就在于它为人类提供了适应区域和全球环境变化的各种机会。对人类来说，生物多样性具有直接和间接的使用价值，而且还有潜在的不可估量的价值。

从当前来看，人类从野生的和驯化的生物物种中，得到了几乎全部食物、许多药物和工业原料与产品。就食物而言，据统计，地球上大约有7万～8万种植物可以食用，其中可供大规模栽培的约有150多种，迄今被人类广泛利用的只有20多种，却已占世界粮食总产量的90％。驯化的动植物物种基本上构成了世界农业生产的基础。野生物种方面，主要是以野生物种为基础的渔业。实际上，野生物种在全世界大部分地区仍是人们膳食的重要组成部分。

生物是许多药物的来源，近代化学制药业产生前，差不多所有的药品都来自动植物，现在直接以生物为原料的药物仍保持着重要的地位。在发展中国家，以动植物为主的传统医药仍是80％人口（超过30亿人）维持基本健康的基础。中国传统医学的中药材中绝大部分来自植物和动物。许多生物可以直接作为药物，有些生物可以作为药物的配料。现代医学对动植物的依赖程度也在不断提高。据报道，发达国家约有40％的药方中，至少有一种药物来源于生物。至于现代药品，在美国，所有处方中1/4的药品含有取自植物的有效成分，超过3000种抗生素都源于微生物。在美国，所有20种最畅销的药品中都含有从植物、微生物和动物中提取的化合物。从长远看，许多防治疾病的新药，要从生物界中去寻找。

就工业生产而言，纤维、木材、橡胶、造纸原料、天然淀粉、油脂等来自生物的产品仍是重要的工业原料。生物资源同样构成娱乐和旅游业的重要支柱。

生物界中有许多科学奥秘。研究生物的各种器官和功能，可以给科学技术的发明创新以莫大的启示。如仿生学给航空航天、航海、电子、化工等许多工业部门带来新的科技。雷达、红外线追踪、声呐等先进技术的发明创新，得益于生物机制的启迪。最近，通过对萤火虫发光机理的研究，科学家设计出一种没有火星也不发热的发光装置，可以在特殊条件下作光源应用。

在单个作物和牲畜种内发现的遗传多样性，同样具有重大的价值。在作物和牲畜与害虫和疾病之间持续进行的斗争中，遗传多样性提供了维持物种活力的基础。目前，生物育种学家们已经培育出了许多优良的品种，但还需要不断在野生物种中寻找基因，用于改良和培育新的品种，提高和恢复它们的活力。杂交育种者和农场主同样依靠作物和牲畜的多样性，以增加产量和适应不断变化的环境。遗传工程学将进一步增加遗传多样性，创造提高农业生产力的机会。

人类在长期的发展过程中，饲养培育了一些动植物为人类所用。但这些品种由于遗传物质基础狭窄，会出现退化现象。一般说来，一个品种使用十几年以后，其抗病虫害的能力会逐步减弱，其产量和质量也会减低，就需要更新品种。品种的更新，需要在自然界中寻找野生及近亲的遗传物质作为新品种的培育基础。

许多生态系统都具有美学价值，森林、草原、湿地、高山、高原、荒漠等独特的魅力，形成了各自不同的风光，是重要的旅游资源。许多动植物具有令人陶醉的美学欣赏价值，可以美化生活、陶冶情操，给人以美的享受。

生物多样性还是文学艺术创作的基本素材，有许多艺术作品都描述和反映了生物界的丰富多彩和勃勃生机。生物多样性一旦破坏，上述重要价值和作用就会降低和消失，其危害是不言而喻的，甚至可能给人类带来灭顶之灾。

三、生物多样性减少及其原因

据专家们估计，从恐龙灭绝以来，当前地球上生物多样性损失的速度比历史上任何时候都快，鸟类和哺乳动物现在的灭绝速度或许是它们在未受干扰的自然界中的 100～1000 倍。在 1600～1950 年间，已知的鸟类和哺乳动物的灭绝速度增加了 4 倍。自 1600 年以来，大约有 113 种鸟类和 83 种哺乳动物已经消失。在 1850～1950 年间，鸟类和哺乳动物的灭绝速度平均每年一种。20 世纪 90 年代初，联合国环境规划署首次评估生物多样性的一个结论是：在可以预见的未来，5%～20%的动植物种群可能受到灭绝的威胁。国际上其他一些研究也表明，如果目前的灭绝趋势继续下去，在下一个 25 年间，地球上每 10 年大约有 5%～10% 的物种将要消失（见表 3-5）。

表 3-5 受威胁物种的现状 单位：种

特种种类		灭绝	濒危	渐危	稀有	未定	全球受威胁总数
植物		384	3325	3022	6749	5598	19078
动物	鱼类	23	81	135	83	21	343
	两栖类	2	9	9	20	10	50
	爬行类	21	37	39	41	32	170
	无脊椎动物	98	221	234	188	614	1355
	鸟类	113	111	67	122	624	1037
	哺乳类	83	172	141	37	64	497

从生态系统类型来看，最大规模的物种灭绝发生在热带森林，其中包括许多尚未调查和命名的物种。热带森林占地球物种的 50%以上。据科学家估计，按照每年砍伐 1700 万公顷的速度，在今后 30 年内，物种极其丰富的热带森林可能要毁在当代人手里，大约 5%～10%的热带森林物种可能面临灭绝。另外，世界范围内，同马来西亚面积差不多大小的温带雨林也消失了。整个北温带和北方地区的森林覆盖率并没有很大变化，但许多物种丰富的原始森林被次生林和人工林代替，许多物种濒临灭绝。总体来看，大陆上 66%的陆生脊椎动物已成为濒危种和渐危种。海洋和淡水生态系统中的生物多样性也在不断丧失和严重退化，其中受到最严重冲击的是处于相对封闭环境中的淡水生态系统。同样，历史上受到灭绝威胁最大的是另一些处于封闭环境岛屿上的物种，岛屿上大约有 74%的鸟类和哺乳动物已经灭绝。目前岛屿上的物种依然处于高度濒危状态。在未来的几十年中，物种灭绝情况大多数将发生在岛屿和热带森林系统。

当前大量物种灭绝或濒临灭绝，生物多样性不断减少的主要原因是人类各种活动造成的，原因简述如下。

① 大面积森林受到采伐、火烧和农垦，草地遭受过度放牧和垦殖，导致了生境的大量丧失，保留下来的生境也支离破碎，对野生物种造成了毁灭性影响。

② 对生物物种的高强度捕猎和采集等过度利用活动，使野生物种难以正常繁衍。

③ 工业化和城市化的发展，占用了大面积土地，破坏了大量天然植被，并造成大面积污染。

④ 外来物种的大量引入或侵入，大大改变了原有的生态系统，使原生的物种受到严重威胁。

⑤ 无控制的旅游，使一些尚未受到人类影响的自然生态系统受到破坏。

⑥ 土壤、水和空气污染，危害了森林，特别是对相对封闭的水生生态系统带来毁灭性影响。

⑦ 全球变暖，导致气候形态在比较短的时间内发生较大变化，使自然生态系统无法适应，可能改变生物群落的边界。

尤其严重的是，各种破坏和干扰会累加起来，会对生物物种造成更为严重的影响。

生物多样性是脆弱的，极易被破坏。从目前情况看，造成生物多样性减少的主要原因是人类活动，主要包括对物种的滥捕乱猎、滥采乱伐、任意引进改造，对生态系统结构的改变破坏，对物种和群落生存环境的污染等。而生物多样性一旦被破坏，几乎不可能恢复，所以必须加强生物多样性保护，应当首先保护生态系统多样性，这样保护物种的多样性才有可能，进而应当重点保护物种的多样性，这样遗传多样性才有了前提。

中国幅员辽阔、自然地理条件复杂，既丰富而又独具特色的生物多样性在全球居第 8 位，北半球居第 1 位。

中国是世界上生物多样性最为丰富的 12 个国家之一，拥有森林、灌丛、草甸、草原、荒漠、湿地等地球陆地生态系统，以及黄海、东海、南海、黑潮流域海洋生态系统等。主要特点如下。

① 生态系统类型多样。陆地生态系统总计有 27 个大类、460 个类型。其中，森林有 16 个大类、185 个类型；草地有 4 个大类、56 个类型；荒漠有 7 个大类、79 个类型；湿地和淡水水域有 5 个大类；海洋生态系统总计有 6 个大类、30 个类型。

② 生物种类繁多，且特有种及经济种多。我国拥有高等植物 34792 种，其中，苔藓植物 2572 种、蕨类 2273 种、裸子植物 244 种、被子植物 29703 种，此外几乎拥有温带的全部木本属。动物种类约 10.45 万种，脊椎动物 7516 种，其中，哺乳类 562 种、鸟类 1269 种、爬行类 403 种、两栖类 346 种、鱼类 4936 种。列入国家重点保护野生动物名录的珍稀濒危野生动物共 420 种，大熊猫、朱鹮、金丝猴、华南虎、扬子鳄等数百种动物为中国所特有。已查明真菌种类 10000 多种。由于中国大陆受第四纪冰川影响较小，从而保存下许多古老遗属种。

③ 驯化物种及其野生亲缘种多。中国是世界八大栽培植物起源中心之一，有 237 种栽培物种起源于中国；中国还拥有大量栽培植物的野生亲缘种；中国常见的栽培作物有 600 多种，果树品种万余个，畜禽 400 多种。

中国生物多样性面临的主要问题是：我国有害生物种类繁多，成灾条件复杂，而生态环境的恶化加重了灾情的发展，如乱砍滥伐、毁林开荒及森林火灾与病虫害等使生态系统遭到破坏；过度捕捞造成海洋生物锐减；遗传种质资源受威胁、缩小或消失。每年都有一些重大病、虫、草、鼠害暴发或流行，造成每年损失粮食数十亿公斤，棉花 300 万～400 万担（1 担＝50 公斤）、木材近千万立方米，每年的总损失近百亿元。

目前世界上过度捕捞，已经引起传统鱼类种数减少，许多重要经济鱼类资源下降。许多海兽，如大海牛，1741 年刚刚被发现时计有 1500 多头，27 年之后，已被捕尽杀绝。鲸，全世界原有 440 万头，现在只剩下几十万头。许多重要的鲸种，如北极露脊鲸、灰鲸、座头鲸等已濒临灭绝。

我国对海洋生物过度捕捞问题也很严重，传统捕捞对象的群体结构明显出现了低龄化、小型化、劣质化现象。如鳍鱼，1934 年产 4 万吨，1959 年产 2.8 万吨，目前只产 0.3 万吨；

真鲷 1934 年产 1.6 万吨，现在已濒临灭绝。

盲目围海造地破坏了海洋生态系统。适度、科学地围海造田、建港，对当地的经济发展和社会进步是必要的。但有些地区围垦工程的盲目性，造成了许多严重的不良后果。如一些新围滩地，因淡水不足而大面积荒芜，不但使已围土地难以利用，而且还引起堤外滩面生态条件急剧变化，影响贝类的繁殖和生长，导致有的贝苗产地绝产，有的传统养殖产地无法再继续进行养殖。河口、港湾的海涂围垦后，纳潮量显著减少，潮流变弱，沿岸泥沙流不断发展，港口航道日趋变浅。此外，由于围垦造田，芦苇资源和红树林遭到大面积的破坏。

无节制的污染物排放严重破坏了海洋生态环境。20 世纪以来，工业迅速发展，人口大量增加，陆地和海洋开发的规模越来越大，在单一追求经济利益的驱动下，大量生产和生活的废水、废弃物、有毒化学物品不作处理就排放至大海，致使海洋污染日益严重。据统计，每年入海的石油约 1000 万吨，多氯联苯 2.5 万多吨，铜 25 万吨，锌 390 万多吨，铅 30 万吨，汞 0.5 万吨。目前留存在海洋中的放射性物质约有 7.4×10^{17} Bq。海洋环境污染已造成了许多严重危害，破坏了许多海洋生物的栖息环境，对海洋生态系统和渔业生产造成了严重损害。由于海洋环境遭到污染，鱼类、贝类中毒死亡的现象时有发生，甚至使某些生物资源十分丰富的海区经济鱼类绝迹，甚至成为无生物的死海。

总之，人类的不合理生产活动，导致了环境的恶化，环境的恶化诱发或加重了自然灾害的发生，而自然灾害的发生又进一步破坏了环境，对人类进行了无情的报复，这是一个恶性循环。为了防止或减缓这一恶性循环的发生和延续，就必须充分发挥人类社会的调控功能，遵循自然规律，在人与自然环境之间寻求和谐的关系，改善环境，减轻灾害，为人类生存和社会发展创造更加美好的环境条件。

复习思考题

1. 什么是植被?
2. 森林对保护生态环境具有哪些重要的作用?
3. 简述森林减少的主要原因、影响和危害。
4. 什么是水土流失和水土保持?
5. 水土流失会造成哪些灾害?
6. 简述土地荒漠化的成因及危害。
7. 简述我国荒漠化现状。
8. 名词解释：温室气体、温室效应、厄尔尼诺现象。
9. 简述气候变化的影响和危害。
10. 简述臭氧层破坏及其成因。
11. 简述臭氧层破坏的危害。
12. 简述生物多样性及其价值。
13. 简述生物多样性减少及其原因。

第四章
可持续发展的基本理论

学习目标

【知识目标】理解可持续发展的基本概念和基本理论；了解全球及我国可持续发展战略思路和行动纲领；掌握实施可持续发展目标的保障措施。

【能力目标】能够自觉运用可持续发展理念进行环境管理和规划；能识别可持续发展面临的问题，分析原因并提出解决对策。

【素质目标】树立正确的生态环境保护意识，增强生态环境保护责任感，增强生态环境保护法律维护意识；树立“人类命运共同体”意识，培养可持续发展观念；树立正确的可持续发展环境伦理道德观。

第一节 概述

一、可持续发展战略的概念及其内涵

可持续发展战略作为一个全新的理论体系，正在形成和完善，特别是1992年联合国召开的环境和发展大会与2002年联合国召开的可持续发展首脑会议之后，其内涵和特征也引起了全球范围的关注和探讨。各学科对可持续发展进行了不同的阐述，但基本含义是相一致的。

1. 概念

世界环境和发展委员会在1987年发表的《我们共同的未来》报告中是这样定义可持续发展的：“既满足当代人的需求，又不对后代人满足其需求的能力构成危害的发展。”即可持续发展指满足当前需要，而又不削弱子孙后代满足其需要之能力的发展。定义包括了两个要点：一是人类要发展，要满足当代人类的发展需求；二是不能损害后代人的生存权利，代际应该是平等的。

2. 可持续发展战略的基本思想

可持续发展是立足于环境和自然资源角度提出的关于人类长期发展的战略和模式。这并非一般意义上所指的在时间和空间上的连续，而是强调环境承载能力和资源的永续利用对发展进程的重要性和必要性。可持续发展的基本思想主要包括三个方面：

（1）可持续发展鼓励社会经济发展　它强调经济增长的必要性，必须通过经济增长提高当代人福利水平，增强国家实力和社会财富。但可持续发展不仅要重视经济增长的数量，更要追求经济增长的质量。改变传统的“高投入、高消耗、高污染”的生产模式，实施清洁生

产、绿色经济，减少经济活动对环境安全构成的威胁。

（2）可持续发展的标志是资源的永续利用和良好的生态环境　发展不能超越资源和环境的承载能力。可持续发展以自然资源为基础，与生态环境相协调。发展是有限制条件的，没有限制就没有可持续发展。要实现可持续发展，必须使自然资源的耗竭速率低于资源的再生速率，必须通过转变发展理念和模式，从根本上解决环境问题。

（3）可持续发展的目标是追求社会的共同进步　可持续发展的观点认为，发展的本质应当是改善人类生活质量，提高人类健康水平，创造一个保障人类平等、自由、共同进步的社会环境。即在人类可持续发展系统中，经济发展是基础，自然生态保护是条件，社会进步才是目的。而这三者又是一个互相影响的综合体，只要社会在每一时间段内都能保持与经济、资源和环境的协调，这个社会就符合可持续发展的要求。

3. 可持续发展的基本原则

可持续发展具有十分丰富的内涵。其基本原则主要体现在以下几个方面。

第一，公平性原则。公平性是指机会选择的平等性。它具有两方面的含义：一方面是指代际公平性，即世代之间的公平性；另一方面是指同代人之间的公平性。也就是说可持续发展不仅要实现当代人之间的公平，而且也要实现当代人与未来各代人之间的公平。这是可持续发展与传统发展模式的根本区别之一。从伦理上讲，未来各代人应与当代人有同样的权利来提出他们对资源与环境的需求。可持续发展要求当代人在考虑自己的需求与消费的同时，也要对未来各代人的需求与消费负起历史的责任，因为同后代人相比，当代人在资源开发和利用方面处于一种无竞争的主宰地位。各代人之间的公平要求任何一代都不能处于支配的地位，即各代人都应有同样选择的机会空间。

第二，可持续性原则。资源与环境是人类生存与发展的基础和条件，资源的永续利用和生态环境的可持续性是可持续发展的重要保证。人类发展不应该损害支持地球的大气、水、土壤、生物等自然系统，必须考虑到资源与环境的承载能力。可持续发展的可持续性原则从某一个侧面反映了可持续发展的公平性原则。

第三，和谐性原则。要求每个人在考虑和安排自己的行动时，都能考虑到这一行动对其他人（包括后代人）及生态环境的影响，并能真诚地按和谐性原则行事，那么人类与自然之间就能保持一种互惠共生的关系，也只有这样，可持续发展才能实现。

第四，需求性原则。传统发展模式以传统经济学为支柱，所追求的目标是经济的增长，它忽视了资源的有限性，立足于市场而发展生产。而可持续发展是要满足所有人的基本需求，向所有的人提供实现美好生活愿望的机会。

第五，阶跃性原则。可持续发展是以满足当代人和未来各代人的需求为目标，而随着时间的推移和社会的不断发展，人类的需求内容和层次将不断增加和提高，所以可持续发展本身隐含着不断地从较低层次向较高层次的阶跃性过程。

可持续发展观既包含了对传统发展模式的反思，又包含了对科学的可持续发展模式的设计；其对人类传统发展理论的反思和创新主要表现在以下几个方面：从以单纯经济增长为目标的发展转向经济、社会、资源和环境的综合发展；以物为本的发展转向以人为本的发展；从注重眼前利益和局部利益的发展转向注重长远利益和整体利益的发展；从资源推动型的发展转向知识推动型的发展。可持续发展从本质上来说就是强调发展是主要的，但要重视社会经济发展中人与自然和谐相处，加强环境保护；同时要处理好当代、代际的公平性。

二、可持续发展综合国力指标体系

可持续发展的意识随着社会的进步已经逐渐被人们所认识和接受，但是，要把一个概念变为一个具有可操作性且能贯彻实施的行动措施，就必须建立一个科学地测定和评价一个国家或某一区域可持续发展状态和程度的指标体系。可持续发展是经济、社会、环境和谐发展的统一，包括人类的生存、发展、环境、社会及智力等诸多因素。因此，可持续发展指标体系涉及人类社会经济生活以及生态环境的各个方面。

1. 可持续发展综合国力指标体系的设计原则

指标是综合反映社会某一方面情况绝对数、相对数或平均数的定量化信息，具有揭示、指明、宣布或者使公众了解等含义。它必须具备两个要素：一是要尽可能地把信息定量化，使得这些信息清楚和明了；二是要能够简化那些反映复杂现象的信息，既使所表征的信息具有代表性，又便于人们了解和掌握。通过建立可持续发展综合国力指标体系，可以客观评价可持续发展的水平，为区域发展趋势的研究和制定发展战略以及发展规划提供科学依据。设计指标体系的原则主要有以下几个方面：

（1）可持续发展综合国力指标体系应当充分反映和体现可持续发展综合国力的内涵，从科学的角度去系统而准确地理解和把握可持续发展综合国力的实质。

（2）可持续发展综合国力指标体系应当相对地比较完备，即指标体系作为一个整体应当能够基本反映可持续发展综合国力的主要方面或主要特征。

（3）可持续发展综合国力指标体系中的指标数量不宜过大，在相对比较完备的情况下，指标的数目应尽可能地压缩，以易于操作为限。指标数目过大将会使人们难以把握和采用。

（4）可持续发展综合国力指标体系应具有独立性，即指标体系中的指标应当互不相关、彼此独立。这样，一方面可以使指标体系保持比较清晰的结构，另一方面可以保证指标体系中的指标数目得到压缩。

（5）可持续发展综合国力指标体系中的指标应具有可测性和可比性，定性指标也应有一定的量化手段与之相对应。另外，这些指标的计算方法应当明确，不要过于复杂，计算所需数据也应比较容易获得和比较可靠。

（6）对于一些难以量化的指标采用专家问卷等调查方式。鉴于调查方式存在一些困难及可能产生的随意性，在设计指标体系时，应尽可能减少难以量化或定性指标的数量。

（7）可持续发展综合国力指标体系中的指标内容在一定的时期内应保持相对稳定，这样可以比较和分析可持续发展综合国力的发展过程并预测其发展趋势。当然，绝对不变的指标体系是不可能的，指标体系将随着时间的推移和情况的变化而有所改变。

在可持续发展综合国力指标体系的研究和建立中，目前还存在着很多问题，如何解决这些问题也是今后这些方面工作的重点和难点。

2. 可持续发展综合国力指标体系

确立综合国力指标体系，是评价综合国力的一个核心和关键的环节。指标体系涵盖得是否全面、层次结构是否清晰合理，直接关系到评估质量的好坏。根据可持续发展综合国力指标体系的设计原则和设计思路，中国科学院可持续发展战略研究组经过研究，最后确定了由经济力、科技力、军事力、社会发展程度、政府调控力、外交力、生态力等 7 类 85 个具体指标构成的可持续发展综合国力指标体系。该指标体系的详细内容见表 4-1。

表 4-1 可持续发展综合国力评价体系

经济力	人力资源	人口总数，文盲率，婴儿死亡率，平均预期寿命，人口自然增长率
	陆地资源	国土面积，可耕地面积，森林面积
	矿产资源（储量）	铁矿，铜矿，铝土矿

续表

经济力	能源资源(储量)	煤炭,原油,天然气保有储量,已探明地下水储量
	经济实力总量	国内生产总值,发电量,钢产量,水泥产量,谷物总产量,棉花总产量,能源消费量,一次能源生产量,资源平衡占 GDP 的比重,每一美元 GDP 所产生工业二氧化碳排放量
	经济实力人均量	人均国内生产总值,人均发电量,人均钢产量,人均水泥产量,人均粮食产量,每万人口煤保有产量,人均淡水资源总量,人均商业能源消费量
	经济结构	服务业增加值占 GDP 的比重
	经济速度	国内生产总值发展速度
	贸易构成	贸易占 GDP 的比重,货物和服务出口,货物和服务进口,外贸占世界贸易的比重
	财政金融	国际储备总额,外汇储备与短期债务的比例,上市公司市值占 GDP 比重
科技力	科技成果	万人拥有专利数,科研成果对外转让
	科技队伍	科学家与工程师人数
	科技投入	科技投入占 GDP 的比重
	科技活动	高科技产业占第三产业的比重,通信、计算机服务出口占总出口的比重,高科技产业的劳动生产率,第三产业在 GDP 中所占比重
军事力	军事人员	军队人员数,军队占劳动力的比重
	军事经济	军事支出占 GDP 的比重,军事支出占中央政府支出 GDP 的比重,武器出口占总出口的比重,民用工业的军事动员能力
	核军事力量	核发射装置数,核弹头数,反导弹系统
社会发展程度	物质生活	每千人拥有医生数,人均卫生保健支出,医疗保健总开支占 GDP 的比重,农村居民人均居住面积,人均生活用电量,获得安全饮用水的人口占总人口比重,社会负担系数,人口性别比,女性劳动力占总劳动力的比重,城市人口增长率,政府教育投入占国民收入的比重,福利开支占政府开支比重
	精神生活	高等教育入学率,中等教育入学率,移动电话拥有率,成人识字率,个人计算机拥有率,电视人口覆盖率,万人上网人数,每万人口拥有电话机数
政府调控力	政府对经济干预能力	政府最终消费支出占 GDP 的比重,中央政府支出占 GDP 的比重,综合问卷调查(对政府的长期行为评估,如环境政策,科技政策,产业政策和创新能力等因素)
生态力	生态系统服务价值	海岸带、热带林、温带/北方林、草原/牧场、潮汐带/红树林、沼泽/泛滥平原、湖/河、农田等生态系统
外交力	国际影响	综合问卷调查(对国际组织的参与,重要国家之间的首脑访问与会晤数量,对热点问题的介入能力,参与经济全球化的程度)

三、可持续发展的有关理论

1. 人类使用自然资源的最低安全标准

人类使用自然资源的最低安全标准由世界银行资深经济学家赫尔曼、戴利提出，主要体现在以下三方面。

(1) 人类社会使用可更新资源的速度不可超过可更新资源的更新速度。

(2) 人类社会使用不可更新资源的速度不可超过其替代品的开发速度。

（3）人类社会向环境排放污染物的速度不可超过环境的自净能力。

2. 世界银行关于国家财富的四种资本

（1）自然资本：指自然资源和环境，是人类社会发展的物质基础。

（2）人造资本：产品、服务，即人均 GDP，代表可转换为市场需求的能力。

（3）人力资本：人的健康、知识水平、工作能力，代表人对生产力发展的创造潜能和生产能力。

（4）社会资本：社会上层建筑，文化基础对民众的凝聚力，社会制度对经济的调控力等，代表国家和地区的组织能力和稳定程度。

四种资本之间的关系：自然资本→人造资本→人力资本→社会资本，若消耗了自然与人造资本而无人力和社会资本的增加，则自然与人造资本全归浪费。

3. 联合国人文发展指数 HDI

人文发展指数 HDI＝(收入指数＋健康指数＋教育指数)/3

收入指数：指人均 GDP，代表人的消费能力。

健康指数：预期人均寿命。

教育指数：用成人识字率及大中小学入学率来计算。

人文发展指数 HDI 也表明单独的经济增长不代表社会的全面发展。

4. 绿色国民账户概念及公式

（1）概念：将环境成本、环境收益、自然资产及环境保护支出均以国民账户体系相一致的形式，作为附属账户内容列出。

（2）我国目前绿色国民账户计算公式是：

绿色 GDP＝原 GDP－资源消耗成本－环境污染成本

5. 我国实施可持续发展的战略步骤和目标（实现三个非对称性零增长）

（1）到 2030 年实现人口规模和增长速率的零增长，同时实现人口结构和人口质量的较大提高，使人均寿命达 85 岁，平均受教育 12 年。

（2）到 2040 年实现资源和能源消耗速率（新增部分）的零增长，同时实现社会财富较大提高，单位资源能耗创造产值在 2000 年基础上提高 10～12 倍。人文发展指数进入世界前 50 名。

（3）到 2050 年实现生态和环境恶化速率（衰减部分）的零增长，同时实现环境质量和生态安全的较大提高。能有效克服能源、资源、人口、生态环境等制约发展因素，确保中国食物、经济、环境和社会安全。

6. 我国的科学发展观

2004 年 3 月 10 日中央人口资源环境工作会议中指出，中央十六届三中全会上提出的科学发展观，即坚持以人为本，树立全面协调可持续的发展观，促进经济社会和人的全面发展。

党的十八大以来，党中央坚持以人民为中心的发展思想，用党和国家事业取得历史性成就、发生历史性变革履行“人民对美好生活的向往，就是我们的奋斗目标”的庄严承诺。把推进高质量发展作为全面建设社会主义现代化国家的首要任务，是“十四五”乃至更长时期我国经济社会发展的主题，关系我国社会主义现代化建设全局，为我国可持续发展奠定了坚实基础。

坚持以人民为中心就是要以实现人的全面发展为目标，从人民群众的根本利益出发，谋发展、促发展，不断满足人民群众日益增长的物质文化需要，切实保障人民群众的经济、政治和文化权益，让发展的成果惠及全体人民。

协调发展就是要统筹城乡发展；统筹区域发展；统筹经济和社会发展；统筹人与自然和谐的关系；统筹国内发展与对外开放政策。推进生产力和生产关系，经济基础和上层建筑相协调，推进经济、政治、文化建设的各个环节、各个方面相协调。

可持续发展就是要促进人与自然的和谐，实现经济发展和人口、资源、环境相协调，坚持走生产发展、生活富裕、生态良好的文明发展道路，保证一代接一代永续发展。

第二节 可持续发展的《21世纪议程》与行动纲领

一、全球《21世纪议程》

全球《21世纪议程》是贯彻实施可持续发展战略的人类活动计划，是1992年联合国环境与发展大会上通过的重要文件之一，反映了环境与发展领域的全球共识和最高级别的政治承诺，是全球推进可持续发展的行动准则。

1. 全球《21世纪议程》的基本思想

全球《21世纪议程》深刻指出，人类正处于一个历史的关键时刻，世界面对国家之间和各国内部长期存在的经济悬殊现象，贫困、饥荒、疾病和文盲有增无减，赖以维持生命的地球生态系统继续恶化。如果人类不想进入这个不可持续的绝境，就必须改变现行的政策，综合处理环境与发展问题，提高所有人特别是穷人的生活水平，在全球范围更好地保护和管理生态系统。要争取一个更为安全、更为繁荣、更为平等的未来，任何一个国家不可能仅依靠自己的力量取得成功，必须联合起来，建立促进可持续发展全球伙伴关系，只有这样才能实现可持续发展的长远目标。

《21世纪议程》的目的是促使全世界为21世纪的挑战做好准备。它强调圆满实施议程是各国政府必须首先负起的责任。为了实现议程的目标，各国的战略、计划、政策和程序至关重要，国际合作需要相互支持和各国的努力。同时，要特别注重转型经济阶段许多国家所面临的特殊情况和挑战。它还指出，议程是一个能动的方案，应该根据各国和各地区的不同情况、能力和优先次序来实施，并视需要和情况的改变不断调整。

2. 全球《21世纪议程》的主要内容

《21世纪议程》涉及人类可持续发展的所有领域，提供了21世纪如何使经济、社会与环境协调发展的行动纲领和行动蓝图。整个文件分四个部分。

第一部分，经济与社会的可持续发展。包括加速发展中国家可持续发展的国际合作和有关的国内政策、消除贫困、改变消费方式、人口动态与可持续能力、保护和促进人类健康、促进人类住区的可持续发展、将环境与发展问题纳入决策进程。

第二部分，资源保护与管理。包括保护大气层；统筹规划和管理陆地资源的方式；禁止砍伐森林、脆弱生态系统的管理和山区发展；促进可持续农业和农村的发展；生物多样性保护；对生物技术的环境无害化管理；保护海洋，包括封闭和半封闭沿海区，保护、合理利用和开发其生物资源；保护淡水资源的质量和供应——对水资源的开发、管理和利用；有毒化学品的环境无害化管理，包括防止在国际上非法贩运有毒废料、危险废料的环境无害化管理；对放射性废料实行安全和环境无害化管理。

第三部分，加强主要群体的作用。包括采取全球性行动促进妇女的发展；青年和儿童参与可持续发展、确认和加强土著人民及其社区的作用；加强非政府组织作为可持续发展合作者的作用、支持《21世纪议程》的地方当局的倡议；加强工人及工会的作用、加强工商界的作用、加强科学和技术界的作用、加强农民的作用。

第四部分，实施手段。包括财政资源及其机制；环境无害化（安全化）技术的转让；促进教育、公众意识和培训、促进发展中国家的能力建设、国际体制安排；完善国际法律文书及其机制等。

二、《中国21世纪议程》

《中国21世纪议程》是中国实施可持续发展战略的行动纲领，是制定国民经济和社会发展中长期计划的指导性文件，同时也是中国政府认真履行1992年联合国环境与发展大会的原则立场和实际行动，表明了中国在解决环境与发展问题上的决心和信心。

1.《中国21世纪议程》的基本思想

制定和实施《中国21世纪议程》，走可持续发展之路，是我国在21世纪发展的需要和必然选择。要提高社会生产力，增强综合国力和不断提高人民生活水平，就必须把发展国民经济放在第一位，各项工作都要紧紧围绕经济建设这个中心来开展。中国是在人口基数大、人均资源少、经济和科技水平都比较落后的条件下实现经济快速发展的，这使本来就已经短缺的资源和脆弱的环境面临更大的压力。在这种形势下，我国政府认识到，只有遵循可持续发展的战略思想，从国家整体的高度协调和组织各部门、各地方、各社会阶层和全体人民的行动，才能顺利完成预期的经济发展目标，才能保护好自然资源和改善生态环境，实现国家长期、稳定的发展。

2.《中国21世纪议程》的主要内容

《中国21世纪议程》主要内容分为四大部分。

第一部分，可持续发展总体战略与政策。论述了中国实施可持续发展战略的背景和必要性，提出了中国可持续发展战略目标、战略重点和重大行动，建立中国可持续发展法律体系，制定促进可持续发展的经济技术政策，将资源和环境因素纳入经济核算体系，参与国际环境与发展合作的意义、原则立场和主要行动领域，其中特别强调了可持续发展能力建设，包括建立健全可持续发展管理体系、费用与资金机制，加强教育，发展科学技术，建立可持续发展信息系统，促使妇女、青少年、少数民族、工人和科学界人士及团体参与可持续发展。

第二部分，社会可持续发展。包括人口、居民消费与社会服务、消除贫困、卫生与健康、人类住区可持续发展和防灾减灾等。其中重要的是实行计划生育、控制人口数量、提高人口素质，包括引导建立适度和健康消费的生活体系。强调尽快消除贫困，提高中国人民的卫生和健康水平。通过正确引导城市化，加强城镇用地规划和管理，合理使用土地，加快城镇基础设施建设，促进建筑业发展，向所有的人提供住房，改善住区环境，完善住区功能。建立与社会主义经济发展相适应的自然灾害防治体系。

第三部分，经济可持续发展。把促进经济快速增长作为消除贫困、提高人民生活水平、增强综合国力的必要条件，其中包括可持续发展的经济政策、农业与农村经济的可持续发展、工业与交通、通信业的可持续发展、可持续能源和生产消费等部分。着重强调利用市场机制和经济手段推动可持续发展，提供新的就业机会，在工业活动中积极推广清洁生产，尽快发展环保产业，提高能源效率与节能，开发利用新能源和可再生能源。

第四部分，资源的合理利用与环境保护。包括水、土等自然资源保护与可持续利用，还包括生物多样性保护、防治土地荒漠化、防灾减灾、保护大气层（如控制大气污染和防治酸雨）、固体废物无害化管理等。着重强调在自然资源管理决策中推行可持续发展影响评价制度，对重点区域和流域进行综合开发整治，完善生物多样性保护法规体系，建立和扩大国家自然保护区网络，建立全国土地荒漠化的监测和信息系统，开发消耗臭氧层物质的替代产品和替代技术，大面积造林，建立有害废物处置、利用的新法规和技术标准等。

《中国 21 世纪议程》反映了新的发展理念，从中国国情出发，逐渐改变传统的发展模式，逐步由粗放型、资源浪费型、环境污染型经济转向集约型、循环型、绿色型经济发展；注重解决好人口资源与发展的关系，充分发挥中国人力资源的优势。正确认识了我国资源所面临的挑战；充分运用经济、法律、行政手段实行资源的保护与合理利用。反映了我国能积极承担国际责任和义务，显示出一个大国的风范。

三、《中国 21 世纪初可持续发展行动纲要》

《中国 21 世纪初可持续发展行动纲要》是中国政府为落实 2002 年联合国可持续发展世界首脑会议的精神所采取的切实措施之一。为全面推动可持续发展战略的实施，明确 21 世纪初我国实施可持续发展战略的目标、基本原则、重点领域及保障措施，保证我国国民经济和社会发展战略目标的顺利实现，在总结以往成就和经验的基础上，根据新的形势和可持续发展的新要求，特制定《中国 21 世纪初可持续发展行动纲要》。

（一）第一部分：成就与问题

回顾了从 1992 年到 2002 年十年间我国实施可持续发展取得了举世瞩目的成就，即国民经济持续、快速、健康发展，综合国力明显增强，人民物质生活水平和生活质量有了较大幅度的提高，经济增长模式正在由粗放型向集约型转变，经济结构逐步优化。人口增长过快的势头得到遏制，科技教育事业取得积极进展，社会保障体系建设、消除贫困、防灾减灾、医疗卫生、缩小地区发展差距等方面都取得了显著成效。大气污染防治有所突破，资源综合利用水平明显提高，通过开展退耕还林、还湖、还草工作，生态环境的恢复与重建取得成效。与可持续发展相关的法律法规相继出台并正在得到不断完善和落实。

但是，我国在实施可持续发展战略方面仍面临着许多矛盾和问题。

制约我国可持续发展的突出矛盾主要是：经济快速增长与资源大量消耗、生态破坏之间的矛盾，经济发展水平的提高与社会发展相对滞后之间的矛盾，区域之间经济社会发展不平衡的矛盾，人口众多与资源相对短缺的矛盾，一些现行政策和法规与实施可持续发展战略的实际需求之间的矛盾等。

亟待解决的问题主要有：人口综合素质不高，人口老龄化加快，社会保障体系不健全，城乡就业压力大，经济结构不尽合理，市场经济运行机制不完善，能源结构中清洁能源比重仍然很低，基础设施建设滞后，国民经济信息化程度依然很低，自然资源开发利用中的浪费现象突出，环境污染仍较严重，生态环境恶化的趋势没有得到有效控制，资源管理和环境保护立法与实施还存在不足。

（二）第二部分：指导思想、目标与原则

1. 指导思想

我国实施可持续发展战略的指导思想是：坚持以人为本，以人与自然和谐为主线，以经济发展为核心，以提高人民群众生活质量为根本出发点，以科技和体制创新为突破口，坚持不懈地全面推进经济社会与人口、资源和生态环境的协调，不断提高我国的综合国力和竞争力，为实现第三步战略目标奠定坚实的基础。

2. 发展目标

我国 21 世纪初可持续发展的总体目标是：可持续发展能力不断增强，经济结构调整取得显著成效，人口总量得到有效控制，生态环境明显改善，资源利用率显著提高，促进人与

自然的和谐，推动整个社会走上生产发展、生活富裕、生态良好的文明发展道路。

通过国民经济结构战略性调整，完成从“高消耗、高污染、低效益”向“低消耗、低污染、高效益”转变。促进产业结构优化升级，减轻资源环境压力，改变区域发展不平衡，缩小城乡差别。

继续大力推进扶贫开发，进一步改善贫困地区的基本生产、生活条件，加强基础设施建设，改善生态环境，逐步改变贫困地区经济、社会、文化的落后状况，提高贫困人口的生活质量和综合素质，巩固扶贫成果，尽快使尚未脱贫的农村人口解决温饱问题，并逐步过上小康生活。

严格控制人口增长，全面提高人口素质，建立完善的优生优育体系和社会保障体系，基本实现人人享有社会保障的目标；社会就业比较充分；公共服务水平大幅度提高；防灾减灾能力全面提高，灾害损失明显降低。加强职业技能培训，提高劳动者素质，建立健全国家职业资格证书制度。到2010年，全国人口数量控制在14亿以内，年平均自然增长率控制在9‰以内。全国普及九年义务教育的人口覆盖率进一步提高，初中阶段毛入学率超过95%，高等教育毛入学率达到20%左右，青壮年非文盲率保持在95%以上。

合理开发和集约高效利用资源，不断提高资源承载能力，建成资源可持续利用的保障体系和重要资源战略储备安全体系。

全国大部分地区环境质量明显改善，基本遏制生态恶化的趋势，重点地区的生态功能和生物多样性得到基本恢复，农田污染状况得到根本改善。到2010年，森林覆盖率达到20.3%，治理“三化”（退化、沙化、碱化）草地3300万公顷，新增治理水土流失面积5000万公顷，二氧化硫、工业固体废物等主要污染物排放总量比前5年下降10%，设市城市污水处理率达到60%以上。

形成健全的可持续发展法律法规体系；完善可持续发展的信息共享和决策咨询服务体系；全面提高政府的科学决策和综合协调能力；大幅度提高社会公众参与可持续发展的程度；参与国际社会可持续发展领域合作的能力明显提高。

3. 基本原则

持续发展，重视协调的原则。以经济建设为中心，在推进经济发展的过程中，促进人与自然的和谐，重视解决人口、资源和环境问题，坚持经济、社会与生态环境的持续协调发展。

科教兴国，不断创新的原则。充分发挥科技作为第一生产力和教育的先导性、全局性和基础性作用，加快科技创新步伐，大力发展各类教育，促进可持续发展战略与科教兴国战略的紧密结合。

政府调控，市场调节的原则。充分发挥政府、企业、社会组织和公众四方面的积极性，政府要加大投入，强化监管，发挥主导作用，提供良好的政策环境和公共服务，充分运用市场机制，调动企业、社会组织和公众参与可持续发展。

积极参与，广泛合作的原则。加强对外开放与国际合作，参与经济全球化，利用国际、国内两个市场和两种资源，在更大空间范围内推进可持续发展。

重点突破，全面推进的原则。统筹规划，突出重点，分步实施；集中人力、物力和财力，选择重点领域和重点区域，进行突破，在此基础上，全面推进可持续发展战略的实施。

（三）第三部分：重点领域

在经济发展中，按照“在发展中调整，在调整中发展”的动态调整原则，通过调整产业结构、区域结构和城乡结构，消除贫困，积极参与全球经济一体化，全方位逐步推进国民经济的战略性调整，初步形成资源消耗低、环境污染少的可持续发展国民经济体系。在社会发展方面，建立完善的人口综合管理与优生优育体系，稳定低生育水平，控制人口总量，提高人口素质。建立与经济发展水平相适应的医疗卫生体系、劳动就业体系和社会保障体系。大幅度提高公共服务水平。建立健全灾害监测预报、应急救助体系，全面提高防灾减灾能力。合理使用、节约和保护资源，提高资源利用率和综合利用水平。建立重要资源安全供应体系和战略资源储备制度，最大限度地保证国民经济建设对资源的需要。建立科学、完善的生态环境监测、管理体系，形成类型齐全、分布合理、面积适宜的自然保护区，建立沙漠化防治体系，强化重点水土流失区的治理，改善农业生态环境，加强城市绿地建设，逐步改善生态环境质量。在环境保护和污染防治方面，实施污染物排放总量控制，开展流域水质污染防治，强化重点城市大气污染防治工作，加强重点海域的环境综合整治。加强环境保护法规建设和监督执法，修改完善环境保护技术标准，大力推进清洁生产和环保产业发展。积极参与区域和全球环境合作，在改善我国环境质量的同时，为保护全球环境做出贡献。建立完善人口、资源和环境的法律制度，加大执法力度，充分利用各种宣传教育媒体，全面增强全民可持续发展意识，建立可持续发展指标体系与监测评价系统，建立面向政府咨询、社会大众、科学研究的信息共享体系。

（四）第四部分：保障措施

运用行政手段，提高可持续发展的综合决策水平；运用经济手段，建立有利于可持续发展的投入机制；运用科教手段，为推进可持续发展提供强有力的支撑；运用法律手段，提高实施可持续发展战略的法治化水平；运用示范手段，做好重点区域和领域的试点示范工作；加强国际合作，为可持续发展创造良好的国际环境。

第三节　环境管理

一、概述

可持续发展和环境保护是密不可分的，环境保护是可持续发展的重要组成部分，是实现可持续发展的重要保证；检验环境保护途径的有效性，就是要看人与环境的关系是否改进和协调，看可持续发展的指标体系是否落实，而环境的规划和管理是实现环境保护的重要手段之一，也是实现可持续发展的重要因素和途径。环境管理是在环境保护的实践中产生和发展起来的，是环境科学的一个分支，并且已逐步形成了自己的科学——环境管理学。

（一）环境管理的基本含义

环境管理概念的提出和完善，经历了近 30 年的发展。从 20 世纪 70 年代初提出环境管理的概念至今，环境管理概念经历了由狭义的环境管理阶段过渡到广义的环境管理阶段。

狭义的环境管理主要是指对人类损害环境质量的行为进行控制的各种措施。一般包括制定法律法规和标准，实施各种有利于环境保护的方针、政策，控制各种污染物的排放等。

广义的环境管理是指按照经济规律和生态规律，从人类-环境系统出发，通过全面规划，合理布局，运用行政、经济、法律、技术、教育和新闻媒介等手段，对人们的社会活动进行调整与控制，达到既要发展经济满足人类的基本需要，又不超过环境容许极限的管理活动。

（二）环境管理的类型、内容

按不同的分类方法环境管理可以分为不同的类型，一般有以下几种类别。

1. 从环境管理的范围来分

（1）资源环境管理　主要是自然资源的保护，包括不可再生资源的合理利用和可再生资源的恢复和扩大再生产。通过选择最佳方法使用资源，尽力采用对环境危害最小的发展技术，实现资源的永续利用。

（2）区域环境管理　包括整个国土的环境管理，经济协作区和行政区域，如省、自治区、直辖市的环境管理，以及城市环境管理、水域环境管理自然保护区等。区域环境管理主要是协调区域社会经济发展目标与环境目标，进行环境影响预测，制定区域环境规划等。

（3）部门环境管理　部门环境管理包括能源环境管理、工业环境管理、农业环境管理、交通运输环境管理、商业和医疗等部门的环境管理以及各行业、企业的环境管理等。

2. 从环境管理的性质来分

（1）环境规划与计划管理　环境保护首先要制定好各部门、各行业、各区域的环境保护规划与计划，使环境管理成为社会经济发展规划的重要组成部分，用环境规划指导环境保护工作，并根据实际情况不断调整规划。

（2）环境质量管理　环境质量管理的核心是保护和改善人类生存环境质量而进行的各项管理工作。主要是通过组织制定各种环境质量标准、评价标准、评价方法及其监测方法，预测环境质量变化的趋势，科学地制订保护环境的措施。

（3）环境技术管理　环境技术管理主要是通过制定技术方针、政策和技术路线、制定与环境相关的技术指标和规程，确定清洁生产工艺和污染防治技术，并对技术发展方向、技术路线、生产工艺和污染防治技术进行环境经济评价，以协调技术经济发展与环境保护的关系，使社会能可持续发展。

二、环境管理的基本手段

环境管理必须采取适当的手段，才能把环境管理所制定的计划、指标和技术要求落到实处，才能有效地达到环境管理目标，从而收到良好的效果。主要手段有以下几个方面：

1. 行政手段

行政手段主要指国家和地方各级行政管理机关，根据国家行政法规所赋予的组织和指挥权力，对环境资源保护工作实施行政决策和管理。政府职能部门制定国家和地方的环境保护政策和环境规划，并使之具有行政法规效力；运用行政权力对某些区域采取特定措施，如划分自然保护区；对一些污染严重的企业要求限期治理，甚至勒令其关、停、并、转；审批新建、扩建、改建项目的“三同时”设计方案等；行政手段是环境管理的有效措施之一。

2. 法律手段

法律手段是环境管理的一种强制性措施，依法管理环境是控制并消除污染，保障自然资源合理利用，并维护生态平衡的重要措施。环境管理一方面要加强环境立法，把国家对环境保护的要求以法律形式固定下来，便于环境管理强制执行；另一方面还要加大执法力度，违法必究，对违反环境保护法律的犯罪行为依法进行严厉打击，确保法律的严肃性和威严。我国的环境保护法律法规，经过改革开放20年的不断完善，已初步形成了由国家宪法、环境保护基本法、环境保护单行法规和其他部门法中关于环境保护的法律规范等所组成的较为完备的环境保护法体系。

3. 经济手段

经济手段是指利用经济杠杆、市场经济规律引导人们的生产、生活活动向环境保护和生态建设方向发展。随着市场经济的建立和完善，经济手段进行的环境管理效果愈加明显。通常采用的方法有：对积极防治环境污染而在经济上受损失的企业、事业单位给予环境保护资金补偿；对排放污染物单位征收排污费；对积极开展“三废”资源综合利用的企业给予奖励；推行开发、利用自然资源的征税制度等。

4. 技术手段

技术手段是指利用那些既能提高生产率又能把对环境污染和生态破坏控制到最小限度的技术以及先进的污染治理技术及清洁生产、循环经济等绿色工艺来达到保护环境目的的措施。环境问题解决得好坏，在很大程度上取决于科学技术；要以可持续发展的理念作为指导思想，用科学的方法制定技术路线、技术政策、技术标准、技术规程。

5. 加强宣传教育

环境宣传既是普及环境科学知识，又是一种思想动员。通过报纸、杂志、电影、电视、广播、展览、专题讲座、多媒体等多种形式广泛宣传环境保护的重要意义和内容，加强舆论监督；增强全民族的环境意识，激发广大群众保护环境的热情和积极性，鼓励大家同浪费资源、破坏环境的行为做斗争。把环境教育纳入国家素质教育体系，从小培养环境保护意识，让每个人都能积极参与环境保护。

三、环境管理的职能

环境管理是解决人与自然间和谐关系的重要手段，其内容十分广泛，环境管理的领域涉及各行业和各部门。环境管理的基本职能是指各级政府及其行政主管部门行使其管理权力进行保护环境的职能，主要包括宏观指导、统筹规划、组织协调、监督检查、提供服务等几个方面。

四、我国环境管理的基本制度

从 1973 年第一次全国环境保护会议以来，我国在 40 多年环境保护的实践中，经过不断探索和总结，逐步形成了一系列符合中国国情的环境管理制度，并不断地完善和深化。这些环境管理制度的推行，对我国环境保护起到了非常积极有效的作用。这些制度主要包括环境影响评价制度、“三同时”制度、排污收费制度，排污许可证制度、环境保护目标责任制、城市环境综合整治定量考核制度、污染集中控制制度和污染限期治理制度。

1. 环境影响评价制度

环境影响评价是指对拟建设项目、区域开发计划政策实施后可能对环境造成的影响，按照科学的理论方法进行预测和评估，并提出防止或减少环境损害的最佳方案。

在国际上，环境影响评价制度首先是美国在 1969 年把环境影响评价列入《国家环境政策法》；此后，世界上一些工业化国家也先后出台了本国的环境影响评价制度；我国于 1978 年制定的《关于加强基本建设项目前期工作内容》中环境影响评价成为基本建设项目可行性研究报告的一项重要篇章。1979 年 9 月颁布的《中华人民共和国环境保护法（试行）》中将这一制度法律化；2014 年修订的《中华人民共和国环境保护法》第十九条规定：“编制有关开发利用规划，建设对环境有影响的项目，应当依法进行环境影响评价。未依法进行环境影响评价的开发利用规划，不得组织实施；未依法进行环境影响评价的建设项目，不得开工建设。”1998 年 11 月，国务院颁发了《建设项目环境保护管理条例》，该条例中将环境影响评价单列一章作了详细、明确的规定，严格了项目审批手续，从管理角度确保环境影响评价制度真正起到保护环境的作用。

2. “三同时”制度

所谓“三同时”制度是指新建、扩建、改建项目和技术改造项目、区域性开发建设项目，其防治污染及其他公害的设施，必须与主体工程同时设计、同时施工、同时投产的制度。该制度与环境影响评价制度相辅相成，共同组成了环境保护的有力武器，是我国环境保护法规“以预防为主”基本原则的具体化、制度化和规范化，是有效防止我国环境质量恶化的重要手段。

“三同时”制度是我国最早出台的一项环境管理制度，是具有中国特色并行之有效的环境管理制度。

2014年4月颁布的《中华人民共和国环境保护法》对“三同时”制度以法律的形式予以确认，为“三同时”制度的有效执行提供了法律依据。总之，“三同时”制度的执行有效地控制了新污染的产生和发展，有力地促进了经济、社会、环境的可持续发展。

3. 排污收费制度

排污收费制度是指对于向环境排放污染物的单位和个体生产经营者，根据国家规定征收一定的费用的制度。这项制度是运用经济手段有效地进行环境管理的充分体现。排污收费制度的法律依据是《中华人民共和国环境保护法》，第四十三条规定：“排放污染物的企事业单位和其他生产经营者，应当按照国家有关规定缴纳排污费……”

排污收费制度在我国环境管理工作中发挥着基础性作用。制度的实施推动和促进了环境管理和环境执法，增强了企事业单位的环境意识。

4. 环境保护目标责任制

环境保护目标责任制是一种具体落实地方各级人民政府和有污染物的单位对环境质量负责的行政管理制度。这项制度确定了一个区域、一个部门乃至一个单位环境保护的主要责任者和责任范围，运用目标化、定量化、制度化管理方法，把贯彻执行环境保护这一基本国策作为各级领导的行动规范，推动环境保护工作全面、深入地开展。

环境保护目标责任制是结合我国国情总结提炼出来的，以责任制为核心，以行政制约为机制，把责、权、利有机结合在一起，增加了地方行政首长的压力和动力。环境保护目标责任制的实施是一个复杂的系统工程，涉及面广，要把握好政策性和技术性，使之具有可操作性。

5. 城市环境综合整治定量考核制度

城市环境综合整治就是把城市环境作为一个系统，运用系统工程和生态理论，采取多功能、多目标、多层次的综合战略和措施，对城市环境进行综合规划、综合管理、综合控制、以最小的投入，换取城市环境质量最优化，为城市人民创建一个良好的生态环境。

所谓城市环境综合整治定量考核是以城市环境综合整治规划为依据，在市政府的统一领导下，通过科学的量化的城市环境综合治理考核指标体系，把城市各部门各行业组织起来，开展以环境、经济、社会效益为目标的环境建设、城市建设、经济建设，使城市建设定量化、目标化，同时引进了社会监督机制。1988年国家发布了《关于城市环境综合整治定量考核的决定》把城市环境综合整治定量考核作为一项制度纳入了市政府的议事日程，在全国普遍开展。

城市环境综合整治包括城市建设、环境建设、污染防治等多方面的内容，实行城市环境综合整治定量考核制度有力地促进了社会各群体共同关心和改善城市环境，从而推动了城市环境的可持续发展。

6. 排污申报登记与排污许可证制度

《中华人民共和国环境保护法》第四十五条规定：“国家依照法律规定实行排污许可管理制度。实行排污许可管理的企业事业单位和其他生产经营者应当按照排污许可证的要求排放污染物；未取得排污许可证的，不得排放污染物。”

排污申报登记制度是指凡是排放污染的单位，必须按规定向环境行政管理部门申报登记所拥有的污染物排放设施，污染物处理设施和正常操作条件下排放污染物的种类、数量、浓度。

排污许可证制度是以改善环境质量为目标，以污染物总量控制为基础，对排污的种类、数量、性质、去向、方式等的具体规定，是一项具有法律含义的行政管理制度。

排污申报登记制度和排污许可证制度是相辅相成的，排污申报登记制度是排污许可证制度的前提和基础，排污许可证是排污单位排污的定量化。排污申报登记制度具有普遍性，要求所有排污单位都要申报登记；而排污许可证制度则仅对重点区域、重点污染单位的主要污染物排放实行定量化管理。总之，排污申报登记制度和排污许可证制度的实施，使环境管理工作更加科学化、具体化，将有利于我国的环境保护事业再上新的高度。

7. 污染集中控制制度

污染集中控制是指在一个特定区域内，为保护环境而采取的集中治理设施和采取的管理措施，以便充分发挥规模效应的作用，提高治污效果。污染集中控制是强化环境管理的一个重要手段。

污染集中控制制度是我国长期环境管理实践经验的结晶；实行污染集中控制的优势在于有利于集中人力、物力、财力解决重点污染问题；有利于采用新技术、新工艺、新设备，提高污染治理效果；有利于提高资源综合利用率；有利于改善环境质量。

8. 污染限期治理制度

污染限期治理就是在污染源调查、评价的基础上，以环境保护规划为依据，突出重点，分期分批地对污染危害严重、群众反映强烈的污染物、污染源、污染区域采取限定治理时间、治理内容及治理效果的强制性措施，是人民政府保护人民的利益对排污单位和个人采取的法律手段。

污染限期治理制度是依据《**中华人民共和国环境保护法**》而出台的一项管理制度，它是一种法律程序，具有法律效能，被限期的企事业单位必须依法完成限期治理任务。污染限期治理对象并非针对所有排污单位，而是在科学的调查、研究、分析基础上，并在环境总体规划的指导下来确定的。

污染限期治理制度的执行有利于增强各级管理者的环境保护意识，推动污染治理工作落到实处，有效进行；有利于环境保护规划目标的实现。

五、环境规划

（一）环境规划的概念

环境规划是环境决策在时间、空间上的具体安排，是规划管理者对一定时期内环境保护目标和措施所作出的具体规定，是一种带有指令性的环境保护方案，其目的是在发展经济的同时保护环境，使经济与社会协调发展。环境规划是环境预测与环境决策的产物，是环境管理的重要内容和主要手段。

《**中华人民共和国环境保护法**》第十三条规定，“县级以上人民政府应当将环境保护工作纳入国民经济和社会发展规划……”将环境规划纳入环境保护法中，为制定环境规划提供了法律依据。

环境规划有不同的分类方法。按照区域特征划分，可分为城市环境规划、区域环境规划和流域环境规划。按照范围和层次划分，可分为国家环境保护规划、区域环境规划和部门环境规划。按照规划期限划分，可分为长期规划（大于20年）、中期规划（15年）和短期（5年）。按照性质划分，可分为生态规划、污染综合防治规划和自然保护规划。

1. 生态规划

在编制国家或地区经济社会发展规划时，不是单纯考虑经济因素，而是把当地的地理系统、生态系统和社会经济系统紧密结合在一起进行考虑，使国家或区域的经济发展能够符合生态规律，不致使当地的生态系统遭到破坏。在综合分析各种土地利用的“生态适宜度”的基础上，制定土地利用规划是环境规划的中心内容之一。这种土地利用规划通常称为生态规划。

2. 污染综合防治规划

这种规划也称污染控制规划，是当前我国环境规划的重点。根据范围和性质不同又可分为区域污染综合防治规划和部门污染综合防治规划。

3. 自然保护规划

保护自然环境的工作范围很广，根据《中华人民共和国环境保护法》的规定，主要是保护生物资源和其他可再生资源。此外，还有文物古迹、有特殊价值的水源地、地貌景观等。中国幅员辽阔，不但野生动植物等可再生资源非常丰富，而且有特殊价值的保护对象也比较多，迫切需要分类加以统筹规划，并尽快制定全国自然保护区的发展规划和重点保护区规划。

此外，在环境规划中，还应包括环境科学技术发展规划，主要内容有：为实现上述三方面环境规划所需的科学技术研究项目；发展环境科学体系所需要的基础理论研究；环境管理现代化的研究等。

（二）环境规划的原理

在人与环境系统中，人类活动（包括工程建设项目、开发活动、规划或发展政策等）可以带来经济效益、社会效益和环境效益，同时也可能带来这三者的损失。这些效益和损失可以用同一个标准（比如货币）来衡量，并规定效益为正、损失为负。因此，就构成这样一个问题，即在保证环境目标（环境质量）或不超过环境容量的前提下，使所有效益和损失的总和为最大。这就是环境规划原理。

（三）环境规划的原则

制定环境规划的基本目的，在于不断改善和保护人类赖以生存和发展的自然环境，合理开发和利用各种资源，维护自然环境的生态平衡。因此，制定环境规划，应遵循下述 5 条基本原则：

① 以生态理论和社会主义经济规律为依据，正确处理开发建设活动与环境保护的辩证关系。

② 以经济建设为中心，以经济社会发展战略思想为指导的原则。

③ 合理开发利用资源的原则。

④ 环境目标的可行性原则。

⑤ 综合分析、整体优化的原则。

（四）环境规划的基本内容与作用

由于环境规划种类较多，内容侧重点各不相同，到目前为止，环境规划还没有一个固定模式，但基本内容有许多相近之处，主要为环境调查与评价、环境预测、环境功能区别、环境规划目标、环境规划方案的设计、环境规划方案的选择和实施环境规划的支持与保证等。

环境规划在社会经济发展中和环境保护中具有非常重要的作用。环境规划是实施环境保护战略的重要手段，是实现可持续发展的重要手段；环境规划是实施有效管理的基本依据，是改善环境质量、防止生态破坏的重要措施。

第四节 环境保护法

可持续发展战略的全面贯彻和实施，除了要不断培养人们新的发展理念以外，还要有一定的法律法规等强制手段进行管理和制约；环境保护法作为重要的管理手段之一，是可持续发展得以全面推进的主要保障。环境保护立法由来已久，但真正意义上的环境保护法是20世纪60年代以来才逐步产生和发展起来的，其名称因“国”而异，例如，中国一般称为“环境保护法”，日本称为“公害法”，欧洲各国多称为“污染控制法”，美国称为“环境法”等。

一、基本概念

环境保护法是国家为了协调人类与自然环境之间的关系，保护和改善环境资源进而保护人类健康和保障经济社会的可持续稳定发展，而由国家制定或认可并由国家强制力保证实施的调整人们在开发、利用、保护和改善环境资源的活动中所产生的各种社会关系的行为法律法规的总和。该定义主要包括以下几个方面的含义。

① 环境保护法是通过防止环境污染和生态破坏，协调人类与自然环境之间的关系，来保证人类按照自然客观规律特别是生态学规律开发、利用、保护和改善人类赖以生存和发展的环境资源，维护生态平衡，保护人体健康和保障经济社会可持续发展的法律总称。

② 环境保护法产生的根源是人与自然环境之间的矛盾，而不是人与人之间的矛盾，其调整对象是人们在开发、利用、保护和改善环境资源，防止环境污染和生态破坏的生产、生活或其他活动中所产生的环境社会关系。

③ 环境保护法是由国家制定或认可并由国家强制力保证实施的法律规范，是建立和维护环境法律秩序的主要依据。

二、环境保护法的目的、作用和特点

环境保护法产生与发展的根本原因在于环境问题的严重化以及强化国家环境管理职能的需要，强调在保护和改善环境资源的基础上，保护人体健康和保障经济社会的持续发展。《中华人民共和国环境保护法》第一条规定：“为保护和改善环境，防治污染和其他公害，保障公众健康，推进生态文明建设，促进经济社会可持续发展，制定本法”。本条内容就明确规定了环境保护法的目的和任务，它包含两个方面的含义：其一，是协调人类与环境之间的关系，保护和改善生活环境和生态环境，有效防止污染和其他公害发生；其二，最终目的是保护人民健康和保障经济社会持续发展。

由于环境保护法的保护对象系整个人类环境和各种环境要素、自然资源，再加上环境法本身不仅要符合技术、经济、社会等方面的状况、要求，而且还必须遵循自然客观规律，特别是生态学规律。因此，环境保护法的实施过程，实质上就是以国家强制力为后盾，通过行政执法、司法、守法等多个环节来调整人与人之间的社会关系，使人们的活动特别是经济活动符合生态学等自然客观规律，从而协调人类与自然环境之间的关系，使人类活动对环境资源的影响不超出生态系统可以承受的范围，使经济社会的发展建立在适当的环境资源基础之上，实现可持续发展。

健全和实施环境保护法是我国进行社会主义现代化建设的需要，是保证环境保护工作顺利开展的法律武器，是推动环境保护领域中法治建设的动力；加强环境保护法宣传增强广大人民群众的法治观念，有利于树立“保护环境，人人有责”的社会风尚；环境保护法也是维

护国家和人民环境权益的重要工具。

《中华人民共和国环境保护法》是我国环境保护的基本法，明确了我国环境保护的任务、方针、政策、基本原则、制度、工作范围、机构设置和法律责任等问题；为制定环境保护单行法规及地方性环境保护条例提供了直接的法律依据；代表着我国广大人民群众的根本利益。环境保护法的颁布施行，对推动我国环境保护领域法治建设有着重要的意义。

该法的特点主要表现在以下几个方面：

（1）科学性强　环境保护法将生态学的基本规律和环境学的基本规律作为其立法基础，包含了大量的科学技术性规范，要求环境管理人员和环境保护法的执行者必须首先学习和掌握这方面的科学技术。

（2）范围广　由于环境是指围绕在人群周围的一切自然要素和社会要素，因此，环境保护涉及整个自然环境和社会环境，牵涉到全社会的各个领域以及社会生活的各个方面，范围十分广泛。

（3）复杂性　环境保护法具有复杂的立法基础；它所约束的对象复杂，通常不是公民个人，而是社会团体、企事业单位以及政府机关；保护环境需要采用多种管理手段和法律措施，环境保护法的实施又涉及经济条件和经济水平，所以，该法是一个十分庞杂而又综合的体系，执行起来也比其他法律更困难和复杂。

（4）奖罚结合　我国的环境保护法对违法者有严格的惩罚规定，同时对保护资源和保护环境有功者给予相应的奖励，做到赏罚分明，有利于环境保护工作的开展。

三、环境保护法的体系与实施

（一）环境保护法的体系

1. 环境保护法体系的含义与分类

所谓的环境保护法体系就是指由有关开发、利用、保护和改善环境资源的各种法律规范所共同组成的相互联系、相互补充、内容协调一致的统一整体。

关于环境保护法体系的类型，可以从不同角度加以划分。例如，按照国别来分包括中国环境保护法和外国环境保护法；按照法律规范的主要功能来分，包括环境保护预防法、环境保护行政管制法和环境保护纠纷处理法；按照传统法律部门来分，主要包括环境保护行政法、环境保护刑法（或称公害罪法）、环境保护民法（主要是环境侵权法和环境相邻关系法）等；按照中央和地方的关系来分，包括国家级环境保护法和地方性环境保护法等。

2. 我国的环境保护法体系的构成

（1）宪法　《中华人民共和国宪法》在整个环境法体系中具有最高法律地位和法律权威，是环境保护立法的基础和根本依据。其中第九条规定“国家保障自然资源的合理利用，保护珍贵的动物和植物。禁止任何组织或者个人用任何手段侵占或者破坏自然资源。”第二十六条规定：“国家保护和改善生活环境和生态环境，防止污染和其他公害。”

（2）环境保护基本法　环境保护基本法是对环境保护方面的重大问题作出规定和调整的综合性权利法，在环境保护法体系中，具有仅次于宪法性规定的最高法律地位和权力。环境保护基本法依据宪法规定，确定国家在环境保护方面的总方针、政策、原则、制度，规定环境保护的对象，确定环境管理的机构、组织、权力、职责以及违法者应承担的责任。

我国 2014 年 4 月修订并颁布实施的《中华人民共和国环境保护法》，内容特点主要是：

① 引入了生态文明建设和可持续发展的理念。明确要推进生态文明建设，促进经济社会可持续发展，要使经济社会发展与环境保护相协调。充分体现了环境保护的新理念。

② 明确了保护环境的基本国策和基本原则。进一步强化环境保护的战略地位，增加规

定“保护环境是国家的基本国策”，并明确“环境保护坚持保护优先、预防为主、综合治理、公众参与、损害担责的原则。”

③ 完善了环境管理基本制度。

一是完善了环境监测制度。第十七条规定要建立环境信息共享机制，要求有关行业、专业等各类环境质量监测站（点）的设置应当符合法律法规的规定和监测规范的要求；明确了监测机构应当使用符合国家标准的监测设备，遵守监测规范；监测机构及其负责人对监测数据的真实性和准确性负责。

二是完善了环境影响评价制度。加大了未批先建的违法责任，没有进行环评的项目不得开工，第十九条增加规定“未依法进行环境影响评价的建设项目，不得开工建设”。并在第六十一条中规定相应的法律责任：“建设单位未依法提交建设项目环境影响评价文件或者环境影响评价文件未经批准，擅自开工建设的，由负有环境保护监督管理职责的部门责令停止建设，处以罚款，并可以责令恢复原状。”

三是完善了跨行政区污染防治制度。第二十条规定：“国家建立跨行政区域的重点区域、流域环境污染和生态破坏联合防治协调机制，实行统一规划、统一标准、统一监测、统一的防治措施……”

四是完善了防治污染设施“三同时”制度和重点污染物排放总量控制制度和区域限批制度，补充了总量控制制度。

五是明确排污许可管理制度。第六十三条规定，企事业单位和其他生产经营者违反法律规定，未取得排污许可证排放污染物，被责任令停止排污，拒不执行，但不构成犯罪的，除依照有关法律法规规定予以处罚外，对直接负责的主管人员和其他直接责任人员给予行政拘留。

六是增加生态保护红线规定。第二十九条规定，国家在重点生态功能区、生态环境敏感区和脆弱区等区域划定生态保护红线，实行严格保护，明确了生态保护红线的范围。

④ 突出强调政府监督管理责任。调整篇章结构，突出强调政府责任、监督和法律责任。

在上级政府机关对下级政府机关的监督方面，加强了地方政府对环境质量的责任。同时，增加规定了环境保护目标责任制和考核评价制度，并规定了上级政府及主管部门对下级部门或工作人员工作监督的责任。规定了地方各级政府应当对本行政区域的环境质量负责，促使地方政府平衡经济发展和环境保护的关系。要求县级以上政府应当将环境保护目标完成情况纳入对本级政府环境保护具有监管职责的部门及其负责人和下级政府及其负责人的考核内容，作为对其考核评价的重要依据。将环境保护目标作为政绩考核的重要指标，加大其在考核指标体系中的权重。

⑤ 设信息公开和公众参与专章（第五章）。专章规定了环境信息公开和公众参与，加强公众对政府和排污单位的监督。

⑥ 规定了公民的环境权利和环保义务。增加规定公民应当遵守环境保护法律法规，配合实施环境保护措施，按照规定对生活废弃物进行分类放置，减少日常生活对环境造成的损害。

规定每年 6 月 5 日为环境日。

⑦ 强化了主管部门和相关部门的责任。包括编制本行政区域环保规划，制定环境质量和污染物排放标准，现场检查、查封、扣押等。

⑧ 强化了企事业单位和其他生产经营者的环保责任。实施清洁生产、减少环境污染和危害、按照排污标准和总量排放、安装使用监测设备、建立环境保护制度、缴纳排污费以及制定环境事件应急预案等。

⑨ 完善了环境经济政策。鼓励投保环境污染责任保险。

⑩ 加强农村环境保护。第三十三条增加规定各级政府应当“促进农业环境保护新技术的使用，加强对农业污染源的监测预警，统筹有关部门采取措施”，保护农村环境；规定“县级、乡级政府应当提高农村环境保护公共服务水平，推动农村环境综合整治。”第四十九条规定“施用农药、化肥等农业投入品及进行灌溉，应当采取措施，防止重金属及其他有毒有害物质污染环境”，增加规定“县级政府负责组织农村生活废弃物的处置工作”。

⑪ 加大了违法排污的责任。解决了违法成本低的问题，加大了处罚力度。

一是规定了按日计罚制度。“按日计罚”，就是按照违法的天数计算罚款，不再是一次性罚金，同时罚款总额上不封顶，且建立“黑名单”制度，将环境违法信息记入社会诚信档案并向社会公布，提高了企业的违法成本。

二是责令停业、关闭。第六十条规定，企事业单位和其他生产经营者超过污染物排放标准或者超过重点污染物排放总量控制指标排放污染物的，县级以上人民政府环境保护主管部门可以责令其采取限制生产、停产整治等措施，情节严重的，报经有批准权的人民政府批准，责令停业、关闭。

三是规定了行政拘留。第六十三条规定，违反法律规定，建设项目未依法进行环境影响评价，被责令停止建设，拒不执行的；未取得排污许可证排放污染物，被责令停止排污，拒不执行的；通过偷排或者篡改、伪造监测数据，或者不正常运行防治污染设施等逃避监管的方式违法排放污染物的；生产、使用国家明令禁止生产、使用的农药，被责令改正，拒不改正的。有以上行为之一尚不构成犯罪的，由县级以上人民政府环境保护主管部门或者其他有关部门将案件移送公安机关，对其直接负责的主管人员和其他直接责任人员，处十日以上十五日以下拘留；情节较轻的，处五日以上十日以下拘留。

（3）环境保护单行法　单项的环境保护法规是我国环境保护法体系的枝干，是以《中华人民共和国宪法》和《中华人民共和国环境保护法》为基础，为保护某一个或几个环境要素或为了调整某方面社会关系而制定的。主要有以下几方面的单项法。

① 土地利用规划法：包括国土整治、城市规划、村镇规划等法律法规。目前，我国已经颁布的有关法律法规主要有《中华人民共和国城乡规划法》等。

② 环境污染和其他公害防治法：包括大气污染防治法、水污染防治法、噪声污染防治法、固体废物污染防治法、有毒化学品管理法、放射性污染防治法、恶臭污染防治法、振动控制法等。目前，我国已经颁布的此类单项法律法规主要有《中华人民共和国大气污染防治法》及其实施细则，以及《中华人民共和国水污染防治法》及其实施细则，以及《中华人民共和国海洋环境保护法》《中华人民共和国噪声污染防治法》《中华人民共和国固体废物污染环境防治法》《淮河流域水污染防治暂行条例》《放射性同位素与射线装置安全和防护条例》等。

③ 自然资源保护法：包括土地资源保护法、矿产资源保护法、水资源保护法、森林资源保护法、草原资源保护法、渔业资源保护法等。目前，我国已经颁布的有关法律法规主要有《中华人民共和国土地管理法》及其实施条例、《中华人民共和国矿产资源法》及其实施细则、《中华人民共和国水法》、《中华人民共和国森林法》及其实施条例、《中华人民共和国草原法》、《中华人民共和国渔业法》及其实施细则、《水产资源繁殖保护条例》、《基本农田保护条例》、《土地复垦条例》、《森林防火条例》、《草原防火条例》等。

④ 自然保护法：包括野生动植物保护法、水土保持法、湿地保护法、荒漠化防治法、海岸带保护法、绿化法以及风景名胜、自然遗迹、人文遗迹等特殊景观保护法等。目前，我国已经颁布的有关法律法规主要有《中华人民共和国野生动物保护法》及其实施条例、《中

华人民共和国水土保持法》及其实施细则、《自然保护区条例》、《风景名胜区条例》、《中华人民共和国野生植物保护条例》、《城市绿化条例》等。

(4) 生态环境标准

生态环境标准是由行政机关根据立法机关的授权而制定和颁发的，旨在控制环境污染、维护生态平衡和环境质量、保护人体健康和财产安全的各种法律性技术指标和规范的总称。生态环境标准一经批准发布，各有关单位必须严格贯彻执行，不得擅自变更或降低。作为环境法的一个有机组成部分，生态环境标准在环境监督管理中起着极为重要的作用，无论是确定环境目标、制定环境规划、监测和评价环境质量，还是制定和实施环境法，都必须以生态环境标准这一“标尺”作为其基础和依据。

根据生态环境标准的适用范围、性质、内容和作用，我国实行两级六类标准体系。两级是国家标准、地方标准；六类是生态环境质量标准、生态环境风险管控标准、污染物排放标准、生态环境监测标准、生态环境基础标准和生态环境管理技术规范。

(5) 其他相关保护环境的法律　在我国的行政法、民法、刑法、经济法、劳动法等部门法中也有一些有关保护环境资源的法律规范，它们也是环境保护法的重要组成部分。例如，《中华人民共和国民法通则》第八十三条关于不动产相邻关系的规定，第一百二十四条关于环境污染侵权的规定；《中华人民共和国对外合作开采海洋石油资源条例》第二十二条关于作业者、承包者在实施石油作业中应当保护渔业资源和其他自然资源，防止对大气、海洋、河流、湖泊、陆地等环境的污染和损害的规定；《中华人民共和国刑法》第六章第六节关于“破坏环境资源保护罪”的规定等，均属于环境保护法体系的重要组成部分。此外，环境行政处罚、环境行政诉讼、环境民事诉讼、环境刑事诉讼等也必须适用《中华人民共和国行政处罚法》《中华人民共和国行政诉讼法》《中华人民共和国民事诉讼法》《中华人民共和国刑事诉讼法》等，与这些法律存在着不可分割的密切联系。

(6) 地方性环境保护法规　地方性环境保护法规是指有立法权的地方权力机关制定的环境保护规范性文件，它们是对国家环境保护法律法规的补充和完善，是以解决本地区某一特定的环境问题为目标的，具有较强的针对性和可操作性。

此外，我国加入的国际公约也是我国环境保护法体系的有机组成部分。

(二) 环境保护法的实施

环境保护法的实施，就是在现实社会生活中具体运用、贯彻和落实环境保护法，使环境保护法主体之间抽象的权利、义务关系具体化的过程。通过环境保护法的实施，使义务人自觉地或者被迫地履行其法律义务，将人们开发、利用、保护和改善环境资源的活动调整、限制在环境保护法所允许的范围内，从而协调人类与自然环境之间的关系，实现环境保护法的目的和任务。因此，环境保护法的实施，是整个环境法治的关键环节，具有决定性的实践意义。而环境保护法的实施，必须坚持以“事实为依据，以法律为准绳”以及“在法律适用上人人平等”的原则。

四、环境保护法的法律责任

所谓环境保护法的法律责任是指环境保护法主体因违反其法律义务而应当依法承担的、具有强制性的法律后果。对违法者追究法律责任，可以由行政主管机关进行，也可以由司法机关依法进行。

环境法律责任按其性质可以分为环境行政责任、环境民事责任和环境刑事责任三种。

(一) 环境行政责任

所谓环境行政责任，是指违反环境保护法规中有关环境行政义务的行为人所应当承担的法律责任。承担责任者既可能是企事业单位及其领导人员、直接责任人员，也可能是其他公民个人。这种法律责任可分为行政处分和行政处罚两种。

行政处分是指国家机关、企业、事业单位依照行政隶属关系，根据有关法律法规，对在保护和改善环境、防治污染和其他公害中有违法、失职行为，但尚不能构成刑事惩罚的所属人员的一种制裁。行政处分由国家机关和单位，依据法律或内部规章对其下属人员实施，包括警告、记过、记大过、降级、降职、开除留用、开除七种。

（二）环境民事责任

所谓环境民事责任，是指公民、法人因污染或破坏环境而侵害公共财产或他人人身权、财产权或合法环境权益所应当承担的民事方面的法律责任。

在现行环境法中，因污染环境造成他人损害的，则实行无过失责任原则。即不论行为本身是否合法，只要造成了危害后果，行为人就应当依法承担民事责任。亦即，以危害后果、致害行为与危害后果间的因果关系两个条件为构成环境污染侵权行为、承担环境民事责任的要件。

侵权行为人承担环境民事责任的方式主要有停止侵害、排除妨碍、消除危险等预防性救济方式，恢复原状、赔偿损失等补救性救济方式。上述责任方式，可以单独适用，也可以合并适用。

（三）环境刑事责任

环境刑事责任是指行为人因故意或过失违反环境保护法，造成严重的环境污染或环境破坏，使人民健康和财产受到严重损害而构成犯罪时，应当依法承担的以刑罚为处罚方式的法律责任。

根据《中华人民共和国刑法》第六章第六节关于“破坏环境资源保护罪”的规定，我国环境犯罪的具体罪名主要有：第三百三十八条规定的非法排放、倾倒、处置危险废物罪；第三百三十九条规定的非法向境内转移固体废物罪；第三百四十条规定的非法捕捞水产品罪；第三百四十一条规定的非法捕杀珍贵、濒危野生动物罪，非法收购、运输、出售珍贵、濒危野生动物及其制品罪，非法狩猎罪；第三百四十二条规定的非法占用耕地罪；第三百四十三条规定的非法采矿罪；第三百四十四条规定的非法采伐、毁坏珍贵林木罪；第三百四十五条规定的盗伐、滥伐森林或其他林木罪，非法收购盗伐、滥伐的林木罪等。承担环境刑事责任的方式有管制、拘役、有期徒刑、罚金、没收财产等。

第五节　可持续发展环境伦理观

可持续发展战略的提出，不仅是环境与资源问题的恶化日益严重地威胁到人类的生存和发展而作出的一种生存选择，而且是人类价值观念与生活方式的一场深刻变革。这种价值观与生活方式的变化，是同人类对人与自然关系的重新认识和思考分不开的。可持续发展伦理观是学术界研究可持续发展和环境伦理学过程中形成的一种新型的环境伦理理论，与环境伦理学产生与发展的时期基本相同。

一、人类在不同社会形态的环境伦理观

（一）原始社会采猎文明时代

崇拜自然、依赖自然、归属自然，融于自然。

在采猎文明时代，由于自然力异常强大，人们对自然非常崇拜。这时候，人类虽然有了

自我意识，但在早期的人类意识里，人与自然往往混为一体；不同的氏族把不同的动植物作为崇拜的对象，形成图腾崇拜。在原始人眼里，作为图腾崇拜的动植物或其他自然物，与属于同是图腾氏族的群体和个体是一个整体；氏族成员和图腾之间有着血缘联系。原始人正是通过把自己跟图腾视为同一个整体，来扩大自己对自然环境的依赖。图腾崇拜说明了原始人在生产力低下的情况下，不得不依赖于自然、归属于自然界、融化于自然界的混沌同一性。

1. 道德原则

认为天是有意志、能主宰自然和人类社会、可赏善罚恶的人格神，欺天反天逆天之行，属大逆不道必遭报应，天人关系实际上是神人关系。

2. 行动规范

人的一切行动不能违反天意，要替天行道，顺天而行。

（二）黄色农业文明时代

依赖自然、适应自然、改造自然的“天人合一”观。

1. 道德原则

“天人合一”的思想实际上在我国民族文化的孕育过程中就已经产生，与我国民族早期的发展经历有密切的关系。我国有“盘古开天地”的神话，相传最初天地不分，茫然一片，盘古孕育其中，以日增一丈的速度与天地同长，至一万八千岁，天地始分。盘古死后，呼吸化为风云，声音变成雷霆，左眼为日，右眼为月，四肢五脏化为四极五岳。血液化成江河，筋脉化成山脉，肌肉化成田土，发髭化成星辰，皮毛化成草木，齿骨化成金石，精髓化成珠玉，汗水化成雨泽，身上诸虫，化为黎民百姓。

在中国盘古开天地的神话中，人与天地（环境）一同孕育，共同生长。虽然后来分成了三大部分（天、地、人），但却紧密联系。人体各部分都能在天地中找到相应的表现。我国古代学术思想中的天、地、人三才之道，天人合一思想，在这个古代神话中就能找到影子。

道家哲学的创始人物老子和庄子相当清醒地认识到了人与自然、人与人的分裂以及所产生的罪恶和苦难。老子所创立“道”的内涵复杂而精微，但其中一个重要的思想是：宇宙、自然本是混沌统一的，因而分裂了的人性和人类社会也应该返璞归真，最终回到一种无为而治，人与自然、人与人和谐相处的理想社会中去。

2200多年前的春秋战国时期，中国古代儒家所倡导的“仁义”，即是其最高的思想境界和道德规范。“仁”是指对人、对物要有爱心，“义”是指实现“仁”的方式。孔子《论语》“智者乐水，仁者乐山。”程颢进而提出：“仁者，以天地万物为一体。”朱熹在注释《周易》时指出：“物各得宜，不相妨害。”进而承认自然界万事万物和谐共存的必要性。儒家“天人合一”的思想强调自然与人的和谐一致，这是古代朴素环境伦理观的典型表述。它认为自然与人有着紧密的联系，“天地与我并生，而万物与我为一”“天时地利，人和物丰”，强调要阴阳配合、刚柔相济、上下和谐，才能达到完美境界的协调思想。

道家思想则认为“天”即大自然，天道即自然规律。老子《道德经》有“人法地，地法天，天法道，道法自然”，就是要规范人们的行为，使之符合自然的法则。荀子则主张“天行有常”“制天命而用之”。儒家自然观的基本思想是“三才”（天、地、人协调一致），道家则是“四大”（即自然规律、天、地、人协调一致）。二者都有天、地、人三要素。它们既包含了人际伦理，又包含了对待人与自然关系的生态环境伦理。

2. 行动规范

农业文明由于铁器的大量使用，人们开发自然的能力迅速加强，伴随着社会生产的发展和统治阶级追求穷奢极欲的生活方式，促使不少山林薮泽被开垦和破坏。除农田面积的增加外，也造成了局部环境问题的产生。当时这种问题的产生，尤其是一些不合理的开发，如焚林而猎，放火烧荒等不择手段的破坏生物资源现象的出现，不断引起当时统治者及政治思想家的严重关注，并制定了相关的环境保护条文。例如西周王朝《伐崇令》中有：毋坏屋，毋填井，毋伐林木，毋动六畜，有不如令者，死无赦。《周逸书·文传解》中写道；“山林非时，不升斤斧，以成草木之长。川泽非时，不入网罟，以成鱼鳖之长”。孔子曾主张“子钓而不纲，弋不射宿”，孟子也曾批评过“竭泽而渔”的做法。秦朝的《田纪》中有：“春二月毋敢伐林木，山林及雍堤水，不夏月毋敢夜草为灰，到七月而纵之”。

道教也劝导人们返璞归真，过顺应自然的、淳朴真实、恬淡简朴的生活。儒家“天人合一”观反对人类纵欲，认为对欲望的过度满足必然带来“天人和合体”的破坏，主张“得养则长，失养则消”，“得地则生，失地则死”，“山林虽近，草木虽美，宫室必有度，禁法必有时”。显然，这些都是约束人们的行为、保护和永续利用自然资源、维持生态平衡的思想萌芽。先民们创造的“桑基鱼塘”“因地制宜、因时制宜、因物制宜”也正是我国古代哲学思想中“全局意识”和“综合、整体观点”的体现。

“天人合一”思想是在生产力水平低下、人类生存严重依赖于自然的情况下产生的，这与我国特有的不稳定的季风气候密切相关，是自然条件限制下的被迫选择，并未上升到理性高度。

(三)黑色工业文明时代

改造自然，征服自然、统治自然的人类中心主义。

人类中心主义认为自然世界和自然规律都是因人而生，为人而立，主张和赞成人类对自然的征服，人类有权根据自身的利益和好恶来随意处置和变更自然，人类的文明和文化进步都是建立在自然的屈服之上的，必然以自然价值的支付为代价。

人类中心主义是工业文明这个特定时代的产物，在特定条件下有其历史的合理性。它摒弃了一些宗教的神权观念，解放了人类精神，肯定了人的价值和尊严；有力地推动了科学技术的发展，大大拓展了人类知识的范围和实践的能力；对工业社会的发展起到了十分重要的作用。然而，工业文明时代人和自然矛盾的激化以及引发的各种社会危机的加剧，使人类中心主义价值观的缺陷日益暴露。因此，“人定胜天”的冲动一旦有了适合的土壤，就会占据支配地位。事实上，随着人类征服自然能力的提高，“人定胜天”思想从工业革命以来，在人地关系思想领域逐渐占据支配地位，成为人类违反自然规律、使生态环境蒙受巨大破坏的文化原因。

(四)绿色生态文明时代

尊重自然、认识自然、顺从自然、保护自然，人与自然和谐相处，共同发展进步。这是生态文明时代可持续发展环境伦理观的理论依据。

(1) 尊重自然　从宇宙、地球及生物的发展史可知，包括人类在内的所有生物都是从自然环境里诞生的，没有自然环境，便没有生物，也不会有人类。因此，每个人在思想深处都应该尊重自然环境。

(2) 认识自然　人类要想稳定长久地可持续发展，就必须首先努力认识自然界的客观规律，只有认识了自然规律，才有可能使自己的生活与生产活动服从自然规律，按照自然规律办事，才能达到人与自然和谐相处共同发展进步的目的。

(3) 顺从自然　从环境的整体系统性来看，人类活动作为一个子系统参与到地球整个生态系统中的活动中去，必须顺从地球生态系统的总规律。

(4) 保护自然　人与地球生物圈的命运是联结在一起的，生物圈的利益包含着人类的利益并高于人类的利益。人类必须以生物圈的利益作为自己的利益，只有在生物圈生态系统稳定发展的前提下，人类才有可能稳定长久地可持续发展下去。因此人类要对生物圈的保护与发展负起自己的责任。从地球生物进化史来看，人类是目前最为突出的地球智慧生物，处于生物进化的最高层。作为具有特殊智慧的生物，应能超出物种自身的局限性，在地球的人类时代内，应承担起地球环境保护者和管理者的责任。

绿色生态文明时代可持续发展环境伦理观既克服了人类中心主义的片面性，又肯定了人类的伟大能动作用，对人类在自然中的地位给予了明智而合理的规定。

二、可持续发展环境伦理观的含义和原则

可持续发展伦理观对现代人类中心主义和非人类中心主义采取了一种整合态度。一方面，它汲取了生命中心论、生态中心论等非人类中心主义关于“生物具有内在价值”的思想，承认自然不仅具有工具价值，也具有内在价值，但又不把内在价值仅归于自然自身，而提高为人与自然和谐统一的整体性质。这样，由于人类和自然是一个和谐统一的整体，那么，不仅是人类，还有自然都应该得到道德关怀。另一方面，可持续发展环境伦理观在人与自然和谐统一整体价值观的基础之上，承认现代人类中心主义关于人类所特有的“能动作用”，承认人类在这个统一整体中占有的“道德代理人”和环境管理者的地位。这样，就避免了非人类中心主义在实践中所带来的困难，使之更具有实用性。

在同时承认自然的固有价值和人类的实践能动作用的基础上，所形成的人与自然和谐统一的整体价值观是可持续发展环境伦理观的理论基础。自然界（包括人类社会在内）是一个有机整体。自然界的组成部分从物种层次、生态系统层次到生物圈层次都是相互联系、相互作用和相互依赖的。因此，任何生物和自然都拥有其自身的固有价值。生物和自然所拥有的固有价值应当使它们享有道德地位并获得道德关怀，成为道德顾客。可持续发展环境伦理观把道德共同体从人扩大到“人-自然”系统，把道德对象的范围从人类扩大到生物和自然。同时，由于只有人类才具有实践的能动性，具有自觉的道德意识，能进行道德选择和作出道德决定，所以只有人是道德的主体。作为道德代理人的人类，应当珍惜和爱护生物和自然，承认它们在一种自然状态中持续存在的价值。因此，人类具有自觉保护生物和自然的责任。

在社会伦理中，正义的原则是首要的原则。环境正义是用正义的原则来规范受人与自然关系影响的人与人之间的伦理道德关系，所建立起来的环境伦理的道德规范系统，是可持续发展环境伦理观的重要内容。作为一种评价社会制度的道德评价标准，可持续发展的环境正义关注人类的合理需要、社会的文明和进步。其主要含义：一是要求建立可持续发展的环境公正原则，实现人类在环境利益上的公正；二是要求确立公民的环境权。

可持续发展环境公正应当包括国际环境公正、国内环境公正和代际环境公正。

① 国际环境公正。国际环境公正意味着各地区、各国家享有平等的自然资源使用权利和可持续发展的权利。建立国际环境公正原则必须考虑到满足世界上贫困人口的基本需要，限制发达国家对自然资源的滥用。世界各国对保护地球负有共同的责任但又有所区别，工业发达国家应承担治理环境污染的主要责任。同时要建立公平的国际政治经济和国际贸易关系以及全球共享资源的公平管理原则。

② 国内环境公正。一个国家国内的环境不公正现象同样会加剧环境的恶化，造成生态危机。在建立国内环境公平原则的过程中，应该考虑的主要因素包括消除贫困、自然资源的公平分配、个人和组织环境责任的公平承担、在环境公共政策的制定中重视环境公正和公共资源的公平共享等。

③ 代际环境公正。代际环境公正原则就是要保证当代人与后代人具有平等的发展机会，

集中表现为资源（社会资源、政治资源、自然资源、资金，以及卫生、营养、文化、教育和科技等的人力资源）的合理储存问题。在如何建立代际环境公平储备问题上，学术界提出了诸如建立自然资本的公平储备，实现维持生态的可持续性，实行代际补偿等方法。建立代际环境公正的原则应当考虑到的因素主要有代际公正的代内解决、当代人对后代人的道德责任、满足代际公正的条件、实现代际公正的基本要求等。

确立保护人类的环境权是可持续环境伦理观中另一个社会道德原则。所谓环境权，主要是指人类享有的在健康、舒适环境中生存的权利。公民的环境权不是一般的生存权，它侧重于人类的持续发展和人与自然的和谐发展。确立保护人类的环境权是社会正义的需要。环境权作为一种道德理念和法律理念已经得到人们的广泛认同，并且在一些国家的宪法中确立成一项人的基本权利。

三、人类与环境的关系

自然环境是人类赖以生存与活动的场所，同时还提供各种资源（如水、阳光、空气、土地、资源等），可供人类使用和利用。但自然环境作为人类与之打交道的客体，并不是完全被动的，如果人类不善待自然同样会受到自然的报复。在人与自然环境的关系中，一方面是自然环境决定人，这是人的自然化；另一方面是人决定自然，这是自然的人化。

人类是整个地球自然生态系统的一个组成部分。人类作为自然物，构成其身体的物质同其他自然物质无异，都由原子和分子组成；人类作为生物体，也与其他生物体一样服从生物体必须遵循的自然规律和生物学规律。但是，人又不是一般的自然物和生物体，而是有社会意识的存在物。人能够制造和使用工具，进行社会分工，具有高级的思维活动，并有将自己与其他自然物区分开来的强烈自我意识。随着人类对自然认识的深入，人类利用自然、改造自然的能力不断提高，对自然的影响不断增强，人对自然的影响主要表现为以下几种形式：

① 改变地球表层的原始结构，破坏生态结构。如乱砍滥伐，盲目修建等。

② 人类活动影响生态系统的物质循环和能量流动。在生态系统中，物质循环和能量流动中的任何变化，都是对系统发出的信号，会导致系统向进化或退化的方向变化。

③ 改变自然环境的演变规律，致使生物多样性锐减。人与自然的关系表现出两重性：人依靠自然生活同时又是改变自然的力量；人既改造自然又依赖自然；人变革自然又必须顺应自然。也就是说，人与自然的关系，既包含适应，又包含冲突，是有冲突的和谐。

在人与自然的关系问题上，必须克服两种片面的观点。一种是过分夸大人类征服和改造自然的力量，强调人与自然的对立关系，将自然视为纯属供人类利用的对象，强调人统治自然和人对自然界的主宰作用的生态唯意志主义的反自然观点。另一种观点强调人类对自然的被动适应，认为任何出于人类需要为目的的对自然环境的利用和开发等活动都是错误的，要求人类“返回自然”的生态唯自然主义。这两种观点的错误在于它们都割裂了人与自然环境的辩证关系；前者将人的作用绝对化，夸大了主体的作用；后者则将自然环境的作用绝对化，夸大了客体的作用。

从 20 世纪 70 年代起，作为对人类中心主义的反思，各种非人类中心主义的价值观迅速兴起，成为当代可持续发展环境伦理学的主流。如生命中心主义、环境整体主义和代际均衡主义等。下面对这三种具有代表性的观点做一简单介绍。

1. 生命中心主义

生命中心主义认为，不仅动物有“权利”，而且包括植物在内的所有生命体都有其自身的“固有的价值”，因此，都应受到同等的尊重。生命中心主义的代表人物之一 P. W. 泰勒在《尊重自然》一书中写道：采取尊重自然的态度，就是把地球自然生态系统中的野生动物看作是具有固有价值的东西。根据他的意见，所谓“尊重自然”就是尊重“作为整体的生物共同体”，而尊重“生物共同体”就是承认构成共同体的每个动植物的“固有的价值”。

提出生命中心主义的目的是保护野生的动植物，避免被人类伤害。由于人类在组成社会、进行生产和发展文化的过程中，已经具备了其他生物所没有的力量和优势，因此，只有从价值观上肯定野生动植物也像人一样具有不可剥夺的“权利”与“价值”，才能避免人类对自然生物的进一步伤害，并使人类承担起对自然的伦理责任。

尽管生命中心主义的观点有其缺陷和不足，在实践中也存在许多困难，但这种生物平等主义的思想对当今环境保护有着积极的意义，有利于改变人们长期坚持的人高于自然界一切生命体的观念，符合人类伦理发展的要求。

2. 环境整体主义

环境整体主义在生命中心主义的基础上，进一步把道德义务的范围扩展到了整个生态环境系统。它主张不仅生命体具有内在的价值，包括土地、岩石和自然景观在内的整个自然界都有其“固有的价值”和“权利”。

这一主张的代表人物之一是提出“大地伦理”并成为环境伦理学先驱的莱昂波特。“大地伦理”是指“规范人与大地以及人与依存于大地的动植物之间关系的伦理规则”，其基本主张是要将人“从大地这一共同体的征服者转变成为这一共同体的平凡一员、一个构成要素”。“大地伦理”的特征是将“共同体”的概念从以往伦理学所研究的人类社会共同体的关系扩展到了大地。这里“大地”包括土壤、水、植物、动物等，其实是整个自然生态系统。他在《大地伦理学》中正式提出，万物均有其内在的生命价值，均应看成和人一样，得到尊重。他强调大地并不是一项商品，而是与人共存的一个“社区”。“从前虐待大地，是因为将其视为属于人们的一项商品。当人们认清大地是属于它的一种社区，才可能对其开始尊重与爱护。”

3. 代际均衡主义

以人类为中心，将自然环境和其他生命有机体看作是人们均等的内容，认为在享有自然资源与拥有良好环境上，子孙后代与当代人具有同等的权利。因此当代人应约束自己的行为，制定对自然的道德规范与义务，使自然环境得到保护以传给子孙后代。

四、自然的权利和价值

自然的权利是指自然界中的所有生物，包括动物、植物和微生物，它们一旦存在，便有按照生态学规律生存下去的权利。也就是说，生物的生存权利应该得到尊重，尊重生命、尊重自然是保护环境、实现可持续发展所必须倡导的。

长期以来，人类总是按照自己的利益和好恶去决定生物的生存，对人类有用的生物就保护，甚至过度繁殖，以满足自身利益的需要；对于能给少数人带来利益的，就滥捕滥杀；对于不喜欢的生物，总希望赶尽杀绝，而没有考虑其在生态系统中的作用。但实际上地球上除了人类这一高级生物种类外，还有成千上万的其他生物物种，他们和人类一样具有对外部环境的感觉和适应能力，这种生命的创造是大自然的奇迹，丰富了人类的生活，这也是人类应该对大自然表示尊重和敬意的原因之一。

自然的价值可以理解为自然界的“有用”性，包括内在价值和外在价值。内在价值是满足自身生存和发展的需要；外在价值是满足人类和其他生物生存和发展的需要。自然的价值在于其内在价值和外在价值的统一。自然界提供给人类的“有用”价值是多种多样的，主要包括以下几种：

① 生命支撑的价值。人类生活在地球上，离不开自然界里的空气、水、阳光，需要大自然

提供各种动植物作为营养。从这方面说，自然生态为人类提供了最基本的生活与生存的需要。

② 经济的价值。人类除了有被动适应环境的一面外，还主动地改造和创造环境，以满足自己多方面的需要。因此，自然生态除对于人类具有维生的价值，还具有经济的价值。人类可以将自然物经过改造，变更其本质，使之具有商业用途并产生出新的利用价值。例如，石油产品的开发利用，说明石油作为天然的自然资源是具有经济价值的。

③ 娱乐和美感上的价值。自然生态不只满足人类在物质方面的需要，还可以使人们获得精神与文化上的享受。例如，人们到郊外旅游度假，可以解除身心的疲劳，在消遣中发现娱乐的价值；大自然的种种奇观，以及野地里的各种奇葩异草和珍奇动物，可以使人们获得很高的美学享受。

④ 历史文化的价值。自然生态为人类活动提供了历史舞台，每一种文化都发生于特定的自然环境里，正因为如此，无论人类文明有了多大的进步与进展，都会有意地保留一些与各个文化与文明相联系的自然景观与自然居地，以获取他们的历史归属感和认同感。除此之外，人类的历史与自然史比较起来要短暂得多，自然野地是一座丰富的自然历史博物馆，记录了地球上人类出现之前的久远的历史。

⑤ 科学研究与塑造性格的价值。科学是人类特有的一种高级智力活动，人类从事科学研究不仅仅为了实用，而且也是一种智力的满足和享受。从起源上说，科学来自对自然现象的好奇和探索。迄今为止，大自然依然是人类科学研究最重要的源泉之一。例如，生命科学和仿生技术的发展，就植根于对大自然中生命现象的观察和研究。

⑥ 塑造人类性格的价值。例如，大自然有助于人类生存技能的培养，自然野地让人们有重新获得谦卑感与均衡感的机会。人们生活在一个日益都市化、生活节奏紧张的环境中，对大多数人来说，天然的荒郊野地具有愉悦身心的作用，人们可以从大自然中获得某些野趣。人类的生存和发展，需要有面对危险、挑战和敢于冒险的精神与性格，而这些性格与品格在大自然中可以得到磨炼。

⑦ 多样性和统一性的价值。自然界丰富多彩，千差万别，但其原理却非常简单，从物理学的角度看，都是由一定的元素所组成。

⑧ 稳定性和自发性的价值。自然的规律和秩序保证了其稳定性，同时，大自然又以自发性的创造力，形成了多姿多彩的景观。在稳定中的创造，使生态系统更具有历史价值，更加优美。除此之外，自然的价值还有辩证的价值、生命价值、宗教价值等。

以上这些都是人类在与大自然交往中能够体验到的价值，大自然对于人类的生存与发展都具有相当的重要性和功用性，能够满足人类多方面的需要。从这方面看，大自然对于人类主要是“有用性”的价值，这些价值是作为可供人类使用的资源而被发现的。但大自然除了能够为人类提供不同用途的资源性使用之外，还具有它本身的价值，即内在价值。对自然内在价值的发现，要求人们超越“人类中心主义”的立场，即不从人类自己的利益和好恶出发，而从整个地球的进化来看待自然。

五、可持续发展环境伦理与人类生活的道德规范

环境伦理道德规范作为环境道德的主要表现形式，是人们在调节和评价人与自然关系中所应遵循的准则，主要包括以下几项基本内容。

1. 尊重生命，善待自然

维持和保护自然生态的价值、尊重生命与善待自然是可持续发展环境伦理学所要求于人类的。具体来说，必须做到以下几点：

(1) 尊重一切生命物种，保护生物多样性。生态系统中的所有生命物种都参与了生态进

化的过程，它们在生态价值方面是平等的。人类应该平等地对待它们，尊重它们的自然生存权利，应该放弃自以为高于或优于其他生物而“鄙视”较“低”等生物的思想。人类作为自然进化中最为突出的成员，其优越性是建立在其具有道德与文化之上的。平等对待各种生物，不意味着抹杀它们之间的差别。不同的生物有不同的利益需求，不能仅从人类利益的出发，而要用整个自然生态的观点去处理人类与其他生物的关系。即使保护生物的多样性是为了人类的自身发展，人类也应该用自己的行动表示对生命的珍惜和对自然的热爱。

（2）尊重自然生态系统的和谐与稳定。生态系统作为一个自组织系统，虽然在遭受破坏后有自我修复的能力，但对外来破坏力的承受能力是有限度的。对地球生态系统中任何部分的破坏一旦超出其忍受值，便会危及整个生态系统，最终殃及包括人类在内的所有生命体的生存和发展。因此，在生态价值的保存中首要的是必须维持它的稳定性、整合性和平衡性。在整个自然进化的过程中，只有人类最有资格和能力担负起保护地球自然生态及维持其持续进化的责任，这是属于人类的义务。

（3）人类与自然的协调共生。保护自然的生态平衡系统并不是要人类放弃自己改造和利用自然的一切努力，重新返回到生产力极不发达的远古原始人的生活中去，而是要求人类应该从自然中学习到生活的智慧，过一种有利于环境保护和生态平衡的生活。在自然生态系统中，人类与自然环境的关系是对立统一的，人类的活动可能与自然生态的平衡相适应，也可能会破坏自然的生态平衡。因此，要从生态平衡的角度出发，协调人类生存利益与生态利益的关系。在人类利益与生态利益发生冲突时，应采取对自然生态伤害最低的做法。人类利益与野生动植物利益发生冲突时，不应为了追求人们消费性的利益而损害自然生态的利益。人类应当对自然生态的破坏进行补偿。

2. 兼顾个人利益和整体利益

人类的行为应该符合环境保护和可持续发展的需要，人类与自然打交道总涉及到人与人、人与群体之间的关系，当思考人类对待自然的行为准则问题时，对人际关系的考虑总会进入视野。环境伦理要求必须树立整体利益的观念，充分考虑个人、群体、其他生命以及整个生态系统的共同利益。世间万物是相互联系的，考虑整体也惠及个人利益；相反，损坏整体利益也会自食苦果。如一个企业的“三废”不进行处理就进行排放，会污染环境，使环境质量下降，最终也会损害到个人利益。随着各国经济与各方面活动交往的日益密切，生态环境问题已无国界可分。

总之，环境问题不仅仅是人与自然的关系问题，而且涉及到人与人之间、地区与地区、国与国之间利益与关系的调整。在环境问题上，如同社会政治经济问题一样，也存在着不同群体之间利益以及价值观的对立。自然环境的保护与环境问题的能否真正解决，取决于地球上所有人的共同努力，更需要人与人之间的配合和合作，从这种意义上说，兼顾个人利益和整体利益应成为环境伦理的共识。

3. 树立可持续发展观

如何对待子孙后代的问题，对于人类来说还是一个伦理和道德的问题。在环境伦理中，人类与子孙后代的关系问题之所以突出，是因为环境问题直接牵涉到当代人与后代人的利益，人类的当前利益、价值与长远的、子孙未来的利益、价值难免会发生冲突，环境伦理要求在这种冲突发生时，要兼顾当代人与后代人的利益，对当代人与后代人的价值予以同等的重视。但是，实际生活中，眼前的、当代人的利益和价值易于发现，而未来的、后代人的利益和价值容易忽视。因此，就要求对未来的、子孙后代的利益和价值予以更多的考虑，并从后代人的立场上对当前的环境行为作出道德判断。环境权不仅适用于当代人类，而且适用于子孙后代。确保子孙后代拥有一个合适的生存环境与空间，是当代人责无旁贷的义务和责任。1972年联合国人类环境会议发表的《人类环境宣言》宣称："我们不是继承父辈的地球，而是借用了儿孙的地球。"这句话表明从自然环境与自然资源的利用和使用价值来看，地球与其说属于过去的人类，不如说属于未来的人类。当代人对地球资源与环境的不适当使用和开发，事实上是侵占了未来世代人的利益。因此，保护好自然环境，把一个完好的地球传给子孙后代，是当代人责无旁贷的义务。

4. 节约资源，减少污染，保护环境

为子孙后代的利益考虑，人类不仅要保护和维持自然生态的平衡，而且要节约地球上的资源。因为地球上可供人类利用和开发的资源是有限的，所以人类在自然资源的利用和开发上，要为后代人着想，这需要我们在自然环境和自然资源的利用上奉行节约原则。节约原则体现在两方面：人类的生产方式和生活方式。节约的生产方式要求改进和改革生产工艺，采取节省能源和资源的生产方法，尽可能采取循环再利用的生产工艺，开展回收再利用工程。在生活方式上，应当提倡过一种节俭简朴的生活，防止铺张浪费，尽可能地使用环保产品而避免使用会给环境带来污染的物品。

同时，对资源的不合理利用也是造成环境破坏和污染的主要原因，过度地开采、乱砍滥伐会破坏生态平衡，在资源的利用中会产生环境污染。如开矿、冶炼、加工、运输、销售及废物处理等各环节，都会对环境产生一系列的影响。

环境道德规范要求为了当代人的生存和生活，为了人类社会的可持续发展要具有一种责任感和奉献精神。既然人们已经认识到了环境对人类社会生存和发展的重要性，也感受到了环境恶化对人类造成的严峻挑战，就没有理由不积极投身环境保护，从我做起，从现在做起，成为环境保护的实践者。

综上所述，可持续发展环境伦理观是要将人类对待自然的态度和责任作为一种道德原则和道义行为提出，其目的是更有效地规范和指导人们对待自然环境的行为，以有利于整个生态系统持续和稳定地发展。

环境伦理观的提出，对人类设计和规划自身的经济活动产生了重大的影响。近代以来的工业文明观追求片面的经济增长和高效率，这种高效率常常是以生态平衡的破坏和环境的污染为代价的。环境伦理观告诉人们：地球的资源是有限的，以牺牲环境质量为代价追求经济增长，到头来遭受惩罚的还是人类自己。环境伦理观主张将经济发展置于整个社会发展理论的总体框架中加以认识，认为社会发展包括经济-人-环境的协调发展；同时地球上可供人类开发利用的资源是有限的，人类应该合理地运用和分配自然资源。

复习思考题

1. 什么是可持续发展？其基本思想包括哪几个方面？
2. 可持续发展的基本原则是什么？
3. 设计可持续发展指标体系的原则有哪几个方面？
4. 全球《21世纪议程》的基本思想是什么？
5. 什么叫环境管理？
6. 环境管理的基本手段有哪些？
7. 环境管理的职能是什么？

8. 我国环境管理的方针、基本制度有哪些?
9. 环境规划的作用是什么?
10. 环境保护法的特点是什么?
11. 试述我国的环境保护法的构成体系。
12. 自然的价值有哪些?
13. 试用可持续发展环境伦理观分析人类生活的道德准则。

第五章

清洁生产与循环经济

学习目标

【知识目标】理解并掌握清洁生产的概念；了解清洁生产的内容和实施途径；了解循环经济及其技术特征。

【能力目标】能够将理论与实践相结合，提高环境分析处理的基本能力；能够将清洁生产理念应用于生态环境保护工作，对社会问题进行分析；掌握清洁生产的方式和主要途径，初步具备实施企业清洁生产的能力。

【素质目标】培养清洁生产的科学思维方法。

第一节 清洁生产

可持续发展的提出源于环境保护。要实现可持续发展，做好环境保护是最为关键的。环境问题的实质在于人类经济活动，表现在两个方面，一是人类使用或耗费自然资源的速度超过了资源本身及其替代品的再生速度，二是向环境排放废弃物的数量超过了环境的自净能力。

中国的生态破坏和环境污染曾经不同程度地影响了社会的发展。中国的环境问题源于多种因素，从大的方面看，有自然因素和人为因素。其中，造成我国环境问题的人为因素主要是我国经济很多还在沿用高投入、低产出、重污染的资源型增长模式。这种经济增长是在低技术组合基础上靠高物质投入支撑着的，是依靠用大量人、财、物等经济资源来支持的速度型经济扩张，主要表现为技术水平不高、结构不合理、资源配置效益较差、污染严重。

为提高资源利用效率，改善生产质量，最大限度地解决上述两个方面环境问题，要大大削减工业废物的产生和排放量，这可以通过加强末端处理技术来减少对环境的危害。工业废物预防措施能避免废物产生或使废物排放量最小化，而通过改善生产技术的废物预防方法变得更有意义，可以更有效地保护能源和原材料。清洁生产的基本理念是非常简明的，即在源头消除废物或使废物产生和排放量最小化，而不是废物产生后进行处理。

一、清洁生产的提出

工业革命以来，特别是20世纪以来，随着科技的迅猛发展，人类征服自然和改造自然的能力大大增强，人类创造了前所未有的物质财富，人们的生活发生了空前的巨大变化，极大地推进了人类文明的进程，工业发展成为人类社会发展和进步的标志。但另一方面，人类在充分利用自然资源和自然环境创造物质财富的同时，却过度地消耗资源，造成能源和资源的严重短缺，全球性的环境污染和生态破坏越来越严重。20 世纪 60 年代以来发生了一系列震惊世界的环境公害，使人与自然的矛盾凸显，引起了全世界的广泛关注。资源的过度消耗、耗竭状况日益恶化，以及生态平衡的破坏，加剧了人与自然的矛盾，不仅阻碍了人类社会、经济的进一步发展，还威胁着人类的健康，威胁着人类自身的生存和发展。西方工业国家开始关注环境问题，并进行大规模的环境治理。在经历了几十年的末端处理后，一些发达国家重新审视了他们的环境保护历程，发现这种“先污染、后治理”的末端治理模式虽然在大气污染控制、水污染控制以及固体和有害废物处置方面均已取得了显著进展，无论是空气质量还是水环境质量均要比 20 年前好得多，但仍有许多环境问题，如全球气候变暖和臭氧层破坏，重金属和农药等污染物在环境介质间转移等。高昂的“三废”治理费用已使很多国家感到不堪重负，但环境质量总体仍趋恶化。因此末端治理环境战略的弊端日益显现：末端治理并没有从根本上解决经济高速发展对资源和环境造成的巨大压力，资源短缺、环境污染和生态破坏日益加剧；治理代价高，企业缺乏治理污染的主动性和积极性；治理难度大，并存在污染转移的风险；无助于减少生产过程中资源的浪费。人们逐渐认识到，仅依靠开发污染控制技术所能实现的环境改善是有限的，关心产品和生产过程对环境的影响，依靠改进生产工艺和加强管理等措施来消除污染才可能更为有效。

在这种情境下，一种全新的创造性战略思想——清洁生产被提出并不断发展。清洁生产思想最先由一些发达国家提出并推行。这是人们思想和观念的一种转变，是环境保护战略由被动向主动行动的一种转变。20 世纪 70 年代中后期，西方工业国家开始探索在生产工艺过程中减少污染的产生，并逐步形成了废物最小量化、源头削减、无废和少废工艺、污染预防等新的污染防治战略。1976 年 11～12 月间，欧共体在巴黎举行了“无废工艺和无废生产的国际研究会”，提出了协调社会和自然的相互关系应主要着眼于消除造成污染的根源，而不仅仅是消除污染引起的后果这样一种新思路。1979 年 4 月欧洲共同体理事会宣布推行清洁生产的政策，同年 11 月在日内瓦举行的“在环境领域内进行国际合作的全欧高级会议”上，通过了《关于少废、无废工艺和废料利用的宣言》，指出无废工艺是使社会和自然取得和谐关系的战略方向和主要手段，并于 1984 年、1985 年、1987 年三次拨款支持清洁生产示范工程。

1989 年，联合国环境规划署为促进工业可持续发展，在总结工业污染防治正反两方面经验教训的基础上，首次提出了清洁生产的概念，并制定了推行清洁生产的行动计划。1990 年在第一次国际清洁生产高级研讨会上，正式提出清洁生产的定义。1992 年 6 月，联合国环境与发展大会在巴西里约热内卢召开，这是联合国自建立以来，出席国家最多的一次会议。会议发表了《里约宣言》（即《里约环境与发展宣言》），确认“地球的整体性和相互依存性”，“环境保护工作应是发展进程的一个整体组成部分”，“各国应当减少和消除不能持续的生产和消费方式”。会议通过了《21 世纪议程》，制定了可持续发展的重大行动计划，将清洁生产看作是实现可持续发展的“关键因素”，号召世界各国在促进经济发展的进程中，不仅要关注发展的数量和速度，而且要重视发展的质量和持久性。号召工业提高能效，开发更清洁的技术和生产工艺，呼吁各国调整生产和消费结构，广泛应用环境无害技术和清洁生产方式，更新、替代对环境有害的产品和原材料．实现环境资源的保护和有效管理，节约资源和能源，减少废物排放，实施可持续发展战略。清洁生产正式写入《21 世纪议程》，并成为通过预防来实现工业可持续发展的专用术语。从此，清洁生产在全球范围内逐步推行。

美国于 1990 年 10 月通过了《污染预防法案》，从法律上确认了污染首先应削减或消除在其产生之前。次年，又发布了污染预防战略，开创了 30/50、绿光、联邦场地废物削减评估等一系列项目，通过志愿性源削减，在制造业中将 17 种化学品和化合物的排放量和转运量从 1988 年的 6.35×10^6t 减少到 1995 年的 3.17×10^6t。分阶段到 1992 年削减 33%，到 1995 年至少削减 50%。同时，美国各个部、各个州都参加了污染预防活动，从政策、工艺、生产过程等各个方面来预防污染或使污染减至最小。

德国在取代和回收有机溶剂以及有害化学品方面做了许多工作，严格规定了物品的回收。荷兰成功地利用税法条款推进清洁生产技术的开发和利用。这些国家取得的成果表明，实施清洁生产，不仅促进了能源结构的调整和利用方式的改善，优化了产业结构和布局，同时，通过节能、降耗、减污，降低生产成本，还获得可观的经济效益，实现了经济的持续发展以及经济与环境的良性循环。

中国早在 20 世纪 80 年代初就进行过有关清洁生产的探索和实践。主要是以管理为主。在形式上，多次提出通过调整产品结构、原材料能源结构，结合技术改造防治工业污染；通过强化环境管理，把管理放在首位，减少污染物的流失；通过综合利用实现“三废”资源化。在方法上，通过物料衡算实现污染物流失总量控制。这些都属于清洁生产范畴。过去中国经济长期以来是以一种粗放型发展模式为其特征的，也就是以高投入、高消费、高污染实现经济的较高增长，并且产业结构不太合理，大多数企业本身存在经营管理不善、生产工艺和技术设备落后等弊端，与此相适应的环境政策是以污染末端治理为主。进入 21 世纪以来我国逐渐加大了产业结构调整和清洁生产力度，特别是党的十八大以来环境保护法律、制度不断完善，执法力度不断加大，大力推进清洁生产，现已取得明显成效。

二、清洁生产的概念

清洁生产在不同的发展阶段或者不同的地区和国家有许多不同但相近的名称，例如中国和欧洲的有关国家有时又称“少废无废工艺”“无废生产”，日本多称“无公害工艺”，美国则定义为“废物减量化”“废料最少化”“污染预防”“削废技术”。此外，个别学者还有“绿色工艺”“生态工艺”“环境完美工艺”“与环境相融（友善）工艺”“预测和预防战略”“避免战略”“环境工艺”“过程与环境一体化工艺”“再循环工艺”“源削减”“污染削减”“再循环”等名称。这些不同的名称实际上描述了清洁生产概念的不同方面，我国以往常称“无废工艺”。

清洁生产虽然已成为当前的热门话题，但至今还没有完全统一、完整的定义。1979 年 11 月在日内瓦通过的《关于少废、无废工艺和废料利用宣言》中，对无废工艺作了叙述：无废工艺乃是各种知识、方法和手段的实际应用，以期在人类需求的范围内达到保证最合理地利用自然资源和能量以及保护环境的目的。

1984 年联合国欧洲经济委员会在塔什干召开的国际会议上又作了进一步的定义：无废工艺是一种生产产品的方法（流程、企业、地区、生产综合体），借助这一方法，所有的原料和能量在原料资源—生产—消费—二次原料资源的循环中得到最合理的综合利用，而且不会破坏环境的正常功能。这一定义明确了无废工艺的目标在于解决自然资源的合理利用和环境保护问题，把利用自然和保护自然统一起来，即在利用自然过程中保护自然，并指出了实现这一目标的主要途径是在可能的层次上组织资源的再循环利用，把传统工业的开环过程变成闭环过程。此外还强调了工业生产全过程和自然环境的相容性。

对于现阶段作为一种过渡形式的“少废工艺”的定义是：少废工艺是一种生产方法（流程、企业、地区生产综合体）。这样生产的实际活动对环境所造成的影响不超过允许的环境卫生标准（最高容许浓度），同时由于技术、经济、组织或其他方面的原因，部分原材料可能转化成长期存放或掩埋的废料。

污染预防和废物最小量化都是美国环保局提出的。废物最小量化是美国污染预防的初期表述，现在已逐渐被污染预防一词所代替。美国环保局对污染预防的定义为：污染预防是在可能的最大限度内减少生产场地所产生的废物量。它包括通过源削减（源削减指在进行再生利用、处理和处置以前，减少流入或释放到环境中的任何有害物质、污染物或污染成分的数量；减少与这些有害物质、污染物或组分相关的对公共健康与环境的危害）、提高能源效率、在生产中重复使用投入的原料即“再循环”以及降低水消耗量来合理利用资源。常用的两种源削减方法是改变产品和改进工艺（包括设备与技术更新、工艺与流程更新、产品的重组与设计更新、原材料的替代以及促进生产的科学管理、维护、培训或仓储控制）。污染预防不包括废物的场外再生利用、废物处理、废物的浓缩或稀释以及减少其体积或有害性、毒性成分从一种环境介质转移到另一种环境介质中的活动。

欧洲的专家则更倾向于将清洁生产定义为对生产过程和产品的实际综合防治战略，用以减少对人类和环境的风险。对生产过程，包括节约原材料和能源，革除有毒材料，减少所有排放物的排放量和毒性；对产品来说，则要减少从原材料到最终处理的产品的整个生命周期对人类健康和环境的影响。

上述定义概括了产品从生产到消费的全过程，为减少风险所应采取的具体措施，但比较侧重于企业层次上。

1989 年联合国环境规划署与环境规划中心（UNEPIE/PAC）在综合各种说法的基础上，采用了“清洁生产”这一术语，来表征从原料、生产工艺到产品使用全过程的广义的污染防治途径，并把清洁生产的概念定义为：清洁生产是指将综合预防的环境策略持续地应用于生产过程和产品中，以便减少对人类和环境的风险性。对生产过程而言，清洁生产包括节约原材料和能源，淘汰有毒原材料，并在全部排放物和废物离开生产过程以前减降其数量和毒性。对于产品而言，清洁生产战略旨在减少产品在整个生产周期过程（包括从原材料提炼到产品最终处置的全生命周期）中对人类和环境的不利影响。

清洁生产不包括末端治理技术，如空气污染控制、废水处理、固体废弃物焚烧或填埋。清洁生产通过应用专门技术，改进工艺技术和改变管理态度来实现。

清洁生产是一个相对的、抽象的概念，没有统一的标准，因此，有关清洁生产的定义也在与时俱进，逐渐形成更为科学、更为完整的概念，并且更具有现实的可操作性。1996 年联合国环境规划署在 1989 年定义的基础上对清洁生产的概念进行了重新定义：清洁生产是指将整体预防的环境战略持续应用于生产过程、产品和服务中，以期提高生态效率并减少对人类和环境的风险。对生产，清洁生产包括节约原材料，淘汰有毒原材料，减降所有废物的数量和毒性。对于产品，清洁生产战略旨在减少从原材料的提炼到产品的最终处置的全生命周期的不利影响。对服务，要求将环境因素纳入设计和所提供的服务中。基本要素如图 5-1 所示。

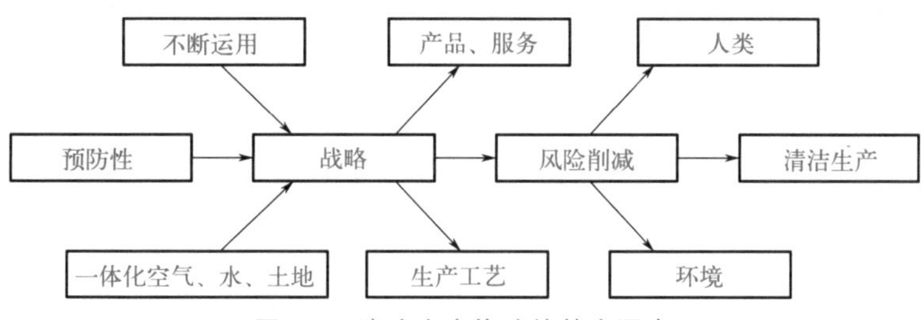

图 5-1 清洁生产战略的基本要素

从其概念出发，清洁生产是一种预防性方法，要求在产品或工艺的整个寿命周期的所有阶段都必须考虑预防污染，或将产品或工艺过程中对人体健康及环境的短期和长期风险降至最低。清洁生产打破了传统的“末端”管理模式，而注意从源头寻找使污染最小化的途径。清洁生产的实施能够节约能源、降低原材料消耗、减少污染、降低产品成本和废物处理费用，提高劳动生产率，改善劳动条件，直接或间接地提高经济效益。因此，清洁生产是兼顾工业和环境的一个方兴未艾的话题。它既要求对环境的破坏最小化，又要求企业经济效益最大化。所以清洁生产可以概括为以下两个目标：

① 通过资源的综合利用、短缺资源的代用、二次资源的利用以及节能、省料、节水，合理利用自然资源，减缓自然资源的耗竭；

② 减少废料和污染物的生产和排放，促进工业产品的生产、消费过程与环境相容，降低整个工业活动对人类和环境的风险。

这两个目标的实现，将实现工业生产的经济效益、社会效益和环境效应的相互统一，保证国民经济、社会和环境的可持续发展。

《中国21世纪议程》中对清洁生产表述为：清洁生产是指既可满足人们的需要又可合理使用自然资源和能源并保护环境的实用生产方法和措施，其实质是一种物料和能耗最少的人类生产活动的规划和管理，将废物减量化、资源化和无害化，或消灭于生产过程之中。同时对人体和环境无害的绿色产品的生产亦将随着可持续发展进程的深入而日益成为今后产品生产的主导方向。

这一定义与联合国环境规划署的定义虽然表述不同，但内涵是一致的，它借鉴了联合国环境规划署的定义，结合我国实际情况，表述更加具体、更加明确，便于理解。

《中华人民共和国清洁生产促进法》中关于清洁生产的定义为：清洁生产是指不断采取改进设计、使用清洁的能源和原料、采用先进的工艺技术与设备、改善管理、综合利用等措施，从源头削减污染，提高资源利用效率，减少或者避免生产、服务和产品使用过程中污染物的产生和排放，以减轻或者消除对人类健康和环境的危害。

从清洁生产的定义可以看出，实施清洁生产的途径主要包括五个方面：一是改进设计，在工艺和产品设计时，要充分考虑资源的有效利用和环境保护，生产的产品不危害人体健康，不对环境造成危害，能够回收的产品要易于回收；二是使用清洁的能源，并尽可能采用无毒、无害或低毒、低害原料替代毒性大、危害严重的原料；三是采用资源利用率高、污染物排放量少的工艺技术与设备；四是综合利用，包括废渣综合利用、余热余能回收利用、水循环利用、废物回收利用；五是改善管理，包括原料管理、设备管理、生产过程管理、产品质量管理、现场环境管理等。

实施清洁生产体现了四个方面的原则：一是减量化原则，即资源消耗最少、污染物产生和排放最少；二是资源化原则，即“三废”最大限度地转化为产品；三是再利用原则，即对生产和流通中产生的废弃物，作为再生资源充分回收利用；四是无害化原则，尽最大可能减少有害原料的使用以及有害物质的产生和排放。清洁生产体现了集约型的增长方式和发展循环经济的要求。

三、清洁生产的内容

清洁生产的内容主要包括清洁的能源、清洁的生产过程、清洁的产品三个方面。

1. 清洁的能源

包括常规能源的清洁利用、可再生能源的利用、新能源的开发利用，以及各种节能技术的引进、开发和利用等。

常规能源也就是得到大规模利用、技术成熟的能源。通常指煤炭、石油、天然气、生物质能、水能等。常规能源的清洁利用即提高能源效率，减少能源在开采、加工转换、储运和终端利用过程中的损失和浪费。如采用洁净煤技术，逐步提高液体燃料、天然气的使用比例。资料表明，发达国家在20世纪90年代的能效系统总效率也只有20%左右，而我国还不及发达国家的一半。因此，能源的清洁利用存在着巨大潜力，应贯穿于能源利用的全过程。

可再生能源，也即连续性能源，利用后不会耗竭，只要利用得当，会不断得到补充、再生，可反复利用。如水力资源的充分开发和利用、对沼气等再生能源的利用等。据统计，1989年全世界消耗的可再生能源为17.5%，而消耗不可再生能源占到82.5%。所以，为了能源的永续利用，应该调整能源的消费结构，从不可再生能源转向可再生能源，尽量不用或少用不可再生能源，最大限度地节约可再生能源，合理地利用太阳能、生物质能、水能、风能、海洋热能以及海浪、海流、潮汐和地热等可利用的可再生能源，为人类提供取之不尽的能源。

新能源是指尚处于研究开发之中，只有少量利用的能源。要利用科学技术进步，积极开发核燃料、太阳能、生物质能、风能、地热能、海洋能、潮汐能以及电力氢能等新能源，扩大和发展可利用的能源资源量。

节能是指在能源利用全过程的各个环节，通过采取一切合理的措施减少能源的损失和浪费，并且在现有技术条件下回收那些可以回收利用的能量损失。采取管理和技术的手段，通过加强能源管理调整产业结构和产品结构；依靠技术进步和技术改造，采用新工艺、新技术和新设备达到节能的效果。如在能耗大的化工行业采用热电联产技术，提高能源利用率。

2. 清洁的生产过程

在工艺设计中需要充分考虑，尽量少用、不用有毒有害的原料，尽量采用无毒、无害的中间产品；尽量选用少废、无废工艺和高效设备；尽量减少或消除生产过程的各种危险性因素，如高温、高压、低温、低压、易燃、易爆、强噪声、强震动等；促进物料的再循环（厂内、厂外），开展生产过程内部原材料的循环使用和回收利用，提高资源和能源的利用水平；使用简便、可靠的生产操作和控制方法；强化和完善生产过程的管理，不断提高科学管理水平等等。

资源的综合利用是推行清洁生产的首要方向，因为资源是整个生产过程的“源头”。原料中所有的组分通过生产加工过程的转化，都能变成产品，这就实现了清洁生产的主要目标。在一般的工业产品中，原料费用约占成本的70%，因此，通过原料的合理利用，减少废料的产生和排放可直接降低生产成本，提高经济效益。

在合理利用原料的同时，尽量少用、最好不用有毒有害的原料，真正做到从源头预防。采用无毒无害、低毒低害的原料，替代剧毒有害的原料，这样就可预防有毒物质最终排入环境。如在黏胶纤维生产中，黏胶纤维要在硫酸-硫酸钠-硫酸锌浴中成型，锌是重金属离子，排入环境会造成污染，而建立一套锌的处理、回收装置，需要额外的投资和耗费。作为治本的方法，开发无锌成型工艺，在黏胶溶解过程中预先加入1%～1.25%的尿素，成型浴内只用硫酸和硫酸钠，同样可以保证纤维的质量，而尿素无毒性，且在常温下较稳定。

清洁生产是对全过程进行控制。把握了原料这一源头，还要控制整个生产过程的各个中间步骤及各个环节。可通过控制反应条件、原料配比、工艺路线等方法，减少或消除可能产生的有毒有害的中间产品，从而减少或消除最终进入环境的副产品；也不能使这些有毒有害的中间产品污染生产区域内的环境，防止危害操作人员的身体健康。同时，尽可能地减少或消除生产过程中的各种危险因素，如高温高压、低温低压、易燃、易爆、强噪声、强振动等，改善生产工人的劳动环境和操作条件。

生产工艺是从原料到产品实现物质转化的基本软件。目前工业生产过程中产出废物、造成污染的主要原因之一是技术工艺的不完善。一个理想的工艺过程，要求流程简短、前后工序衔接合理、原材料消耗少、无废料排出、安全可靠、操作简便、易于自动化、能耗低、所用设备比较简单等等。改革现有的工艺，要从分析现状出发，找出其薄弱环节，抓住主要矛盾。可以简化生产工艺流程，精减不必要的工序；实现生产过程连续操作，减少因停车、开车造成的不稳定因素；实现装置大型化，换用高效设备，提高单套设备的生产能力；在原有工艺基础上，适当改变工艺条件（如温度、流量、压力、停留时间、搅拌强度、必要的预处理等）；研究开发利用最新科技成果的全新工艺，研究不同工艺的最佳组合方案等等，对现有流程长、污染重的工艺进行改造或替换，逐渐向“清洁工艺”靠拢。例如燃料工业中用蒽醌制取四氯蒽醌的老工艺流程十分冗长，并且产出大量有毒的含汞废液和废水。现改用碘催化，革除了原来的汞催化，大大简化了工艺流程。减少了工序，也减少了废水的排放。

工艺过程要靠设备来实现。如果设备陈旧落后，那么工艺再先进，也不能发挥应有的作用。从清洁生产角度来看，对于设备本身，要求设计合理、结构轻巧、少耗材料、易于加工安装、使用寿命长、占地少、造价低；对于设备的设计，希望能耗低、效率高、保证产品质量易于控制、安全可靠、物料泄漏少、维修方便、劳动强度小等等。此外，随着科技发展，设备要不断改革与完善，运用计算机技术，配备自动控制装置，改善设备布局和管线，实现过程的优化控制或智能控制，向着设备的大型化、连续化、自动化和高效化的方向发展。

物料的再循环包括厂内和厂外的再循环，可以在不同的层次上进行，如工序、流程、车间、企业乃至地区。考虑再循环的范围越大，实现的机会就越多。组织企业内部物料再循环时，通过物料流程分析，将流失的物料回收后，在原料返回流程中使用。如造纸废水中回收纸浆，印染废水中回收染料，收集跑、冒、滴、漏的物料等。对部分被污染或掺有杂质的废料，进行适当处理后，方可作为原料或原料的替代物返回原生产流程中使用，如铜电解精炼中的废电解液，经处理后提取其中的铜再返回电解精炼流程中，或者将生产过程中生产的废料经适当处理后，返用于本企业的其他生产过程，如发酵过程中产出的二氧化碳可作为制造饮料的原料。如果废料不能在本企业范围内使用，而是供给别的企业作为原料，即成了厂外的物料再循环。组织场外循环，最好是邻近的企业，如果是跨地区，甚至跨市、跨市的企业间的物料循环，则会增加中间运输等各种费用，由于经济利益，实现这样的物料循环的可能性就较小。

完善的管理对于清洁的生产过程是至关重要的。尤其是工艺技术落后、经济困难的情况下，管理的作用潜力很大。管理的规范化、制度化，可以产生很高的效率，在美国、德国、日本等一些发达国家的企业内，已经得到很好的证实。管理问题，归根到底是人的问题，是与社会文化背景、人的文化素质密切相关的。提高企业职工的文化教育水平、加强职业道德教育、增强环境意识和管理意识，有助于清洁生产过程的实施。就目前情况下，在企业层次上推行清洁生产，可采取以下一些管理措施：开展调查研究和物料审核，摸清从原料到产品及全过程的物料、能量利用和废料产生情况，找出薄弱环节；建立健全劳动组织，加强操作人员的培训、考核；制定各项规章制度，特别是操作规程和岗位责任制，认真做好完整可靠的操作记录、统计和审核；加强物料的管理、检验，保证质量；坚持设备的维修保养制度，保证设备的完好率；健全产品检验制度，减少废品率；对各种消耗指标进行严格的监督等。总之，要实现清洁的生产过程，必须管理与技术相结合。

3. 清洁的产品

产品设计应考虑节约原料和能源，少用昂贵和稀缺原料，利用二次资源作原料；产品在使用过程中以及使用后不含有危害人体健康和破坏生态环境的因素；产品使用后易于回收、重复使用和再生；产品的包装合理；使用功能（包括节能、节水、降低噪声的功能）和使用寿命合理；产品报废后易处理、易降解等。

开发清洁产品是清洁生产的重要内容。开发新产品、对产品进行全新设计，对于推动清洁生产往更深方面发展具有显著的作用。有资料表明，即使像美国等一些发达国家，大部分工业生产对环境影响作用的减少还是通过末端控制或改革生产过程来实现的，而并非产品设计。所以，把改善环境影响的思想凝聚在产品的设计之中，在传统的设计准则（产品的性能、质量和成本）中加进环境准则，是产品设计的新潮流（称之为生态设计）。低消耗、低污染的“绿色”产品在国际市场上越来越有吸引力和竞争力。

对于一个清洁的产品，要求在生产过程、使用过程中，甚至在使用之后，能对环境无害。与此同时，应降低产品的物耗、能耗，减少加工工序，不应盲目追求“多功能”“万能”“全能”等，这往往不能发挥其实用功能，反而会造成资源的浪费。要开发系列产品，品种齐全，满足不同的消费要求，避免大材小用，优品劣用。随着产品升级换代的加快，新产品的不断问世，要求产品使用报废后，易于回收、再生和重复使用，或者产品报废后易于降解。

简化包装在产品的生态设计中已越来越引起重视。目前废弃的包装材料，如果加上办公室、商店、工业界的废弃包装，则占到家庭垃圾总量的50%。这些废弃物不但消耗了资源，而且会迅速填满垃圾填埋场。不少包装材料是不可降解的，会长期存留于环境中。目前，要鼓励采用可再生、便于多次使用的材料做包装材料，尽可能少用一次性的、不便于回收的包装材料。

对于一个产生污染的企业来说，其生产成本由污染控制费用及制造费用（包括所用材料的开支、劳动力费用、工厂一般管理费用等）组成。很自然地，可以把清洁生产划分为两种类型。类型一是完全消除了污染控制费用并降低了制造成本。类型二虽然总成本降低了，但只是降低了污染控制费用，而制造费用却增加了。类型一称之为“高效益”的清洁生产。类型二为“边际效益”的清洁生产。而那种降低污染控制费用却增加制造费用、增加总生产成本的清洁生产，虽然有助于污染削减，但不能给企业提供成本效益的解决办法，被采用的机会较少。

推行清洁生产在于实现两个全过程控制：

① 在宏观层次上组织工业生产的全过程控制，包括资源和地域的评价、规划、组织、实施、运营管理和效益评价等环节；

② 在微观层次上物料转化生产全过程的控制，包括原料的采集、贮运、预处理、加工、成型、包装、产品和贮存等环节。

在清洁生产的概念中不但含有技术上的可行性，还包括经济上可营利性，体现经济效益、环境效益和社会效益的统一。

4. 产品的生命周期分析（评价）

（1）生命周期评价的概念　1990年由国际环境毒理学与化学学会（SETAC）主持召开的有关生命周期评价的国际研讨会上，首次提出了“生命周期评价”的概念。1997年国际标准化组织推出了《环境管理——生命周期评价——原则与框架》（ISO 14040），该标准的中国转化标准为《环境管理　生命周期评价　原则与框架》（GB/T 24040），随后我国又相继推出其他相关标准如《环境管理　生命周期评价　目的与范围的确定和清单分析》（GB/T 24041—2000），《环境管理　生命周期评价　生命周期影响评价》（GB/T 24042—2002），《环境管理　生命周期评价　生命周期解释》（GB/T 24043—2002）。

产品的整个生命周期是指一款产品在市场上从开始出现到最终消失的过程，包括从地球开采原材料开始，经过原料加工、产品制造、产品包装、运输和销售，然后消费者消费、维修和回用，最终再循环或报废后最终处置等阶段，可归纳为投入期、成长期、成熟期和衰落期四个过程。资源消耗和环境污染物的排放在每个阶段都可能发生，因此，污染预防和资源控制也应贯穿于产品生命周期的各个阶段。产品生命周期评价（life cycle assessment of product，LCA）是对某种产品或某项生产活动从原料开采、加工到最终处置的一种评价方法。

在清洁生产中，生命周期评价通常又称为从“摇篮到坟墓”分析、资源和环境状况分析。因为它是指一种产品从设计、生产、流通、消费以及报废或处理和处置几个阶段所构成的整个过程的分析。其定义有多种表述方法，可归纳为：对一种产品、机器、包装物、生产工艺、原材料、能源或其他某种人类活动行为的全过程，包括原材料的采集、加工、生产、包装、运输、消费、回用以及最终处置等，进行资源和环境影响的分析与评价。

评价一项工艺是否“清洁”，需要对产品进行生命周期分析。即对工艺、产品、能源进行整个生命周期的资源消耗和环境影响分析。生命周期评价不仅可以用来分析清洁生产技术，还能用来为环境政策的制定提供科学的依据，帮助企业分析其生产过程的资源和环境影响，为环境标志产品的颁布提供定量化的评估技术。

（2）生命周期评价的特点　从生命周期评价的概念可见，生命周期评价的特点首先是全过程性，是对整个产品系统原材料的采集、加工、生产、包装、运输、消费、回用和最终处置的生命周期有关的环境负荷的分析过程。二是系统性，生命周期评价以系统的思维方式去研究产品或行业在整个生命周期每一个环节中所有资源消耗、废弃物的产生情况及其对环境的影响，定量评价这些能源和物质的使用以及所释放废物对环境的影响，识别和评价改善环境影响的机会。三是环境影响，生命周期评价强调分析产品或行为在生命周期各阶段对环境的影响，包括能源利用、土地占用及排放污染物等，最后以总量形式反映产品或行为的环境影响程度，生命周期评价注重研究系统在生态环境、人类健康和资源消耗领域的环境影响。

（3）生命周期评价的原则　生命周期评价必须遵循一定的原则，以保证评价结果科学，基本原则如下。

① 系统性。即系统地充分考虑产品从原材料获取直至最终处置的产品生命周期中的环境因素。

② 时间性。生命周期评价的目的和范围在很大程度上决定了研究的时间跨度和深度。

③ 透明性。评价的范围、假定、数据质量描述、方法和结果应具有透明性。

④ 准确性。应讨论并记载数据来源，并给予明确、适当的交流。

⑤ 知识产权。应针对生命周期评价的应用意图，规定保密和保护知识产权的要求。

⑥ 灵活性。由于被分析系统生命周期各个阶段的复杂性，将 LCA 的结果简化为单一的综合得分或数字尚不具备科学依据。因此 LCA 研究具有灵活性，没有统一模式。

⑦ 可比性。对于不同的 LCA 研究，只有当他们的假定和背景条件相同时，才有可能对其结果进行比较。

（4）生命周期评价的步骤　实施产品生命周期分析，要经过四个步骤，见图 5-2。

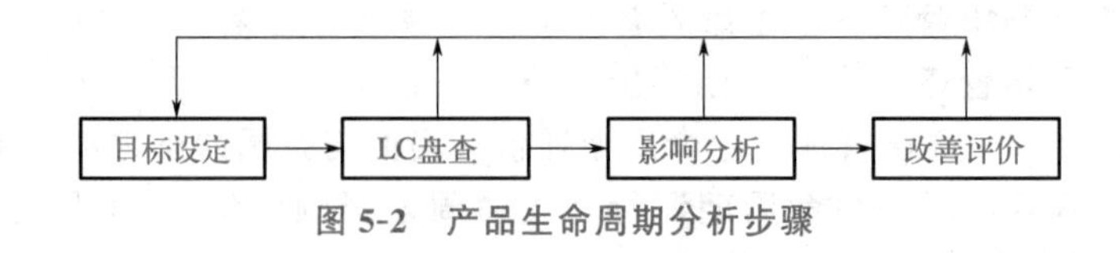

图 5-2　产品生命周期分析步骤

目标设定是 LCA 的准备阶段，即设定 LCA 的目标和划定分析评价的范围。生命周期评价的目标应根据具体的研究对象来确定，明确阐述其应用意图、开展研究的理由及其交流的对象。在确定研究范围时，应对基本的产品系统功能、功能单位、系统边界、分配方法、影响类型和影响评价方法及随后做出的解释、数据质量、假设条件、局限性、鉴定性评审类型进行设定，以保证研究的广度、深度和详尽程度与之相符，以适应确定的研究目标。目标和范围设定过小，得出的评价结果不可靠；设定过大，增加后几步的工作量。

LC 盘查（生命周期盘查）是将环境负荷定量化，即对一个产品在整个生命过程中所投入的所有原材料和能源作为收入逐一列出。而对其在生命过程中排出的所有影响环境的物质（包括副产品）作为支出也逐一列出，做成收支表。收入包括各种资源，过程中投加的物料、能源，从大气、水、土地等获得自然资源等；支出包括各个阶段排放的气体、液体、固体废物，各种中间或最后产生的主副产品。在计算收支时还必须考虑产品发送所必要的交通运输工具的消耗和产生的污染物及数量。

根据 LC 盘查计算，得到各种排放物对现实环境的影响，据此进行定性定量评价，即生命周期影响评价。

生命周期解释是根据规定的目的和范围，综合考虑生命周期分析和生命周期影响评价，形成结论并提出建议。最后作出改善产品对环境影响的最佳决定。

产品的生命周期分析是目前在产品开发过程中所做的产品性能分析、技术分析、市场分析、销售分析和经济效益分析的补充，体现了顾及生态效益的全新产品设计观念。

5. 产品的环境标志

有了清洁的产品，必须推行清洁（绿色）产品标志制度，以提高企业的环保声誉，引导消费，培育绿色市场。产品的环境标志是由生产者自愿提出申请，由权威机关授予。标志受法律保护，具有指导性，是一种“软”的市场手段，为产品生产者提供了一个在市场上有竞争优势的资格。据加拿大的一次全国性民意测验的结果表明，80%的人愿意多付 10%的钱，去购买具有环境标志的产品。产品的“环境性能”已成为市场竞争的重要因素。在公众环境意识增强的今天，对环境无害或友善的产品，在国际市场上更具有竞争力。

实施清洁生产可以从国家、行业、企业三个层次上进行。从国家的角度出发，制定推行清洁生产的国家计划，并将其纳入经济-环保一体化的发展计划之中，建立必要的机构，进行开发研究、推广、教育培训，以及信息交流与国际合作等。从行业的角度出发，确定本行业推行清洁生产的目标，建立示范工程并组织推广实施。从企业的角度，推行清洁生产的关键和核心是进行企业清洁生产审核。

第二节　清洁生产的实施途径

从清洁生产的概念来看，清洁生产的基本途径为清洁工艺及清洁产品两个部分。

清洁工艺是指既能提高经济效益又能减少环境问题的工艺技术。要求在提高生产效率的同时必须兼顾削减或消除危险废物及其他有毒化学品的用量，改善劳动条件，减少对职工的健康威胁，并能生产出与环境兼容的安全产品。这是技术改造和创新的目标。

清洁产品则是从产品的可回收利用性、可处置性或可重新加工性等方面考虑。这就要求产品的设计人员本着产品促进污染预防的宗旨设计产品。一旦产品被确定，产品的环境影响也被确定。

开发清洁生产技术是一个带有综合性的问题，要求人们转变观念，从生产-环保一体化的原则出发，不但熟悉有关环保的法规和要求，还需要了解本行业及有关行业的生产、消费过程，在这里没有一个万能的方案可以沿袭，对每个具体问题、具体情况要做具体的分析。

清洁生产是对生产全过程以及产品整个生命周期采取预防污染的综合措施。从原料到产品的生产全过程又可分为若干工序，一般包括原料准备、若干加工工序、产品成型、产品包装等，每个工序都涉及工艺、设备、操作、管理等几个方面，都需要消耗能量，并往往有废料排出。

推行清洁生产的起点在于揭示传统生产技术的重大缺点，针对生产过程中的主要环节和组分，采取改变、替代、革除等方面谋求实现节能、降耗、减污的目的。

开发清洁生产是十分复杂的综合过程，且因生产过程的特点及产品种类而各不相同，但根据清洁生产的概念以及近年来工业实践在开发和应用清洁生产技术方面所积累的经验，可以归纳如下一些实现清洁生产的主要途径。

(1) 革新产品体系，正确规划产品方案及选择原料路线。清洁生产的产品和原料均应是对环境和人类无害无毒的，因此必须首先对产品方案进行正确的规划，并选择合理的原料路线。采取安全无害的产品和原料代替有毒有害的产品和原料，采用精料代替粗料。

(2) 调整产品结构，改进产品设计。污染不仅发生在生产过程，还广泛存在于消费过程中。按照清洁生产的要求，需要对工业产品整个生命周期的环境影响进行分析，并对产品实施从设计到消费后的全过程控制。对那些生产过程中消耗大且污染重的产品以及消费或报废后产生严重环境影响的产品，应加以淘汰、调整和改进。

(3) 实现自然资源的充分利用、综合利用。我国一般工业生产中原料费用约占产品成本的70%，这表明过去的工业生产模式是以大量消耗资源为前提的，生产过程中对资源的浪费很惊人。清洁生产特别强调自然资源的充分利用、综合利用，可以显著降低产品的生产成本，同时可以减少污染物的排放，降低“三废”处理的成本。综合利用不应局限于某个企业的内部，还应该推进企业之间的合作。“零排放”的主要思路，就是以原料为核心，在一个工业小区内建造配套的工业，使资源得到最充分的利用。

(4) 改革工艺和设备，采用高效设备和少废、无废的工艺。生产过程中产生废料、造成污染的重要原因是工艺的不完善、不合理。为实现清洁生产，改革工艺流程和设备通常的做法有：①简化工艺流程，前后工艺衔接合理，减少工序和设备；②实现过程的连续操作和自动控制，减少因不稳定运行而造成的物料损耗；③改革工艺条件，实现优化操作，使反应更趋完全，以提高物料利用率并减少污染物的产生；④采用高效设备，提高生产能力，减少设备的泄漏率。

(5) 物料闭环循环，废物综合利用。工业生产中排放的“三废”，实质上是生产过程中流失的原料、中间体和副产品。将流失的物料回收，使之重新返回生产流程中，达到既减少污染又创造财富的目的，是清洁生产的基本方法之一。工业生产中贯穿着物料流和能量流两大系统。传统的工业生产采用的大多是一次通过的顺序式物料流和能量流，而清洁生产工艺要求物料流和能量流应采用闭环循环使用系统，如将流失的物料回收后作为原料返回流程，将废料适当处理后也作为原料返回生产流程。当然，这里所指的物料循环使用系统可以在不同工厂之间执行，即组织区域范围内的清洁生产。

(6) 强化管理，强化生产组织，确立严格的规章制度。一些发达国家的经验表明，通过强化管理，在不需要实质性投入，不涉及基本工艺流程的条件下，可达到减污40%的效果。强化管理通常需要清洁生产审计，企业清洁生产审计是对企业现在和计划进行的工业生产预防污染的分析和评估，是企业实行清洁生产的重要前提。企业清洁生产审计要求达到的目的是核对有关单元操作、原材料、产品、用水、能源和废物的资料；确定废物的来源、数量及类型，确定废物削减的目标，制定经济有效的废物削减对策；提高企业对由削减废物获得效益的认识和知识；判定企业效率低的瓶颈部位和管理不善的地方。在此基础上，采取健全的生产组织和完善的规章制度，确定减排降耗和节能目标并落实责任，加强物料管理，加强设备的维修保养等措施，以推进清洁生产。

（7）采取必要的末端“三废”处理。采用清洁生产工艺后，不等于不产生污染物，所以必要的末端“三废”处理对实现清洁生产是非常必要的。

以上这些途径可以单独实施，也可以相互组合确定。一切要根据实际情况来确定。

我国当前提倡清洁生产很有必要。通过在清洁生产方面施加压力，可以在一定程度上促进企业的进步。清洁生产不应仅仅由环保部门来推动，而应该融合到整个社会经济机制中，促使社会经济机制的改革和完善，体现在税收、市场准入、政府采购等各个方面。

第三节　循环经济

人类社会经济发展已经历了四种模式，反映了人类在不同经济社会发展阶段同自然的关系的调整和进步。第一种是工业革命前黄色农业文明时代，以农业耕作和放牧为主要生产方式的低效率自然循环经济模式，这是一种由“资源—生产（污染物排放）—消费（丢弃产物和其他废物）—资源”构成的物质不断循环流动的经济模式，其特点是由于科学技术及生产力落后，生产效率较低，不能满足人们日益增长的物质和文化需要。第二种是工业革命后近代工业生产的经济模式。它对人类与自然界和环境的关系的处理模式是，人类掠夺性地从自然界获取资源，又在生产过程中随意排放废弃物，在消费过程中随意丢弃包装物和其他废物。这是一种由“资源—生产（污染物排放）—消费（丢弃包装物和其他废物）”构成的物质单向流动的线型经济。第三种是以“先污染，后治理”为特征的“过程末端”治理模式。这种模式的进步表现在意识到需要治理污染、保护环境，但这种事后治理往往需要付出极高的成本和代价。第四种就是现在世界各国倡导并正在努力实现的循环经济模式。它追求人与自然的和谐发展，合理利用自然资源，减少污染，重复和循环使用多种物质资源。这是一个“资源—生产（减少污染）—消费—资源再生（废弃物回收再利用）”的物质不断循环流动的过程，因而可以把人类经济活动对自然环境的不利影响降到最低程度。

如果沿袭传统的经济发展模式，用高消耗、高污染来带动经济增长，实现国内生产总值（GDP）翻番的这一目标也可以实现。但是，在经济增长的同时，耕地减少、用水紧张、能源短缺、矿产资源不足、大气污染加剧、水环境恶化、生态失衡等不可持续因素造成的压力将进一步增加，其中有些因素将逼近甚至超过极限值。因此，必须通过发展新的经济模式，以高新技术为指导，以创新为核心来推动经济的可持续发展，要走一条科技含量高、经济效益好、资源消耗低、环境污染少、人力资源优势得到充分发挥的新型工业化道路。循环经济模式正是新型工业化道路的最高形式。

一、循环经济的含义

《中华人民共和国循环经济促进法》自2009年1月1日起施行。该法所称循环经济，是指在生产、流通和消费等过程中进行的减量化、再利用、资源化活动的总称。

所谓循环经济，就是把清洁生产和废弃物的综合利用融为一体的经济，本质上是一种生态经济，要求运用生态学规律来指导人类社会的经济活动。

循环经济以环保和节约为基础，倡导在经济发展中坚持“低消耗、高利用、再循环”，是实施可持续发展战略的必要组成部分。循环经济主要有三条原则：减量化、再利用和资源化。“减量化”有两个含义：一是指在生产过程中减少污染物排放，实行清洁生产；二是指减少生产过程中的能源和原材料消耗。“再利用”就是以不同方式和手段多次反复使用某种物品和对废弃物进行加工再利用。“再利用”的结果就是实现不同品级使用价值链的生产与再生产的循环。“资源化”就是指生产生活活动中的废物转变成新的可用资源。

循环经济原则体现在各种不同层次的循环经济形式上。一是企业内的物质循环。在企业生产过程中，应减少污染物排放，直至达到零排放的环境保护目标。二是企业之间的物质循环。以工业代谢和共生原理为指导，将若干个相互关联的企业共建于一个园区（即生态工业园区），形成不同品级使用价值链的生产与再生产的循环。三是包括生产和消费的整个过程的物质循环。发达国家往往采用经济手段，在工厂企业、包装公司、零售商和消费者之间建立包装废弃物回收系统，确保包装废弃物的回收和再利用。

二、发展循环经济的必要性

由传统经济向循环经济转变，既是由我国国情决定的，也是维护国家经济安全的需要。一方面，我国人口庞大，对资源和环境构成了巨大压力，而且绝大多数能源、矿产资源的人均储量低于世界平均水平，随着经济增长，资源供需矛盾日益突出。另一方面，长期以来，我国经济增长方式粗放，资源浪费严重。例如，2003 年，我国消耗各类国内资源和进口资源约 50 亿吨，原油、原煤、铁矿石、钢材、氧化铝和水泥的消耗量分别约为世界消耗量的 7.4%、31%、30%、27%、25%和 40%，而创造的 GDP 仅相当于世界总量的 4%。高消耗换来的增长，导致废弃物排放多、环境污染严重。与此同时，我国的资源回收利用率很低。此外，向循环经济转变的必要性还在于，需要通过发展循环经济来积累潜在增长力，以维护国家经济安全。潜在增长力或增长的潜力是决定一个国家未来综合国力的主要因素，而节约资源、探索和开发未开发利用的资源，是积累潜在增长力的一个基本方面。只关注现实增长而忽视潜在增长力的创造和积累，这样的发展是不可持续的。

国内外的实践已经表明，当经济增长达到一定阶段时，对生态环境的免费使用必然达到极限。这是自然循环过程极限和作为自然组成部分的人类生理极限所决定的。人类要继续发展，客观上要求转换经济增长方式，用新的模式发展经济，不能再把国内生产总值作为衡量发展的唯一指标；要求减少对自然资源的消耗，并对被过度使用的生态环境进行补偿。

党的十八大提出的全面建成小康社会不仅仅是一个经济目标，而是一个全面发展、协调发展和可持续发展的目标。实现这一目标必须是在经济持续健康发展，转变经济发展方式取得重大进展，在发展平衡性、协调性、可持续性明显增强的基础上来实现。推进可持续发展，发展循环经济是根本出路之一。

循环经济的技术体系以提高资源利用效率为基础，以资源的再生、循环利用和无害处理为手段，以经济社会可持续发展为目标，推进生态环境保护。作为科学技术发展方向的高技术发展，既关注经济增长目标，也将环境保护和资源再生利用作为重点领域。这实质上是在技术范式革命的基础上实现人与自然的和谐，建立一种新的经济发展模式。因此推行循环经济是改变传统经济发展模式，走新型工业化道路、全面实现小康社会目标的重要途径，也是实施可持续发展战略必然的选择和重要保证；而贯彻清洁生产促进法，大力推进清洁生产，是我国发展循环经济的重要措施。

三、循环经济的技术特征

循环经济的技术特征表现为以下方面：

一是提高资源利用效率，减少生产过程的资源和能源消耗。这是提高经济效益的重要基础，也是污染排放减量化的前提。

二是延长和拓宽生产技术链，将污染尽可能地在生产企业内进行处理，减少生产过程的污染排放。

三是对生产和生活中用过的废旧产品进行全面回收，可以重复利用的废弃物通过技术处理进行无限次的循环利用。这将最大限度地减少初次资源的开采，最大限度地利用不可再生资源，最大限度地减少造成污染的废弃物的排放。

四是对生产企业无法处理的废弃物集中回收、处理，扩大环保产业和资源再生产业的规模，扩大就业。

上述四大特征要求大力发展废旧物资的回收与处理适用技术；要求大力发展高附加值、少污染排放的高新技术产业；要求高新技术向污染处理和资源再生产业扩散。最终要求是使利用废旧资源的经济效益高于利用有限的初次资源的经济效益。这对科学技术发展提出了新的方向和强大需求，必将改变科学技术发展方向，带来新的技术革命。

新型工业化要求用新的思路去调整旧的产业结构，要求用新的体制激励企业和社会追求可持续发展的新模式。循环经济作为一种新的技术范式、一种新的生产力发展方式，为新型工业化开辟出了新的道路。按照传统“单程式”的技术范式，以信息化带动工业化，发展高新技术产业，用高新技术改造传统制造业，全面提高资源的技术利用效率，这些都是新型工业化的重要内涵，但不是新型工业化的全部。循环经济要求在这一切的基础上，通过制度创新进行技术范式的革命，是新型工业化的高级形式。

四、发展循环经济的制度保证

发展循环经济是一项社会系统工程，需要各方面深化认识、积极行动、协同配合、形成机制。

深入持久地开展循环经济宣传活动。增强政府、企业和社会公众发展循环经济的意识，加大社会公众的参与力度，动员他们科学消费、保护环境、支持废弃物综合利用。

建立发展循环经济的法律法规体系。确立循环经济在经济社会发展中的地位，保障循环经济顺利发展。

发挥科学技术对发展循环经济的促进作用。循环经济之所以能够“循环”，是因为把若干个生产厂家组建在一个生态工业园内，每个厂家的副产品（废料）至少是一个合作伙伴的有效燃料或原料。发现产品、副产品新的使用价值和社会需求，要借助于科学技术的发展；提高生产资料的利用效率，减少直至实现零排放废弃物，也离不开科学技术的支撑。因此，应建立卓有成效的激励机制，大力支持有利于发展循环经济的科学研究和发明创造。

加大对发展循环经济的政策支持力度。企业是发展循环经济的主体。对参与循环生产、回收和加工废旧物资的企业，可以给予适当的税收、信贷等方面的优惠。同时，严厉查处浪费资源、污染环境的违法行为。应通过经济、法律、道德等各种手段，促使企业参与到发展循环经济中来，形成一种在树立良好社会形象中谋求企业利益的社会机制和氛围。

环境保护和循环经济发展的困难，还在于当前技术经济的成本效益比较，以大规模、高速度为特征的现代生产技术体系使得很多原材料开采、加工制造的直接经济成本日益降低。相比之下，对各种废旧产品和废弃物的处理技术发展滞后，在很多情况下，把废旧产品和生产过程中产生的废弃物变为有用资源的再生成本比购买新资源的价格相对更高，由此增加了推进循环经济的难度。这是市场对经济增长社会成本的低估。这种低估靠市场自身的力量是无法修正的。作为人类生存与发展的基本条件——生态环境，必须通过社会经济制度的变革，才能实现由人类生存要素向生产要素的转化，才能通过市场经济体制实现它的保护与可持续利用。

当前的循环经济仍然只是在技术层次上的探索，仍然处于发展的初级阶段。随着全球人口和经济不断增长，资源制约日益增强，循环经济必将会成为未来人类社会一种新的经济形态。但这是一个长期发展过程。因为它涉及国家间的价格形成机制与国际贸易，涉及不同类型和处于不同发展阶段的国家之间的利益问题。

五、发展循环经济的技术保证

（1）产品设计科学合理，符合循环经济的思想。将经济效益、社会效益和环境效益统一起来考虑，特别注意物质的循环利用，在产品整个生命周期结束后，也易于拆卸和综合利用。这就要求生产者在开发、设计产品和产品的包装，选择产品的原材料和包装材料时，都必须考虑对环境的影响。产品尽量采用标准设计，使之便于升级换代而不必整机报废；同时，在产品设计中，要尽量不产生或少产生对人体健康或环境不利的因素；不使用或少使用有毒有害的原料。

（2）依靠科技进步，促进循环经济的技术创新。研究和开发符合循环经济基本原则的新工艺和新技术，为实现循环经济提供技术支持。积极采用无害或低害新工艺，致力降低原材料和能源的消耗。重点关注能够大幅度提高能源和资源利用效率的技术和先进的、与环境友好的制造业关键技术，努力实现少投入、高产出、低污染，尽可能把污染环境的因素消除在生产过程之中。

（3）综合利用自然资源，使废弃物资源化、减量化和无害化，把危害环境的废弃物降到最低限度，这是循环经济的一条重要原则和重要标志。当然废弃物的综合利用也需要有以废弃物为原料的新型工业技术及体系的支持。

废弃物的综合利用有两种方式。一是原级资源化，即把废弃物转化成与原生材料相同的产品，如用废纸生产再生纸，可以节省原生材料量的20%～90%；二是次级资源化，即把废弃物转化成与原生材料不同的新产品，这种方式可节省原生材料量的25%。生态工业园是推行循环经济的好方式，已有很多成功的典型，生态工业园区是依据循环经济理念和工业生态学原理而设计建立的一种新型工业组织形态，也是模拟自然生态系统建立的产业系统中“生产者→消费者→分解者”的循环途径，实现资源和能源在本工业系统内闭路循环和能量多级利用，整个体系对系统外实现低排放甚至零排放。因此，生态工业园区与传统工业园区的差别，主要表现在园区内各种副产物、“废物”的交换与利用，能量的多级利用，基础设施共享以及完善的信息交换系统。实现这些物质流、能量流和信息流的交换、利用，是由园区内一系列制造型企业和服务型企业共同完成的。成员企业通过协同管理资源与环境，寻求环境、经济和社会效益的增长。在建设工业开发区时，应优先考虑这种模式。

（4）实行科学严格的管理。循环经济是一种新经济，首先需要有先进的技术做保证，但是又要看到，循环经济又是一门集经济、技术和社会于一体的系统工程，仅仅依靠先进的技术不能推行这种先进的经济形态，还需要有科学和严格的管理。因此，需要建立一套完备的办事规则和操作规程，并且有督促其实施的管理机制和能力。从清洁生产角度看，工业污染物排放的30%～40%是管理不善造成的。只要强化管理，不需要花费太多的钱，便可获得削减物料和污染物的明显效果。

总之，发展知识经济和循环经济是新世纪全球经济的必然趋势，中国正紧紧跟踪和把握好这一动向，发挥出后发优势，实现跨越式发展。只要有循环经济机制和循环经济技术为保证，我国经济和社会一定会真正走上可持续发展的道路。

复习思考题

1. 什么是清洁生产？它是在什么样的历史背景下提出的？
2. 清洁生产概念中的基本要素有哪些？简述各要素之间的关系。
3. 通过学习清洁生产的内容和查阅相关资料，分析推行清洁生产可能会有哪些方面的障碍。
4. 生命周期评价的概念是什么？特点有哪些？
5. 生命周期评价的基本原则是什么？
6. 怎样进行一种产品的生命周期分析？产品生命周期系统的边界如何确定？其系统性和标准又如何把握？
7. 实现清洁生产的主要途径是什么？
8. 什么是循环经济？试述我国发展循环经济的必要性。
9. 循环经济的技术经济特征是什么？

第六章

绿色经济与生活

学习目标

【知识目标】了解绿色经济、生态农业、有机食品、绿色食品、绿色消费等概念、特点及其重要意义；了解我国环境保护产业发展现状及未来发展方向。

【能力目标】能认识到绿色生产、绿色生活、农业及社会生态文明建设的意义和实现途径；能够充分认识绿色经济与生活方式对促进可持续发展的重要性。

【素质目标】提高绿色经济与发展技术，自觉践行绿色消费，践行绿色生活方式；践行生态文明观，培养成为新时代生态文明人。

第一节　绿色经济和生态经济

一、绿色经济

“绿色经济”一词源于经济学家皮尔斯于1989年出版的《绿色经济蓝皮书》。

绿色经济是以市场为导向、以传统产业经济为基础、以经济与环境的和谐为目的而发展起来的一种新的经济形势，是产业经济为适应人类环保与健康需要而产生并表现出来的一种发展状态。绿色经济以经济与环境的和谐为目标，将环保技术、清洁生产工艺等众多有益于环境的技术转化为生产力，并通过有益于环境或与环境无对抗的经济行为，实现经济的可持续增长。

绿色经济与传统产业经济的区别在于：传统产业经济是以破坏生态平衡、大量消耗能源与资源、损害人体健康为特征的经济，是一种损耗式经济；绿色经济则是以维护人类生存环境、合理保护资源与能源、有益于人体健康为特征的经济，是一种平衡式经济。

绿色经济学主张从社会及其生态条件出发，建立一种“可承受的经济”。就是说，经济发展必须是自然环境和人类自身可以承受的，不会因盲目追求生产增长而造成社会分裂和生态危机，不会因为自然资源耗竭而使经济无法持续发展。

可持续发展经济问题涉及现代经济社会生活的各个领域。《中国21世纪议程》提出的可持续发展的主要内容，在经济可持续发展方面，从宏观、中观经济到微观经济，从国民经济各部门到社会生产与再生产各个环节，都存在着可持续经济发展问题。几年来，《中国21世纪议程》的实施已从中央推向地方，各地开展了形式多样、内容丰富的地方21世纪议程行动，亦即开辟绿色经济的道路。

在任何时代，物质资料生产、分配、交换、消费的经济活动，始终是人类生存和经济社会发展的永恒主题。绿色经济时代也不例外，但是，由于绿色经济的活动方式、运行基础、依托力量、运行动力与传统经济相比，都发生了根本性变革。与传统经济运行不同的是，绿色经济运行的整个社会生产过程不仅仅是物质资料生产过程，而且是与知识生产过程、生态生产过程相互交织和统一运动的生产过程。它能够使整个经济活动朝着物质资料生产、知识智力生产和生态环境生产有机结合与协调发展的方向运行，从而形成可持续发展的经济。绿色经济的本质是以生态经济协调发展为核心的可持续发展经济。

二、生态经济

生态经济是指在生态系统承载能力范围内，运用生态经济学原理和系统工程方法改变生产和消费方式，挖掘一切可以利用的资源潜力，发展一些经济发达、生态高效的产业，建设体制合理、社会和谐的文化以及生态健康、景观适宜的环境。生态经济是实现经济腾飞与环境保护、物质文明与精神文明、自然生态与人类生态的高度统一和可持续发展的经济。

生态经济的概念形象地表达了保护环境、优化生态与提高效益的统一性，这一概念反映了人们在经济发展模式发展理论上的提升。一方面是经济的生态化，即经济的发展要遵循生态规律，这涉及到宏观的经济活动（如产业结构调整）及所有微观的经济行为，不能仅盲目追求经济的发展却视生态环境的恶化于不顾；另一方面是生态的经济化，即生态建设要遵循经济规律，要将生态建设转变为符合市场规律的经济行为，不能仅注意到生态建设的公众服务和社会效益而忽视其市场潜力和经济价值。生态经济是新世纪世界经济发展的必然趋势。经济的生态化与生态的经济化不仅对经济与自然环境具有重要意义，而且对社会发展也具有重要意义。具体地说，生态经济具有如下特点：

第一，实现可持续发展，核心的问题是实现经济社会和人口资源环境的协调发展。发展不仅要看经济增长指标，还要看人文指标、资源指标、环境指标。忽视对环境的影响，将为环境的恶化及末端治理付出沉重的代价。《21世纪议程》特别要求各国和国际政府组织和非政府组织制定可持续发展指标（ISD）概念。

第二，生态环保标准在各国日益成为强制标准，而且随着经济发展和文明进步，强制性越来越强。企业生产的产品是否符合生态标准、绿色标准，已成为是否允许企业产品进入市场的通行证明。

第三，现代消费群青睐绿色产品，企业也想通过“绿色浪潮”提高产品的生态含量。在供大于求的条件下，产品效益主要不是来自于量，而是来自于质，越是环境友好的产品，附加值才越高，才越有效益。可以说，良好的生态就是生产力，绿色的品质将为产品带来高附加值。

第四，企业文化与生态文化应进行有机的结合。生态文化是人对解决人与自然关系问题的思想观点和心理的总和。而企业文化主要研究人与人的关系，体现的是人文精神。企业要实现可持续发展，生态化是必由之路；生态文化融入企业文化后不仅可扩大企业文化的外延，而且有利于企业树立良好形象。

生态经济是对工业革命以来传统经济发展模式的扬弃，它将会引起21世纪中国现代经济发展的全方位的深刻变革。它既是一场经济革命，又是一场生态革命。通过这场伟大革命，将形成生态化的生产关系与经济体制及其经济政策适应科学技术生态化、生产力生态化、国民经济体系生态化协调发展的新格局，使21世纪的中国成为一个绿色经济强国。

第二节 绿色农业

绿色农业的宗旨是采取科学的方法，为消费者提供安全、无害的食品。近年来，经济的发展正在改变人们的饮食习惯，对于无害食品的需求越来越大。目前在消费者中，把价格作为食品消费标准的人数比例趋于下降，而对无害农业食品有需求的人数比例趋于上升。因此，绿色农业将是今后农业进一步发展的关键，这不仅关系到农业自身的发展前途，而且也涉及各国国民经济的整体发展。

绿色农业对各国农业生产者提出了两个严峻的课题：一是如何根据世界粮农组织的有关规定，采取措施提高绿色农业的水平，生产更多、质量更高、没有化学副作用的农产品，以满足消费者的需要；二是如何采取非农药手段科学地预防病虫害和牲畜传染病，增加消费者对农牧业产品的消费信任，促进消费。

一、农业的可持续发展

农业的可持续发展战略是为了摆脱石油农业所带来的困境而探索出的一条新的农业发展途径。石油农业是20世纪30年代以来，以石油为原料加工生产出各种化肥、农药并大量引入农业，走上一条以高投入、高产出的开放式循环和集约化经营为基本特征的石油农业道路。石油农业的弊端到20世纪60年代以后就逐渐暴露出来了。概括起来有：①石油农业能耗过高，加剧了能源紧张的矛盾。②由于大量施用化肥，减少有机肥，以及大型农业机械器具的反复作用，使土地结构破坏，加剧了水土流失和风蚀，导致和加剧了土地资源的破坏。③施用的化肥有相当大的部分随着水土流失进入水体、土壤中，污染了水质，残留的农药不仅对土壤中的无脊椎动物和微生物产生了巨大危害，还造成食物污染，影响人体健康。④经济效益随着燃料、化肥、农药价格上涨而不断下降。

农业的可持续发展内涵可以表述为：通过重视可再生资源的利用、更多地依靠生物措施来增加土壤肥力，减少石油能源的投入，在发展生产同时，保护资源、改善环境和提高食物质量，以实现农业发展。为此，推广应用如下技术。

① 水土保持耕作技术。包括免少耕、等高线耕作、垄作密植等。其中最有效的是免少耕法。

② 病虫害综合防治技术。即综合应用化学、生物、栽培和竞争防治手段，避免单一使用化学农药的方法，以减少农药的使用量，尤其避免使用残留量大的剧毒农药，以尽可能减少农药对环境的污染。

③ 节能和生物质能源利用技术。实行谷物作物和豆科作物轮作，建立农牧结合的农作制度。通过豆科的固氮作用和有机肥的运用来降低化肥、农药的使用，从而节约石油能源，降低生产成本。

④ 转基因技术。通过转基因技术，对农作物、畜禽品种和水产品的基因进行改良，可以使粮食产量大幅度提高，满足人口增长对粮食的需求，还可以提高农产品的品质以及抵抗病虫害和恶劣环境的能力。此外，还有通过建立温室、塑料大棚等人工控制的农业设施，提高农作物的光能利用率。因此持续农业是利用高新技术进行农业生产，也是绿色技术最基本的重要内容。

自1980年世界自然与自然资源保护联盟第一次提出“持续发展”的概念以后，1987年7月，世界环境与发展委员会等国际组织提出“2000年转向持续农业的全球政策”。1991年4月，联合国粮农组织在荷兰的丹波斯召开了持续农业与环境会议，把持续农业和农村发展联系起来。在一些国际组织的推动下，发展持续农业已成为全球的共同行动。

二、生态农业

生态农业是可持续农业的一种模式。生态农业是运用农业生态学原理和系统科学方法，将现代科技成果与传统农业精华结合起来而建立的具有高功能、高效益的农业生产体系。

生态农业符合以下最基本的生态学要求：①生产结构的确定、产品布局的安排等都必须做到因地制宜，和当地的环境条件相匹配；②在能量和物质的利用上，要做到有取有补，维护生态平衡；③在利用可再生资源的同时，不可超过其可再生程度，同时要注意抚育和增殖自然资源，使整个生产的发展走向良性循环；④对不可再生资源的利用，应减少到最低程度。

生态农业作为一个人工生态系统，是一个统一的有机整体。就其性质来讲，具有以下基本特征。

1. 光合作用产物综合利用合理

按照生态学的“食物链”规律及其量比关系和物种共生等原理，提高绿色植物光合作用的利用率，从而得到更多的产出。例如，典型的立体种养生态工程，将植物栽培与动物养殖置于同一空间或相近空间，使之相互促进，资源共享。主要形式有基塘系统、稻田养鱼及其他立体种养系统。稻田养鱼是利用稻鱼共生、稻养鱼、鱼促稻的互惠关系而建立的人工种养系统。稻田提供丰富的天然营养物质如大量杂草、浮游动植物和光合细菌等为鱼类生长所用，而鱼在稻田中觅食和运动的过程中给水稻创造了良好的生态环境。因此稻田养鱼能够促进水稻增产，同时，农药化肥用量减少，降低了生产成本，提高了经济效益，改善了稻谷质量和环境质量。

2. 生物产量高

为了使单位面积上的生物产量高，必须使物种和品种因地制宜，而且转化率要高，彼此之间结构合理，相互协调。例如，始于 20 世纪 80 年代目前正逐步兴起的农林复合生态工程，是根据自然规律，采取乔木、灌木等林木与草本植物（包括农作物、牧草及其他草被）复合种植，成为充分发挥自然资源的生产潜力，合理利用土地、增加生产、增加财富的一项高新技术种植业。主要形式有林粮间作，果桑、粮、菜间作，林药复合系统和竹林复合系统。一种典型的林粮间作是在我国华中和华北地区广泛推广的泡桐树下间作小麦，总体上大大提高了农田的经济效益。

3. 生物能源利用率高，经济效益好

沿着“加工链”（农副产品加工的顺序）进行深度加工可使物质多次增值，提高生态效益和经济效益。例如，按生态工程原理建立生态住宅和生态庭院，充分利用空间和生物能源，实行种植和养殖结合，增加经济收入。浙江全畈村吕新岩设计建造的生态住宅有三层结构，底层建沼气池、水泵房、鸡猪舍和家庭工副业生产用房，屋顶培土种植蔬菜、瓜果、花卉；住宅四周种植柑橘和葡萄，还设有水箱、沼气池和鱼池。利用生活垃圾和人畜粪便制造沼气，供家庭热能和照明等。沼液澄清后可用于浇灌蔬菜、瓜果。这种生态住宅，实现了住宅多功能化，达到了人工生态、经济效益的良性循环。

4. 动态平衡最佳

生态农业保持的生态平衡，是螺旋式向前发展的最佳动态平衡。

在我国提倡生态农业和建设生态农业工程意义深远：①生态农业吸收了我国传统农业和石油农业的优点，大大提高了农业生产水平和可持续发展能力，加快了我国农业现代化步伐。②有利于保护和合理利用农业资源，改善生态环境。发展生态农业，要进行全面的国土规划，合理布局农业生产、调整农业产业结构，这样既充分发挥资源优势，又注意保护农业资源，减少对生态环境的污染和破坏，促进生态系统良性循环。③有利于提高农业生产的经济效益，帮助农民脱贫致富。只有摆脱落后的农业生产方式，发展生态农业，实行多种经营，农林牧副渔全面发展，才能满足人们对优质农产品不断增长的需求，不断提高农民的经济收入，发展农村经济。④有利于开发农村的人力资源和提高农民的素质。生态农业是技术密集型农业，在发展生态农业的过程中，将促进农民努力学习现代农业科学知识，掌握先进的农业生产技能，从而提高农民的素质。

三、有机农业和有机食品

20世纪60年代以来，有机农业在世界范围内兴起。有机农业是一种不用化学合成的肥料、农药、生长激素、抗生素、畜禽饲料添加剂等物质，也不使用基因工程生物及其产物的生产体系，其核心是建立和恢复农业生态系统的生物多样性和良性循环，以维持农业的可持续发展。在有机农业生产体系中，作物秸秆、畜禽粪肥、豆科作物、绿肥和有机废弃物是土壤肥力的主要来源；作物轮作及各种物理、生物和生态环境保护措施是控制杂草和病虫害的主要手段。

有机食品即纯天然食品，指生产环境未受到污染，生产活动有利于建立和恢复生态系统良性循环，在原料的生产过程中不采用化肥、农药、生长激素等化学合成物质，不采用其他不符合有机农业原则的技术与材料，生产技术不采用基因修饰技术，在加工过程中不使用人工色素、防腐剂和其他添加剂等，以保证食品不受污染。有机食品认证比绿色食品更为严格，绿色食品的生产过程中还允许限量使用限定的化学合成物质，而有机食品则完全不允许使用这些物质。

1972年，世界最大的有机农业组织——有机农业运动国际联盟在法国成立。经过多年的努力，这个组织已经拥有600多个集体会员，分布在90多个国家，成为当今世界上最大、最权威、代表性最广泛的国际有机农业机构。在该组织的领导下，在广大农民、非政府组织和多国政府的共同努力与推动下，有机农业正在世界范围内迅速发展成为一个新兴产业。

有机食品是真正的无污染、纯天然、高品位、高质量的健康食品，因此越来越多消费者的消费意识正在悄然发生变化，愿意以较高的价格去购买。这样，一些有机食品生产者就可以得到较高的收入，有机食品也有了发展的空间。但是与普通食品相比，通常有机食品的产量比较低，成本、价格都较高，而并非所有的消费者都愿意付出那么高的价格，这使得有机食品的发展受到一定限制。

第三节 环境保护产业

环境保护产业是国民经济中以防治环境污染、改善生态环境、保护自然资源为目的，进行的技术开发、产品生产、商品流通、资源利用、信息服务、工程施工等经济活动的总称，是防治污染和其他公害、保护和改善生态环境的物质和技术基础。

环保产品的种类极为广泛，大致可以分为以下几个方面：用于气体监测、水体监测、噪声监测、固体废弃物监测等方面的各类监测仪器设备；防治大气污染、水体污染、噪声污染和固体废弃物处理以及污染事故应急处理的各种设备、工程和技术；关于农业生态、工业生态、环境绿化、区域及流域生态建设、水土流失防治、土壤沙化和盐碱化整治、野生珍稀动植物繁殖等各类应用领域的技术开发、信息和相关服务。

一、发展环境保护产业的意义

1. 为保护环境提供技术和物质保障

在21世纪，环境问题仍然是世界各国关注的热点。我国是一个发展中大国，面临的环境形势仍然十分严峻，主要污染物排放总量虽然得到一定程度的控制，但仍处在相当高的水平，远远高于环境承受能力。环境问题已经对我国经济的可持续发展构成了直接威胁。

环境污染是发展不当造成的，也必须在发展中解决。为此，大力发展环境保护产业已成为我国的一项基本国策。通过经济结构的战略性调整，从根本上解决结构性污染，减轻环境污染和生态破坏的压力。农业发展生态农业、有机农业；企业实施 ISO 14000 管理，并实行清洁生产，建立生态工业园区。同时还要大力发展环境保护产业，为工业污染防治、清洁生产、城市综合整治和生态环境保护提供技术先进、优质、高效、经济和配套的技术装备、产品信息、咨询和服务体系，使环境保护目标的实现有可靠的技术和设备、服务的支持。这也是为实施可持续发展提供物质基础。

2. 环保产业已成为我国经济发展的一个新的增长点

随着环境保护力度不断加大，主要污染物排放总量显著减少，实现化学需氧量、二氧化硫排放、氨氮、氮氧化物排放总量不断削减；城乡饮用水水源地环境安全得到有效保障，水质大幅提高，重金属污染得到有效控制，持久性有机污染物、危险化学品、危险废物等污染防治成效明显；城镇环境基础设施建设和运行水平得到提升；生态环境恶化趋势得到扭转；核与辐射安全监管能力明显增强，核与辐射安全水平进一步提高；环境监管体系得到健全。这就是发展环保产业巨大的市场需求，同时是我国经济发展的一个新的巨大的增长点。所以，要大力发展环保产业，促进我国经济健康发展，以适应世界贸易中出现的“绿色壁垒”，使我国的环保产业成为 21 世纪主导产业之一。

总之，环保产业作为一个具有强大生命力的新兴产业，无论是在发达国家，还是在发展中国家都得到了重视和快速发展，其在国民经济中的比重不断增加，在经济生活也占据越来越重要的地位，成为新的经济增长点。

二、我国环境保护产业现状

我国环境保护产业开创于 20 世纪 70 年代初期，经过多年的发展已初具规模。环保产业已进入大发展的重要战略机遇期。“十一五”以来，我国的环保产业规模不断扩大、产业水平迅速提升、产业结构日益完善，在国家环境治理和环保政策措施的驱动下，环保产业得到迅速发展。据专家测算，其年均复合增长率达到 15%～20%，2011 年全国环保产业（包括综合利用部分）的收入总额超过 13170 亿元。同时，环保技术装备水平大幅提升、节能环保产品市场份额逐步扩大，将建立起全方位的环保服务体系。

目前从企业数量和产值看，我国环保产业正处于高速成长期，已拥有一支具有一定数量、专业比较齐全的研制及设计能力的环境保护产业队伍，已能够开发生产一批具有一定水平的环境保护技术和产品。这些技术和产品已广泛应用于废水、废气、废渣、烟尘和噪声污染的治理，环境监测，废弃物资源化和资源综合利用等领域。一些产品已出口海外，出现在国际市场。但是，从总体水平上看，我国环境保护产业基础还比较薄弱，存在一些亟待解决的问题。

（1）产业的规模偏小，技术和产品单一，缺乏统一的协调和管理。从成套设备生产的情况看，主要集中在水、气、声、渣四个系列中。往往数千家企业蜂拥在一个领域中。而在广阔的其他领域中，产业发展难以满足社会需求。与此关联的重大缺陷是，我国环保产品的服务含量较低，企业难以满足用户在信息和咨询方面的需求。环境保护产业部门多，条块分割，缺乏统一的发展规划和目标，国家缺乏对其发展的宏观调控手段。

（2）环境保护产业技术水平较低，研究与生产应用脱节，由此造成产品和工程高技术含量低，产品系列化、标准化程度更低。这些问题已成为我国污染防治设施效率低下的重要原因，并严重影响环境保护投资的效益。

(3)环境保护产业企业结构不合理。这主要表现在我国环境保护产业企业以中小企业主，占95%以上。这些企业普遍存在着技术力量薄弱且分散、资金短缺等问题，结果造成规模经济效益差，产品生产成套化、系列化程度低，产品质量低劣，不能满足环境保护的需求。

以上问题与我国环境保护事业发展是不相适应的。解决这些问题是促进环境保护产业发展的当务之急。

三、我国环境保护产业的未来发展

1. 加大政府环境管理力度，进一步完善发展环保产业的方针政策

环保产业发展的空间，很大程度上取决于政府环境管理的效率和保护环境的决心。这是环保产品与普通商品之间的重大区别。政府在“三同时”、排污收费、限期治理等方面措施得力，环保产业的空间就会随之扩大。由此道出了环保产业健康发展的两个条件，一是政府在环境整治和管理的力度不断加大，如果做到这一点，环保产业的规模会以高于国民经济增长的速度增长。二是政府的环境政策不应该出现大的反复，这是保证环保产业稳定发展的重要条件。《中国21世纪议程》明确指出了产业结构的调整将把环境保护产业列入优先发展领域，建立环境保护产业的生产流通秩序和适用合理的产品结构，开发和推广先进实用的环境保护设备，积极发展绿色生产，建立产品质量标准体系，提高产品质量。

2001年6月，我国发布了《关于加快发展环保产业的意见》(以下简称《意见》)。《意见》共分七个部分：①统筹规划，明确思路，突出重点；②强化产业政策导向，加快结构调整，促进环保产业升级；③依靠科技进步，提高环保技术装备水平；④加强监督管理，规范环保产业市场；⑤实行优惠政策，鼓励和扶持环保产业的快速发展；⑥积极创造条件，拉动环保产业市场的有效需求；⑦加强组织领导，充分发挥有关部门和中介组织作用。《意见》为我国发展环保产业提出了基本思路：坚持以市场为导向、以科技为先导、以效益为中心、以企业为主体的原则；强化以政策为中心，以企业为主体的原则；强化政策引导，依靠技术进步；培育规范市场，加强监督管理，加大环境执法力度，逐步建立与社会主义市场经济体制相适应的环保产业宏观调控体系；统一开放、竞争有序的环保产业市场运行机制，促进环保产业健康发展，为环境保护提供技术保障和物质基础，以适应日益严格的环保要求对环保产业的需求，并使其成为新的经济增长点。以上是我国现阶段发展环保产业的基本方针政策。有《中国21世纪议程》总纲领和《意见》的具体指导，我国的环保产业一定会蓬勃发展。

2. 进一步完善环境保护法律法规体系建设，推动环保产业的发展

为防治污染，保护生态环境和自然资源，我国已经出台、实施了一系列环境保护和资源管理的法律法规。到2000年，我国就已颁布了6部环境保护法律，9部自然资源管理法律，30多部环境保护与资源管理行政法规，30多部与可持续发展相关的其他法律和行政法规，395项各类国家环境标准，600多项地方环境保护、资源管理法规，初步形成了适合我国国情的环境与资源法律体系。不仅为有效保护环境和自然资源提供了法律依据和法律保障，也在具体实施和执行各项环境保护法律法规、制度和标准的过程中，开发出对各种污染物的处理、处置技术，形成对设备、产品、工程信息服务、咨询服务等市场的需求，推动环保产业的发展。

3. 国际的交流与合作为我国环保产业的发展提供了优良环境

自1992年6月联合国环境与发展大会以后，世界各国对保护全球环境达成了共识并表现出强烈的合作意向。至今，已有135个国家对中国环保市场实行开放政策。一方面，为积极开展国际环境保护产业的交流与合作提供了良好的契机，通过交流与合作，有针对性地引

进国外先进的环保技术和产品，不断提高我国环境保护产业产品的技术水平和国际竞争力；另一方面，市场的开放必将加剧我国环保市场的竞争，而众所周知，在符合游戏规则的条件下，合理有序的竞争是技术进步、质量提高和价格下降的动力，没有正常竞争，一个产业是不会健康发展的。随着环境保护事业的不断深入，环保市场的竞争必将促进环保产业的全面发展。

第四节　绿色生活

现代社会人们更加重视生活质量，对衣、食、住、行各个方面都有更高的要求。绿色纺织品的出现使服装面料更趋天然；食品安全日益受到广泛关注，而生态农业和绿色食品是实现食品安全的最佳途径，绿色食品风靡全球，它提醒消费者购买商品时不仅要考虑商品的价格和质量，还应当考虑有关的环境问题；家居环境的自然、和谐、无污染不仅为人们的起居住宿提供必要的条件，更为重要的是可以使人类健康地生存和发展。

一、绿色食品

1. 绿色食品的含义

绿色食品是无污染、安全、优质的营养类食品的统称。绿色食品是绿色技术的一个重要部分，也是绿色企业的最终目的之一。绿色食品中不能含有对人体健康有毒害的物质，其中农药残留量、重金属含量、有机污染物和细菌含量必须低于一定标准。但绿色食品允许在生产中使用一定量的限定的对人体健康无害的人工合成化学物质，包括化肥、非高毒性农药、食品添加剂和饲料添加剂等。

绿色食品的生产包括从绿色食品基地的选择、绿色植物和动物的生产技术到绿色食品贮藏、保存和加工技术等一整套技术。在全程生产技术中，都要具备绿色食品的要求。

首先绿色食品产地必须符合生态环境质量标准。在绿色食品生产基地，空气中的污染物浓度限值必须达到国家规定的一级标准，农田灌溉水水质达到国家规定的二级标准，土壤中有毒有害物质如汞、镉、铅、铬等必须低于一定的浓度值。

其次，植物生产是为绿色食品提供初级原料、保证食品无污染的首要环节。应选用抗逆品种并改进栽培措施；采用综合防治病虫草害，严禁使用高毒性农药，如有机汞制剂、有机氯制剂等；植物生长区域没有直接或间接污染源以防止受到污染。合理使用农药、化肥，如一些蔬菜应该在施药后的一定时间后采摘。

有选择性地养殖适应本地条件的畜禽进行饲养，创造良好的卫生条件，合理地喂养，对动物疾病的治疗尽可能用植物疗法和中医疗法。严格控制在常规条件下使用人工合成的预防性药物。这样才能保证动物食品有较高的质量。

最后，对已生产开发出来的绿色食品，在加工、贮藏、包装、贮运等过程中，同样要防止受污染而影响食品质量。为此，要保证良好的贮藏条件，严禁受到放射性物质或潜在性有害人工合成化学品的污染。加工场所要具备良好的卫生条件，还要符合国家规定的车间空气质量标准，加工过程中不能使用国家明令禁用的色素、防腐剂等添加剂。包装材料要具备安全无污染的条件和防止污染的措施，达到密封要求。绿色食品加工企业，必须具备良好的仓储保鲜保质设施，具备必要的检测仪器设备和手段，从原料到成品，必须检测合格后才能加工生产和允许产品出厂，以确保产品质量。

2. 我国绿色食品发展现状

我国于1990年正式开始发展绿色食品。1993年，国务院制定的《九十年代中国食物结构改革与发展纲要》中提出要大力发展绿色食品，在国家积极倡导和农业部大力支持下，成立了中国绿色食品发展中心，在历时 10 多年的时间里，建立和推广了绿色食品生产和管理体系，并且取得了积极成效，目前仍保持较快的发展势头。1995 年，我国颁布了《土壤环境质量标准》(GB 15618—1995)。1996 年，中国绿色食品发展中心在中国国家工商行政管理局完成了绿色食品标志图形、中英文及图形、文字组合等 4 种形式，在 9 大类商品共 33 件证明商标的注册工作；中国农业部制定并颁布了《绿色食品标志管理办法》，完成了《绿色食品产地环境质量现状评价纲要（试行)》，标志着绿色食品作为一项拥有自主知识产权的产业在中国的形成，同时也表明中国绿色食品开发和管理步入了法治化、规范化的轨道。

根据我国农业、食品工业生产加工及管理水平，我国绿色食品分 AA 级和 A 级，AA 级绿色食品指食品生产过程中不使用任何有害化学合成物质，即完全按照有机食品生产方式进行生产，A 级绿色食品指生产过程中允许限量使用限定的化学合成物质。

为了加强对我国绿色食品生产的管理，促进绿色食品的健康发展，保证绿色食品的质量，我国实施“绿色食品标志”。凡按照绿色食品生产方式生产，符合绿色食品标准的产品，经绿色食品管理部门——中国绿色食品发展中心认定，将取得绿色食品标志商标使用权。绿色食品是一个非常庞大的食品家族，主要包括粮油、蔬菜、水果、畜禽肉类、蛋奶、水产品、酒类、饮料类等系列。绿色食品包装上使用绿色食品标志，同时使用以 LB 开头的绿色食品的编号，可以将其看作“身份证号码”，每一个绿色食品的编号是唯一的。只有包装上绿色标签和绿色食品编号两者齐全的食品才称得上真正的绿色食品。未被批准的绿色食品不允许使用绿色食品标志及编号。绿色食品标志图形由上方的太阳、下方的叶片和中心的蓓蕾组成，象征自然生态；标志图形为正圆形，意为保护、安全；颜色为绿色，象征着生命、农业、环保。AA 级绿色食品标志与字体为绿色，底色为白色，A 级绿色食品标志与字体为白色，底色为绿色。整个图形描绘了明媚阳光照耀下的和谐生机，告诉人们绿色食品是出自纯净、良好生态环境的安全、无污染食品，能给人们带来蓬勃的生命力。绿色食品标志还提醒人们要保护环境和防止污染，通过改善人与环境的关系，创造自然界新的和谐。我国的绿色食品标志见图 6-1，常用的为图 6-1(b) 所示的绿色食品标志 2。

(a) 绿色食品标志1

(b) 绿色食品标志2

(c) 绿色食品标志3

(d) 绿色食品标志4

图 6-1 绿色食品标志

绿色食品标志商标作为特定的产品质量证明商标，已由中国绿色食品发展中心在国家工商行政管理总局注册，其商标专用权受《中华人民共和国商标法》保护。凡具有生产绿色食品条件的单位和个人自愿使用绿色食品标志者，须向中国绿色食品发展中心或省（自治区、直辖市）绿色食品办公室提出申请，经有关部门调查、检测、评价、审核、认证等一系列过程，合格者方可获得绿色食品标志使用权。标志使用期为 3 年，到期后必须重新检测认证。这样既有利于约束和规范企业的经济行为，又有利于保护广大消费者的利益。

二、绿色纺织品

绿色纺织品通常是指不含有害物质的纺织品，对人体应绝对安全；同时在生产使用和废物处理过程中，对人类也没有不利因素和影响。由绿色纺织品和“绿色”印染整理加工两部分组成。

1. 绿色纤维

主要有天然彩色棉纤维、Lyocell 纤维、聚乳酸纤维和甲壳素纤维等。

天然彩色棉是运用基因工程使原棉纤维自身具有天然色彩的棉花新品种，具有色泽自然、古朴典雅、质地柔软、富有弹性、穿着舒适等特点。不仅色度丰满，而且不会褪色。用天然彩色棉纤维制成的各种纺织品不需要经过化学印染工艺过程，不仅节省了染料，更重要的是没有“三废”排放，不会造成环境污染，真正实现了从纤维生长到纺织成衣全过程的“零污染”。

目前已能够生产出的彩棉品种很多，如有红、黄、绿、棕等 10 种颜色，但用于生产的彩棉只有淡绿和淡棕两种颜色，更多的色彩将通过进一步研究，逐步推向市场。《天然彩色棉制品及含天然彩色棉制品通用技术要求》（GB/T 20393—2006）对天然彩色棉制品及含天然彩色棉制品的定义、含量等有明确要求。

Lyocell 纤维是由国际人造丝及合成纤维标准协会对以 NMMO 溶剂法生产的标准命名。以 NMMO 溶剂法生产的 Lyocell 纤维是一种不经化学反应生产纤维素纤维的新工艺，其原料来自于自然界可再生的速生林，不会对自然资源造成掠夺性开发，整个生产过程形成闭环回收再循环系统，没有废料排放，对环境无污染，制成品在使用废弃后可在自然条件下自行降解。

聚乳酸纤维是采用玉米、小麦等原料经发酵转化成乳酸，再经聚合、纺丝而制成的。聚乳酸纤维在使用废弃后可在土壤或水中微生物的作用下分解成二氧化碳和水，然后在光合作用下，又可再次转化为淀粉的原始材料。从生产到废弃消亡的全过程是自然循环的，对环境不会造成污染。聚乳酸纤维制成的服装于 2004 年已经上市。

甲壳素纤维是一种动物纤维素，存在于虾、蟹、昆虫等的甲壳。将虾、蟹等的甲壳粉碎干燥，经脱灰、去蛋白质等化学和生化处理得到甲壳粉末——壳聚糖，将其溶于适当溶剂中，采用湿法纺丝工艺制成甲壳素纤维。这种纤维有很多优良性能，使用废弃后可自然生物降解，对环境不会造成污染。

2. 纺织品的“绿色”染整

获得绿色纺织品的关键环节在于纺织品的印染整理加工，“绿色”的染整工艺主要指应用无污染的化学品与替代技术的工艺，从原料纤维纺纱开始到面料的织造、服装加工的整个纺织品生产过程中，不会对环境造成不利的影响。

在前处理时，采用生物酶技术和高效短流程一步法前处理工艺，不仅减少了能源消耗，又可大大减少废水、废气的排放，生产废水中 COD、BOD 下降十分明显。

在染色阶段，天然染料染色与合成染料相比优点很多，大多数天然染料与环境生态相容性好，可生物降解，毒性较低，减少了煤和石油等生产合成燃料原料消耗。使用非水和无水染色是减少染色废水的重要途径，大大降低水资源的消耗，且无废水产生，利于保护环境。新型涂料染色工艺和转移印花工艺的研究使染色印花技术越来越先进，基本消除了污水排放。

在整理阶段，化学整理剂的毒性和危害逐渐暴露出来，新的“绿色”整理工艺如生物酶整理和无甲醛整理正在开发和研究中。

三、绿色消费

近年来，绿色消费的呼声越来越高，绿色消费已逐渐走进人们的生活并被人们所接受。

绿色消费与绿色产品密不可分，它也代表了一种新的消费观念。

1. 绿色产品

绿色产品又称环境标志产品，即符合环境标准的产品，无公害、无污染和有助于环境保护的产品。不仅产品本身的质量要符合环境、卫生和健康标准，其生产、使用和处置过程也要符合环境标准，既不会造成污染，也不会破坏环境。

绿色产品需要权威的国家机构来审查、认证，并颁发特别设计的环境标志（又称绿色标志、生态标志等），所以绿色产品又称为环境标志产品。各国设计了本国的环境标志。1978年，原联邦德国首先实施了环境标志。加拿大、日本于1988年，法国于1991年相继开始对产品进行环境认证并颁发类似的标志，加拿大称之为“环境的选择”，日本则称之为“生态标志”。丹麦、芬兰、冰岛、挪威、瑞典于1989年实施了统一的北欧标志。欧洲联盟于1991年实施生态标志计划。

图 6-2　中国环境标志图形

1993年8月，中国国家环保局正式颁布了中国环境标志图形。中国环境标志图形如图6-2所示，由青山、绿水、太阳及十个环组成。环境标志图形的中心结构表示人类赖以生存的环境，外围的十个环紧密结合，环环紧扣，表示公众参与，共同保护环境。同时十个环的“环”字与环境的“环”同字，寓意为“全民联合起来，共同保护人类赖以生存的环境”。

作为绿色技术理论体系中的一个概念，绿色产品应有更深层次的理论含义。

首先，绿色产品的概念应当从产品生命周期的角度来把握。即要对产品生命周期的各个环节进行综合评价，只有当其综合效益对环境和健康有益时，才能称得上是真正的绿色产品。

其次，绿色产品的概念应当在绿色技术理论体系的总体范围中来把握。绿色技术的理论体系中包括绿色观念、绿色设计、清洁生产、绿色标志、绿色管理、绿色产品等一系列相互联系的概念。在这些概念中，不能把绿色产品简单地看作只是最后的成果，而更应当理解为是整个理论体系的目标，对其他各个概念具有指导意义。对于某种在环境或健康影响方面尚不够完善的产品，应当从绿色观念出发，以提升环境和健康效益为目标，积极利用科学技术的新成果，通过产品设计、生产技术、管理优化等手段发展绿色产品。

显而易见，在绿色技术的理论体系中，绿色产品不仅仅表示一个有利于环境和健康的产品形象，也不仅仅是生产过程的一件最终产品。绿色产品在绿色技术理论体系中处于中心指导地位；它处于科学技术与环境保护的结合点，科学技术成果通过绿色产品的要求在环境保护和可持续发展的进程中体现出来。总之，生命周期评价应以发展绿色产品为目标，设计、生产、管理等都应以发展绿色产品为前提，都要体现绿色产品的要求和内容。

2. 绿色消费观念

（1）一次性产品的消费观念　很多人喜欢用一次性产品，如一次性筷子、一次性餐盒、方便袋等，认为它们既方便快捷又卫生，使用后也不用清洗，一扔了之。殊不知这样不仅浪费了大量资源，也会造成严重的环境污染和破坏。

以一次性筷子为例。一次性筷子是以木材或竹材来制造的，然而，正是这种吃一餐就扔掉的东西正在加速对森林的毁坏。森林是二氧化碳的转换器，也是降雨的发生器，是洪涝的控制器，是生物多样性的保护区。这些功能绝不是生产一次性筷子所得的效益能够替代的。根据我国政府的统计数字，中国目前每年生产和丢弃的一次性筷子达450多亿双，在这个过程中需要砍伐多达2500万棵树。而每双一次性筷子都需要经过漂白、防腐等处理，这些漂白剂、防腐剂的使用造成了环境的污染。消费一次性筷子的同时导致大量森林资源的浪费，而自然资源是有限的，特别是绿色环境，随着树木的减少，水土流失造成自然生态环境的极大破坏，如土壤沙化、洪涝灾害等。

（2）洗涤用品的消费观念　生活中品种繁多的洗发水、沐浴液、洗洁精等均属于经过一定化学加工的合成洗涤剂，由于良好的清洁效用，一直大受欢迎。全世界每年消费掉 4300 万吨洗涤用品，合成洗涤剂就占到 3500 万吨。

以含磷洗涤用品为例。日常用的洗衣粉中对去污起很大作用的是磷酸钠这种助剂。由于它在水的软化、固体污垢分散、酸性污垢去除等多方面的独特作用，人们对它的用量也逐渐加大。相应的问题随之而来，因为磷酸钠在完成使命后随污水被排入各种水域，造成了水体的富营养化。

所谓水体富营养化是指人类排放进水域的工业污水、农业污水、城市污水中有大量的磷、氮和有机物质，造成营养物质积聚，使水生动植物无节制地生长和繁殖，这样将会耗尽水中的氧气，使水体变色，水质变坏，最终使水生动植物大面积消亡。死亡腐烂的藻类使水体彻底丧失使用功能。

含磷洗涤用品严重影响人体健康。使用高磷洗衣粉时，由于它对皮肤的直接刺激，手和手臂会产生烧疼痛的感觉，而洗后晾干的衣服又让人瘙痒不止。近年由于高磷洗衣粉的直接、间接刺激，手掌疼痛、脱皮、起泡、发痒、裂口成为皮肤科的多发病，并且经久不愈；而合成洗涤剂也已成为接触性皮炎、婴儿尿布疹等常见病的刺激源。正由于此，一些医学专家指出，“禁磷”是环保课题，更是关乎人体健康的医学课题。

又如常用的家用清洁剂，因其去污效果明显，又有方便和节约能源的好处，已广泛应用到生活的各个方面。但如果使用不当也会危害人体健康。如果每天吃下残留在食物或餐具上的清洁剂，积少成多，也会对人体的肝脏有所损害。常使用清洁剂的人时常感到手部有干裂及发紧的现象，这是因为界面活性剂会吸收皮肤的油脂，尤其是强力去污粉及洁厕剂，所含的化学成分更容易损伤皮肤。

很多人错误地认为增加洗洁精的用量可以清除餐具上的细菌，其实是一种错误想法。目前市售普通餐具洗洁精不具有消毒作用，只能机械地消除餐具上的一部分细菌，且清除率非常低。相反还极易感染细菌，这些细菌可依附碗碟上的洗涤剂残液进入人体。还有人把多种洗涤剂、消毒剂混合使用，认为这样去污、清洁效果更佳，殊不知这样对人体健康危害更大。专家告诫：洁厕粉绝不能与漂白粉、消毒剂一起混合使用，否则产生有毒氯气，使人的眼、鼻、咽喉受到不良刺激，严重者还会烧伤肺部。

正确使用洗涤剂，要注意这样几点：用洗涤剂清洗餐具后，一定要用清水充分冲洗；家居应慎选清洁剂品牌，避免使用合成洗衣粉，最好选用无磷、无苯、无荧光增白剂的肥皂粉，或是选用低磷、低苯洗衣粉，但使用时一定要漂洗干净；各种清洁剂要单独存放，单独使用，不可混合使用；注意使用方法，如用洗洁精洗蔬菜、水果时，洗涤液浓度应为 0.2%，浸泡时间 5 分钟为宜，浸泡后还需反复用流动清水冲洗。

倡导绿色消费，对于政府，要采取必要的有效措施提高绿色产品的竞争力，扶持绿色产品的发展；对于消费者个体，就需要一种生活习惯的转变、一种生活态度的转变和一种生活观念的转变。

四、室内空气污染和控制

居室环境污染包括室内空气污染、家用电器污染、视觉污染及其他居室活动产生的污染，其中尤以室内空气污染最为严重。这里主要讨论室内空气污染。室内空气质量与人类健康密切相关。随着人们生活水平的不断提高，室内空气污染带来的危害越来越严重。

室内空气污染是指因各种污染物质在室内积聚扩散而造成室内空气质量下降，危害人们生活、工作和健康的现象。

1. 室内空气污染的来源

室内空气污染的污染源很多，概括起来有两类：主要为室内污染源，其次是室外大气污染进入室内。

(1) 燃料燃烧废气　生活燃料燃烧后产生的废气是室内空气污染的重要来源。如燃料煤燃烧不完全时，产生大量的CO、CO_2、SO_2、NO_x、氟化物、醛类、苯并[*a*]芘、可吸入颗粒物等污染物。这些污染物均具有很大毒性。如CO会对人体内含铁呼吸酶产生抑制，影响组织呼吸功能，使心血管和中枢神经系统受损，血液中CO浓度大时，可出现头晕、脑涨、耳鸣、心悸等症状，严重的可发生昏迷；燃煤产生的空气颗粒物能够引起致突变性；SO_2刺激性强，长期吸入较高浓度的SO_2可引起慢性支气管炎、慢性鼻窦炎，最终可导致慢性阻塞性肺部疾患。家庭中使用有烟煤人群产生呼吸道症状的危险性远高于使用无烟煤者，主要因为烟煤产生SO_2的浓度远远高于无烟煤。

煤气和石油液化气的燃烧也会使室内空气质量下降，在各种燃气中天然气相对而言是最为清洁的能源，污染较小，应提倡推广使用。

(2) 烹调油烟　各类食用油高温烹调时，油脂、蛋白质发生剧烈化学变化，产生的裂解产物可达200多种。主要有醛类、酮类、烃类、脂肪酸、芳香族化合物和杂环化合物如杂环胺等。烹调油烟对人体具有遗传毒性、免疫毒性、肺脏毒性及潜在致癌致畸作用。

(3) 人类室内活动　吸烟、呼吸及生理代谢的产物是人类活动引起室内空气污染的主要污染物。每天主动或被动吸入大量烟雾，严重危害人体健康。烟草燃烧温度在800～1000℃时，可产生5000多种气态和颗粒状有害物，其中气态有害物占总量90%以上，主要是CO、NO_x、H_2S、NH_3、烷烃、烯烃、芳香烃、含氟烃等。其中极有害的成分是多环芳烃和亚硝基化合物如亚硝胺，它们是致癌物质。一支香烟产生的烟气中焦油可达30mg。吸烟3～7min就可使室内空气中负离子浓度明显下降或消失，长期处于这种环境可诱发支气管炎、肺气肿、心血管疾病和癌症等多种疾病。

此外，在室内饲养家禽或宠物，会使病原生物大量繁殖，导致呼吸道疾病明显增加或产生过敏反应。

(4) 装修和装饰污染　据调查，在建筑材料、装潢材料包括内墙及木器涂料、油漆、胶黏剂、人造板材以及家具中，能散发出500余种有毒有害化学物质，其中挥发性有机物(VOCs)占多数，甲醛、苯及苯系物、铅及其化合物、氨、放射性物质等是最主要的有害物质。

甲醛是室内装修最常见的污染物，甲醛是合成板材及配制装饰用壁纸黏合剂的必要成分，也存在于多种建筑用内外墙涂料之中。在这些材料装修过的房屋中，游离或老化生成的甲醛会缓慢释放，成为室内较持久的污染源。因而甲醛被称为室内游离“杀手”。甲醛是一种无色易溶的刺激性气体，长期接触低剂量甲醛可出现眼睛、皮肤和呼吸系统的刺激症状，引起慢性呼吸道疾病、妊娠综合征、新生儿体质下降、染色体异常；高浓度甲醛对神经系统、免疫系统、肝脏等都有损害，严重者可诱发鼻腔、口腔、咽喉、皮肤和消化道癌症。

苯及苯系物和颜料中所含的铅及其化合物与甲醛有类似的污染途径。苯是无色有特殊芳香气味的液体，轻度苯中毒可出现嗜睡、头痛、头晕、恶心、呕吐、胸部紧束感；重度苯中毒可出现视物模糊、震颤呼吸浅而快、心律不齐、抽搐昏迷等症状。甲苯、二甲苯等的毒害作用与苯相似，但对中枢神经作用比苯强，对造血系统作用比苯低。长期接触一定浓度的甲苯、二甲苯会引起慢性苯中毒，导致障碍性贫血，生殖功能受影响，导致胎儿的先天性缺陷等。颜料中的铅及其化合物可经呼吸道和消化道进入人体，主要中毒症状有头痛、头晕、失眠、记忆力减退、消化不良等。

室内装修所产生的另一类重要污染物是放射性物质，如铀、钍、镭、氡等。房屋建筑和装修时使用的天然花岗石、大理石、建筑水泥板填料以及泥沙等是这些放射性物质的载体。其中影响最严重的是氡，研究表明，氡对人体的放射性危害占人一生中所受全部辐射伤害的55%以上，其诱发肺癌的潜伏期多在15年以上，世界上20%的肺癌患者与氡有关，氡已被列为致癌的19种物质之一。放射性物质还可以引起基因突变和染色体畸变，从长远来看，这将对人类遗传产生极其不良的影响。

2. 消除或减少室内空气污染的有效对策

增加室内换气频度，这是减轻污染的关键性措施；在居室内及工作、学习的房间内拒绝吸烟；用煤或木柴等取暖的家庭，要经常检查炉灶，保持通风良好，严防不完全燃烧；讲究厨房里的空气卫生，尽量避免油烟污染；正确使用家庭化学剂；尽一切可能增加户外活动时间，并尽可能到环境好的去处；在室内摆放一些合适的花卉植物，可以有效消除或减轻装修带给人们的危害，根据科学家的研究，以芦荟、吊兰、常青藤、菊花、苏铁、龟背竹、天竺葵、万年青、百合、月季、蔷薇、杜鹃、虎尾兰等为最佳。其中，芦荟、吊兰、鸭跃草可吸收甲醛，菊花、常青藤、苏铁可吸收苯，菊花、万年青可吸收三氯乙烯，龟背竹、月季、蔷薇、杜鹃、虎尾兰可吸收80%以上多种有害气体，杜鹃花可吸收放射性物质，天竺葵、柠檬含有挥发油类，有显著的杀菌作用。

复习思考题

1. 从不同角度对能源进行分类，各举出实例说明。
2. 我国能源的生产、利用和保护存在哪些方面的问题？如何解决？
3. 何谓洁净煤技术？说明我国推广洁净煤技术的意义。
4. 何谓绿色能源？目前我国应着重开发哪些绿色能源？
5. 何谓绿色经济？与传统经济有什么区别？
6. 说明发展绿色经济的重要性。
7. 生态经济的主要特征有哪些？
8. 什么是生态农业？生态农业有哪些特点？
9. 什么是有机食品？
10. 为什么要发展环保产业？如何促进我国环保产业的发展？
11. 什么是绿色食品？怎样选择绿色食品？
12. 室内空气污染的主要类型有哪些？举例说明。

第七章
碳达峰碳中和

学习目标

【知识目标】了解环境问题发展的历史成因和现状；了解掌握“碳达峰碳中和”概念、目标及其意义；了解我国“碳达峰碳中和”战略思路和行动纲领；了解我国各行业“碳达峰碳中和”实施措施及成效。

【能力目标】提升环境科学素质水平，面对日常生活中的环境问题，主动思考实现“碳达峰碳中和”目标的路径和方法；能够明确各方面碳排放措施，自觉遵守碳排放要求，为降碳减排贡献力量。

【素质目标】树立正确的自然观、人生观、世界观和价值观，树立绿色发展和低碳的生活理念；展现中国精神、中国智慧和中国担当，加强全球生态环境保护和碳排放治理观；宣传国家政策及习近平生态文明思想，激发对“碳达峰碳中和”目标的认同感。

第一节 概述

环境是人们赖以生存的基础，随着世界各国经济的发展，由于人的生产生活活动而引发的生态环境问题日益严重，自然灾害频发，生态环境的恶化倒逼着人们重新审视生产方式，不断增强环境保护意识。目前，绿色低碳环保的生产生活方式成为世界各国的共同追求。

一、碳达峰碳中和概念的提出背景及定义

在距今约一万年前，人类对自然进行初步开发，农耕和畜牧成为主要的生产生活活动，人类通过创造适当的条件，从自然界中获得所需，自然环境处于生态平衡状态，几乎没有外来污染产生。

第一次工业革命时期以蒸汽机的诞生开始，采用蒸汽动力取代蓄力并被广泛使用，开始动力革命，工厂制代替了手工工场制，机器代替了手工劳动，煤炭作为主要动力来源而被大量使用，此时环境污染以空气污染为主，主要污染物为燃煤引起的二氧化碳、粉尘与含硫气体等。在此时期，西方国家率先发起改革，顺应工业革命的浪潮，不少西方国家发展壮大为世界强国，而工业中使用的煤炭等资源又造成了很多污染，作为工业革命的主要发源地——英国伦敦首当其冲，成为重污染城市。从 16 世纪初到 20 世纪中期，英国伦敦长期以来被严重的雾霾所笼罩，由此导致的呼吸道疾病骤增更是一度成为世界难题。“雾都”伦敦的形成有多方面因素的影响，除地理条件及环境因素外，工业革命所带来的空气污染便是罪魁祸首。为大力发展工业产业以及满足大部分家庭日常使用，煤炭的大量燃烧，导致了城市周边环境的迅速恶化，人们无法在伦敦黑雾中生存下来，纷纷搬迁至其他地区，伦敦“雾都”最

终对地区可持续发展形成严重阻碍。

第二次工业革命除了电气化之外，还大力进行材料开发，石油、电气、化工、汽车、航空等新兴工业部门崛起并迅速发展，整个工业市场的面貌焕然一新，汽车的出现，促使石油被大规模使用，相比第一次工业革命，除空气污染以外，此次革命还产生了严重的水污染、氧化氮及光化学污染等，二氧化碳排放量的剧增对环境造成了巨大的影响。光化学污染是指大量聚集的汽车尾气中的碳氢化合物在阳光作用下，与空气中的其他成分发生化学作用而产生臭氧、氮氧化物、醛、酮、过氧化物等的有毒气体。美国洛杉矶就曾发生过严重的光化学污染事件，早在20世纪40年代，洛杉矶就已拥有300万辆汽车，每天消耗约1000吨汽油，排出1000多吨碳氢化合物（C_xH_y 或 RC）、氮氧化物（NO_x）、一氧化碳（CO）等，另外，还有炼油厂、供油站等其他石油燃烧排放，严重的光化学污染使大量植被枯萎，作物减产，因呼吸系统衰竭死亡及罹患红眼病的人口数剧增，直接或间接导致国民经济受损。

第三次工业革命在空气、水土污染之外，又增加了辐射污染，即核污染与电磁波污染。不同于前两次工业革命的是，此次工业革命对污染物的排放以及环境污染影响的关注大为增强，更加注重对环境污染的控制与治理，环境治理初见成效，人们在环境治理与控制方面做着积极的努力，不断探索污染控制和处理方法，以防患于未然。

近几年来，全球温室气体年平均排放量处于人类历史最高水平，“创纪录的”大气温室气体浓度和热量累积已经将地球“推向未知的领域”，并对今世和后代、物种生存等产生深远的影响。世界气象组织（WMO）发布的**《2022年全球气候状况》**临时报告中指出，2020年全球温室气体浓度已达到新高，CO_2、CH_4 和 NO 的浓度分别比工业化高出149%、262%和123%，而这种增长在2021年仍在继续。在全球气候变暖的形势下，两极地区海冰范围已经达到历史最低点，冰川和冰盖损失不容乐观，冰川融化速度较21世纪初翻了一番，而这种融化，将会持续数百年甚至数千年，产生严重的水安全问题。在冰川融化、全球海洋变暖和海水热膨胀的共同作用下，自1993年以来，海平面上升速率翻了一番，自2020年1月以来，海平面已上升了将近10mm，卫星监测结果显示，仅在过去两年半的时间内海平面上升幅度就达到了近30年上升幅度的10%。除此以外，极端热浪、干旱和毁灭性的洪水影响了全球数百万人，由此引发的武装暴力冲突、经济衰退、粮食安全等问题不断冲击国家政治和经济的稳定，造成不同国家数以万计财产的损失。气候变化所带来的影响愈发严重。

人类活动和自然因素在不同程度上都可以引起全球变暖，科学数据证明，当前严重威胁人类生存与发展的气候变化主要是工业革命以来人类活动造成的二氧化碳排放所致，火山爆发和太阳活动等自然因素的影响几乎可以忽略不计，气候变化是人类面临的全球性问题，减少碳排放是一场广泛而深刻的经济社会系统性变革，是加快推进国家社会高质量、跨越式发展的必由之路。

早在2005年我国“十一五”规划纲要中就提出要节能减排，基于构建全球人类命运共同体理念，我国又于2020年9月在第七十五届联合国大会一般性辩论上，郑重地提出“碳达峰、碳中和”的目标，对“碳”含量的排放做出限制要求。

“碳达峰”“碳中和”这两个概念中的“碳”，实际上都是指二氧化碳，特别是人类生产生活活动过程中产生的二氧化碳。其中，“碳达峰”是指二氧化碳排放总量在某一个时间点达到历史峰值，这个时间点并非一个特定的时间点，而是一个平台期，期间碳排放总量依然会有波动，但总体趋势平缓，之后碳排放总量会逐渐稳步回落；“碳中和”则是指企业、团体或个人在一定时间内直接或间接产生的二氧化碳排放总量，通过二氧化碳去除手段，如植树造林、节能减排、产业调整等，抵消掉这部分碳排放，从而达到“净零排放”的目的。

二、实现碳达峰碳中和的意义

实现碳达峰碳中和目标，促进全球绿色低碳，是满足人民群众日益增长的优美生态环境需要，是促进人与自然和谐共生的迫切需要。对我国来说，实现碳达峰碳中和目标是紧迫而且必要的。一是体现大国担当，协同应对全球气候变化。应对全球气候变化是全人类的责任，在当前“百年未有之大变局”，全球经济体复苏的背景下，我国宣布碳达峰、碳中和目标和愿景，体现我国作为发展中大国的责任担当，也证明我国有能力、有义务，也有决心站上世界的舞台并发挥自己的作用。二是优化能源结构，改善国家能源安全。我国是一个“贫油富煤”的国家，需要大量依赖进口石油资源，资源的可利用性和生产、运输的不可控对我国的影响极大，随时可能因国际形势变幻导致中断，影响能源供应，危害国家安全。碳达峰碳中和对国家安全有利，符合国家核心利益。要实现碳达峰碳中和目标，势必要转变能源结构，大力发展清洁能源，这将减少我国对石油、天然气等化石能源的依赖，降低生产能耗，缩短我国经济发展进程，实现“弯道超车”。三是化解碳关税冲击，应对潜在贸易壁垒。我国作为全球最大的进出口贸易国，碳关税冲击不容小觑。欧美等发达国家已出台有关碳关税方案，如《欧盟关于建立碳边境调节机制的立法提案》《清洁能源安全法案》《美国碳费法案》等，意在建立新的贸易壁垒，根据《协调气候变化与贸易政策》研究报告，发达国家碳关税可能导致我国制造业出口规模削减 20%。我国大力发展碳达峰碳中和战略，完善碳税等治理体系，将进一步提高绿色生产制造技术含量，提升我国的国际贸易话语权，有利于减少贸易壁垒带来的冲击。四是发挥制造业优势，塑造全球领先地位。我国是制造业大国，推动低碳、零碳、负碳技术将有利于中国制造业发展，新型材料的研发和使用、提效增速等措施在一定程度上可大幅降低工业制造业生产成本，为我国新能源领域建设创造全球性竞争优势，甚至从某种意义上讲我国从能源进口国转化为了能源出口国。

但同时，要高质量、高标准地完成目标任务，对于我国来说是一项巨大的挑战。目前，我国是发展中国家中最大的能源消费国，可以预见的是，在朝向发达国家迈进的过程中，我国的能源消费量将持续增长，同时，我国的油气资源相对较少，煤炭资源相对丰富，化石能源基础设施存量大，能源转型发展面临任务重、时间短、成本高等多重挑战，减排压力更加严峻。减少高碳排放的化石能源使用，对我国产业结构布局、能源结构调整、新能源开发利用都会产生重大影响，甚至对于公民个人生活出行方式都会带来深刻变革。

我国是世界上最早提交国家自主贡献方案的发展中大国之一，并积极探索绿色低碳转型发展模式，大力发展清洁能源，研发环保技术，走可持续发展道路，不断提出并制定适用于各行业领域的碳达峰、碳中和新举措，为按时或提前实现既定目标作出规划。对个人而言，碳达峰碳中和目标的实现和每个个体都息息相关，改换出行方式、主动垃圾分类、使用循环环保袋等，时刻留意日常生活中的小事，或许就能为碳减排贡献自己的力量。爱护地球是每个人的责任，为了人类能有得以长久生存的高质量生态环境，碳达峰碳中和是每个人不可磨灭的责任和担当。

为做好碳达峰碳中和工作，我国提出了以下主要目标：

（1）到 2025 年，绿色低碳循环发展的经济体系初步形成，重点行业能源利用效率大幅提升。单位国内生产总值能耗比 2020 年下降 13.5%；单位国内生产总值二氧化碳排放比 2020 年下降 18%；非化石能源消费比重达到 20%左右；森林覆盖率达到 24.1%，森林蓄积量达到 180 亿立方米，为实现碳达峰、碳中和奠定坚实基础。

（2）到 2030 年，经济社会发展全面绿色转型取得显著成效，重点耗能行业能源利用效率达到国际先进水平。单位国内生产总值能耗大幅下降；单位国内生产总值二氧化碳排放比

2005 年下降 65%以上；非化石能源消费比重达到 25%左右，风电、太阳能发电总装机容量达到 12 亿千瓦以上；森林覆盖率达到 25%左右，森林蓄积量达到 190 亿立方米，二氧化碳排放量达到峰值并实现稳中有降。

(3) 到 2060 年，绿色低碳循环发展的经济体系和清洁低碳安全高效的能源体系全面建立，能源利用效率达到国际先进水平，非化石能源消费比重达到 80%以上，碳中和目标顺利实现，生态文明建设取得丰硕成果，开创人与自然和谐共生新境界。

第二节 碳达峰碳中和的主要文件

“要大力倡导绿色低碳的生产生活方式，从绿色发展中寻找发展的机遇和动力”，习近平总书记在气候雄心峰会上的讲话，明确指出了国家发展与绿色低碳之间不可分割的紧密联系。自 2020 年碳达峰、碳中和目标提出以来，习近平总书记曾在联合国生物多样性峰会、第三届巴黎和平论坛、金砖国家领导人第十二次会晤、世界经济论坛“达沃斯议程”对话等多个重大国际场合发表重要讲话，表明我国实现碳达峰、碳中和目标的坚定信念与立场，以及以最短时间实现目标的决心，切实加强生态文明建设，加快调整优化产业结构、能源结构，倡导绿色低碳的生活方式，并再次承诺中国将落实承诺，言出必行。

自碳达峰碳中和目标提出以来，我国抓紧推进减碳降碳治理，**《2021 年政府工作报告》**对碳达峰碳中和提出了细致且严格的要求。报告指出，要扎实做好碳达峰、碳中和各项工作，制定 2030 年前碳排放达峰行动方案，优化产业结构和能源结构，推动煤炭清洁高效利用，大力发展新能源，在确保安全的前提下积极有序发展核电等重点工作任务。社会各界碳减排热情高涨，“碳达峰碳中和”更是成为 2021 年度热门词汇。2022 年 10 月 16 日到 22 日举行的中国共产党第二十次全国代表大会引起全社会的共同关注，此次会议不仅承接了全面建成小康社会、打赢脱贫攻坚阻击战的胜利成就，更开辟了全面建设社会主义现代化国家的新征程。回顾党的二十大报告，可以很明显地看出与十九大报告的不同。在生态环境保护目标的表述上，十九大报告指出“从 2020 年到 2035 年，生态环境根本好转，美丽中国目标基本实现”，在二十大报告中则指出“到 2035 年，广泛形成绿色生产生活方式，碳排放达峰后稳中有降，生态环境根本好转，美丽中国目标基本实现”，碳达峰表述的突出显示，传递出以高质量促发展、绿色低碳转型的强烈信号，我国站在人与自然和谐共生的高度谋划绿色发展蓝图，碳达峰、碳中和的宏伟目标一定能够如期实现。

一、《巴黎协定》

在**《联合国气候变化框架公约》**第 21 次缔约方大会（COP21）上，全球近 200 个缔约方达成一致协议，为 2020 年后全球应对气候变化行动作出安排，共同制定并签署了继**《联合国气候变化框架公约》《京都议定书》**后第三个具有法律约束力、里程碑意义的气候协议，这份协议便是**《巴黎协定》**。

《巴黎协定》共计 29 个条款，条款的制定涉及了目标、国家自主贡献、减缓和适应能力、损失和损害防御、资金和技术支持、能力建设、设立透明度框架、建立全球盘点和委员会机制等内容，涵盖面极广。其中，就环境保护而言，**《巴黎协定》**的最大贡献就是为全球气候治理制定了明确的硬性指标，在考虑可持续发展和消除贫困的基础上，确立了全球应对气候变化威胁的总体目标：①各方要加强温度对减少气候变化风险的认识，把全球平均气温升幅控制在工业化前水平——2℃以内，并努力将温度升幅限制在工业化前水平以上——

1.5℃以内；②提高适应气候变化不利影响的能力并以不威胁粮食生产的方式增强气候复原力和温室气体低排放发展；③保证资金流动符合温室气体低排放和气候适应型发展的路径。从发展的角度来讲，《巴黎协定》将世界上所有国家都纳入了维护绿色生态、共同促进人类社会可持续发展的命运共同体当中，协定条约的制定，正视了发达国家与发展中国家应对气候变化的不同能力，并根据国家实际国情，分别作出了不同的要求，明确了不同国家的责任，充分体现了公平、共同承担的责任意识，其中，要求发达国家缔约方应当继续带头，努力实现全经济范围绝对减排目标，积极向发展中国家缔约方提供帮助；发展中国家缔约方应当继续加强减排行动，并根据国情，转变减排目标；最不发达国家可依据其特殊情况制定温室气体低排放发展的战略、计划和行动。在温室气体排放方面，协定体现出了较为明显的“碳达峰”“碳中和”思想，协定强调，各缔约方应尽快达到温室气体排放的全球峰值，迅速减排，实现温室气体源的人为排放与汇的清除之间的平衡，特别的，各缔约方还应当采取行动酌情维护和加强温室气体的汇和库，注重森林养护，增强森林碳储量。

可以说，巴黎会议是全球气候治理进程中的关键节点，《巴黎协定》充分考虑到不同发展阶段国家在应对气候变化问题上的实际诉求、立场与主张，最大限度地平衡各方利益关系，以更加包容、务实、公平、合作的姿态呼吁全球合作，传递出全球致力于实现绿色低碳、气候和谐、世界各国可持续发展的最强音，直至2022年《联合国气候变化框架公约》第27次缔约方大会（COP27），历次大会都坚持《巴黎协定》定位，坚持将《巴黎协定》作为主要指导性文件，不断补充、完善、巩固细则，重申并履行《巴黎协定》温度目标，加强对气候变化威胁的全球应对，为可持续发展和消除贫困而努力。

二、《中华人民共和国国民经济和社会发展第十四个五年规划和2035年远景目标纲要》

“十四五”时期是我国全面建成小康社会、实现第一个百年奋斗目标后，乘势而上开启全面建设社会主义现代化国家新征程、向第二个百年奋斗目标进军的第一个五年，也是我国“碳达峰”目标发展与实现的关键时期。

《中华人民共和国国民经济和社会发展第十四个五年规划和2035年远景目标纲要》（后文简称为《纲要》）是根据《中共中央关于制定国民经济和社会发展第十四个五年规划和二〇三五年远景目标的建议》编制，主要阐明国家战略意图，明确政府工作重点，引导规范市场主体行为，是我国开启全面建设社会主义现代化国家新征程的宏伟蓝图，是全国各族人民共同的行动纲领。

《纲要》内容涵盖了十九项内容，在建设现代化基础设施体系、深入实施制造强国战略等多个方面提出绿色发展，明确了“十四五”发展目标及2035年远景目标，并对碳达峰、碳中和及环境能源保护方面作出要求。《纲要》指出，要加强能源资源的合理配置，大幅度提高产能效率，加快推动绿色低碳发展，降低碳排放强度，支持一部分有条件的地区率先达到碳排放峰值，尽快制定2035年前碳达峰行动方案，在全国做出引领示范作用。在全国市场全面实行排污许可制，推进排污权、用能权、用水权和碳排放权市场化交易。

最后，《纲要》又进一步提出要广泛形成绿色生产生活方式，力争达到碳排放达峰后稳中有降的远景目标。

三、《中共中央　国务院关于完整准确全面贯彻新发展理念做好碳达峰碳中和工作的意见》

实现碳达峰碳中和，是以习近平同志为核心的党中央统筹国内国际两个大局作出的重大战略决策，是着力解决资源环境约束突出问题、实现中华民族永续发展的必然选择，是构建人类命运共同体的庄严承诺，体现出了我国作为发展中大国的责任与担当。作为碳达峰碳中和“1+N”政策体系中的“1”，《中共中央 国务院关于完整准确全面贯彻新发展理念做好碳达峰碳中和工作的意见》（后文简称为《意见》）对碳达峰碳中和这项重大工作进行了系统谋划、总体部署。

1. 指导思想

以习近平新时代中国特色社会主义思想为指导，全面贯彻党的十九大和十九届二中、三中、四中、五中全会精神，深入贯彻习近平生态文明思想，立足新发展阶段、贯彻新发展理念、构建新发展格局，坚持系统观念，处理好发展和减排、整体和局部、短期和中长期的关系，把碳达峰、碳中和纳入经济社会发展全局，以经济社会发展全面绿色转型为引领，以能源绿色低碳发展为关键，加快形成节约资源和保护环境的产业结构、生产方式、生活方式、空间格局，坚定不移走生态优先、绿色低碳的高质量发展道路，确保如期实现碳达峰、碳中和。

2. 工作原则

实现碳达峰、碳中和目标，要坚持“全国统筹、节约优先、双轮驱动、内外畅通、防范风险”原则。

全国统筹。全国一盘棋，强化顶层设计，发挥制度优势，实行党政同责，压实各方责任。根据各地实际分类施策，鼓励主动作为、率先达峰。

节约优先。把节约能源资源放在首位，实行全面节约战略，持续降低单位产出能源资源消耗和碳排放，提高投入产出效率，倡导简约适度、绿色低碳生活方式，从源头和入口形成有效的碳排放控制阀门。

双轮驱动。政府和市场两手发力，构建新型举国体制，强化科技和制度创新，加快绿色低碳科技革命。深化能源和相关领域改革，发挥市场机制作用，形成有效激励约束机制。

内外畅通。立足国情实际，统筹国内国际能源资源，推广先进绿色低碳技术和经验。统筹做好应对气候变化对外斗争与合作，不断增强国际影响力和话语权，坚决维护我国发展权益。

防范风险。处理好减污降碳和能源安全、产业链供应链安全、粮食安全、群众正常生活的关系，有效应对绿色低碳转型可能伴随的经济、金融、社会风险，防止过度反应，确保安全降碳。

3. 主要内容

统观文件全篇，《意见》坚持系统观念，从不同角度不同维度提出了10个方面共31项重点任务，涵盖社会发展、产业结构、能源体系、交通运输、城乡建设、科技攻关、碳汇、对外开放、政策法规、组织实施等内容，为我国碳达峰碳中和工作的实施谋划了明确的路线图、施工图。

四、《新时代的中国能源发展》白皮书

能源是人类文明进步的基础和动力，攸关国计民生和国家安全，关系人类生存和发展，对于促进经济社会发展、增进人民福祉至关重要，要实现绿色低碳生活，使国家经济发展更节能、更环保，能源转型是关键。2020年12月21日国务院新闻办公室发布《新时代的中国能源发展》白皮书（后文简称为白皮书），这是继2007年、2012年之后，我国第三次发布能源白皮书，全书中对新时代下中国能源的发展目标与方向作出要求，表明要积极适应国内国际形势的新发展新要求，坚定不移走高质量发展新道路，更好地服务经济社会发展，更

好地服务美丽中国、健康中国建设，更好推动建设清洁美丽世界，为 2035 年基本实现社会主义现代化、本世纪中叶全面建成社会主义现代化强国提供坚强的能源保障。

本白皮书共分为三个部分。

第一部分对坚定不移走好新时代能源高质量发展之路提出总体要求：(1) 能源安全新战略。在新时代下，我国的能源发展要坚决贯彻“四个革命、一个合作”能源安全新战略，详细来说就是要推动能源消费革命、抑制不合理能源消费，推动能源供给革命、建立多元供应体系，推动能源技术革命、带动产业升级，推动能源体制革命、打通能源发展快车道，加强全方位国际合作、实现开放条件下能源安全。(2) 新时代能源政策理念。生态兴则文明兴，国家发展、政策改革的最终目标都是要满足人民日益增长的美好生活以及对美丽生态环境的需要，白皮书突出强调了适应新时代发展要求的能源发展政策导向，主要体现为“五个坚持”。坚持以人民为中心，牢固树立能源发展为了人民、依靠人民、服务人民的理念，把推动能源发展和脱贫攻坚有机结合；坚持清洁低碳导向，树立人与自然和谐共生理念，加快能源绿色低碳转型；坚持创新核心地位，发挥企业技术创新主体作用；坚持以改革促发展，充分发挥市场在资源配置中的决定性作用，健全法律法规体系，释放能源发展新活力；坚持构建人类命运共同体，促进全球能源可持续发展。

第二部分介绍了新时代中国能源发展的成就。白皮书全面总结了党的十八大以来中国能源发展的成就，从能源供应、能源节约、结构优化、科技创新、能源与生态环境友好性、治理机制、惠民利民等方面反映了能源发展的成绩。发展成绩显示，我国坚定不移推进能源革命，能源生产和利用方式均发生重大变革，能源生产和消费结构不断优化，能源利用效率显著提高，生产生活用能条件显著改善，能源安全保障能力持续增强，这些为我国实现社会经济高质量发展提供坚实的基础。

第三部分全面阐述了中国推进能源革命的主要政策和重大举措。白皮书紧紧围绕落实能源安全新战略，分别从能源消费方式、多元化清洁能源体系、科技创新、深化能源体制改革、加强能源国际合作等 5 个方面进行阐述，反映了构建清洁低碳、安全高效的能源体系以及促进全面小康社会建设、推动能源高质量发展的一系列政策措施和成效。

五、《2030 年前碳达峰行动方案》

2021 年 10 月 26 日，国务院印发《**2030 年前碳达峰行动方案**》(以下简称《行动方案》)，该《行动方案》是在《中共中央　国务院关于完整准确全面贯彻新发展理念做好碳达峰碳中和工作的意见》的基础上，分别对“十四五”“十五五”期间绿色转型、产业结构、生产生活等进行部署，同时再次强调到 2025 年非化石能源比重达到 20%左右、单位国内生产总值二氧化碳排放比 2020 年下降 18%，到 2030 年非石化能源消费比重达到 25%左右，顺利实现碳达峰的目标。可以看出，我国碳达峰碳中和目标的实现要经历很多阶段，任重而道远。

作为“1+*N*”政策总框架中“*N*”的头号文件，《行动方案》对未来 10 年内碳达峰的实现提出了重点执行任务，称为“碳达峰十大行动”。主要内容包括以下几点。

(1) 能源绿色低碳转型行动。推进高能耗高消费能源替代和转型升级，大力发展新能源技术，因地制宜开发水电，加快新型电力系统建设，积极安全有序发展核电，合理调控油气消费。

(2) 节能降碳增效行动。落实节约优先方针，全面提升节能管理能力，实施节能降碳重点工程，加强新型基础设施节能降碳，合理控制能源消费总量，推动能源消费革命，建设能源节约型社会。

(3) 工业领域碳达峰行动。工业领域碳排放量对全国整体碳达峰的实现具有重要影响，要加强绿色低碳发展思路，推动钢铁行业、有色金属行业、建材行业、石化化工行业等领域率先实现碳达峰。

(4) 城乡建设碳达峰行动。城乡绿色发展是城市更新和乡村振兴的需要，要加快提升建筑效能水平，优化建筑用能结构，推动城市和农村建设向绿色低碳转型，向用能低碳转型。

(5) 交通运输绿色低碳行动。交通运输的绿色转型不仅要着力于运输工具装备低碳转型，还要着力于交通运输体系的高效、便利、舒适，以及交通基础设施的完善，要将绿色低碳理念贯穿于设施规划、建设、运营和维护的全过程，提高城市交通基础设施水平。

(6) 循环经济助力降碳行动。抓住资源利用源头，大力发展循环经济，全面提高资源利用效率，加强大宗固废综合利用和生活垃圾减量化、资源化。

(7) 绿色低碳科技创新行动。充分发挥科技创新的支撑引领作用，完善创新体制机制，加强创新能力建设和人才培养，强化应用基础性研究，加快绿色低碳科技革命。

(8) 碳汇能力巩固提升行动。坚持系统观念，认识到生态系统碳的汇和库作用，推进山水林田湖草沙一体化保护和修复，提升生态系统碳汇增量，提高生态质量和稳定性。

(9) 绿色低碳全民行动。加强生态文明、绿色低碳理念宣传教育和推广，将生态文明教育纳入国民教育体系，引导社会各界履行职责，增强全民节约、环保、生态意识，倡导简约适度、绿色低碳、文明健康的生活方式，把绿色理念融入全民自觉行动中去。

(10) 各地区梯次有序碳达峰行动。各地区发展定位、资源环境、经济社会发展水平的不同，意味着在碳达峰实施过程中，也要根据各地实际情况分类施策、因地制宜、上下联动，更加科学合理有序地实现碳达峰目标。

《行动方案》的发布，表明我国对重点行业、重点领域的要求更加严格，相应的碳达峰指标更加明显，从“碳达峰十大行动”顺序以及各部分量化指标来看，目前我国碳达峰的重点任务在新能源发展、能效提升和产业结构调整方面。《行动方案》是对《中共中央 国务院关于完整准确全面贯彻新发展理念做好碳达峰碳中和工作的意见》的补充和细化，将碳达峰碳中和行动的实施提上日程，我国的碳达峰碳中和政策体系得到进一步的完善。

除国家发布的公共性大纲文件外，各行业领域、各级政府均陆续印发碳达峰碳中和行动方案，积极响应国家号召，热心投入国家减碳降碳绿色事业，由于文件种类较多，在此不再进行详细叙述。

第三节 发展规划

“减排不是减生产力，也不是不排放，而是要走生态优先、绿色低碳的高质量发展道路，在经济发展中促进绿色转型，在绿色转型中实现更大的发展”。《中共中央 国务院关于完整准确全面贯彻新发展理念做好碳达峰碳中和工作的意见》《2030年前碳达峰行动方案》对我国“碳达峰、碳中和”目标的实施作出了详细规划，主要包括以下几个方面。

一、经济社会发展

实现碳达峰碳中和是推动国民经济高质量发展的内在要求，要推动绿色低碳发展，就要坚决加强生态环境治理，让减碳和发展并行。

强化绿色低碳发展规划引领。将碳达峰、碳中和目标要求全面融入经济社会发展中长期规划，强化国家发展规划、国土空间规划、专项规划、区域规划和地方各级规划的支撑保障。加强各级各类规划间衔接协调，确保各地区各领域落实碳达峰、碳中和的主要目标、发展方向、重大政策、重大工程等协调一致。

优化绿色低碳发展区域布局。持续优化重大基础设施、重大生产力和公共资源布局，构建有利于碳达峰、碳中和的国土空间开发保护新格局。在京津冀协同发展、长江经济带发展等区域重大战略实施中，强化绿色低碳发展导向和任务要求。

加快形成绿色生产生活方式。大力推动节能减排，全面推进清洁生产，加快发展循环经济，加强资源综合利用，不断提升绿色低碳发展水平。扩大绿色低碳产品供给和消费，倡导绿色低碳生活方式。同时，把绿色低碳发展纳入国民教育体系，开展绿色低碳社会行动示范创建。

二、产业结构调整

随着我国经济进入高质量发展阶段，产业发展也必然需要迎合时代发展要求，虽然我国根据经济建设进程不断对产业结构进行优化调整，并取得了初步成效，但三大产业仍存在矛盾问题，需要用发展的眼光创新产业技术，降低能耗，提高产能。

推动产业结构优化升级。首先加强第一产业发展，推进农业绿色化，促进农业固碳增效。制定能源、化工等特殊行业和领域碳达峰实施方案，巩固加强去产能效果。加快推进工业领域低碳工艺革新和数字化转型。开展碳达峰试点园区建设。加快商贸流通、信息服务等绿色转型，提升服务业低碳发展水平。

坚决遏制高耗能高排放项目盲目发展。对于高耗能高排放的项目严格落实产能等量或减量置换，出台相关产业产能控制政策。严格把控行业领域产业规划，降低高污染、高耗能产业生产规模，加强产能过剩预警和分析指导，为清洁、高效、低耗能产业建设布局。

大力发展绿色低碳产业。加快发展新能源等创新型、战略性新兴产业建设，促进新兴产业与传统产业转换，构建绿色制造体系。推动大数据、云计算等新兴技术与绿色低碳产业深度融合，为绿色低碳产业转型赋能。

三、能源清洁高效

开发利用非化石能源是推进能源绿色低碳转型的主要途径，我国把非化石能源放在能源发展的优先位置，大力推进低碳能源替代高碳能源、可再生能源替代化石能源，对我国能源体系的改革发展具有重要作用。

强化能源消费强度和总量双控。坚持“节约优先、节能优先”的能源发展战略，加强二氧化碳等温室气体排放浓度管控并设定预警机制，做好产业布局、结构调整、节能审查与能耗双控的衔接，对能耗强度下降目标完成形势严峻的地区实行项目缓批限批、能耗等量或减量替代。

大幅提升能源利用效率。把节能贯穿于经济社会发展全过程和各领域，持续深化工业、建筑、交通运输、公共机构等重点领域节能，提升数据中心、新型通信等信息化基础设施能效水平。健全能源管理体系，强化重点用能单位节能管理和目标责任。瞄准国际先进水平，加快实施节能降碳改造升级，打造能效“领跑者”。

严格控制化石能源消费。加快煤炭减量步伐，“十四五”时期严控煤炭消费增长，“十五五”时期逐步减少。石油消费“十五五”时期进入峰值平台期。统筹煤电发展和保供调峰，严控煤电装机规模，加快现役煤电机组节能升级和灵活性改造。逐步减少直至禁止煤炭散烧。加快推进页岩气、煤层气、致密油气等非常规油气资源规模化开发。强化风险管控，确保能源安全稳定供应和平稳过渡。

积极发展非化石能源。采用可再生能源代替不可再生能源，大力发展风能、太阳能、生物质能、海洋能、地热能等，不断提高非化石能源消费比重。在开发利用可再生能源时，要坚持就近、因地制宜、安全有序、合理利用等原则，统筹推进氢能“制储输用”全链条发展，构建起以新能源为主体的新型电力系统，提高电网对高比例可再生能源的消纳和调控能力。

深化能源体制机制改革。全面推进电力市场化改革，加快培育发展配售电环节独立市场主体，完善中长期市场、现货市场和辅助服务市场衔接机制，扩大市场化交易规模。推进电网体制改革，明确以消纳可再生能源为主的增量配电网、微电网和分布式电源的市场主体地位。加快形成以储能和调峰能力为基础支撑的新增电力装机发展机制。完善电力等能源品种价格市场化形成机制。从有利于节能的角度深化电价改革，理顺输配电价结构，全面放开竞争性环节电价。推进煤炭、油气等市场化改革，加快完善能源统一市场。

四、交通运输体系建设

交通运输行业是绿色低碳发展的排头兵，既承担着减碳、减排的重任，又承担着社会经济运营的责任。“一带一路”“新基建”等建设为交通运输行业输入了鲜活的力量，带来了跨越式的发展，但同时也要看到，行业自身的创造性转化、创新性发展也是尤为重要的。

优化交通运输结构。加快建设综合立体交通网，提高铁路、水路在综合运输中的承运比重，持续降低运输能耗和二氧化碳排放强度。优化客运组织，引导客运企业规模化、集约化经营，提高运营效率。**《绿色物流指标构成与核算方法》**（GB/T 37099—2018）指出，要充分利用物流资源，采用先进技术，合理规划和布局物流活动的各个环节，降低物流对环境的影响。

推广节能低碳型交通工具。加快发展新能源和清洁能源交通工具，淘汰高耗能、高排放的交通工具，推广智能交通，并同时加快构建配套使用的便利高效、适度超前的充换电网络体系。

积极引导低碳出行。加快城市轨道交通、公交等大容量公共交通基础设施建设，加强自行车专用道和行人步道等城市慢行系统建设。综合运用法律、经济、技术、行政等多种手段，加大城市交通拥堵治理力度。

五、城乡发展建设

人类活动是碳排放的主要来源，城乡建设作为人类生活聚集的场所将成为碳排放的主要领域之一，随着城镇化快速推进和产业结构深度调整，城乡建设领域碳排放量及其占全社会碳排放总量的比例均将进一步提高。

2021 年 10 月 21 日中共中央办公厅、国务院办公厅印发**《关于推动城乡建设绿色发展的意见》**（后文简称**《意见》**），**《意见》**指出，乡村建设要与城市更新同步进行，加快促进经济社会发展全面绿色转型，在转型过程中，要坚持生态优先、节约优先、保护优先，坚持系统观念，统筹发展和安全，推进物质文明和生态文明建设，为全面建设社会主义现代化国家奠定坚实基础。2022 年 6 月 30 日国家发展改革委再次印发**《城乡建设领域碳达峰实施方案》**，对建设绿色低碳城市、打造绿色低碳县城和乡村作出要求，并提出相应的强化保障措施和组织实施安排。

推进城乡建设和管理模式低碳转型。在城乡规划建设管理各环节全面落实绿色低碳要求。推动城市组团式发展，建设城市生态和通风廊道，提升城市绿化水平。合理规划城镇建筑面积发展目标，严格管控高能耗公共建筑建设。实施工程建设全过程绿色建造，健全建筑拆除管理制度，杜绝大拆大建。加快推进绿色社区建设。结合实施乡村建设行动，推进县城和农村绿色低碳发展。

大力发展节能低碳建筑。持续提高新建建筑节能标准，加快推进超低能耗、近零能耗、低碳建筑规模化发展。大力推进城镇既有建筑和市政基础设施节能改造，提升建筑节能低碳水平。逐步开展建筑能耗限额管理，推行建筑能效测评标识，开展建筑领域低碳发展绩效评估。全面推广绿色低碳建材，推动建筑材料循环利用。发展绿色农房。

加快优化建筑用能结构。深化可再生能源建筑应用，加快推动建筑用能电气化和低碳化。开展建筑屋顶光伏行动，大幅提高建筑采暖、生活热水、炊事等电气化普及率。在北方城镇加快推进热电联产集中供暖，加快工业余热供暖规模化发展，积极稳妥推进核电余热供暖，因地制宜推进热泵、燃气、生物质能、地热能等清洁低碳供暖。

六、创新科技攻关

创新引领发展，改革依靠创新。2022年6月24日，科技部、国家发展改革委等9个部门联合印发《科技支撑碳达峰碳中和实施方案（2022—2030年）》（以下简称《实施方案》），提出支撑2030年前实现碳达峰目标的科技创新行动和保障举措，并为2060年前实现碳中和目标做好技术研发储备。《实施方案》中指出创新驱动是发展的第一动力，构建低碳零碳负碳技术体系、实现碳达峰碳中和宏伟目标需要坚定不移地依靠创新、发展创新。《实施方案》中还提出了十大行动，涵盖了钢铁、水泥、化工、有色等重点工业行业及其他行业，为合理处理好发展和减排、整体和局部、政府和市场关系，作出了短期和长远目标规划。

强化基础研究和前沿技术布局。制定科技支撑碳达峰、碳中和行动方案，编制碳中和技术发展路线图。采用“揭榜挂帅”机制，开展低碳零碳负碳和储能新材料、新技术、新装备攻关。加强气候变化成因及影响、生态系统碳汇等基础理论和方法研究。推进高效率太阳能电池、可再生能源制氢、可控核聚变、零碳工业流程再造等低碳前沿技术攻关。培育一批节能降碳和新能源技术产品研发国家重点实验室、国家技术创新中心、重大科技创新平台。建设碳达峰、碳中和人才体系，鼓励高等学校增设碳达峰、碳中和相关学科专业。

加快先进适用技术研发和推广。深入研究支撑风电、太阳能发电大规模友好并网的智能电网技术。加强电化学、压缩空气等新型储能技术攻关、示范和产业化应用。加强氢能生产、储存、应用关键技术研发、示范和规模化应用。推广园区能源梯级利用等节能低碳技术。推动气凝胶等新型材料研发应用。推进规模化碳捕集利用与封存技术研发、示范和产业化应用。建立完善绿色低碳技术评估、交易体系和科技创新服务平台。

七、强化碳汇储备

碳汇，是指通过植树造林、植被恢复等措施，利用植物光合作用吸收大气中的二氧化碳，并将其固定在植被和土壤中，从而减少大气中二氧化碳气体浓度的过程。自2005年《京都议定书》正式生效起，国际的碳排放权交易制度初步形成，2003年召开的《联合国气候变化框架公约》第九次缔约方大会就“造林、再造林等林业活动纳入碳汇项目”议题达成一致意见，世界各国对森林吸收、汇集二氧化碳的作用越来越重视，生态碳汇意识愈发强烈。“绿水青山就是金山银山”。我国第九次森林资源清查数据（2014—2018年）显示，全国森林覆盖率虽然只有22.96%，但森林植被的碳储量占全国总碳储量的比例就超过50%，森林、土壤、海洋等可以对二氧化碳进行吸收、转化、固定，可以说是二氧化碳的吸收器、储存器和缓冲器，如果不能很好地保护森林、土壤和海洋资源，则它们会转变为巨大的二氧化碳排放源，对气候环境造成破坏。我国是一个缺林少绿的国家，生态产品的短缺一直是制约我国可持续发展的突出问题，这就要求必须加大资源保护和生态修复力度，增强生态碳汇能力，守住“绿色黄金”。

巩固生态系统碳汇能力。强化国土空间规划和用途管控，严守生态保护红线，严控生态空间占用，稳定现有森林、草原、湿地、海洋、土壤、冻土、岩溶等固碳作用。严格控制新增建设用地规模，推动城乡存量建设用地盘活利用。严格执行土地使用标准，加强节约集约用地评价，推广节地技术和节地模式。

提升生态系统碳汇增量。实施生态保护修复重大工程，开展山水林田湖草沙一体化保护和修复。深入推进大规模国土绿化行动，巩固退耕还林还草成果，实施森林质量精准提升工程，持续增加森林面积和蓄积量。加强草原生态保护修复。强化湿地保护。整体推进海洋生态系统保护和修复，提升红树林、海草床、盐沼等固碳能力。开展耕地质量提升行动，实施黑土地保护工程，提升生态农业碳汇。

八、绿色开放

除国内各项设施体系建设以外，我国在对外开放的实施方面也提出了绿色低碳的要求。

加快建立绿色贸易体系。持续优化贸易结构，大力发展高质量、高技术、高附加值绿色产品贸易。完善出口政策，严格管理高耗能高排放产品出口。积极扩大绿色低碳产品、节能环保服务、环境服务等进口。

推进绿色“一带一路”建设。加快“一带一路”投资合作绿色转型。支持共建“一带一路”国家开展清洁能源开发利用。大力推动南南合作，帮助发展中国家提高应对气候变化能力。深化与各国在绿色技术、绿色装备、绿色服务、绿色基础设施建设等方面的交流与合作，积极推动我国新能源等绿色低碳技术和产品走出去，让绿色成为共建“一带一路”的底色。

加强国际交流与合作。积极参与应对气候变化国际谈判，坚持我国发展中国家定位，坚持共同但有区别的责任原则、公平原则和各自能力原则，维护我国发展权益。履行**《联合国气候变化框架公约》**及**《巴黎协定》**，发布我国长期温室气体低排放发展战略，积极参与国际规则和标准制定，推动建立公平合理、合作共赢的全球气候治理体系。加强应对气候变化国际交流合作，统筹国内外工作，主动参与全球气候和环境治理。

为保障绿色低碳行动的顺利开展，按时实现碳达峰碳中和目标，我国在法律监测、政策引领、组织实施方面作出了详细的要求，为国家绿色发展添上了强有力的法律保障。**《中共中央　国务院关于完整准确全面贯彻新发展理念做好碳达峰碳中和工作的意见》**中详细指出：

（1）要健全法律法规体系，研制专项法律，增强法律法规的针对性和有效性，将碳达峰、碳中和纳入标准碳核算体系，加强重点用能单位能耗实时监测和生态系统碳汇核算。

（2）完善投资政策。充分发挥市场主体和政府引导作用，激发市场绿色低碳投资活力，推进市场化机制建设，积极开展低碳、零碳、负碳技术研发与应用，加大碳捕集利用与封存，开放全国碳排放权交易市场，让碳排放权交易更加透明化。积极发展绿色金融。设立碳减排货币政策工具和国家低碳转型基金，为社会企业低碳运营提供资金支持，实现金融市场碳达峰、碳中和市场化、法治化。完善财税价格政策。在提高资金支持的同时，还要加强绿色低碳技术研发和碳减排相关税收政策的研制，形成合理约束的碳价机制。

（3）加强组织领导。加强党中央对碳达峰、碳中和工作的集中统一领导，增强各级领导干部推动绿色低碳发展的本领，支持有条件的地方和重点行业、重点企业率先实现碳达峰，组织开展碳达峰、碳中和先行示范，探索有效模式和有益经验。强化统筹协调。各有关部门要加强协调配合，形成工作合力，确保政策取向一致、步骤力度衔接，加强碳中和工作谋划，为实现2030年前碳达峰目标组织落实强有力的行动方案。压实地方责任，严格监督考核。明确对各级政府所应承担的责任，要求各级政府和领导干部要勇于扛起碳达峰、碳中和的大旗，将碳达峰、碳中和相关指标纳入经济社会发展综合评价体系，依法接受党中央的督查。

第四节 碳达峰碳中和案例

一、我国整体成就

在朝着碳达峰和碳中和努力的进程中，我国取得了举世瞩目的重大成就。

（1）2021年我国碳排放强度比2005年下降了48.4%，提前完成了2015年提出的下降40%至45%的目标。

（2）党的十八大以来，我国清洁能源占能源消费总量的份额已达23.4%，水电、风电和太阳能发电累计装机规模都高居世界首位。碳排放量下降，离不开政策的准确制定与实施，更离不开严密的监测。目前，我国已建成青海瓦里关全球大气本地站和北京上甸子等7个国家大气本底站，形成了国家级大气本底观测网络，在“十四五”期间，我国将在此基础上，增建国家大气本底站，实现对16个气候系统关键观测区的全覆盖，增强大气本底观测能力和温室气体本底浓度联网观测能力。

（3）“十三五”期间，我国森林蓄积量已达175亿立方米，并连续30年保持“双增长”，成为全球森林资源增速最高的国家。

（4）经济建设协同减污降碳治理同步进行，我国建成的碳排放权交易市场成为利用市场机制控制和减少温室气体排放的一种重要手段，一方面将温室气体控排的责任压实到企业，降低全社会经济发展中的减排成本，另一方面又能够为降碳提供经济激励机制，通过买卖碳排放量拉动市场经济运转。

二、碳达峰碳中和主要技术研究

《中共中央 国务院关于完整准确全面贯彻新发展理念做好碳达峰碳中和工作的意见》指出，要积极实施开展低碳、零碳、负碳技术的研发与应用，这三种技术是目前我国在碳达峰、碳中和进程中主要的研究方向。

（1）低碳技术。低碳技术的核心是指对产生二氧化碳的化石能源等进行绿色开发和循环利用，生产环节采用低碳工业材料和原料以达到降低碳排放量目的的技术。在全产业链发展中，还要充分利用节能减排技术，加强减碳降污的循环理念，加快二氧化碳的捕集、运输、封存和再利用等关键技术的研发。

（2）零碳技术。零碳技术主要是指对新能源的开发以及对清洁能源的利用。太阳能、风能、生物质能等都属于清洁能源，在实现碳达峰碳中和过程中加强清洁能源技术的开发，减少传统能源的消耗，减少对能源进口的依赖，提高能源安全性，减少温室气体的排放，降低环境污染。

（3）负碳技术。负碳技术主要是指加强二氧化碳的利用效率，将二氧化碳转化为化学原料，是一种将二氧化碳捕集后再排放的创新技术。

三、碳达峰碳中和应用

在各行业领域，科学家以及技术研究者不断改进创新，研究新技术，出台新政策，将碳达峰碳中和进程不断推向前去。

在化工方面，工业排放的二氧化碳量占全国二氧化碳排放量的绝大多数，如果能将二氧化碳变废为宝，将能在很大程度上实现碳的资源化循环利用，不仅能够有效达到碳减排效果，还能够降低工业生产成本，使生产环节更经济、更绿色。甲醇作为石油资源的可替代燃料，同时又是一种重要的化学合成中间体，在化工领域应用非常广泛。

在过去，采用电解水制氢，再与二氧化碳反应制甲醇的方法由于复杂的反应条件和过程而无法实现大规模化工生产，仅存在于实验室研究阶段，而现在，让实验室技术应用于化工生产，已成为可能。中国科学院院士、中国科学院大连化学物理研究所研究员、博士生导师李灿及其团队，以太阳能为动力，采用光伏发电，将水电解为氢气和氧气，再在催化剂作用下，让氢气和二氧化碳反应合成甲醇，以此来代替化石能源，将二氧化碳变废为宝，实现碳的捕集、封存、循环利用，该技术被形象地称为“液态太阳燃料合成技术”。

液态太阳燃料合成技术的使用，一方面，让工业生产更经济。采用太阳能这种可再生清洁能源，降低了大量传统电解水过程中所需消耗的电能，可以大幅度降低工业生产成本。另一方面，让工业生产更绿色。将二氧化碳作为原料，可以在一定程度上实现工业二氧化碳的“零排放”，不仅促进生产还保护环境，为早日实现碳达峰、碳中和提供了一条全新的路径。

在农业农村建设方面，浙江杭州余杭区径山村等乡村在绿色低碳发展的试点工作中探索出了三条治理路径：①生态固碳。主要对废弃矿坑进行生态修复，加大竹林种植与维护，增强固碳效果，改善生态湿地环境建设，实现绿地公园全覆盖。②生产降碳。将低碳管理融入产业生产、经营全过程，采用数字化系统加强农业废弃物精细化管理，实现“无废农业”。③生活低碳。普及绿色低碳理念，转换绿色低碳出行方式，发展低碳旅游业。经过治理后，2021年度径山村人均碳排放量为2.29吨，远低于全球人均排放量，经过植被吸收后的总碳汇量达12222.54吨二氧化碳当量。

湖南省花垣县十八洞村依靠发展旅游业实现了脱贫，但大量的旅游人口却对当地生态产生严重影响，原有环卫设施无法满足环境保护需求。该村转变农村生活垃圾收集、处理处置方式，采用城乡一体化转运处置方式，设置垃圾分类收集车、阳光沤肥房等设施。将生活垃圾减量化、资源化、无害化处理，提高垃圾回收效率和资源转化率，降低运输成本，为美丽农村建设起到了示范性作用。

在交通运输方面，我国汽车产业逐渐向电动化、智能化方向发展，新能源汽车产业迅猛发展，成为汽车产业绿色减排的重要推动力。除汽车转型外，道路交通建设也体现着绿色低碳理念，宁波市一地区跨线大桥改建令人眼前一亮。在大桥的改建过程中，一改常规的“拆除重建”方式，创新性地采用“顶升＋平移”的施工方式，在旧桥的基础上改建新桥，这种施工方式的使用不但保留了旧桥可利用部分，满足循环经济发展要求，而且有效避免了建筑垃圾的产生，缩短建设工期，节能环保，为基础设施建设中循环经济、减碳降废提供了创新性思路。

在2022年北京冬奥会和冬残奥会上，“绿色、共享、开放、廉洁”的办奥理念深入人心，奥运会场上“绿色”概念无处不在：开幕式上以清洁氢能作为燃料的“微火火炬”；首座采用二氧化碳跨临界直冷系统制冰的大道速滑馆，碳排放趋近于零；奥运场馆重复利用，全部场馆达到绿色建筑标准、常规能源100％使用绿电；千余辆氢能大巴穿梭于赛场……绿色、环保、可持续发展的冬奥会以智慧多元的形式、完美严谨的效果呈现在全世界面前，向世界展现了中国的环保力量，体现了中国作为发展中大国的责任担当，为全球树立起了碳达峰碳中和行动标杆和典范。北京因此成为世界上首个实现碳减排、碳中和的办奥城市。

尽管成就有目共睹，但我国要实现碳达峰、碳中和的宏伟目标，依然面临巨大压力和重重困难。从国际形势上看，国际局势深刻演变，能源市场供需严重失衡，全球减排进程波折。从国内实际上看，从实现碳达峰到实现碳中和，我国设定的目标期限仅30年，远远少于欧洲发达国家，就我国现有的以高碳为主的能源消费结构、超100亿吨的年碳排放量、产业结构急需转型等现实情况来看，我国经济发展的能源增长需求将与减排降碳巨大压力并存。这也启示人们，加快绿色低碳转型，如期实现碳达峰碳中和目标绝非易事，必须稳扎稳打，循序渐进。

第八章

大气污染与控制

学习目标

【知识目标】掌握大气污染、主要大气污染物和大气污染的控制技术，熟练掌握 SO_2 废气和 NO_x 废气的控制技术，了解大气层的组成和大气污染的主要影响。

【能力目标】会判断大气污染类型，能选用或制订控制方案。

【素质目标】树立人与自然和谐共生的生态环境保护意识，践行绿色低碳的生活方式。

第一节 概述

一、大气组成

大气是聚集在地球外面厚厚的大气分子层，均匀地包裹着地球。大气为生命的繁衍和人类的生产生活提供了理想的环境，像鱼儿离不开水一样，人类一刻也离不开大气。大气的状态和变化，深刻影响着人类的活动与生存。

大气的组成不是一成不变的。大约在50亿年前，大气伴随着地球的诞生就神秘地“出世”了。原始大气的主要成分是氢、氦、二氧化碳和甲烷等，但由于地球内部放射性物质的衰变，进而引起能量转换，再加上太阳风的强烈作用和刚形成的地球对大气引力较小，原始大气很快就消失掉了。之后由于地表温度下降及火山频繁活动，火山爆发的挥发气体就逐渐代替了原始大气，成为次生大气。次生大气的主要成分是二氧化碳、甲烷、氮、硫化氢和氨等一些分子量比较重的气体。随着太阳辐射向地球表面的纵深发展，紫外线强烈的光合作用使次生大气中生成了氧且氧的数量不断地增加。经过几十亿年的演变，才形成了今天的大气。现在的大气仍是多种气体的混合物，包括恒定组分、可变组分和不定组分。

大气的恒定组分系指大气中含有的氮、氧、氩及微量的氖、氦、氪、氙等稀有气体。其中氮、氧、氩三种组分占大气总量的99.96%。在近地层大气中，这些气体组分的含量几乎可以认为是不变的。

大气的可变组分主要是指大气中的二氧化碳、水蒸气等，这些气体的含量由于受地区、季节、气象以及人们生活和生产活动等因素的影响而有所变化。在正常状态下，水蒸气的含量为0～4%，二氧化碳的含量近年来已达到0.04%。

由恒定组分及正常状态下的可变组分所组成的大气，叫洁净大气。近地层洁净大气的组成如表8-1所示。

表 8-1　近地层洁净大气的组成

气体名称	体积分数/%	气体名称	体积分数/%
氮(N_2)	78.08	甲烷(CH_4)	$(1.0\sim1.2)\times10^{-4}$
氧(O_2)	20.95	氪(Kr)	1.0×10^{-4}
氩(Ar)	0.93	氢(H_2)	0.5×10^{-4}
二氧化碳(CO_2)	0.02～0.04	氙(Xe)	0.08×10^{-4}
氖(Ne)	18×10^{-4}	二氧化氮(NO_2)	0.02×10^{-4}
氦(He)	5.24×10^{-4}	臭氧(O_3)	0.01×10^{-4}

大气中的不定组分，有时是由火山爆发、森林火灾、海啸、地震等暂时性自然灾难引起的。由此所形成的污染物有尘埃、硫、硫化氢、硫氧化物、氮氧化物、盐类及恶臭气体等。一般来说，这些不定组分进入大气中，可造成局部和暂时性的大气污染。

大气中不定组分除上述来源之外，最主要是由于人类社会的工业化、城市化、工业布局不合理及环境管理不善等人为因素造成的。不定组分的种类和数量与该地区工业类别、排放的污染物以及气象条件等多种因素有关。如在电厂、焦化厂、冶炼厂所在地区，大气中烟尘、硫氧化物、氮氧化物、重金属元素及其氧化物等就多。

大气组成的变化，特别是污染物对大气物理状态的影响，会引起气候的异常变化。这种变化有时很明显，有时渐渐变化，一般人难以察觉，任其发展，后果有可能非常严重。大气中水分的变化形成各种各样的天气，水汽、二氧化碳、甲烷含量的增加则会引起温室效应。当大气中二氧化碳或不定组分达到一定浓度时，就会对人和动植物造成危害，这是环境保护工作者应当研究的主要对象。

二、大气污染

按照国际标准化组织（ISO）的定义，大气污染通常是指由于人类活动或自然过程引起某些物质进入大气中，呈现出足够的浓度，达到足够的时间，并因此危害了人类的舒适、健康和福利或环境的现象。

大气污染范围从小到大划分为四种：当地污染，如某一火力发电厂的排放污染；局地污染，如某一工业区或某一城市的大气污染；广域污染，如比一个城市更大的区域的酸雨侵害；全球污染，如大气中 CO_2 浓度升高对气候的影响。

2018～2020 年大气重污染成因与治理攻关项目集中了全国近两千名一线专家，采取集中攻关和驻点跟踪研究相结合的组织方式，取得了一大批重要的科技突破和研究成果。大气重污染成因及来源有污染排放、气象条件、区域传输三个方面，其中污染排放是主因和内因。工业、燃煤、机动车、扬尘是污染排放的四大来源，占比达 90%以上。硝酸盐、硫酸盐、铵盐和有机物是 $PM_{2.5}$ 的主要组分，占比达 70%以上。

大气污染形成是个长期、复杂的过程，污染程度与污染物的性质、污染物的排放、气象条件和地理条件等有关。当不利气象条件发生时，如果燃煤和生活活动产生的污染物一如既往地排放到大气中，不能及时扩散，污染会持续累积，并加重蔓延，大气污染会连绵成片，一旦污染气团随风流动，大范围的区域性空气重污染就会形成。

第二节 大气污染源及污染物

一、大气污染源

大气污染的来源极为广泛，由火山爆发、森林火灾等自然原因造成的污染多为暂时的、局部的，而由人生产和生活所造成的污染是经常性的、大范围的。根据《排放源统计调查制度》，由人为因素造成的大气污染，包括工业污染源、生活污染源、移动污染源和集中式污染治理设施四类排放源。

1. 工业污染源

电力、热力生产和供应业，黑色金属冶炼和压延加工业，非金属矿物制品业是目前排放SO_2、NO_x较多的工业行业。燃料的燃烧和化工生产排放的污染物约占总污染物的70%以上，其中煤炭燃烧产生的占95%以上。所以煤的直接燃烧所排放的烟尘是我国大气污染的主要特征。

其他如冶金工厂的炼钢、炼铁、有色冶炼，以及石油、化工、造船等各种类型工矿企业的生产过程中产生的污染物，主要有粉尘、碳氢化合物、含硫化合物、含氢化合物以及卤素化合物等，约占总污染物的20%。

2. 生活污染源

生活污染源是指家庭炉灶、取暖设备等，一般是燃烧化石燃料。特别在以煤为生活燃料的城市，由于居民密集，煤燃烧质量差、数量多、燃烧不完全，排放出大量的烟尘和一些有害的气体物质，其数量相当可观，危害甚至超过工业污染。生活污染的另一个来源是城市垃圾。垃圾在堆放过程中由于厌氧分解排出的二次污染物和垃圾焚烧过程中产生的废气都将污染大气。

3. 移动污染源

移动污染源包括汽车、火车、船舶和飞机等交通工具，工程机械、农业机械运行时排放的尾气，施用化学农药、化肥、有机肥时有害物质直接逸散到大气中，或从土壤中分解后向大气排放的有害、有毒及恶臭气态污染物等，主要有碳氢化合物、CO、NO_x、含铅污染物、苯并（*a*）芘等。排放到大气中的这些污染物在阳光照射下，有些还可经光化学反应，生成光化学烟雾，因此它们也是二次污染物的主要来源之一。

4. 集中式污染治理设施

集中式污染治理设施包括集中式污水处理单位、生活垃圾集中处理处置单位、危险废物集中利用处置（处理）单位。污水处理厂的废气成分主要分为有机废气和无机废气，具有很大的毒害性，其中含有无机的醛类、硫化氢、甲硫醚以及二氧化硫等一系列对人体有害的化学成分，同时还含有挥发性较强的有机废气。生活垃圾处理过程排放的气体主要含有氨、硫化物等有害气体。

二、主要的大气污染物

随着经济的发展，排入大气中的污染物种类越来越多。目前已经认定的有100多种。不同时期、不同地区的大气污染物有所不同。在工业率先发达的国家，早期的燃煤造成煤烟型污染，后来汽车猛增，氮氧化物等和由它们形成的光化学烟雾又成为主要危险。目前我国的最主要的大气污染物是总悬浮颗粒物（TSP）和可吸入颗粒物（$PM_{2.5}$）且含菌量大，煤烟型污染还相当严重，但随着城市机动车保有量的激增，一些大城市的大气污染正由煤烟型向汽车尾气型转变。

排入大气的污染物可依据不同的原则进行分类。依照污染物存在的形态可分为颗粒污染物与气体污染物。依照污染源的关系可分为一次污染物与二次污染物：若大气污染物是从污染源直接排出的原始物质，进入大气后其性质没有发生改变，则称为一次污染物；若由污染源排出的一次污染物与大气中原有成分，或几种一次污染物之间发生一系列的变化和光化学反应，形成了与原污染物性质不同的新污染物，则所形成的新污染物称二次污染物，如硫酸烟雾和光化学烟雾。通常二次污染物比一次污染物危害更大。

1. 颗粒污染物

进入大气的固体粒子和液体粒子均属于颗粒污染物。颗粒污染物的分类如下。

（1）尘粒：一般是指粒径大于 75μm 的颗粒物。这类颗粒物由于粒径较大，在气体分散介质中具有一定的沉降速度，易于沉降到地面。

（2）粉尘：在固体物料的输送、粉碎、分级、研磨、装卸等机械过程中产生的颗粒物，或由于岩石、土壤的风化等自然过程中产生的颗粒物悬浮于大气中，称为粉尘，其粒径一般小于 75μm。在这类颗粒物中，粒径大于 10μm，靠重力作用能在短时间内降落的地面者，称为降尘；粒径小于 10μm 不易沉降，能长期在大气中飘浮者，称为飘尘。

（3）烟尘：在燃料燃烧、高温熔融和化学反应等过程形成的、飘浮于大气中的颗粒物称为烟尘。烟尘粒子的粒径很小，一般在 1μm 左右。烟尘包括升华、焙烧、氧化等过程形成的烟气，也包括燃料不完全燃烧所成的黑烟以及由于蒸汽的凝结所形成的烟雾。

（4）雾尘：小液体粒子悬浮于大气中的悬浮体的总称。这种小液体粒子一般是由于蒸汽的冷凝、液体的喷雾、雾化以及化学反应过程所形成，粒子粒径小于 100μm。水雾、酸雾、碱雾、油雾等都属于雾尘。

2021 年我国生态环境状况年报显示，2021 年，在统计调查的 42 个工业行业中，颗粒物排放量排名前三的行业依次为煤炭开采和洗选业、非金属矿物制品业、黑色金属冶炼和压延加工业。3 个行业的颗粒物排放量合计为 211.9 万吨，占全国工业源颗粒物排放量的 65.2%。

2. 气态污染物

以气体形态进入大气的污染物称为气态污染物。气态污染物种类极多，按其对我国大气环境的危害大小，主要可以分为五种类型：硫化合物、氮氧化物、碳氧化物、碳氢化合物及卤素化合物和臭氧，如表 8-2 所示。

表 8-2　主要气态污染物

类型	物质	性质	来源	备注
硫化合物	SO_2	无色，臭味，易溶于水生成亚硫酸	煤、石油燃烧，火山喷发	危害最大
	SO_3	易溶于水生成 H_2SO_4	煤燃烧，或由 SO_2 转化	强腐蚀性
	H_2S	臭蛋味，大气中转化为 SO_3	化工，污水，火山、沼泽	
氮氧化物	NO	无色	高温燃烧，土壤中的细菌作用	光化学烟雾的主要成分
	NO_2	橘红色		
	N_2O	性质稳定	土壤中的生物作用，燃烧	
碳氧化物	CO	无色，无臭，有毒	燃料不完全燃烧，森林火灾，生物腐烂	1970～1992 年浓度增长率为 0.4%
	CO_2	无色，无臭，有毒	完全燃烧，生物呼吸，火山，海洋	

续表

类型	物质	性质	来源	备注
碳氢化合物	C_xH_y	参与光化学反应	石油燃烧，挥发，化工，生物作用	
卤素化合物和臭氧	O_3		光化学反应产生	二级污染物
	HF	无色，臭味	电解铝，化肥，化工厂	强腐蚀性

（1）硫化合物　二氧化硫（SO_2）是世界范围内大气污染的主要气态污染物，是衡量污染状况的重要指标之一。大气中的 SO_2 主要来自燃烧，其中火电厂是最大的 SO_2 排放源。在中国，大气中87%的 SO_2 来自煤的燃烧。SO_2 等硫化物会与重金属飘尘、水蒸气、氮氧化物等发生化学反应生成硫酸或硫酸盐悬浮微粒，形成硫酸烟雾。SO_2 是一种无色有臭味的窒息性气体，会损害呼吸器官，腐蚀材料，而且硫酸烟雾的毒性比 SO_2 要大10倍。同时，硫氧化物还是形成酸雨和酸沉降的主要物质之一。

2021年，在《排放源统计调查制度》确定的统计调查范围内，全国二氧化硫排放量为274.8万吨。其中，工业源二氧化硫排放量为209.7万吨，占76.3%；生活源二氧化硫排放量为64.9万吨，占23.6%；集中式污染治理设施二氧化硫排放量为0.3万吨，占0.1%。

硫化氢主要由有机物腐败而产生；人为来源是牛皮纸浆厂、炼焦厂、炼油厂等。人为产生的硫化氢每年约300万吨。采用焚烧方法消除 H_2S 实际上是把它转化为 SO_2 排入大气，现已改用回收法。H_2S 在大气中只存留几小时，很快会氧化成 SO_2。

（2）氮氧化物　氮氧化物（NO_x）种类很多，造成大气污染的主要有一氧化氮（NO）和二氧化氮（NO_2），还有氧化亚氮（N_2O）、三氧化二氮（N_2O_3）等等。NO_2 还是形成光化学烟雾的主要物质，大气中的 NO_x 几乎一半以上是由人为污染产生的，大部分来自化石燃料的燃烧。在大城市中燃油机动车排出的尾气中含有大量的 NO_x，成为主要的大气污染物。我国生态环境状况年报显示，2021年，在统计调查的42个工业行业中，氮氧化物排放量排名前三的行业依次为电力、热力生产和供应业，非金属矿物制品业，黑色金属冶炼和压延加工业。3个行业的氮氧化物排放量合计为303.0万吨，占全国工业源氮氧化物排放量的82.1%。

NO_2 对人体呼吸系统有损害，刺激眼睛，达一定浓度时会引起致命的肺气肿。NO_2 既是形成酸雨的主要物质之一，也是形成大气中光化学烟雾的主要物质和消耗臭氧的一个重要因素。

（3）碳氧化物　大气中的CO是城市中的主要气态污染物之一，是煤和石油不完全燃烧产生的。在美国，由汽车等移动污染源产生的CO占人为污染源排放总量的70%；在中国，70%的CO来自煤的燃烧。

CO为无色无味的窒息性气体，当浓度在1200μL/L以上时作用1h能使人神经麻痹，甚至产生生命危险，通常称为“煤气中毒”。CO_2 是无色无味气体，高浓度 CO_2 的积累可导致麻痹中毒，甚至死亡；而且大气中 CO_2 浓度增高会加剧温室效应，使全球性气候发生变化。

（4）碳氢化合物　碳氢化合物指有机废气。大气中的碳氢化合物主要来自石油的不完全燃烧和石油类物质的蒸发。车辆是主要的排放源，其不完全燃烧排气、化油器和油箱蒸发都会排出碳氢化合物。另外工矿企业如石化工业、油漆、干洗等都会把碳氢化合物散入大气。化石燃料低温（约1000℃）缺氧燃烧时会产生多种致癌的碳氢化合物；油炸食品、抽烟所产生3,4-苯并芘，是一种强致癌物质。城市空气中的碳氢化合物还是形成光化学烟雾的主要成分，因此已经日益引起人们的关注。

3. 二次污染物

（1）光化学烟雾　大气中氮氧化物、碳氢化合物等一次污染物在太阳紫外线的作用下发生光化学反应，生成的浅蓝色烟雾型混合物叫光化学烟雾。光化学烟雾的危害非常大，会刺激人的上呼吸道，诱发各种炎症，导致哮喘发作；还会伤害植物，使叶片上出现褐色斑点而病变坏死；由于光化学烟雾中含有 PAN、O_3 等强氧化剂，能使橡胶制品老化，染料褪色，织物强度降低等。

形成光化学烟雾的主要原因是大气中 NO_2 的光化学作用。NO_2 在太阳紫外线照射下吸收波长为 290～430mm 的光后分解生成活性很强的新生态氧原子［O］，该原子与空气中的氧分子结合生成臭氧，然后再与烯烃作用生成过氧酰基亚硝酸盐、硝酸盐、醛类等。

光化学烟雾一般发生在大气湿度较低、气温为 24～32℃的夏季晴天，与大气中 NO、CO、碳氢化合物等污染物的存在分不开。所以，以石油为动力原料的工厂、汽车排气等污染源的存在是光化学烟雾形成的前提条件。20 世纪 40 年代首先在美国洛杉矶市发现光化学烟雾，所以又称洛杉矶型烟雾；50 年代以后相继在世界各大城市发生过；70 年代我国兰州西固石油化工区也出现了光化学烟雾。

（2）硫酸烟雾　硫酸烟雾是大气中 SO_2 在相对湿度比较高、气温比较低并有颗粒气溶胶存在时发生的。大气中的气溶胶凝聚大气中的水分，并吸收 SO_2 和氧气，在颗粒气溶胶表面上发生 SO_2 的催化氧化反应，生成亚硫酸：

$$SO_2 + H_2O \longrightarrow H_2SO_3$$

生成的亚硫酸在颗粒气溶胶中的 Fe、Mn 等催化作用下继续被氧化生成硫酸：

$$2H_2SO_3 + O_2 \longrightarrow 2H_2SO_4(\text{雾})$$

硫酸烟雾是强氧化剂，对人和动植物有极大的危害。英国从 19 世纪到 20 世纪中叶多次发生这类烟雾事件，最严重的一次发生在 1952 年 12 月 5～9 日的伦敦，历时 5 天，死亡 4000 多人。所以硫酸烟雾也称为伦敦型烟雾。

第三节　大气污染的影响

大气污染物对人体健康、植物、器物和材料及大气能见度和气候皆有重要影响。

一、对人体健康的影响

大气污染物侵入人体主要有三条途径：表面接触、摄入含污染物的食物和水、吸入被污染的空气。其中以第三条途径最为重要。大气污染对人体健康的危害主要表现为引起呼吸道疾病。在突然的高浓度污染物作用下，可造成急性中毒，甚至在短时间内死亡。长期接触低浓度污染物，会引起支气管炎、支气管哮喘、肺气肿和肺癌等疾病。此外，还发现一些未查明的可能与大气污染有关的疑难病症。下面对几种主要大气污染物危害人体健康的毒理作一简介。

1. 颗粒物

颗粒物对人体健康的影响，取决于颗粒物的浓度和在其中暴露的时间。研究数据表明，因上呼吸道感染、心脏病、支气管炎、气喘、肺炎、肺气肿等疾病而到医院就诊人数的增加与大气中颗粒物浓度的增加是相关的。统计表明，患呼吸道疾病和心脏病老人的死亡率在颗粒物浓度一连几天异常高的时期内有所增加。暴露在合并有其他污染物（如 SO_2）的颗粒物中所造成的健康危害，要比分别暴露在单一污染物中严重得多。表 8-3 中列举了颗粒物浓度与其产生的影响之间关系的有限数据。

表 8-3 观察到的颗粒物的影响

颗粒物浓度/(mg/m^3)	测量时间及合并污染物	影响
0.06～0.18	年度几何平均，SO_2 和水分	加快钢和锌板的腐蚀
0.08	年平均	环境空气质量一级标准
0.15	相对湿度＜70％	能见度缩短到 8km
0.10～0.15		直射日光减少 1/3
0.08～0.10	硫酸盐水平 30mg/(cm^2·月)	50 岁以上的人死亡率增加
0.10～0.13	SO_2＞0.12mg/m^3	儿童呼吸道发病率增加
0.20	24h 平均值，SO_2＞0.25mg/m^3	因病未上班人数增加
0.30	24h 最大值，SO_2＞0.63mg/m^3	慢性支气管炎病人可能出现急性恶化的症状
0.75	24h 平均值，SO_2＞0.715mg/m^3	病人数量明显增加，可能发生大量死亡

颗粒的粒径大小是危害人体健康的另一重要因素，主要表现在两个方面：①粒径越小，越不易沉积，长时间飘浮在大气中容易被吸入人体内。一般粒径在 100μm 以上的尘粒会很快在大气中沉降，10μm 以上的尘粒可以滞留在呼吸道中；5～10μm 的尘粒大部分会在呼吸道沉积，被分泌的黏液吸附，可以随痰排出；小于 5μm 的微粒能深入肺部，0.01～0.1μm 的尘粒，50％以上将沉积在肺腔中，引起各种尘肺病。②粒径越小，粉尘比表面积越大，物理、化学活性越高，加剧了生理效应的发生与发展。此外，尘粒的表面可以吸附空气中的各种有害气体及其他污染物，而成为它们的载体，如可以承载强致癌物质苯并芘及细菌等。

2. 硫氧化物

SO_2 在空气中的浓度达到 $(0.3\sim1.0)\times10^{-6}mg/m^3$ 时，人们就会闻到一种气味。包括人类在内的各种动物，对 SO_2 的反应都会表现为支气管收缩，这可从气管阻力稍有增加判断出来。一般认为，空气中 SO_2 浓度在 $0.5\times10^{-6}mg/m^3$ 以上时，对人体健康已有某种潜在性影响，$(1\sim3)\times10^{-6}mg/m^3$ 时多数人开始受到刺激，$10\times10^{-6}mg/m^3$ 时刺激加剧，个别人还会出现严重的支气管痉挛。由颗粒物和水分结合的硫氧化物是对人类健康影响非常严重的公害（见表 8-3）。

当大气中的 SO_2 氧化形成硫酸和硫酸烟雾时，即使其浓度只相当于 SO_2 的 1/10，其刺激和危害也将更加显著。动物实验表明，硫酸烟雾引起的生理反应要比单一 SO_2 气体强 4～20 倍。

3. 一氧化碳

高浓度的 CO 能够引起人体生理上和病理上的变化，甚至死亡。CO 是一种能夺去人体组织所需氧的有毒吸入物。人暴露于高浓度（$>750\times10^{-6}mg/m^3$）的 CO 中就会导致死亡。CO 与血红蛋白结合生成碳氧血红蛋白，氧和血红蛋白结合生成氧合血红蛋白（O_2Hb）。血红蛋白对 CO 的亲和力大约为对氧的亲和力的 210 倍。幸好，碳氧血红蛋白在血液中的形成是一个可逆过程，暴露一旦中断，与血红蛋白结合的 CO 就会自动释放出来，健康人经过 3～4h，血液中的 CO 就会清除掉一半。

碳氧血红蛋白的直接作用是降低血液的载氧能力，次要作用是阻碍其余血红蛋白释放所载的氧，进一步降低血液的输氧能力。在 CO 浓度为 $(10\sim15)\times10^{-6}mg/m^3$ 下暴露 8h 或更长时间，有些人对时间间隔的辨别力就会受到损害。CO 浓度达到 $100\times10^{-6}mg/m^3$ 时，大多数人感觉眩晕、头痛和倦怠。

4. 氮氧化物

NO 对生物的影响尚不清楚，经动物实验证明，其毒性仅为 NO_2 的 1/5。NO_2 是棕红色气体，对呼吸器官有强烈的刺激作用，当其浓度与 NO 相同时，伤害性更大。实验表明，NO_2 会迅速破坏肺细胞，可能是哮喘、肺气肿和肺癌的一种病因。环境空气中 NO_2 浓度低于 $0.01\times10^{-6}mg/m^3$ 时，儿童（2～3 周岁）支气管炎的发病率有所增加；NO_2 浓度为 $(1\sim3)\times10^{-6}mg/m^3$ 时，可闻到臭味；浓度为 $13\times10^{-6}mg/m^3$ 时，眼、鼻有急性刺激感；在浓度为 $17\times10^{-6}mg/m^3$ 的环境下，呼吸 10min，会使肺活量减少，肺部气流阻力增加。NO_x 与碳氢化合物混合时，在阳光照射下会发生光化学反应生成光化学烟雾。光化学烟雾的成分是光化学氧化剂，危害更加严重。

5. 光化学氧化剂

氧化剂、臭氧（O_3）、过氧乙酰硝酸酯（PAN）、过氧苯酰硝酸酯（PBN）和其他能使碘化钾的碘离子氧化的痕量物质，都称为光化学氧化剂。氧化剂（主要是 PAN 和 PBN）会严重刺激眼睛，和臭氧混合在一起时，还会刺激鼻腔、喉，引起胸腔收缩，浓度高达 $3.90mg/m^3$ 时，就会引起剧烈的咳嗽和注意力不能集中。

6. 有机化合物

城市大气中有很多有机化合物是可疑的致变物和致癌物，包括卤代甲烷、卤代乙烷、卤代丙烷、氯烯烃、氯芳烃、芳烃、氧化产物和氮化产物等。特别是多环芳烃（PAH）类大气污染物，大多数有致癌作用，其中苯并芘是强致癌物质。城市大气中的苯并芘主要来自煤、油等燃料的未完全燃烧及机动车排气。苯并芘主要通过呼吸道侵入肺部，并引起肺癌。实测数据表明，肺癌与大气污染、苯并芘含量的相关性是显著的。从世界范围看，城市肺癌死亡率约比农村高 2 倍，有的城市高达 9 倍。

二、对植物的伤害

大气污染对植物的伤害，通常发生在叶子结构中，因为叶子含有整棵植物的构造机理。最常遇到的毒害植物的气体是：二氧化硫、臭氧、PAN、氟化氢、乙烯、氯化氢、氯气、硫化氢和氨气。

大气中含 SO_2 过高，首先会对叶肉的海绵状软组织部分产生危害，其次是栅栏细胞部分。侵蚀开始时，叶子出现水浸透现象，干燥后，受影响的叶面部分呈漂白色或乳白色。SO_2 进入气孔，叶肉中的植物细胞使其转化为硫酸盐。当过量的 SO_2 存在时，植物细胞就不能尽快地把亚硫酸盐转化为硫酸盐，细胞结构也会被破坏。菠菜、莴苣和其他叶状蔬菜对 SO_2 最为敏感，棉花和苜蓿很敏感，松针也受其影响，叶尖或是整片叶子都会变成褐色，并且很脆弱。

20 世纪 50 年代后期，臭氧对植物的损害才引起人们的注意。臭氧首先侵袭叶肉中的栅栏细胞区。叶子的细胞结构瓦解，叶子表面出现浅黄色或棕红色斑点。针叶树的叶尖变成棕色，而且坏死。菠菜、斑豆、番茄和白松显得特别敏感。在某些森林中的很多松树，似乎由于长期暴露在光化学氧化剂中而濒临死亡。臭氧还会阻碍柠檬的生长。

过氧乙酰硝酸酯会侵害叶子气孔周围空间的海绵状薄壁细胞。可以窥见的主要影响是叶子的下部变成银白色或古铜色。从成熟状况看，幼叶对 PAN 是最敏感的。

氟化氢对植物是一种积累性毒物。即使暴露在极低的浓度中，植物也会最终把氟化物积累到足以损害叶子组织的程度。最早出现的影响表现为叶尖和叶边呈烧焦状。显然，氟化物通过气孔进入叶子，然后被正常的流动水分带向叶尖和叶边，最后使内部细胞遭受破坏。当细胞被破坏变干时，受害部分就由深棕色变为棕褐色。桃树、葡萄藤和糖菖蒲等对氟化物十分敏感。

在碳氢化合物中，乙烯是唯一在环境水平时就能使植物遭受损害的物质。浓度为$(0.001\sim0.5)\times10^{-6}mg/m^3$的乙烯会使敏感的植物受到损害。乙烯对植物的影响包括使花朵凋落和叶子不能很好地舒展，已证实乙烯对兰花和棉花有害。

其他气体和蒸气，如氟化氢、氟、硫化氢和氨，比别的气体更能引起叶子组织剧烈瓦解。

三、对器物和材料的影响

大气污染对金属制品、涂料、皮革制品、纺织品、橡胶制品和建筑物等的损害也是很严重的。这种损害包括玷污性损害和化学性损害两个方面。玷污性损害主要是粉尘、烟等颗粒物落在器物上面造成的，有的可以清扫冲洗除去，有的很难除去，如煤油中的焦油等。化学性损害是由于污染物的化学作用，使器物和材料腐蚀或损坏。

颗粒物因其固有的腐蚀性，或惰性颗粒物进入大气后因吸收或吸附了腐蚀性化学物质，而产生直接的化学性损害。金属通常在干空气中不易被腐蚀，甚至在清洁的湿空气中也是如此。然而，在大气中普遍存在吸湿性颗粒物时，即使在没有其他污染物的情况下，也能腐蚀金属表面。

大气中的SO_2、NO_x及其生成的酸雾、酸滴等，能使金属表面产生严重的腐蚀，使纺织品、纸品、皮革制品等腐蚀破损，使金属涂料变质，降低其保护效果。造成金属腐蚀最严重的污染物一般是SO_2，已观察到城市大气中金属的腐蚀率约是农村环境中腐蚀率的1.5～5倍。温度尤其是相对湿度皆显著影响着腐蚀速度。铝对SO_2具有很强的耐腐蚀性，但是在相对湿度高于70%时，其腐蚀率就会明显上升。据研究，铝在农村地区暴露达20年以上，其抗张强度只减少1%或更少些。而在同样长的时间内，在工业区大气中铝的抗张强度却减少了14%～17%。含硫物质或硫酸会侵蚀多种建筑材料，如石灰石、大理石、花岗岩、水泥砂浆等，这些建筑材料先形成较易溶解的硫酸盐，然后被雨水冲刷掉。尼龙织物，尤其是尼龙管道等，对大气污染物也很敏感，其老化显然是由SO_2或硫酸气溶胶造成的。

光化学氧化剂中的臭氧，会破坏橡胶的绝缘性能，使橡胶制品迅速老化脆裂。臭氧还会侵蚀纺织品的纤维素，使其强度减弱。所有氧化剂都能使纺织品发生程度不同的褪色。

四、对大气能见度和气候的影响

1. 对大气能见度的影响

能见度的气象学定义是在指定方向上仅能用肉眼看见和辨认的最大距离。大气污染最常见的后果之一是大气能见度降低。一般来说，对大气能见度或清晰度有影响的污染物，应是气溶胶粒子、能通过大气反应生成气溶胶粒子的气体或有色气体。因此，对能见度有潜在的影响的污染物有：①总悬浮颗粒物（TSP）；②SO_2和其他气态化合物，这些气体在大气中以较大的反应速率生成硫酸盐和硫酸气溶胶粒子；③NO和NO_2，在大气中反应生成硝酸盐和硝酸气溶胶粒子，在某些条件下，红棕色的NO_2会导致烟羽和城市霾云出现可见着色；④光化学烟雾，光化学反应生成亚微米的气溶胶粒子。

大气能见度的下降，主要是大气中微粒对光的散射和吸收作用造成的。还有某些散射是空气分子引起的，这就叫瑞利散射过程。大气中由散射引起的光衰减，主要是由大小与入射光波长相近的粒子造成的。可见光辐射波长约为0.4～0.8μm，其最大强度为0.52μm左右。因此，粒径处于0.1～1.0μm的亚微米范围内的固体和液体粒子对能见度降低的影响很大。城市大气中硫酸盐的粒径大多小于2μm，粒径分布峰值为0.2～0.9μm，因而这类气溶胶的存在会引起能见度明显降低。

大气能见度的降低，不仅会使人感到不愉快，造成极大的心理影响，还会影响正常的生产生活，产生交通安全方面的危害。

2. 对气候的影响

大气污染对能见度的影响主要是美学性的，而且长期影响相对较小。但是，如果大气污染对气候产生大规模影响，则其结果肯定是极为严重的。已被证实的全球性影响，如 CO_2 等温室气体引起的温室效应以及 SO_2、NO_x 排放产生的酸雨等。人类活动向大气中排放的大量微粒形成气溶胶，影响着太阳辐射的发射与吸收，进而影响大气温度。除此之外，在较低大气层中的悬浮颗粒物还会形成水蒸气的“凝结核”。水蒸气在高空冷却达到饱和时就会发生凝结，但往往不能自发形成云颗粒，而是冷凝在“凝结核”上，在较高的温度下，凝结成液态小水滴；而在温度很低时，则会形成冰晶。这种“凝结核”作用有可能潜在地导致降水的增加或减少。对特殊情况的研究尚未取得一致结果，一些研究证明降水将增加，例如颗粒物浓度高的城区和工业区的降雨量明显大于其周围相对清洁区的降雨量，通过云催化造成的冰核少量增加来进行人工降雨等。另有一些研究表明降水会减少。

第四节 大气污染的控制

一、烟尘控制技术

工业上主要借助除尘装置来进行烟尘控制。从废气中除去或收集固态或液态粒子的设备，称为除尘装置，也叫除尘器。

1. 除尘装置的性能指标

在选择除尘装置时除了要考虑处理的烟尘特性外，还要对除尘装置的性能有所了解。除尘装置的性能通常以其处理量、效率、阻力降三个主要技术指标来表示。

（1）除尘装置的处理量　系指除尘装置在单位时间内所能处理的含尘气体量，用符号 Q（单位为 m^3/s）表示。它取决于装置的型号和结构尺寸。在选择除尘装置时必须注意这个指标，否则将会影响除尘效率。

（2）除尘装置的效率　除尘装置的效率是表示装置除尘效果的重要指标，也是选择和评价装置的最主要参数。有如下几种表示方法：

① 除尘装置的总效率：指除尘装置除下的烟尘量与未经除尘前含尘气体（烟气）中所含烟尘量的百分比，通常用符号 η 表示。

总效率并不能说明除尘装置对除去某一特定粒径范围的除尘效率。因为从烟气中除去大尘粒比除去小尘粒容易得多，因而用同一除尘器除大尘粒要比除小尘粒的效率高得多。为了表示除尘装置对不同粒径烟尘的除尘效率，引用了分级效率概念。

② 除尘装置的分级效率：指对某一粒径 x 为中心，粒径宽度为 Δx 范围内的烟尘的除尘效率，由除尘装置收下的烟尘量与进入装置时烟尘量的百分比来表示。通常用 η_x 表示分级效率。

③ 除尘装置的除尘效果：指的是没有被除尘装置除下的烟尘量占进入除尘装置前烟尘量的百分比，一般用 ε 表示。

④ 多级除尘效率：当使用一级除尘装置达不到除尘要求时，通常将两个或两个以上的除尘装置串联起来使用，形成多级除尘装置。其效率用 $\eta_{总}$ 表示，可按下式计算：

$$\eta_{总}=1-(1-\eta_1)(1-\eta_2)\cdots(1-\eta_n)$$

式中，η_1、η_2、$\eta_3\cdots\eta_n$ 分别为第 1、2…n 级除尘装置的单级效率。

例：串联使用两个除尘装置来净化烟气，其第一级效率 $\eta_1=90\%$，第二级效率 $\eta_2=80\%$，则串联装置的总效率 $\eta_{总}$ 为：

$$\eta_{总}=1-(1-0.9)\times(1-0.8)=0.98$$

即

$$\eta_{总}=98\%$$

(3) 除尘装置的阻力降　除尘装置的阻力降有时称为压力降，通常用 ΔP 表示。表示烟气经过除尘装置所消耗能量大小。压力损失大的除尘装置，在工作时能量消耗就大，运转费用高。此外还直接关系到所需要的烟囱高度，以及在烟气净化流程中是否需要安装引送风机等。

2. 除尘装置的工作原理

(1) 机械式除尘器　机械式除尘器是通过质量力的作用达到除尘目的的除尘装置。质量力包括重力、惯性力和离心力，主要除尘器形式为重力沉降室、惯性除尘器和旋风除尘器等。

① 重力沉降室　重力沉降室是利用含尘气体中尘粒自身的重力自然沉降从气流中分离出来，达到净化目的的一种装置。

重力沉降室是各种除尘器中最简单的一种。由于尘粒沉降速度较慢，只适用于分离粒径较大的尘粒，对 50μm 以上的尘粒具有较好的捕集作用；但除尘效率低，一般作为初级除尘手段。

② 惯性除尘器　惯性除尘器是利用气流方向急剧改变时尘粒因惯性作用而从气流中分离出来的一种除尘方法。

惯性除尘器适于非黏性、非纤维粉尘的去除，设备结构简单，阻力较小，但其分离效率较低，约为 50%～70%，只能捕集 10～20μm 以上的粗尘粒，常用于多级除尘中的第一级除尘。

③ 离心式除尘器（又称旋风除尘器）离心式除尘器是利用旋转的含尘气流所产生的离心力将尘粒从气流中分离出来的气体净化方法。

在机械式除尘器中，离心式除尘器是效率较高的一种。它适用于非黏性及非纤维性粉尘的去除，对大于 5μm 以上的颗粒具有较高的去除效率，属于中效除尘器，且可用于高温烟气的净化，因此是应用广泛的一种除尘器，多用于锅炉烟气除尘、多级除尘及预除尘。主要缺点是对细小尘粒（$<5\mu m$）的去除效率较低。

(2) 过滤式除尘器　过滤式除尘器是用多孔过滤介质来分离捕集气体中尘粒的处理方法。按滤尘方式有内部过滤与外部过滤之分。内部过滤是把松散多孔的滤料填充在框架内作为过滤层，尘粒是在滤层内部被捕集，如颗粒层过滤就属于这类过滤器。外部过滤是用纤维织物、滤纸等作为滤料，通过滤料的表面捕集尘粒。这种除尘方式最典型的装置是袋式除尘器，是过滤式除尘器中应用最广泛的一种。

① 袋式过滤　用棉、毛、有机纤维、无机纤维的纱线织成滤布，用此滤布做成的滤袋是袋式除尘器中最主要的滤尘部件，滤袋的捕尘是通过以下的机制完成的。

筛滤作用——尘粒粒径大于滤料纤维的孔隙时，会被滤料拦截，从气流中筛滤出来；特别是粉尘在滤料上沉积到一定厚度后，形成了所谓的“粉尘初层”，这种筛滤作用更为显著。粉尘层的存在是保证高除尘效率的关键因素。随着粉尘层的增厚，除尘效率不断提高，但气流通过阻力也在不断加大，当粉尘积累到一定厚度后要进行清灰，以减少通过阻力。

惯性碰撞作用——粒径在 1μm 以上的粒子有较大的惯性。当气流遇到滤料等障碍物产生绕流时，粒子由于本身的惯性仍按原方向运动，与滤料相碰而被捕集。

扩散作用——气流中粒径小于 1μm 的小粒，由于布朗运动或热运动与滤料表面接触而被捕集。

静电作用——当滤布和粉尘带有电性相反的电荷时，由于静电引力，尘粒可被吸引到纤维上而捕获。

重力作用——含尘气流进入除尘器后，因气流速度降低，大颗粒由于重力作用而沉降下来。

在袋式除尘器中，集尘过程的完成是上述各机制综合作用的结果。由于粉尘性质的不同，装置结构的不同及运行条件的不同，各种机理所起作用的重要性也就不会相同。

袋式除尘器的结构类型多种多样，可按不同特点进行分类。按滤袋形状可分为圆袋和扁袋两种，其中圆袋除尘器结构简单，便于清灰，应用最广；扁袋除尘器的单位体积过滤面积大，占地面积小，但清灰、维修较困难，应用较少。按含尘气流进入滤袋的方向可分为内滤式和外滤式两种，内滤式是含尘气体首先进入滤袋内部，粉尘积于内袋内部，便于从滤袋外侧检查和换袋；外滤式含尘气体由滤袋外部到滤袋内部，适合于用脉冲喷吹等清灰。

袋式除尘器的性能优劣主要取决于滤料，其次取决于清灰方式和除尘器的结构。根据含尘气体的性质选择滤料是设计和使用滤袋除尘器的一个关键。目前常用的滤料有棉布、毛料、涤纶、锦纶和玻璃纤维以及这些纤维品的混合物等。

袋式除尘器广泛用于各种工业废气除尘中，除尘效率高，可达99%以上，适用范围广，对细粉也有很强的捕集作用，同时便于回收干料。但袋式除尘器不适用于处理含油、含水及黏结性粉尘，也不适用于处理高温含尘气体。所以在处理高温烟气时需预先对烟气进行冷却，降温到100℃以下再进入袋式除尘器。

② 颗粒层除尘　颗粒层除尘是过滤除尘的另一种形式，是通过将松散多孔的滤料填充在框架内作为过滤层，尘粒在滤层内部被捕集的一种除尘方法，属内部过滤机制。除尘过程中大颗粒粉尘主要借助惯性力，小于0.5μm的尘粒主要靠滤料及被过滤下来的尘粒表面拦截和附着作用过滤下来，净化效率随颗粒层厚度增加而提高。

颗粒层除尘器常用一定粒度的砂砾或其他金属碎屑作填料形成多孔过滤层。因为孔隙率小，故能过滤细小粉尘。又由于采用砂砾做滤料，因而能回收高温、有腐蚀性及磨蚀性较大的有用粉尘。与其他干式除尘器比较，更适用于气体温度高、含尘浓度大、比电阻值过大或过小的含尘气体，具有抗磨损、耐腐蚀等优点。

(3) 湿式除尘器　湿式除尘器也称为洗涤除尘，是利用液体所形成的液膜、液滴或气来洗涤含尘气体，使尘粒随液体排出，气体得到净化。

由于洗涤液对多种气态污染物具有吸收作用，因此既能净化气体中的固体颗粒物，又能脱除气体中的体态有害物质，这是其他类型除尘器所无法做到的，某些洗涤器也可以单独充当吸收器使用。湿式除尘器种类很多，常用的有各种型号的喷淋塔、填料洗涤除尘器、泡沫除尘器和文丘里管洗涤器。

湿式除尘器结构简单，造价低，除尘效率高，在处理高温、易燃、易爆气体时安全性好，在除尘的同时还可以去除气体中的有害物。湿式除尘器的不足是用水量大，易产生腐蚀性的液体，产生的废液或泥浆需进行处理，并可能造成二次污染。在寒冷地区和季节易结冰。

湿式除尘原理属于短程机制，主要是在除尘器内含尘气体与水或其他液体相碰撞时，尘粒发生凝聚，进而被液体介质捕获，达到除尘的目的。

(4) 静电除尘器　静电除尘是利用高压电场产生的静电力（库仑力）的作用分离含尘气体中的固体粒子或液体粒子的气体净化方法。

电除尘器具有优异的除尘性能。电除尘器几乎可以捕集一切细微粉尘及雾状液滴，除尘效率达到99%以上，对于粒径小于0.1μm的粉尘粒子仍有较高的去除效率；电除尘器的气流通过阻力小，处理气量大；由于消耗的电能是通过静电力直接作用于尘粒上，因此能耗也低；电除尘器还可应用于高温、高压的场合，同时在一定条件下也能处理有爆炸性的含尘气体，因此被广泛用于工业除尘。电除尘器的主要缺点是设备庞大，占地面积大，一次性投资费用高。

3. 常用除尘装置的性能

下面将各种主要除尘设备的实用性能、优缺点和常用除尘装置的性能情况分别列于表8-4、表8-5及表8-6中，便于比较和选择。

表8-4 各种除尘器装置的实用性能比较

类型	结构形式	处理粒度/μm	压力降/mmH_2O	除尘效率%	设备费用程度	运转费用程度
重力除尘	沉降式	50～100	10～15	40～60	小	小
惯性力除尘		10～100	30～70	50～70	小	小
离心除尘	旋风式	3～100	50～150	85～95	中	中
湿式除尘	文丘里式	0.1～100	300～1000	80～95	中	大
过滤除尘	袋式	0.1～20	100～200	90～99	中以上	中以上
电除尘		0.05～20	10～20	85～99.9	大	大

注：$1mmH_2O=9.80665Pa$。

表8-5 各种主要除尘设备优缺点比较

除尘器	原理	适用粒径/μm	除尘效率η/%	优点	缺点
沉降室	重力	50～100	40～60	① 造价低； ② 结构简单； ③ 压力损失小； ④ 磨损小； ⑤ 维修容易； ⑥ 节省运转费	① 不能除小颗粒粉尘； ② 效率较低
挡板式(百叶窗)除尘器	惯性力	10～100	50～70	① 造价低； ② 结构简单； ③ 处理高温气体； ④ 几乎不用运转费用	① 不能除小颗粒粉尘； ② 效率较低
旋风式分离器	离心式	5以下	50～80	① 设备较便宜； ② 占地小； ③ 处理高温气体； ④ 效率较高	① 压力损失大； ② 不适于湿、黏气体； ③ 不适于腐蚀性气体
		3以下	10～40		
湿式除尘器	湿式	1左右	80～99	① 除尘效率高； ② 设备便宜； ③ 不受温度、湿度影响	① 压力损失大，运转费用高； ② 用水量大，有污水需处理； ③ 容易堵塞
过滤除尘器(袋式除尘器)	过滤	0.1～20	90～99	① 效率高； ② 使用方便； ③ 低浓度气体适用	① 容易堵塞，滤布需替换； ② 操作费用高
电除尘器	静电	0.05～20	80～90	① 效率高； ② 处理高温气体； ③ 压力损失小； ④ 低浓度气体适用	① 设备费用高； ② 粉尘黏附到电极上时，对除尘有影响，效率降低； ③ 需要维修费用

表 8-6　常用除尘装置的性能一览表

除尘装置名称	捕集粒子的能力/%			压力损失/Pa	设备费	运行费	装置的类别
	50μm	5μm	1μm				
重力除尘器	—	—	—	100～150	低	低	机械
惯性除尘器	95	16	3	300～700	低	低	机械
旋风除尘器	96	73	27	500～1500	中	中	机械
文丘里除尘器	100	>99	98	3000～10000	中	高	湿式
静电除尘器	>99	98	92	100～200	高	低，中	静电
袋式除尘器	100	>99	99	1000～2000	较高	较高	过滤
声波除尘器	—	—	—	600～1000	较高	中	声波

4. 除尘装置的选用

根据含尘气体的特性，可以从以下几方面考虑除尘装置的选择和组合。

（1）若尘粒粒径较小，几微米以下粒径占多数时，应选用湿式、过滤式或电除尘式等方式；若粒径较大，以 10μm 以上粒径占多数，可用机械除尘器。

（2）气体含尘浓度较高时，可用机械除尘；含尘浓度低时，可采用文丘里洗涤器，因其喉管的摩擦损耗不能太大，所以只适用于进口含尘浓度小于 $10g/cm^3$ 的气体除尘；过滤式除尘器也适用于低浓度含尘气体。含尘浓度低时，也可采用多级除尘串联的组合方式除尘，先用机械式除去较大的尘粒，再用电除尘或过滤式除尘器等去除较小的尘粒。

（3）对于黏附性强的尘粒，最好采用湿式除尘器，不宜采用过滤式除尘器（因为易造成滤布堵塞），同时也不宜采用静电除尘器（因为尘粒黏附在电极表面上将使除尘器的效率降低）。

（4）如采用电除尘器，尘粒的电阻率应在 $10^4 \sim 10^{11} \Omega \cdot cm$ 范围内，一般可以预先通过温度、湿度调节或添用化学药品的方法，满足这一要求。如果不能达到这一范围要求，则不宜采用电除尘器进行气体除尘处理。另外，电除尘器只适用在 500℃以下的情况。

（5）气体的温度增高，黏性将增大，流动时的压力损失增加，除尘效率也会下降。但温度太低，低于露点温度时，即使是采用过滤除尘器，也会有水分凝出，使尘粒易黏附于滤布上造成堵塞，因此，应在比露点温度高 20℃的条件下进行除尘。

（6）气体的成分中含有易爆、易燃的气体时，如 CO 等，应将 CO 氧化为 CO_2 再进行除尘。

除尘技术的方法和设备种类很多，各具有不同的性能和特点，在治理颗粒污染物时要选择一种合适的除尘方法和设备，除需要考虑当地大气环境质量、环境容许标准、排放标准、设备的除尘效率及有关经济技术指标外，还必须了解含尘气体的特性，如粒径、粒度分布以及含尘气体的化学成分、温度、压力、湿度等。总之，只有充分了解所处理含尘气体的特性，充分掌握各种除尘装置的性能，考虑了当地大气环境质量、环境容许标准、排放标准，才能合理地选择出既经济又有效的除尘装置。

二、气态污染物的一般控制技术

工农业生产、交通运输及人类生活活动中排出的有害气体种类繁多，需根据它们不同的物理、化学性质，采用不同的技术进行治理。常用的方法有吸收法、吸附法、催化转化法、燃烧法、冷凝法等，还有新发展的生物处理法。

1. 吸收法

（1）吸收法及分类　吸收法是利用气体混合物中不同组分在吸收剂中溶解度的不同，或者与吸收剂发生选择性化学反应，从而将有害组分从气流中分离出来的过程。吸收法用于治理气态污染物，技术上比较成熟，操作经验比较丰富，适用性比较强，各种气态污染物如 SO_2、H_2S、HF、NO_x 等一般都可选择适宜的吸收剂和吸收设备，并可回收有用产品。因此，该法在气态污染物治理方面得到广泛应用。

气体吸收可以分为物理吸收和化学吸收。

① 物理吸收　溶解的气体与溶剂或溶剂中某种成分并不发生任何化学反应。此时，溶解了的气体所产生的平衡蒸气压与溶质及溶剂的性质、体系的温度、压力和浓度有关。吸收过程的推动力等于气相中气体的分压与溶液溶质气体的平衡蒸气压之差。用重油吸收烃类蒸气或用水吸收醇类和酮类物质等都属于物理吸收。

② 化学吸收　溶解的气体与溶剂或溶剂中某一成分发生化学反应。一种快速发生的化学反应使溶解气体发生转变，导致气体平衡蒸气压的降低，有利于吸收操作。双碱法脱硫属于典型的化学吸收。

（2）吸收液　在吸收操作中，选择合适的吸收液是很重要的。发生化学反应的吸收和单纯的物理吸收相比，前者吸收速率较大，因为这时的吸收推动力增大，传质系数一般都有所提高，如用水吸收二氧化硫时，为气膜、液膜共同控制，改用碱性吸收液后，便成了气膜控制。

吸收液的选择，应从下列因素考虑。

① 为了提高吸收速度，增大对有害组分的吸收率，减少吸收液用量和设备尺寸，要求对有害组分的溶解度尽量大，对其余组分则尽量小。

② 为了减少吸收液的损失，其蒸气压应尽量低。

③ 为了减少设备费用，尽量不采用腐蚀性介质。

④ 黏度要低，比热不大，不起泡。

⑤ 尽可能无毒、难燃，且化学稳定性好，冰点要低。

⑥ 来源充足，价格低廉，最好就地取材，易再生重复使用。

⑦ 使用中有利于有害组分的回收利用。

吸收液主要分为以下四种。

① 水：用于吸收易溶的有害气体，水吸收效率与吸收温度有关，一般随温度的增高，吸收效率下降。当废气中有害物质含量很低时，水的吸收效率很低，这时需采用其他高效率的吸收液。水作为吸收液的优点是便宜易得，比较经济。

② 碱性吸收液：用于吸收那些能和碱发生反应的有害气体，如二氧化硫、氮氧化物、硫化物、氯化氢、氯气等。常用的碱性吸收液有氢氧化钠、氢氧化钙、氨水、碳酸钠等。

③ 酸性吸收液：可以增加有害气体在稀酸中的溶解度或发生化学反应，如一氧化氮和二氧化氮在一定浓度的稀硝酸中的溶解度比在水中大得多，浓硫酸也可以吸收一氧化氮。

④ 有机吸收液：有机废气一般可以用有机吸收液，如洗油吸收苯和沥青烟，聚乙烯醚、冷甲醇、二乙醇胺等均可作为有机吸收液，能去除一部分有害酸性气体，如硫化氢、二氧化碳等。

（3）吸收塔　吸收法中所用的吸收设备主要作用是使气液两相充分接触，以便很好地进行传递。合适的吸收设备应能提供大的接触面，且接触界面易于更新，从而最大限度地减少阻力和增加推动力。许多设备与湿式除尘设备是基本相似的，这里就不再作详细介绍。各种吸收装置的性能比较见表 8-7。

表 8-7 吸附装置的性能比较

装置名称	分散相	气侧传质系数	液侧传质系数	所用的主要气体
填料塔	液	中	中	SO_2、H_2S、HCl、NO_2 等
空塔	液	小	小	HF、SiF、HCl
旋风洗涤塔	液	中	小	含粉尘的气体
文丘里洗涤塔	液	大	中	HF、H_2SO_4、酸雾
板式塔	气	小	中	Cl_2、HF
湍球塔	液	中	中	HF、NH_3、H_2S
泡沫塔	气	小	大	Cl_2、NO_2

用于净化操作的吸收器大多数为填料塔、筛板塔或喷淋塔。

吸收法可以处理各种有害气体，也可以回收有价值的产品，但工艺比较复杂，吸收效率一般不高。吸收液必须经过处理以免引起处理液废水的二次污染。

2. 吸附法

气体混合物与适当的多孔性固体介质接触，利用固体表面存在的未平衡的分子引力或化学键力，把混合物中某一组分或某些组分吸留在固体表面上，这种分离气体混合物的过程称为气体吸附。作为工业上的一种分离过程，吸附已广泛应用于化工、冶金、石油、食品、轻工及高纯气体制备等工业部门。由于吸附法具有分离效率高、能回收有效组分、设备简单、操作方便、易于实现自动控制等优点，已成为治理环境污染物的主要方法之一。在大气污染控制中，吸附法可用于中低浓度废气的净化。

根据吸附力的不同，吸附可以分为物理吸附和化学吸附，其特点列于表 8-8。这两类吸附往往同时存在，仅因条件不同而有主次之分，低温下以物理吸附为主，随温度提高物理吸附减少，而化学吸附相应增多。吸附过程是放热过程，物理吸附时吸附热约等于吸附物质的升华热，化学吸附时吸附热与化学反应热相近。

表 8-8 物理吸附和化学吸附的特点

特点	物理吸附	化学吸附
吸附力	分子间引力	未平衡的化学键力
作用范围	与表面覆盖度无关，可多层吸附	随表面覆盖度的增加而减少，只能单层吸附
吸附稳定性	不稳定，易解吸	比较稳定，不易解吸
吸附热	与吸附质升华热相近	与化学反应热相近
吸附质性质	不变	改变
等温线特点	吸附量与压力(浓度)成正比	较复杂
等压线特点	吸附量随温度升高而减少	到一定温度才吸附，高温下有一峰值

吸附过程包括三个步骤：首先，使气体和固体吸附剂进行接触，以便气体中的可吸附部分被吸附在吸附剂上；其次，将未被吸附的气体与吸附剂分开；最后，进行吸附剂的再生，或更换新吸附剂。

常用的气体吸附剂有骨碳、硅胶、矾土（氧化铝）、铁矾土、漂白土、分子筛、丝光沸石和活性炭等，其物理性质见表 8-9。由于硅胶、矾土、铁矾土、漂白土和分子筛等都对水蒸气有很强的吸附能力，因此他们主要用于气体干燥或处理干燥气体。

表 8-9 常用吸附剂的物理性质

性质	活性炭		硅胶	活性氧化铝	分子筛
	粒状	粉状			
真空度/(g/mL)	2.0～2.2	1.9～2.2	2.2～2.3	3.0～3.3	2.0～2.5
粒密度/(g/mL)	0.6～1.0	—	0.8～1.3	0.9～1.9	0.9～1.3
充填密度/(g/mL)	0.35～0.6	0.15～0.6	0.5～0.85	0.5～1.0	0.6～0.75
空隙率/%	33～45	45～75	40～45	40～45	22～40
细孔容积/(mL/g)	0.5～1.1	0.5～1.4	0.3～0.8	0.3～0.8	0.4～0.6
比表面积/(m^2/g)	700～1500	700～1600	200～600	150～350	400～750
平均孔径/nm	1.2～4.0	1.5～4.0	2.0～12	4.0～15	—

常用吸附剂和吸附的污染物如下：

活性炭：乙烯、其他烯烃、氨胺类、碱雾、酸性气体、氯气、甲醛、Hg、H_2S、HF、SO_2。

硅胶：氮氧化物、SO_2、C_2H_2。

活性氧化铝：H_2S、SO_2、C_nH_m、HF。

分子筛：NO_x、SO_2、CO、CS_2、H_2S、NH_3、C_nH_m。

泥煤/褐煤：恶臭物质、NH_3、SO_2。

焦炭粉粒：沥青烟。

在大气污染控制方面应用最广的吸附剂是活性炭。

良好的吸附剂应满足的要求：吸附量大，特别是保持吸附量大；选择性好；解吸容易；机械强度高，化学稳定性和热稳定性好；阻力小；吸附剂便于再生；廉价。其中最重要的是吸附量大。

3. 催化转化法

(1) 催化作用与分类　催化转化法净化气态污染物是利用催化剂的催化作用，将废气中的有害物质转化为无害物质或转化为易于去除的物质的一种废气治理技术。催化转化法与吸收、吸附法不同，应用催化转化法治理污染物过程中，无须将污染物与主气流分离，可直接将有害物质转变为无害物，这不仅可避免产生二次污染，而且可简化操作过程。此外，由于所处理的气体污染物的初始浓度都很低，反应的热效应不大，一般可以不考虑催化床层的传热问题，从而大大简化了催化反应器的结构。上述优点促进了催化法净化气态污染物的推广和应用。目前此法已成为一项重要的大气污染治理技术。所处理的主要污染物有二氧化硫、硫化氢、HC、CO、苯、甲苯和氮氧化物等。

催化转化法分为催化氧化法和催化还原法。

催化氧化法是使有害气体在催化剂的作用下，与空气中的氧气发生化学反应，转化为无害气体的方法。例如，利用催化剂使废气中的碳氢化合物转化为二氧化碳和水，二氧化硫转化为三氧化硫加以回收利用等。

催化还原法是使有害气体在催化剂的作用下，和还原性气体发生化学反应，变为无害气体的方法。例如，氮氧化物能在催化剂作用下，被氨还原为氮气和水。

催化转化法具有效率高，操作简单等优点。采用这种方法的关键是选择合适的催化剂，并延长催化剂的使用寿命。缺点是催化剂价格较高，废气预热需要一定的能量，即需添加附加的燃料使得废气催化燃烧。

（2）催化剂　固体催化剂表面一般只有厚度为20～30nm起催化作用。为了节约催化剂，提高催化剂的活性、稳定性和机械强度，通常把催化剂附载有一定比表面积的惰性物质上，这种惰性物质称为载体，而所附载的催化剂称为活性组分。

绝大多数气体净化过程中所利用的催化剂一般为金属盐类或金属，主要有铂、钯、钌、铑等贵金属以及锰、铁、钴、镍、铜、钒等的氧化物。根据活性组分的不同，催化剂可分为贵金属催化剂和非贵金属催化剂两大类。

典型的载体为氧化铝、铁矾土、石棉、陶土、活性炭和金属丝等。载体可为球状、圆柱状、丝状、蜂窝状等。

由于存在于气流中的杂质作用而引起的丧失催化剂活性的现象通常称为催化剂中毒。工业催化剂不仅必须具有所需要求的活性和抗中毒的能力，还必须具有一定的强度，特别是在连续流动的过程中使用时更是这样。其次，还要控制催化剂的形状和大小，以降低通过床层的压力降，这点也是很重要的。

4. 燃烧法

燃烧法是利用氧化燃烧或高温分解的原理把有害气体转化为无害物质的方法。这种方法可回收燃烧后产物或燃烧过程中的热量。燃烧法又可分为以下两种方法：

（1）直接燃烧　直接将有害气体中的可燃组分在空气或氧中燃烧，变成二氧化碳和水。适用于净化温度较高、浓度较大的有害废气。如炼油厂产生的废气经冷却后，可送入生产用加热炉燃烧；铸造车间的冲天炉烟气中含有CO等可燃组分，可以燃烧，通过换热器来加热空气，作为冲天炉的鼓风。

（2）催化燃烧　在催化剂的作用下使有害气体在200～400℃温度下氧化分解成二氧化碳和水，同时放出燃烧热。由于是无焰燃烧，所以安全性好。催化剂有铂、钯等贵重金属和非贵重金属锰、铜、铬和铬的氧化物。

在进行催化燃烧时，首先要把被处理的有害气体预热到催化剂的起燃温度。预热方法可采用电加热或烟道加热。预热到起燃温度的气体进入催化层进行反应，反应后的高温气体可引出加热进口冷气体，以节约预热能量。因此催化燃烧法最适合处理连续排放的有害气体。除在开始处理时需要较多的预热能量将进口气体加热到起燃温度外，在正常操作运行时，反应后的高温气体就可连续将进口气体预热，少用或不用其他能量进行预热。在处理间断排放的废气时，预热能量的消耗将大大增加。

燃烧法的不足之处是不能回收任何物质，只能回收燃烧后的能量。应用该法时要考虑经济上是否合算。

5. 冷凝法

冷凝法是利用物质在不同的温度下具有不同饱和蒸气压这一性质，采用降低系统温度或提高系统压力，使处于蒸气状态的污染物冷凝并从废气中分离出来的过程。该法特别适合用于处理污染物浓度在$1000cm^3/m^3$以上的有机废气。冷凝法在理论上可以达到很高的净化程度，但对有害物质要求控制到百万分之几，所需要的费用很高。所以冷凝法不适宜处理低浓度的废气，常作为吸附、燃烧等净化高浓度废气的前处理，以便减轻这些方法的负荷。如炼油厂、油毡厂的氧化沥青生产中的尾气，先用冷凝法回收，然后送去燃烧净化；氯碱及炼金厂中，常用冷凝法使汞蒸气变化成液体而加以回收；此外，高湿度废气还用于冷凝法使水蒸气冷凝下来，大大减少气体量，便于下一步操作。

冷凝法对有害气体的去除程度，与冷却温度和有害成分的饱和蒸气压有关。冷却温度越低，有害成分越接近饱和，去除程度越高。冷凝法有一次冷凝法和多次冷凝法之分。前者多用于净化含单一有害组分的废气。后者多用于净化含多种有害成分的废气或用于提高废气的净化效率。冷源可以是地下水、大气或特制冷源。

三、典型废气的控制技术

1. SO_2 废气的控制技术

SO_2 是量大、影响面广的污染物，占造成大气污染的硫氧化物总量的 95%左右。防治 SO_2 污染的措施很多，除了采用无污染或少污染的工艺技术和改革工艺流程外，还有高烟囱扩散稀释法、燃料的低硫化等技术，但这些技术主要适用于高含量 SO_2 废气的治理。而在燃烧过程及一些工业生产排出的废气，SO_2 的浓度较低（含 SO_2 大多为 0.1%～0.5%），往往烟气量大，给治理带来了很大的困难。这类 SO_2 治理通常采用烟气脱硫技术，即利用吸收、吸附、氧化等化学方法脱除排气中的 SO_2。虽然国内外对这类技术研究得比较多，但仍没有一种在任何情况下都适用的脱硫方法。

低浓度 SO_2 烟气脱硫方法总的来说可分成干法和湿法两大类。干法采用粉状或粒状吸收剂、吸附剂或催化剂来脱除烟气中的 SO_2，其特点是处理后的烟气温度降低很多，烟气湿度没有增加，利于烟囱的排气扩散，同时在烟囱附近不会出现雨雾（白烟）现象；但干法脱硫时 SO_2 的吸收或吸附速度较慢，因而脱硫效率低，而且设备庞大、投资费用高。湿法是采用液体吸收剂洗涤烟气去除 SO_2，液体吸收剂与 SO_2 的反应速度很快，所以湿法脱硫效率高，且设备小、投资少；但处理后烟气温度低，含水量增加，为了提高扩散效果，防止在烟囱附近形成雨雾，需要对烟气进行加热，使烟气温度升至 100℃以上再排放，增加了成本费用。目前世界各国多着重湿法脱硫的研究。

（1）氨吸收法　用氨水作吸收剂吸收废气中的 SO_2。由于氨易挥发，实际上是用氨水与 SO_2 反应后生成的亚硫酸铵水溶液作为吸收 SO_2 的吸收剂，主要反应如下：

$$(NH_4)_2SO_3+SO_2+H_2O \longrightarrow 2NH_4HSO_3$$

若用浓硫酸或浓硝酸等对吸收液进行酸解，所得到的副产物为高浓度 SO_2、$(NH_4)_2SO_4$ 或 NH_4NO_3，该法称为氨-酸法。

若用 NH_3、NH_4HCO_3 等将吸收液中的 NH_4HSO_3 中和为 $(NH_4)_2SO_3$ 后，经分离可副产结晶的 $(NH_4)_2SO_3$，此法不消耗酸，称为氨-亚铵法。

若将吸收液用 NH_3 中和，使吸收液中的 NH_4HSO_3 全部变为 $(NH_4)_2SO_3$，再用空气对 $(NH_4)_2SO_3$ 进行氧化，则可得副产品 $(NH_4)_2SO_4$，该法称为氨-硫铵法。

氨吸收法工艺成熟，流程、设备简单，操作方便。副产物 SO_2 可生产液态 SO_2 或制硫酸；硫铵可作化肥；亚铵可用于制浆造纸代替烧碱，是一种较好的方法。该法适用于处理硫酸生产尾气，但由于氨易挥发，吸收剂消耗量大，因此缺乏氨源的地方不宜采用此法。

（2）钠碱法　本法是用氢氧化钠或碳酸钠的水溶液作为开始吸收剂，与 SO_2 反应生成的 Na_2SO_3 继续吸收 SO_2，主要吸收反应为：

$$NaOH+SO_2 \longrightarrow NaHSO_3$$

$$2NaOH+SO_2 \longrightarrow Na_2SO_3+H_2O$$

$$Na_2SO_3+SO_2+H_2O \longrightarrow 2NaHSO_3$$

生成的吸收液为 Na_2SO_3 和 $NaHSO_3$ 的混合液。用不同的方法处理吸收液，可得不同的副产物。

将吸收液中的 $NaHSO_3$ 用 NaOH 中和，得到 Na_2SO_3，然后分离结晶可得副产物 Na_2SO_3。析出结晶后的母液作为吸收剂循环使用，该法为亚硫酸钠法。

若将吸收液中的 $NaHSO_3$ 加热再生，可得到高浓度 SO_2 副产物。而得到的 Na_2SO_3 结晶经分离溶解后返回吸收系统循环使用。此法称为亚硫酸钠循环法或威尔曼洛德钠法。

钠碱吸收剂吸收能力大，不易挥发，对吸收系统不存在结垢、堵塞等问题。亚硫酸钠法工艺成熟、简单，吸收效率高，所得副产品纯度高；但耗碱量大，成本高，只适用于中小气量烟气治理。

（3）钙碱法　此法是用石灰石、生石灰或消石灰的乳浊液为吸收剂吸收烟气中 SO_2 的方法，对吸收液进行氧化可副产石膏，通过控制吸收液的 pH 值，可以副产半水亚硫酸钙$\left(CaSO_3 \cdot \frac{1}{2}H_2O\right)$。

该法所用吸收剂廉价易得，吸收效率高，回收的产物石膏可用作建筑材料，半水亚硫酸钙是一种钙塑材料，用途广泛，因此成为目前吸收脱硫应用最多的方法。该法最主要的问题是吸收系统容易结垢、堵塞；另外，由于石灰乳循环量大，使设备体积增大，操作费用增高。

（4）活性炭吸附法　在有氧及水蒸气存在的条件下，用活性炭吸附 SO_2。活性炭表面具有的催化作用使吸附的 SO_2 被烟气中的 O_2 氧化为 SO_3，SO_3 再和水蒸气反应生成硫酸。生成的硫酸可用水洗涤下来；或用加热的方法使其分解，生成高浓度的 SO_2。

该法不适用于大气量烟气处理，所得副产物硫酸浓度较低，需要进行浓缩才能应用，因此尽管该法具有不消耗酸、碱原料，且无污水排出等优点，但应用仍然不是很普遍。

（5）双碱法　先用氢氧化钠或亚硫酸钠（第一碱）吸收 SO_2，生成的溶液再用石灰或石灰石（第二碱）再生，可生产石膏。该法具有对 SO_2 吸收速度快、管道和设备不易堵塞、脱硫效率高等优点，所以应用比较广泛。主要吸收反应为：

钠碱吸收过程：

$$2NaOH + SO_2 \longrightarrow Na_2SO_3 + H_2O$$

$$Na_2SO_3 + SO_2 + H_2O \longrightarrow 2NaHSO_3$$

石灰再生过程：

$$Na_2SO_3 + Ca(OH)_2 \longrightarrow 2NaOH + CaSO_3 \downarrow$$

$$2NaHSO_3 + Ca(OH)_2 \longrightarrow Na_2SO_3 + CaSO_3 \downarrow + 2H_2O$$

（6）催化氧化法　催化氧化法处理硫酸尾气技术成熟，已成为制酸工艺的一部分，同时在锅炉烟气脱硫也得到实际应用。此法所用的催化剂是以 SiO_2 为载体的五氧化二钒（V_2O_5）。处理时，将烟气除尘后进入催化转换器，在催化剂的作用下，SO_2 被氧化为 SO_3，转换效果可达 80%～90%。然后烟气经过省煤器、空气预热器放热，保证出口烟气温度达 230℃左右，防止酸露腐蚀空气预热器。烟气进入吸收塔后，用稀硫酸洗涤吸收 SO_3，等到气体冷却到 104℃时便获得浓度为 80%的硫酸。

2. NO_x 废气的控制技术

在排烟中的氮氧化物主要是 NO。净化的方法也分为干法和湿法两类。干法有选择性催化还原法（SCR）、非选择性催化还原法（NSCR）、分子筛或活性炭吸附法等，湿法有氧化吸收法、吸收还原法以及分别采用水、酸、碱液吸收法等。

（1）选择性催化还原法（SCR）　选择性催化还原法是以铂或铜、铬、铁、钒镍等的氧化物（以铝矾土为载体）为催化剂，以氨、硫化氢、氯胺及一氧化碳为还原剂，选择最适当的温度范围（一般为 250～450℃，视所选的催化剂和还原剂而定），使还原剂只是选择性地与废气中的 NO_x 发生反应而不与废气中 O_2 发生反应。

（2）非选择性催化还原法（NSCR）　此法利用铂（或钴、镍、铜、铬、锰等金属氧化物）为催化剂，以氢或甲烷等还原性气体作还原剂，将烟气中的 NO_x 还原成 N_2。在此反应中，不仅把烟气中的 NO_x 还原成 N_2，而且，还原剂还与烟气中过剩的氧发生反应，故称作非选择性催化还原法。

由于该法中氧也参与了反应，故放热量大，应设有余热回收装置，同时在反应中使还原剂过量并严格控制废气中的氧含量。选取的温度范围大约为400～500℃。

（3）吸收法　吸收法是利用某些溶液作为吸收剂，对NO_x进行吸收。根据使用吸收剂的不同分为碱吸收法、硫酸吸收法及氢氧化镁吸收法等。

例如碱吸收法采用的碱液为NaOH、Na_2CO_3、$NH_3 \cdot H_2O$等，吸收设备简单，操作容易，投资少。但吸收效率较低。特别对NO吸收效果差，只能消除NO_2所形成的黄烟。若采用“漂白”的稀硝酸来吸收硝酸尾气中的NO_x，可以净化排气，回收NO_x用于制硝酸，一般用于硝酸生产过程中，故应用范围有限。

（4）吸附法　吸附法采用的吸附剂为活性炭与沸石分子筛。

活性炭对低浓度NO_x具有很高的吸附能力，经解吸后可回收浓度高的NO_x。由于温度高时活性炭有燃烧的可能，给吸附和再生造成困难，限制了该法的使用。

丝光沸石分子筛是一种极性很强的吸附剂。对被吸附的硝酸和NO_x可用水蒸气置换法将其脱附下来。脱附后的吸附剂经干燥冷却后，可重新用于吸附操作。分子筛吸附法适于净化硝酸尾气，可将浓度为1500～3000μL/L的NO_x降低至50μL/L以下，回收的NO_x用于硝酸的生产，是一种很有前途的方法。主要缺点是吸附剂容量小，需频繁再生，因此用途也不广。

3. 有机废气及恶臭的生物净化技术

有机废气是指各种碳氢化合物的气体，如醛、烃、醇、酯、铵、苯及同系物、多苯芳烃等。这些有机废气大多具有毒性，同时也是造成环境恶臭的主要根源。常用的净化方法有吸收法、吸附法、燃烧法及催化燃烧法，这些与前面介绍的方法基本一致。生物处理法是最新发展起来的新型处理方法。下面简介这种方法。

微生物对各类污染物均有较强、较快的适应性，并可将污染物作为代谢产物而降解、转化。与常规的有机废气处理技术相比，生物处理技术具有效果好、投资及运行费用低、安全性好、无二次污染、易于管理等优点，尤其在处理低浓度（$<3mg/m^3$）或生物可降解性强的有机废气时，更显示了优越性。

用微生物净化有机废气，就是利用微生物以废气中有机组分作为其生命活动的能源或养分的特性，经代谢降解，转化为简单的无机物（H_2O与CO_2）或细胞组成物质。与废水生物处理过程的最大区别在于，废气中的有机物质首先要经过由气相到液相（或固体表面液膜）的传质过程，然后在液相（或固体表面生物层）中被微生物吸附降解。微生物对有机物进行氧化分解和同化合成，产生代谢物质，或溶入液相，或作为细胞的代谢能源，而CO_2则进入空气。这样，废气中的有机物便不断减少，从而得到净化。

四、汽车排气控制技术

1. 汽车排放的污染物

汽车排放的污染物主要来源于内燃机。

汽车排气的基本成分是二氧化碳、水蒸气、过剩的氧和氮。燃料含有杂质、添加剂及燃烧不完全等原因，使得排气中含有一氧化碳、碳氢化合物、氮氧化合物、硫氧化合物、微粒（有机铅化物、无机铅、碳粒等）、臭气（甲醛、丙烯醛等）、苯并［a］芘等有害污染物。

内燃机的排气成分随内燃机的类型及运转条件的改变而改变。汽油机中，这些有害排放物约占废气总量的5%，柴油机中约占1%，而一辆助动车所排放的有机废气相当于四辆小轿车。城市大气污染物中氮氧化物含量居高不下，主要是由汽车尾气引起的。特别在夏天阳光的照射条件下，NO_2和O_3、SO_2可进行光化学反应，生成淡蓝紫色的光化学烟雾，其毒害更大。在国内一些城市，汽车尾气污染已占大气污染比重的50%。

2. 汽车排气净化方法

汽车排气净化是减少内燃机排放废气中所含的有害成分，可分为燃料处理技术、机内净化技术和机外净化技术三类方式。

（1）燃料处理技术　燃料处理是在进入气缸前对燃料进行预先处理，以期减少气缸工作过程中所产生的有害排放物，是一种理想的净化措施，可以在不改变或较少改变发动机的情况下，改善排气成分。

① 对现用燃料的处理　现用燃料汽油的处理，目前主要着眼减少汽油中的含铅量。废气中的铅蒸气不仅能使汽车的三元催化净化器中毒而导致失效，而且对人体健康危害很大。铅进入人体后蓄积于肝脏中，无机铅中毒可使四肢肌肉麻痹，面色苍白；有机铅中毒会引起造血器官和神经系统错乱。我国从2000年起禁止使用有铅汽油。

在现有汽油中加入一定比例的可减少有害成分的汽油清净剂以改善汽油品质。汽油品质是汽车排放造成污染的关键原因之一。我国目前使用的汽油中烯烃含量普遍较高，容易在喷嘴处产生结焦，影响燃油喷出效果，长期使用而不定期清洁喷嘴将导致燃烧率和动力降低，增加排污。在汽油中加入清净剂后可有效清除燃料系统的沉淀物和积炭，提高燃烧效率，降低排污和油耗。这也是目前国际上降低车辆尾气排放最经济有效的方法之一。

② 采用代用燃料　开发代用燃料主要是为了解决能源问题，在改善发动机热效率的同时，也带来了改善排放特性的可能性。

在液体代用燃料中，醇类燃料如甲醇、乙醇最有希望，它们具有较高的辛烷值和实现高产的可能性；气体代用燃料中，具有应用价值的是氢气（H_2）、液化石油气（LPG）和压缩天然气（CNG）等，辛烷值较高，抗爆性也好，CO和NO_x的排放量低于内燃机车近59%，基本无烟，噪声也低。

（2）机内净化技术　机内净化是从有害排放物的生成机理出发，对内燃机的燃烧方式进行改造。如对内燃机的供油、点火及进排气系统进行改进和最优化配置等，控制有害排放物的产生，使排出的废气尽可能是无害的。这是汽车排气净化的根本办法。

① 分层燃烧系统与电喷技术采用汽油直接喷射分层燃烧的方法，不仅可以降低排气污染，还能提高燃油经济性，是汽油机最有前途的净化方法。分层燃烧的原理是让混合气的浓度有组织地分成各种层次，以适应内燃机燃烧的各个阶段，使其充分燃烧，减少有害物质。

电喷技术是实现分层燃烧的一种较好的方法。电喷发动机采用电子控制燃油喷射系统，由控制单元中的信号微处理器计算发动机在不同工况下的最佳空燃比，对混合气成分和点火定时实现最佳控制，可使排放量大幅度下降，有害物质较少。汽车由“电喷”代替“化油器”将是必然趋势。

② 发动机增压和增压中冷技术相结合的燃油系统　此为汽车环保新技术，可有效地控制汽车的排气。该技术已在北美、欧洲和日本开始应用于汽车工业。增压就是将空气预先压缩然后再供入汽缸，以期提高空气密度、增加进气量的一项技术。由于进气量增加，可相应地增加循环供油量，从而可以增加发动机功率。增压中冷技术就是用涡轮增压器将新鲜空气压缩经中段冷却器冷却，然后经进气歧管、进气门流至汽缸燃烧室。有效的中冷技术可使增压温度下降到50℃以下，有助于减少废气的排放和提高燃油经济性。

（3）机外净化技术　机外净化是通过附设在内燃机外部的装置对内燃机排出的废气在进入大气之前进行处理，使废气中有害成分的含量进一步降低。主要技术是在排气系统中安装三元催化净化器、微粒过滤器等。

目前国际上通用的是三元催化净化装置，采用能同时完成CO、碳氢化合物的氧化和NO_x还原反应的催化剂，将三种有害物一起净化。此法可节省燃料，减少催化反应器数量，是一种技术层次高，治污效果明显的净化方法。

三元催化净化的原理是在使用催化剂的情况下，除了利用排气中的CO、碳氢化合物作为还原剂，使NO还原成N_2外，还包括在高温下发生的还原分解反应：

$$2NO+2CO = N_2+2CO_2$$

$$4NO+CH_4 = 2N_2+CO_2+2H_2O$$

$$2NO+2H_2 = N_2+2H_2O$$

三元催化净化器的净化效率与排气中所含碳氢化合物、CO和NO_x比例有密切的关系，因此它要求内燃机工作时把空燃比精确控制在理论空燃比附近，以实现碳氢化合物和CO和NO_x的同时高效净化；这种方法的另一不足之处是容易铅中毒以及对催化剂性能要求高，因此要求汽车必须安装电喷系统并且使用无铅汽油。

电控燃油喷射配合三元催化净化器可使内燃机的经济性和排放性均得到较好的改善，从而获得最佳的排气净化效果。

3. 控制汽车排气污染的综合措施

（1）实行新的排放标准　汽车排气造成的大气污染已引起全世界普遍关注，各国对汽车排放的限制越来越严格。我国从2017年7月1日开始全国范围全面实施“国五”排放标准，其中氮氧化物排放量比“国四”标准降低了25%，并且新增了PM的限制，更加严格。2020年起实施轻型车“国六”标准，“国六”标准是对“国五”标准的升级，跟“国五”标准相比，“国六”将严格控制污染物的排放限制，成为全球最严格的标准之一。“国六”标准落实下来就是汽油车的一氧化碳排放量降低50%，总碳氢化合物和非甲烷总烃排放下降50%，氮氧化物排放量下降42%。

（2）研究无污染新型能源　如绿电、太阳能等。

（3）研制新型发动机技术　发动机增压和增压中冷技术相结合的燃油系统。

（4）发展地铁、轻轨交通与电车　加强城市公交系统的建设。在发展地铁、轻轨交通与电车的同时要注意噪声控制，尤其是轻轨交通在设计之时便应将噪声控制列入计划，以免形成新的污染源。

（5）加强道路基础建设及交通管理　建设健全的市政建设法规及交通管理制度，减少市内过境车辆，改善行车工况，及时淘汰旧车及燃油组动车等。

（6）加强新发展理念教育，改变人们的环境伦理观，养成绿色低碳出行习惯。从根本上减少目前那些不必要的汽车消费，既可减少各种矿产资源和能源的耗竭，又可从源头上根治汽车尾气所造成的环境污染。

五、我国大气污染治理成效

从2007年的第一次全国污染源普查（简称“一污普”）到2017年的第二次全国污染源普查（以下简称“二污普”），十年间，我国经济社会和人口结构，以及大气污染源的类型、分布、规模和性质等都发生了巨大变化，重污染行业企业数量下降，污染治理能力和效果明显提升，主要污染物排放量大幅减少，环境质量改善显著。因此要坚定我国走绿色发展道路、加快生态文明建设的决心。

1. 大气防控形势发生变化

废气治理设施增加，污染物去除效率提高。二氧化硫、氮氧化物和颗粒物的综合去除率，由“一污普”的49%、2%和97%提升至“二污普”的85%、31%和98%。“二污普”工业企业脱硫和除尘设施数量分别为7.67万套和89.79万套，分别是“一污普”的3倍和5倍。工业源二氧化硫、氮氧化物综合去除率分别提升37个百分点和54个百分点。移动源主要通过机动车新车排放标准不断加严和老旧车淘汰，实现污染减排。

主要污染物排放大减，重点行业排放强度锐降。与“一污普”同口径相比，二氧化硫、氮氧化物和颗粒物排放量分别下降72%、34%和65%。相比“一污普”，“二污普”水泥制造、炼钢炼铁、焦化和铜铅锌冶炼行业的产品产量分别增加71%、50%、30%和89%；但是炼钢炼铁、焦化和铜铅锌冶炼行业二氧化硫排放量分别减少54%、78%和78%，单位产品排放强度分别下降69%、83%和88%；水泥制造行业氮氧化物排放量减少23%，单位产品排放强度下降55%。

火电行业排放量占比下降，工业炉窑、无组织排放贡献大。“一污普”火电行业二氧化硫、氮氧化物排放量占比分别为50%、62%，“二污普”下降为28%、27%；而非金属矿物制品行业占比由“一污普”的13%、17%增长为“二污普”的24%、26%；黑色金属冶炼和压延加工业由“一污普”的10%、7%增长为“二污普”的16%、22%，排放占比上升明显。水泥、钢铁、石化以外的工业炉窑二氧化硫、氮氧化物、颗粒物排放量分别占工业源排放量的34%、21%、10%。固体物料堆场颗粒物排放量占全国工业源排放量的19%，是颗粒物的重要排放源。

2. 蓝天保卫战成效显著，重点区域大气环境改善明显

卫星遥感监测结果显示，相比“一污普”，“二污普”期间二氧化硫浓度大幅下降，尤其在京津冀及周边地区，绝大部分城市空气二氧化硫浓度达标；二氧化氮和$PM_{2.5}$浓度均有一定幅度下降。相比开始实施新标准的2013年，2017年全国二氧化硫、PM_{10}和$PM_{2.5}$年均浓度显著下降，二氧化氮年均浓度下降幅度稍小，分别下降55%、36%、40%和30%。由于二氧化硫控制效果显著，我国出现酸雨城市的占比由“一污普”的56.2%下降到“二污普”的18.8%，其中较重酸雨和重酸雨城市占比分别由25.2%和9.4%下降到6.7%和0.4%。与我国二氧化硫污染减排和质量改善同步。

复习思考题

1. 什么是大气污染？主要的大气污染物有哪些？它们对环境会造成什么危害？
2. 除尘装置的主要性能指标有哪些？各有什么意义？
3. 颗粒污染物的除尘方式有哪几种？常用装置有哪些？各有什么优缺点？如何选择合适的除尘方式？
4. 净化气态污染物主要有哪几种方法？其基本原理是什么？各适用于什么情况？
5. 净化气态污染物常用的方法有哪些？
6. 简述双碱法脱硫的原理及特点。
7. 燃烧法可分哪几种？各有什么特点？
8 生物净化废气技术与普通净化废气技术有何不同？在什么情况下可采用生物法来处理气态污染物？
9. 净化汽车排放尾气的主要技术有哪几种？

第九章

水污染及其防治

学习目标

【知识目标】了解我国水环境质量状况，熟悉水的基本知识，掌握污水处理技术和治理水污染的基本措施。

【能力目标】会判断水污染类型，能分析水污染物来源，能选用或制订水污染防治方案。

【素质目标】树立绿水青山就是金山银山的理念，积极宣传参与水生态保护，推进生态文明建设。

第一节 概述

一、我国的水环境质量

水作为自然环境的基本要素，是人类赖以生存和发展的物质基础，与人类健康密切相关。水虽是一种可再生的自然资源，但是当大量污染物进入各种水体，超过其本身的自净能力，就造成了水污染。目前，水污染已成为全球性的环境问题，严重影响各国经济社会发展和人民健康。据联合国水机制（United Nations Water）在2021年的报道，全球被调查的89个国家75000个水体（河流、湖泊和地下水），超过40%受到严重污染，超过30亿人缺乏良好水质。

水资源短缺和水环境污染造成的水危机已经严重制约了各国的经济发展，促使人类懂得环境与发展的正确关系，并开始采用保护和利用相协调的水资源开采利用模式——通过废水净化和水体保护，使水资源不受到破坏并能进入良性的再生循环。这种“水的可持续利用和保护”的水资源开采模式为解决水危机提供了唯一的机会和途径。没有水的可持续利用和保护，社会经济的高质量发展就不可能实现。

中国对水污染防治高度重视，出台了系列法律法规开展碧水保卫战，包括《水污染防治行动计划》（简称“水十条”）和《中华人民共和国水污染防治法》（简称《水污染防治法》），以及《国务院办公厅关于加强入河入海排污口监督管理工作的实施意见》《深入打好长江保护修复攻坚战行动方案》《黄河生态保护治理攻坚战行动方案》等文件。另外，中国也从“十一五”起，连续3个五年计划实施了“水体污染控制与治理科技重大专项”（简称水专项）。经过近些年的努力，中国水污染防治实现了重大转变，但水资源紧缺和污染仍是我国突出的重大环境问题。

根据中华人民共和国生态环境部发布的《中国生态环境状况公报》，长江、黄河、珠江、松花江、淮河、海河、辽河、浙闽片河流、西北诸河和西南诸河等十大流域的Ⅰ～Ⅲ类水质占比在2012～2021年呈不断上升趋势，而Ⅳ～Ⅴ类和劣Ⅴ类水质占比呈下降趋势。但松花江和海河仍为轻度污染，主要的污染指标为化学需氧量、高锰酸盐指数和总磷。

2022年，全国地表水监测的3629个国控断面中，Ⅰ～Ⅲ类、Ⅳ～Ⅴ类和劣Ⅴ类水质的断面比例分别为87.9%、11.4%和0.7%。开展水质监测的210个国控重点湖泊（水库）中，Ⅰ～Ⅲ类、Ⅳ～Ⅴ类和劣Ⅴ类水质的湖泊（水库）比例分别为73.8%、21.4%和4.8%。但总体营养状况并未得到很大改善，富营养状态的占比还呈小幅上升趋势。湖泊（水库）主要的污染指标一直为总磷、化学需氧量和高锰酸盐指数。含磷和含氮的工农业废水以及生活污水等排放是造成中国湖泊（水库）富营养的主要原因。

与地表水水质不断改善不同的是，我国的地下水污染形势不容乐观。由于其流动性和自净能力较弱，地下水一旦受到污染，水质很难在短时间内得到改善。根据生态环境部发布的**《中国生态环境状况公报》**，2012～2017年中国重点监测的地下水，水质为优良和良好的占比均呈下降趋势，而水质为较差的占比却呈上升趋势。而在2018～2021年，中国地下水Ⅰ～Ⅲ类水质占比均小于15%，而Ⅳ～Ⅴ类水质占比均大于85%。地下水主要超标的污染指标为铁、氯化物和硫酸盐。

二、水体污染

水体污染有多种含义，其基本要点是指在一定时期内，引入水体中的某种污染物在数量上超过了该物质在水体中的本底含量和水体环境容量，从而导致水体的物理、化学和生物特征发生不良变化，破坏了水中固有的生态系统，破坏了水体的功能及其在经济发展和人民生活中的作用。或者说，排入水体中的污染物超过了水体的自净能力，从而导致水体水质恶化的现象。

造成水体污染的原因，有自然的和人为的两个方面。自然污染主要是自然原因所造成，如特殊地质条件使某些地区的某种化学元素大量富集；天然植物在腐烂过程中产生某种毒物；降雨淋洗大气和地面后挟带各种物质流入水体；火山爆发产生的尘粒落入水体；海水倒灌，使河水的矿化度增大，尤其使氯离子大量增加；深层地下水沿地表裂缝上升，使地下水中某种矿物质含量增高等等。人为污染是人类生活和生产活动中产生的污水对水体的污染，包括生活污水、工业废水、农田排水未经处理而大量排入水体所造成的污染。通常所说的水体污染，均专指人为的污染。

三、水体自净

1. 水体自净的概念

当污染物进入水体后，首先被大量水稀释，随后进行一系列复杂的物理、化学变化和生物转化，这些转化包括挥发、絮凝、水解、络合、氧化还原及微生物降解等，其结果使污染物浓度降低，并发生质的变化，该过程称为水体自净。

水体的自净能力是有限度的。影响水体自净能力的因素很多，主要有水体的地形和水文条件、水中微生物的种类和数量、水温和水中溶解氧恢复（复氧）状况、污染物的性质和浓度。

2. 水体自净过程

水体自净过程很复杂，一般而言，由下列几个过程所组成：

① 物理过程，包括稀释、扩散、沉淀等过程，污染物在这一系列过程的作用下其浓度得以降低。

② 化学和物理化学过程，通过氧化、还原、吸附、凝聚、中和等反应，而使污染物浓

度降低。

③ 生物化学过程，在水体微生物的作用下，有机污染逐步被分解。

以河流为例，从河流中形成自净作用的场所来看，又可分为以下几类：

① 河水与大气间的自净作用，主要表现为河水中的CO_2、H_2S等气体的释放；

② 河水中的自净作用，系指污染物质在河水中的稀释、扩散、氧化、还原，或由于水中微生物作用而使污染物质发生生物化学分解，以及放射性污染物质的蜕变等等；

③ 河水与底质间的自净作用，这种作用表现为河水中悬浮物质的沉淀，污染物质被河底淤泥吸附等；

④ 河流底质中的自净作用，由于底质中微生物的作用使底质中的有机物发生分解等。

由此看来，水体自净作用包含着十分广泛的内容，任何水体的自净作用又常是相互交织在一起的，物理过程、化学和物化过程及生物化学三个过程常是同时、同地产生，相互影响，其中常以生物自净过程为主，生物体在水体自净作用中是最活跃、最积极的因素。

四、水质标准

目前，我国已经颁布的水质标准有：

水环境质量标准：**《地表水环境质量标准》**（GB 3838—2002）、**《地下水质量标准》**（GB/T 14848—2017）；**《海水水质标准》**（GB 3097—1997）；**《生活饮用水卫生标准》**（GB 5749—2022）；**《渔业水质标准》**（GB 11607—89）；**《农田灌溉水质标准》**（GB 5084—2021）等。

排放标准：**《污水综合排放标准》**（GB 8978—96）；**《医疗机构水污染物排放标准》**（GB 18466—2005）；**《制浆造纸工业水污染物排放标准》**（GB 3544—2008）；**《制糖工业水污染物排放标准》**（GB 21909—2008）；**《纺织染整工业水污染物排放标准》**（GB 4287—2012）等。

每一标准的标准号是不变的。标准通常几年修订一次，新标准自然代替老标准。例如GB 3838—2002代替GB 3838—88。

1.《地表水环境质量标准》（GB 3838—2002）

标准适用于中华人民共和国领域内的江河、湖泊、运河、渠道、水库等具有使用功能的地表水水域。

依据地表水水域环境功能和保护目标将其划分为五类：

Ⅰ类：主要适用于源头水、国家自然保护区。

Ⅱ类：主要适用于集中式生活饮用水地表水源地一级保护区、珍稀水生生物栖息地、鱼虾类产卵场、仔稚幼鱼的索饵场等。

Ⅲ类：主要适用于集中式生活饮用水地表水源地二级保护区、鱼虾类越冬场、洄游通道，水产养殖区等渔业水域及游泳区。

Ⅳ类：主要适用于一般工业用水区及人体非直接接触的娱乐用水区。

Ⅴ类：主要适用于农业用水区及一般景观要求水域。

同一水域兼有多类功能的，以最高功能划分类别。有季节性功能的，可分季节划分类别。

2. 废水排放标准

按地表水域使用功能要求和污水排放去向，对地表水水域和城市下水道排放的污水分别执行一、二、三级标准。

（1）特殊保护的水域，指**《地表水环境质量标准》**（GB 3838—2002）规定的Ⅰ、Ⅱ类水域，不得新建排污口，现有的排污单位由环保部门从严控制，以保护受纳水体水质符合规定用途的水质标准。

（2）重点保护水域（GB 3838—2002 规定的Ⅲ类水域及海洋二类水域），对排入本区水域的废水执行一级标准。

（3）一般保护水域（GB 3838—2002 规定的Ⅳ、Ⅴ类水域及海洋三类水域），排入本区水域的废水执行二级标准。

（4）对排入城镇下水道并进入二级废水处理厂进行生物处理的废水执行三级标准；而对排入未设置二级废水处理厂的城镇下水道的废水，必须根据下水道出水受纳水体的功能要求按（2）或（3）条的规定，分别执行一级或二级标准。

五、水质指标

1. 水质指标类别

水质指标是确定水质的重要依据，常用水质指标可分为三大类。

（1）物理性水质指标

① 感官物理性状指标：如温度、色度、嗅和味、浑浊度、透明度等。

② 其他物理性状指标：如总固体、悬浮固体、溶解固体、可沉固体、电导率（电阻率）等。

（2）化学性水质指标

① 一般性化学性水质指标：如 pH、碱度、硬度、各种阳离子、各种阴离子、总含盐量、一般有机物质等。

② 有毒性化学性水质指标：如重金属、氰化物、多环芳烃、各种农药等。

③ 有关氧平衡的水质指标：如溶解氧（DO）、化学需氧量（COD）、生化需氧量（BOD）、总需氧量（TOD）等。

（3）生物学水质指标　包括细菌总数、总大肠菌群数、各种病原细菌、病毒等。

2. 常用水质指标说明

（1）色度　指水体呈现的色调。

（2）嗅和味　嗅指有鼻子闻到的气味；味指由口舌品尝到的滋味。

（3）浑浊度　由胶体颗粒物散射光所造成。

（4）透明度　指光透过污水的能力。

（5）总固体　总固体＝悬浮固体＋可沉固体＋溶解固体。

（6）可沉固体　在一锥形玻璃筒内静置 1 小时后所沉淀下的固体物质。

（7）电导率　单位西门子/米（S/m）表示水的导电能力，与水中各种阴阳离子含量有关。

（8）碱度　指水中能和酸发生中和反应的碱性物质接受质子（H^+）的总量。

（9）硬度　由能和肥皂作用生成沉淀或与水中某些阴离子化合生成水垢的碱土金属离子所形成。其中主要是 Ca^{2+} 和 Mg^{2+}。

（10）各种阳离子　K^+、Na^+、Ca^{2+}、Mg^{2+}、Ba^{2+}、Sr^{2+} 等；各种阴离子：SO_4^{2-}、HCO_3^{2-}、CO_3^{2-}、F^- 等；总含盐量＝各种阳离子＋各种阴离子。

（11）pH 值　pH 值反映水的酸碱性质，天然水体的 pH 值一般在 6～9 之间，取决于水体所在环境的物理、化学和生物特性。饮用水的适宜 pH 值应在 6.5～8.5 之间。生活污水一般呈弱碱性，而某些工业废水的 pH 值偏离中性范围很远，它们的排放会对天然水体的酸碱特性产生较大的影响。大气中的污染物质如 SO_2、NO_x 等也会影响水体的 pH 值。但由于水体中含有各种碳酸化合物，它们一般具有一定的缓冲能力。弱酸性的污水、废水对混凝土管道有腐蚀作用。pH 值还会影响水生生物和细菌的生长活动。

（12）悬浮固体　悬浮固体可以利用重力或其他物理作用与水分离，它们随废水进入天然水体，易形成河体沉积物。悬浮物的化学性质十分复杂，可能是无机物，也可能是有机物，还可能是有毒物质。悬浮物质在沉淀过程中还会挟带或吸附其他污染物质，如重金属等。

在水质分析中，常用一定孔径的滤膜（0.45μm）过滤的方法将固体微粒分为两部分：被滤膜截留的为悬浮固体（SS），透过滤膜的为溶解性固体（DS），两者合称总固体（TS）。这时，一部分胶体（粒径为1nm～1μm）包括在悬浮物（粒径>1μm）内，另一部分包括在溶解性固体（粒径<1nm）内。因此这里所说的溶解性固体与平常意义上的溶解是不同的。

（13）化学需氧量　化学需氧量（COD）是指在酸性条件下，用强的化学氧化剂将有机物氧化成CO_2、H_2O所消耗的氧量。以每升水消耗氧的质量表示（mg/L）。COD值越高，表示水体受有机污染物的污染越严重。目前常用的氧化剂主要是重铬酸钾和高锰酸钾。由于重铬酸钾氧化作用很强，所以能够较完全地氧化水中大部分有机物（除苯类芳香烃外）和无机性还原性物质（但不包括硝化所需的氧量），此时化学需氧量用COD_{Cr}表示，主要适用于分析污染严重的水样，如生活污水和工业废水。如采用高锰酸钾作为氧化剂，则写作COD_{Mn}，适用于测定一般地表水，如海水、湖泊水等。目前，根据国际标准化组织（ISO）规定，化学需氧量即指COD_{Cr}，而称COD_{Mn}为高锰酸钾指数。

与BOD_5相比，COD_{Cr}能够在较短时间内（规定为2h）较为精确地测出废水中耗氧物质的含量，不受水质限制。缺点是不能表示可被微生物氧化的有机物量，此外废水中的还原性无机物质也能消耗部分氧，会造成一定的误差。

（14）生化需氧量　在有氧条件下，由于微生物的活动，降解有机物所需的氧量，称为生化需氧量（BOD），以每升水消耗氧的质量（mg/L）表示。生化需氧量越高，表示水中耗氧有机物污染越严重。

废水中有机物的分解，一般可以分为两个阶段。

① 第一阶段称碳化阶段，是有机物中碳被氧化为二氧化碳，有机物中的氮被氧化为氨的过程，碳化阶段消耗的氧量称为碳化需氧量。

② 第二阶段称氮化阶段或硝化阶段，氨在硝化细菌作用下，被氧化为亚硝酸根和硝酸根，硝化阶段的耗氧量称为硝化需氧量。

上述有机物耗氧过程与温度、时间有关。在一定范围内温度越高，微生物活力越强，消耗有机物就越快，需氧量越多；时间越长，微生物降解有机物的数量和深度越大，需氧量越多。

在实际测定生化需氧量时，温度规定为20℃。此时，一般有机物需20天左右才能基本完成第一阶段的氧化分解过程，其需氧量用BOD_{20}表示，它可视为完全生化需氧量。在实际测定时，20天时间太长，目前国内外普遍采用在20℃条件下培养5天的生物化学过程需要氧的量为指标，称为BOD_5。

BOD_5只能相对反映出氧化有机物的数量，各种废水的水质差别很大，其BOD_{20}与BOD_5相差悬殊，但对某一种废水而言，此值相对固定，如生活污水的BOD_5约为BOD_{20}的70%左右。因此，它在一定程度上亦反映了有机物在一定条件下进行生物氧化的难易程度和时间进程，具有很大的使用价值。

如果废水中各种成分相对稳定，那么BOD_5与COD_{Cr}之间应有一定的比例关系。一般来说，$COD_{Cr}>BOD_{20}>BOD_5>COD_{Mn}$。其中$BOD_5/COD_{Cr}$比值可作为废水是否适宜生化法处理的一个衡量指标。比值越大，越容易被生化处理。一般认为BOD_5/COD_{Cr}大于0.3的废水才适宜采用生化处理。

（15）总需氧量　有机物主要元素是C、H、O、N、S、P等。在高温下燃烧后，将分别产生CO_2、H_2O、NO_2和SO_2，所消耗的氧量称为总需氧量（TOD）。TOD的值一般大于COD的值。

TOD的测定方法是：向氧含量已知的氧气流中注入定量的水样，并将其送入以铂为催化剂的燃烧管中，在900℃高温下燃烧，水样中的有机物即被氧化，消耗掉氧气流中的氧气，剩余氧量可用电极测定并自动记录。氧气流原有氧量减去剩余氧量即得总需氧量。TOD的测定仅需要几分钟。但TOD的测定在水质监测中应用比较少。

（16）总有机碳（TOC）　总有机碳是近年来发展起来的一种水质快速测定方法，通过测定废水中的总有机碳量可以表示有机物的含量。总有机碳的测定方法是：向氧含量已知的氧气流中注入定量的水样，并将其送入特殊的燃烧器（管）中，以铂为催化剂，在900℃高温下，使水样气化燃烧，并用红外气体分析仪测定在燃烧过程中产生的CO_2量，再折算出其中的含碳量，就是总有机碳（TOC）值。为排除无机碳酸盐的干扰，应先将水样酸化，再通过压缩空气吹脱水中的碳酸盐。TOC的测定时间也仅需几分钟。TOC虽可以以总有机碳元素量来反映有机物总量，但因排除了其他元素（如H、O、N、S、P等元素的质量），仍不能直接反映有机物的真正浓度。

第二节　水体的主要污染物

一、水体污染源

1. 按排放形式分类

水体污染的成因源于人类的生产和生活活动。但就污染物的排放形式，可基本分为点污染源（简称点源）和面污染源（简称面源）两大类。

（1）点源　指工矿废水、生活污水等通过管道、沟渠集中排入水体的污染源。其排放特点一般具有连续性，水量的变化规律取决于工矿的生产特点和居民的生活习惯。一般有季节性又有随机性。有一些废水、污水是经过污水处理厂处理后再排入水体。

（2）面源　指污染物来源集于水面上，如农田排水、矿山排水、城市和工矿区的路面排水等。这些排水有时由地面直接汇入水体，也有时通过管道或沟渠汇入水体。其特点是发生时间都在降雨形成径流之时，具有间歇性，变化服从降雨和形成径流的规律，并受地面状况（植被、铺装情况、坡度）的影响。

除上述污染源外，在排出废气较多的地区，空气中含有的某些污染物将随降水落于地面汇入水体。原料、燃料或废物露天堆放时，受雨水的淋洗也将污染水体。

2. 按来源分类

水体污染也可以根据来源不同分类，即生活污染源、工业污染源、农业污染源三大类。

（1）工业废水　工业废水是水体的主要污染源，量大、面广、含污染物质多，组成复杂，有的毒性大，处理较困难。像造纸、纺织、印染、制革、食品加工等轻工业部门，在生产过程中，常排出大量废水，如生产1t纸浆要排出300m^3以上废水。这些行业几乎都以农副产品为原料，因此废水中含有的大量有机物质，在水体中降解时消耗大量溶解氧，易引起水质发黑变臭等现象。轻工业废水中含有颜料和色素，易使水体出现各种颜色。此外，还常含有大量悬浮物、硫化物和重金属（如汞、镉、砷等）。

钢铁工业排出大量直接冷却水，因直接与产品接触，含有大量油、铁的氧化物、悬浮物等。

除尘和净化煤气、烟气的废水中含有多种物质，如酚、氰、硫氰酸盐、硫化物、铵盐、焦油、悬浮物、氧化铁、石灰、氟化物、硫酸、氰氟酸等。一般生产1t焦炭约产生0.2～0.3m^3含酚废水，其中含酚浓度可达2000mg/L，含硫氰酸盐500mg/L，硫化物400mg/L，还含有吡啶等其他有害物质达70多种。

有色冶金工业排出的废水含多种重金属，为水体重金属的主要来源。冶炼过程产生的熔渣，经雨水淋溶，将各种重金属带入地表水和地下水中。

炼油工业排出大量含油废水，常超出水体自净能力，易形成油污染。

化学工业排出的废水中常含有多种有毒物或剧毒物质，如氰、酚、砷、汞等。有的物质不易降解，且能在生物体内积累，如DDT、多氯联苯等。有的为致癌物质，如多环芳烃和含氮杂环等化合物。有机化合物降解时，需要消耗大量的溶解氧，因此这类废水的化学需氧量（COD）和生化需氧量（BOD）特别高。有的废水含氮磷均很高，易造成水体富营养化。

化工废水有的为强酸性，有的为强碱性，pH值不稳定，对水生生物、构筑物和农作物都有危害。

（2）生活污水　生活污水总的特点是有机物含量高，易造成腐败。此外，由于在厌氧条件下，易产生有恶臭的物质，如硫化氢、硫醇、氮杂茚（吲哚），和3-甲基氮杂茚（粪臭素）等。生活污水中含合成洗涤剂量大时，对人体可能有一定的危害。

家庭污水一般相当浑浊，BOD_5为100～700mg/L。有机成分包括糖类、氨基酸和非挥发性有机酸、醇、醛、酮和洗涤剂等，均为可溶性物质。在悬浮物中，以脂肪、多糖类和蛋白质为主。此外，污水中还含有多种微生物。

（3）农业污染源　农业污染源是指由于农业生产而产生的水污染源，如降水所形成的径流和渗流把土壤中的氮、磷（化肥的使用）和农药带入水体；由牧场、养殖场、农副产品加工厂的有机废物（畜禽的粪尿等）排入水体，它们都可以使水体的水质发生恶化，造成河流、水库、湖泊等水体污染，有的会导致水体富营养化。农业污染源往往是非点源污染，具有三个不确定性，即在不确定的时间内，通过不确定的途径，排放不确定数量的污染物质。由于上述三个不确定性也决定了不能用治理点污染源的措施去防治非点源污染源。

二、水体污染物的种类、来源及其危害

水体中的污染物按其种类和性质一般可分为四大类，即无机无毒物、无机有毒物、有机无毒物和有机有毒物。除此以外，对水体造成污染的还有放射性物质、生物污染物质和热污染等。所谓有毒、无毒是根据对人体健康是否直接造成毒害作用而分的。严格来说，污染中的污染物质没有绝对无毒害作用的，所谓无毒害作用是相对而有条件的，如多数的污染物，在其低浓度时，对人体健康并没有毒害作用，而达到一定浓度后，即能够呈现出毒害作用。

（一）无机无毒物

污水中的无机无毒物质大致可分为三种类型：一是属于砂粒、矿渣一类的颗粒状悬浮物；二是酸、碱、无机盐类；三则是氮、磷等植物营养物质。

1. 悬浮物

（1）悬浮物的来源及特点　砂粒、土粒及矿渣一类的颗粒状污染物质，是无毒害作用的，一般它们和有机性颗粒状的污染物质混在一起统称悬浮物或悬浮固体。主要来源于生活污水、雨水和工农业废水。

从悬浮固体表观上看，在污水中悬浮物可能处于三种状态，部分轻于水的悬浮物漂浮于水面，在水面形成浮渣；部分密度大于水的悬浮物沉于水底，这部分悬浮物又称为可沉固体；另一部分悬浮物，由于相对密度接近于水，在水中呈真正的悬浮状态。由于悬浮固体在

污水中人是能够看到的，而且能够使水混浊，因此，悬浮物是属于感官性的污染指标。

在水质分析中，从固体的颗粒大小来衡量，固体物质在水中也有三种存在形态：溶解态、胶体态和悬浮态。

溶解态（粒径<1nm）由分子或离子组成，它们被水的分子结构所支撑。

胶体态（粒径1nm～1μm）介于悬浮物质与溶解物质之间的颗粒物组成。

悬浮态（粒径>1μm）物质是由大于分子尺寸的颗粒组成的，它们借浮力和黏滞力悬浮于水中。

（2）悬浮物的污染危害　悬浮物是水体的主要污染物之一。水体被悬浮物污染，可能造成以下主要危害。

① 降低光的穿透能力，减少水的光合作用并妨碍水体自净作用。

② 对鱼类产生危害，可能堵塞鱼鳃，导致鱼的死亡，造纸废水中的纸浆对此最为明显。

③ 水中的悬浮物可能是各种污染物的载体，可能吸附一部分水中的污染物并随水流动迁移。

④ 悬浮物在水体中沉积后称为可沉固体，可淤塞河道，危害水体底栖生物的繁殖，影响渔业生产。灌溉时，悬浮物会阻塞土壤的孔隙，不利于作物生长。大量悬浮物的存在，还会造成水道淤塞，干扰废水处理和回收设备的工作。在废水处理中，通常采用筛滤、气浮、沉淀等方法使悬浮物与废水分离而除去。

⑤ 水中溶解性固体主要是盐类。含盐量高的废水对农业和渔业有不良影响。

⑥ 水中胶体成分是造成废水浑浊和色度（即呈现一定的颜色）的主要原因。

2. 酸、碱、无机盐类的污染物质

（1）酸、碱来源　污染水体中的酸主要来自矿山排水及许多工业废水。矿山排水中的酸由硫化矿物的氧化作用而产生，产生的酸继续与其他成分反应生成各种盐，主要是硫酸盐。矿区排水携至河流中的酸实为酸性盐的水解产物。

其他如金属加工酸洗车间、黏胶纤维和酸性造纸等工业部门都可排放酸性工业废水。雨水淋洗含二氧化硫的空气后，汇入地表水体也能形成酸污染。

水体中的碱主要来源于碱法造纸、化学纤维、制碱、制革及炼油等工业废水。

酸性废水与碱性废水相互中和产生各种盐类，它们与地表物质相互反应，也可能生成无机盐类，因此酸和碱的污染必然伴随着无机盐类的污染。

（2）酸碱污染物进入水体的转化及危害　天然水体对排入的酸碱有较强的净化作用，因为酸、碱废水排入天然水体后能和水体中固相的各种矿物质相互作用而被同化。这对保护天然水体如缓冲天然水的pH值变化有重要意义。

酸碱污染水体会使水体的pH值发生变化，破坏自然缓冲作用，消灭或抑制微生物生长，妨碍水体自净，如长期遭受酸碱污染，将导致水质逐渐恶化、周围土壤酸化，危害渔业生产。

酸、碱污染物不仅能改变水体的pH值，而且可大大增加水中的一般无机盐类和水的硬度。水中无机盐的存在能增加水的渗透压，对淡水生物和植物生长不利。水体的硬度增加对地下水的影响显著，使工业用水的水处理费用提高。如水的硬度增加，锅炉能源消耗增大，水垢传热系数是金属的1/50，当水垢厚度为1～5mm时，锅炉耗煤量将增加2%～20%，据北京市统计，用于降低硬度而软化水，每年耗资两亿多元。

3. 氮、磷等植物营养物

营养物质是促使水中植物生长，从而加速水体富营养化的各种物质，主要是指氮、磷。

（1）水体中植物营养物的来源　天然水体中过量的植物营养物质主要来自于农田施肥、

农业废弃物、城市生活污水和某些工业废水。

污染水中的氮可分为有机氮和无机氮两类。前者是指含氮化合物，如蛋白质、多肽、氨基酸和尿素等；后者则指氨氮、亚硝酸态氮、硝酸态氮等，它们中大部分直接来自污水，但也有一部分是有机氮经微生物分解转化作用而形成的。

城市生活污水中含有丰富的氮、磷，粪便是生活污水中氮的主要来源。由于使用含磷洗涤剂，所以在生活污水中也含有大量的磷。生活污水中氮、磷的含量，与人们的生活习惯有关，且因地区和季节而不同。

随着磷石灰、硝石和鸟粪层的开采，固氮工业的发展，豆科植物种植面积的扩大，日益增多的植物营养物质参加到地表物质循环中来。施入农田的化肥，只有一部分被农作物吸收。以氮肥为例，在一般情况下，未被植物利用的氮肥超过 50%，在少数情况下，甚至超过 80%。这样，未被植物吸收利用的化肥绝大部分被农田排水和地表径流带至地下水和地表水中。国外的某些研究表明，一些地区河湖水中硝酸盐的含量与上游地区前一年的农田施肥量相关。

农业废弃物（植物秸秆、牲畜粪便等）也是水体中氮化合物的重要来源。据国外有关资料报道，一个机械化牛奶场，400 头母牛每天可产生约 14t 固体废物和 4.5t 液体废物。一个自动化养鸡场中，10 万只家禽每天可产生 5t 废物，在所有这些废物中都含有丰富的植物养分——氮和磷等。

（2）氮、磷污染危害及水体的富营养化　植物营养物污染的危害是引起水体富营养化，富营养化是湖泊分类和演化的一种概念，是湖泊水体老化的一种自然现象。在自然界物质的正常循环过程中，湖泊将由贫营养湖发展为富营养湖，进一步又发展为沼泽地和干地，但这一历程需要很长的时间，在自然条件下需几万年甚至几十万年，但富营养化将大大地促进这一历程。如果氮、磷等植物营养物质大量而连续地进入湖泊、水库及海湾等缓流水体，将促进各种水生生物的活性，刺激它们异常繁殖（主要是藻类），这样就会带来一系列的严重后果：

① 藻类在水体中占据的空间越来越大，使鱼类活动的空间越来越少；衰死的藻类将沉积塘底。

② 藻类种类逐渐减少，并由以硅藻和绿藻为主转为以蓝藻为主，而蓝藻有不少种有胶质膜，不适于作鱼饵料，且其中有一些种属是有毒的。

③ 藻类过度生长繁殖，将造成水体中溶解氧的急剧变化，藻类的呼吸作用和死亡藻类的分解作用消耗大量的氧，有可能在一定时间内使水体处于严重缺氧状态，严重影响鱼类生存。

在这里应当着重指出的是硝酸盐对人类健康的危害。硝酸盐本身是无毒的，但是，现在发现硝酸盐在人胃中可以还原为亚硝酸盐，亚硝酸盐与仲胺作用可生成亚硝胺，而亚硝胺则是致癌、致变异和致畸胎的三致物质。此外，饮用水中硝酸盐氮过高还会在婴儿体内产生变性血色蛋白病，因此，国家规定饮用水中硝酸盐氮含量不得超过 10mg/L。

湖泊水体的富营养与水体中的氮、磷含量有密切关系，据瑞典 46 个湖泊的调查研究资料证实，当总磷和无机氮分别为 $20mg/m^3$ 和 $300mg/m^3$ 时，就可以认为水体已处于富营养化的状态。富营养化问题的关键，不是水中营养物的浓度，而是连续不断地流入水体中的营养盐的负荷量，因此不能完全根据水体中营养盐浓度来判断水体富营养化程度。

水体中植物营养物的极限负荷量有两种表示方法：单位体积负荷量 $[g/(m^3 \cdot a)]$ 与单位表面负荷量 $[g/(m^2 \cdot a)]$，一般多用后者。据研究，当进入水体的磷大部分以生物代谢的方式流入时，则贫营养湖与富营养湖之间的临界负荷量是：总磷为 $0.2 \sim 0.5g/(m^2 \cdot a)$，总氮为 5～10g/($m^2$·a)。总之对发生富营养化作用来说，磷的作用远大于氮的作用，磷的含量不很高时就可以引起富营养化作用。

(二) 无机有毒物

无机有毒物是为人们所关注的，根据毒性发作的情况，此类污染物可分为两类：一类是毒性作用快，易为人们所注意；另一类则是通过食物在人体内逐渐富集，达到一定浓度后才显示出症状，不易为人们及时发现，但危害一经形成，则就可能铸成大祸，如日本发生的水俣病和骨痛病。

1. 非重金属的无机毒性物质

(1) 氰化物

① 水体中氰化物的来源　水体中氰化物主要来源于电镀废水、焦炉和高炉的煤气洗涤冷却水、某些化工厂的含氰废水及金、银选矿废水等。

在一些电镀液配方中，镀锌液中 NaCN 的浓度为 80～120g/L，镀铜液中 NaCN 的浓度为 12～18g/L，镀银液中 NaCN 的浓度为 40～60g/L。当电镀完毕进行漂洗时，黏附在镀件上的含氰液随漂洗水排出。所以电镀废水的含氰量一般为 20～70mg/L，经常为 30～50mg/L。

在焦炉或高炉的生产过程中，煤中的炭与氨或甲烷与氨化合成氰化物，焦化厂粗苯分离水和纯苯分离水含氰一般可达 80mg/L。

有机氰化物称为腈，是化工产品的原料，如丙烯腈 (C_2H_3CN) 是制造合成纤维聚丙烯腈的基本原料。有少数腈类化合物在水中能够离解为氰离子 (CN^-) 和氢氰酸 (HCN)，因此，其毒性与无机氰化物同样强烈。

② 氰化物在水中的自净作用　氰化物排入水体后有较强的自净作用，一般有以下两个途径。

a. 氰化物的挥发逸散。氰化物与水体中的 CO_2 作用生成氰化氢气体逸入大气：

$$CN^- + CO_2 + H_2O \longrightarrow HCN\uparrow + HCO_3^-$$

水体中的氰化物主要是通过这一途径而去除的，其数量可达 90%以上。

b. 氰化物的氧化分解。氰化物与水中的溶解氧作用生成铵离子和碳酸根离子。

水体中氰化物的氧化作用是在微生物的促进作用下产生的，在一般天然水体条件下，微生物氧化作用所造成的氰自净量约占水体中氰总量的 10%左右。在夏季温度较高，光照良好的最有利条件下，氰自净量可达 30%左右；冬季由于阳光弱和气温低，这种净化作用显著减慢。

③ 氰化物的污染危害　氰化物是剧毒物质，急性中毒抑制细胞呼吸，造成人体组织严重缺氧，人只要口服 0.3～0.5mg 就会致死。氰对许多生物有害，只要 0.1mg/L 就能杀死虫类；0.3mg/L 能杀死水体赖以自净的微生物。农作物对氰化物的耐受程度比水生生物高，灌溉水中氰含量在 0.5mg/L 以下时，不会导致地下水中氰含量超过饮用水标准。

我国饮用水标准规定，氰化物含量不得超过 0.05mg/L，农业灌溉水质标准为不大于 0.5mg/L，渔业用水不大于 0.005mg/L。

(2) 砷　砷 (As) 是常见的污染物之一，对人体毒性作用也比较严重。

工业生产排放含砷废水的有化工、有色冶金、炼焦、火电、造纸、皮革等，其中以冶金、化工排放砷量较高。

三价砷的毒性大大高于五价砷。对人体来说，亚砷酸盐的毒性作用比砷酸盐大 60 倍，因为亚砷酸盐能够和蛋白质中的巯基反应，而三甲基砷的毒性比亚砷酸盐更大。

砷也是累积性中毒的毒物，当饮用水中砷的含量大于 0.05mg/L 时，就会导致累积，近年来发现砷还是致癌元素（主要是皮肤癌）。

我国饮用水标准规定，砷含量不应大于 0.05mg/L，农田灌溉标准不大于 0.05mg/L，渔业用水不超过 0.05mg/L。

2. 重金属毒性物质

（1）水体中重金属的来源　重金属是构成地壳的物质，在自然界分布非常广泛。重金属在自然环境的各部分均存在着本底含量，在正常的天然水中金属含量均很低，汞的含量介于 10^{-3}～10^{-2}mg/L 量级之间，铬含量小于 10^{-3}mg/L 量级，在河流和淡水湖中铜的平均含量为 0.02mg/L，钴为 0.0043mg/L，镍为 0.001mg/L。化石燃料的燃烧、采矿和冶炼是向环境释放重金属的最主要污染源，然后通过废水、废气和废渣向环境中排放重金属。

（2）重金属对水体的污染及其在水体中的迁移转化　重金属与一般耗氧的有机物不同，在水体中不能为微生物所降解，只能产生各种形态之间的相互转化以及分散和富集，这个过程称为重金属的迁移。重金属在水体中的迁移主要与沉淀、络合、螯合、吸附和氧化还原等作用有关。

（3）重金属污染的特点　从毒性和对生物体的危害方面来看，重金属污染的特点有如下几点。

① 在天然水体中只要有微量浓度即可产生毒性效应，一般重金属产生毒性的浓度范围大致在 1～10mg/L 之间，毒性较强的重金属如汞、镉等，产生毒性的浓度范围为 0.01～0.001mg/L。

② 微生物不能降解重金属，相反地某些重金属有可能在微生物作用下转化为金属有机化合物，产生更大的毒性，如汞在厌氧微生物作用下，转化为毒性更大的有机汞（甲基汞、二甲基汞）。

③ 金属离子在水体中的转移与转化与水体的酸、碱条件有关，如六价铬在碱性条件下的转化能力强于酸性条件，在酸性条件下二价镉离子易于随水迁移，并易为植物吸收，人食用含有镉的植物果实会引起骨痛病。

④ 地表水中的重金属可以通过生物的食物链，成千上万地富集，而达到相当高的浓度，如淡水鱼可富集汞 1000 倍、镉 3000 倍、砷 330 倍、铬 200 倍等，藻类对重金属的富集程度更为强烈，如富集汞可达 1000 倍、铬 4000 倍，这样重金属能够通过多种途径（食物、饮水、呼吸）进入人体，甚至遗传和母乳也是重金属侵入人体的途径。

⑤ 重金属进入人体后能够和生理高分子物质如蛋白质和酶等发生强烈的相互作用使它们失去活性，也可能累积在人体的某些器官中，造成慢性累积性中毒，最终造成危害。

（三）有机无毒物（需氧有机物）

这一类物质多属于碳水化合物、蛋白质、脂肪等自然生成的有机物，它们易被生物降解而转化为稳定的无机物。在有氧条件下，在好氧微生物作用下进行转化，这一转化进程快，产物一般为 CO_2、H_2O 等稳定物质。在无氧条件下，则在厌氧微生物的作用下进行转化，这一进程较慢，而且分两个阶段进行：首先在产酸菌的作用下，形成脂肪酸、醇等中间产物；继之在甲烷菌的作用下形成 H_2O、CH_4、CO_2 等稳定物质，同时放出硫化氢、硫醇、粪臭素等具有恶臭的气体。

在一般情况下，进行的都是好氧微生物起作用的好氧转化，由于好氧微生物的呼吸要消耗水中的溶解氧，因此这类物质在转化过程中都要消耗一定数量的氧，故可称之耗氧有机物或需氧有机物。

1. 水体中需氧有机物的来源

污染水体中的需氧有机物主要来自生活污水、牲畜污水以及屠宰、肉类加工、罐头等食品工业和制革、造纸、印染、焦化等工业废水。从排水量来看，生活污水是需氧有机物的最主要来源。未经处理的生活污水，其 BOD_5 值平均为 200mg/L，牲畜饲养场污水的 BOD_5 值可能高于生活污水 5 倍左右。

生产污水的 BOD_5 值差别很大，焦化厂的污水 BOD_5 值达 1400～2000mg/L；一般以动植物为原料加工生产的工业企业，如乳品、制革、肉类加工、制糖等，其废水的 BOD_5 值都可能在 1000mg/L 以上。

2. 有机无毒物对水体的危害

有机无毒物对水体的危害主要在于对渔业水产资源的破坏。当水体中有机物浓度过高时，微生物消耗大量的氧，往往会使水体中溶解氧浓度急剧下降，甚至耗尽，导致鱼类及其他水生生物死亡。

水中含有充足的溶解氧是保证鱼类生长、繁殖的必要条件之一，只有极少数的鱼类，如鳝鱼、泥鳅等，在必要时可利用空气中的氧以外，绝大部分鱼类只能用鳃以水中溶解氧呼吸、维持生命活动。一旦水中溶解氧下降，各种鱼类就要产生不同的反应。某些鱼类，如鳟鱼对溶解氧的要求特别严格，必须达 8～12mg/L，鲤鱼为 6～8mg/L。我国特有的优良饲养鱼种，如草鱼、鲢鱼、青鱼、鳙鱼等对溶解氧含量要求在 5mg/L 以上，当溶解氧不能满足这些鱼类的要求时，它们将力图游离这个缺氧地区，而当溶解氧降至 1mg/L 时，大部分的鱼类就要窒息而死。当水中溶解氧消失时，水中厌氧菌大量繁殖，在厌氧菌的作用下有机物可能分解放出甲烷和硫化氢等有毒气体，更不适于鱼类生存。

天然水中的有机物一般是水中生物生命活动的产物。人类排放的生活污水和大部分生产废水中含有大量的有机物质，其中主要是耗氧有机物如碳水化合物、蛋白质、脂肪等。耗氧有机物种类繁多，组成复杂，因而难以分别对其进行定量、定性分析。因此，没有特殊要求时，一般不对它们进行单项定量测定，而是利用其共性，间接地反映其总量或分类含量。在工程实际中，常采用 COD、BOD、TOD、TOC 等几个综合水质污染指标来描述。

（四）有机有毒物

这一类物质多属于人工合成的有机物质，如农药（DDT、六六六等有机氯农药）、醛、酮、酚以及聚氯联苯、芳香族氨基化合物、高分子合成聚合物（塑料、合成橡胶、人造纤维）、染料等。

1. 有机有毒物的来源及污染特征

这类物质主要由石油化学工业的合成生产过程及有关的产品使用过程中排放出的污水，不经处理排入水体后而造成污染引起危害。这一类物质的主要污染特征如下。

① 比较稳定，不易被微生物分解，所以又称难降解有机污染物。以有机氯农药为例，它们具有很强的化学稳定性，在自然环境中的半衰期为十几年到几十年。

② 它们都有害于人类健康，只是危害程度和作用方式不同。如聚氯联苯、联苯氨是较强的致癌物质，酚醛以及有机氯农药等达到一定浓度后，也都有害于人体健康及生物的生长繁殖。

③ 在某些条件下，好氧微生物也能够对这一类物质进行分解，因此，这类物质也能够消耗水体中的溶解氧，但速度较慢。如中国科学院微生物研究所、武汉病毒研究所曾先后筛选、分离出一些能够分解某些难降解或有毒有害有机物的高效菌株，并进行了固定化细胞包埋技术及废水处理。

对于这一类污染物，人们所关切的是前两项污染特征。有机有毒物质种类繁多，其中危害最大的有两类：有机氯化合物和多环有机化合物。

2. 有机有害物的危害

有机氯化合物被人们使用的有几千种，其中污染广泛、引起普遍注意的是多氯联苯(PCB)和有机氯农药。多氯联苯是一种无色或淡黄色的黏稠液体，流入水体后只微溶于水(每升水中最多只溶1mg)，所以大部分以浑浊状态存在，或吸附于微粒物质上；它具有脂溶性，能大量溶解于水面的油膜中；它的相对密度大于1，故除少量溶解于油膜中外，大部分会逐渐沉积水底。由于化学性质稳定，不易氧化、水解并难于生化分解，所以多氯联苯可长期保存在水中。多氯联苯可通过水体中生物的食物链富集作用，在鱼类体内浓度累积到几万甚至几十万倍，从而污染供人食用的水产品。多氯联苯是一氯联苯、二氯联苯、三氯联苯等的混合物，它的毒性与它的成分有关，含氯原子愈多的组分，愈易在人体脂肪组织和器官中蓄积，愈不易排泄，毒性就愈大。其毒性主要表现为：影响皮肤、神经、肝脏，破坏钙的代谢，导致骨骼、牙齿的损害，并有亚急性、慢性致癌和致遗传变异等可能性。有机氯农药是疏水性亲油物质，能够为胶体颗粒和油粒所吸附并随其在水中扩散。水生生物对有机氯农药同样有很强的富集能力，在水生生物体内的有机氯农药含量可比水中含量高几千到几百万倍，通过食物链进入人体，累积在脂肪含量高的组织中，达到一定浓度后，就会显示出对人体的毒害作用。

有机氯农药的污染是世界性的，从水体中的浮游生物到鱼类，从家禽、家畜到野生动物体内，几乎都可以测出有机氯农药。

多环有机化合物(系指含有多个苯环的有机化合物)一般具有很强的毒性，例如，多环芳烃可能有致遗传变异性，其中3,4-苯并芘和1,2-苯并蒽等具有强致癌性。多环芳烃存在于石油和煤焦油中，能够通过废油、含油废水、煤气站废水、柏油路面排水以及淋洗了空气中煤烟的雨水而径流入水体中，造成污染。

酚排入水体后污染水体严重影响水质及水产品的产量及质量。酚污染物主要来源于焦化、冶金、炼油、合成纤维、农药等工业企业的含酚废水。除工业含酚废水外，粪便和含氮有机物在分解过程中也产生少量酚类化合物。所以城市中排出的大量粪便污水也是水体中酚污染的重要来源。水体中的酚浓度低时能够影响鱼类的洄游繁殖，酚浓度为0.1～0.2mhg/L时鱼肉有酚味，浓度高时引起鱼类大量死亡，甚至绝迹。一般来说，低浓度的酚能使蛋白质变性，高浓度酚能使蛋白质沉淀，对各种细胞都有直接危害。人类长期饮用受酚污染的水源，可能引起头昏、出疹、瘙痒、贫血和各种神经系统症状。

3. 有机有毒物质的污染指标

因为有机有毒物质也属于耗氧物质，所以可以使用BOD这样的综合指标，但它们有些又属于难降解物质，在使用BOD指标时可能产生较大的误差。在综合指标方面常以使用COD、TOC和TOD等指标为宜。此外，在表示其在水体中含量及其污水被污染程度方面，还经常采用各种物质的专用指标，如挥发酚、醛、酮以及DDT、有机氯农药等。

(五)石油类污染

近年来，石油及其油类制品对水体的污染比较突出，在石油开采、储运、炼制和使用过程中，排出的废油和含油废水使水体遭受污染。石油化工、机械制造行业排放的废水也含有各种油类。随着石油事业的迅速发展，油类物质对水体的污染愈来愈严重，在各类水体中以海洋受到油污染尤为严重。目前通过不同途径排入海洋的石油数量每年为几百万至一千万吨。

1. 水体中油污染的来源

石油的开采、储运、炼制和使用过程中，排出的废油和含油废水，致使水体遭受油污染。据估计，全球石油总储量为3000亿吨，而海底石油将近1000亿吨，占总储量的1/3。有23个国家正在进行海上油、气生产。海底油田的开发，特别是油井井喷把大量石油喷入海洋，造成十分严重的海洋污染。

据国外调查，船舶特别是油船对水体的污染也是十分严重的。目前石油总产量的60%经海上运输，尽管各国对石油船的洗舱水、压舱水和其他含油废水进行浓缩回收，但仍有可观的油量由船舶带入海中。

工业生产中产生的油污染也不可低估，许多国家的大城市和工业区都设在沿海、沿河地区，故排放出大量的含油废水，据统计，全世界工业企业每年排入海洋和河流的石油大约300万～500万吨。

2. 海洋石油污染的危害

石油进入海洋后造成的危害是很明显的，不仅影响海洋生物的生长、降低海滨环境的使用价值、破坏海岸设施，还可能影响局部地区的水文气象条件和降低海洋的自净能力。

据实测，每滴石油在水面上能够形成$0.25m^2$的油膜，每吨石油可能覆盖$5\times10^6m^2$的水面。油膜使大气与水面隔绝，破坏正常的复氧条件，将减少进入海水的氧的数量，从而降低海洋的自净能力。

油膜覆盖海面妨碍海水的蒸发，影响大气和海洋的热交换，改变海面的反射率和减少进入海洋表层的日光辐射，对局部地区的水文气象条件可能产生一定的影响。

海洋石油污染的最大危害是对海洋生物的影响。水中含油0.1～0.01mL/L时对鱼类及水生生物就会产生有害影响。油膜和油块能黏住大量鱼卵和幼鱼，或使鱼卵死亡，还能使破壳出来的幼鱼畸形，并使其丧失生活能力。因此，石油污染对幼鱼和鱼卵的危害最大。石油污染短期内对成鱼的危害不明显，但石油对水域的慢性污染会使渔业受到较大的危害。同时，海洋石油污染还能使鱼虾类产生石油臭味，降低海产品的食用价值。

（六）其他污染物

随着科学技术的发展、新型能源的开发利用及工业的迅猛发展、能源的大量使用，特别是能源使用的浪费，不仅促使了“能源危机”的发展，而且加重了对环境的污染。如火电站和核能发电站将大量的热废水（温度升高了的冷却水）排入水体造成热污染；核能反应堆、核能电站等排泄物又引起水体的放射性污染。

1. 放射性物质

水中所含有的放射性核素构成一种特殊的污染，总称放射性污染。核武器试验是全球放射性污染的主要来源，核试验后的沉降物质带有放射性颗粒，造成对大气、地面、水体及动植物和人体的污染。核能工业特别是核能电力工业的发展，如核能反应堆、核电站和核动力舰等都可能排放或泄漏出含有多种放射性同位素的废物，致使水体的放射性物质含量日益增高。据联合国网站报道，国际核能机构预测未来核发电量将持续上升，2030年全球核发电量保守估计值为4730亿瓦，但核电在全球电力生产所占份额却有所下降，从1986年的16%下降到2020年的10%。主要原因是2007年日本柏崎刈羽核电站事故和2011年日本福岛核电站事故给人们敲响了警钟。但是日本不顾国际社会反对，2023年执意要将核污染水排海的做法对海洋环境和人类健康等带来了难以预料的影响。

铀矿开采、提炼、纯化、浓缩过程均产生放射性废水和废物，磷矿石中经常会有相当数量的铀和钍，如使用磷肥不当，也可能造成放射性污染。

污染水体最危险的放射性物质有^{90}锶、^{132}铯等。这些物质半衰期长，化学性能与组成人体的主要元素钙和钾相似，经水和食物进入人体后，能在一定部位积累，从而增加人体的放射线辐射，严重时可引起遗传变异或致癌。

2. 热污染

因能源的消费而引起环境增温效应的污染称为热污染。水体热污染主要来源于工矿企业向江河排放的冷却水。其中以电力工业为主，其次是冶金、化工、石油、造纸、建材和机械等工业。采用矿物燃料（煤、石油）的火力发电站需用大量冷却水，发电 100 万千瓦约需水 $30\sim50m^3/s$，使用后水温升高 6～8℃。升高同样水温时，核能发电站需要的冷却水比矿物燃料发电站多 50%以上。据世界能源会议 1970 年的调查，美国电力工业使用的冷却水每天约为 4.4 亿立方米，占全国冷却水总量的 4/5，接近全国用水量的 1/3。一般以煤为燃料的发电站通常只有 40%的热能转变为电能，剩余的热能则随冷却水带走进入水体或大气。

热污染致使水体水温升高，增加水体中化学反应速率，会使水体中有毒物质对生物的毒性提高。如当水温从 8℃升高到 18℃时，氰化钾对鱼类的毒性将提高一倍；鲤鱼的 48 小时致死剂量在水温为 7～8℃时为 0.14mg/L，当水温升到 27～28℃时仅为 0.005mg/L。水温升高会降低水生生物的繁殖率。此外水温增高可使一些藻类繁殖增快，加速水体“富营养化”的过程，使水体中溶解氧下降，破坏水体的生态和影响水体的使用价值。

第三节 水体污染的控制技术

一、概述

1. 水环境容量

一定水体所能容纳污染物的最大负荷即为水环境容量，也就是某水域所能承担外加的某种污染物最大允许负荷量，与水体所处的自净条件（如流速、流量等）、水体中的生物类群组成、污染物本身的性质等有关。一般污染物的物理化学性质越稳定，其环境容量越小；耗氧有机物的水环境容量比难降解有机物的水环境容量大得多；而重金属污染物的水环境容量则甚微。

水环境容量与水体的用途和功能有十分密切的关系。水体功能越强，对其要求的水质目标越高，其水环境容量必将减少；反之，当对水体的水质要求不甚严格时，水环境容量可能会大些。正确认识和利用水环境容量对水污染的控制有着重要意义。

2. 污水的一般处理原则

污水处理的目的就是将其中的污染物以某种方法分离出来，或将其分解转化为无害稳定物质，从而使污水得到净化。一般要达到防止毒害和病菌传播，除掉异味和恶臭感才能满足不同要求。按照污水处理原理可以将处理技术分为物理法、物理化学法、生物法和化学法等。按照处理精度可以分为一级处理（又称初级处理）、二级处理和三级处理。一般以一级处理为物理处理，主要是沉淀、混凝澄清和过滤等，主要去除污水中呈悬浮状态的固体污染物质，涉及的构筑物主要有集水井、格栅、沉砂池、初沉池等。大致的流程为：污水→集水井、格栅→沉砂池→初沉池→出水。一级处理后的水质中 BOD_5 去除率为 30%左右，SS 去除率为 50%左右，达不到排放标准。二级处理一般为生化法，多是解决污水中的胶状和溶解性有机污染物质，涉及的构筑物除一级处理中的构筑物还有曝气池、二沉池等。流程大致为：一级处理后的水→曝气池→二沉池→排出处理后的水。在二沉池中污泥有时还需要回流到曝气池中进行二次曝气，以提高处理效率。经过二级处理的污水中 BOD_5 去除率为 90%左右，SS 去除率为 90%左右，处理后的水质基本可以达到排放标准。三级处理又称高级处理，一般为化学法，如活性炭过滤、离子交换、反渗透、电渗析等，通过这样处理的水质可以完全达到排放标准。常用的污水处理级别及相应去除污染物见表9-1。

表9-1　常用的污水处理方法及所去除污染物种类

类别	处理方法	主要去除污染物	类别	处理方法	主要去除的污染物
一级处理	格栅分离	粗粒悬浮物	三级处理	活性炭吸附	臭味、颜色、细分散油、溶解油，使COD下降
	沉砂	固体沉淀物		灭菌	细菌、病毒
	均衡	不同的水质冲击		电渗析	盐类、重金属
	中和(pH调节)	调整酸碱度		离子交换	盐类、重金属
	油水分离(API、CPI)	浮油、粗分散油		反渗透	盐类、有机物、细菌
	气浮或凝结	细分散油及微细悬浮物		蒸发	盐类、有机物、细菌
二级处理	活性污泥法	微生物可降解的有机物，降低BOD、COD		臭氧氧化	难降解有机物、溶解油
	生物膜法				
	氧化沟				
	氧化塘				

注：API表示平流式隔油池，CPI表示波纹斜板隔油池。

二、物理处理法

物理处理法的基本原理是利用物理作用使悬浮状态的污染物质与废水分离，在处理过程中不改变其化学性质。既可以使废水得到一定程度的澄清，又可回收分离下来的物质加以利用。该法最大的优点是简单、易行、效果良好，并且十分经济。常用的有过滤法、沉淀法、气浮法等。

1. 过滤法

过滤法即利用过滤介质截流污水中的悬浮物，属废水的预处理，其目的在于回收有用物质；初步澄清废水以利于以后的处理，减轻沉淀池或其他处理设备的负荷；保护抽水机械避免受到颗粒物堵塞发生故障。

过滤介质有筛网、纱布、微孔管、颗粒物，常用的过滤设备有格栅、筛网、微滤机等。

2. 沉淀法

沉淀法是利用废水中的悬浮物颗粒和水密度不同的原理，借助重力沉降作用将悬浮颗粒从水中分离出来的水处理方法，其应用十分广泛。

根据水中悬浮颗粒的浓度及絮凝特性（即彼此黏结、团聚的能力）可将沉淀法分为四种：

（1）分离沉降（或自由沉降）颗粒之间互不聚合，单独进行沉降。在沉淀过程中，颗粒呈离散状态，只受到本身在水中的重力（包括本身重力和水的浮力）和水流阻力的作用，其形状、尺寸、质量均不改变，下降速度也不改变。例如含量少的泥沙在水中的沉淀。

（2）混凝沉淀（或称作絮凝沉淀）混凝沉降是指在混凝剂的作用下，使废水中的胶体和细微悬浮物凝聚为具有可分离性的絮凝体，然后采用重力沉降予以分离去除。混凝沉淀的特点是在沉淀过程中，颗粒接触碰撞而互相聚集形成较大絮体，因此颗粒的尺寸和质量均会随深度的增加而增大，其沉速也随深度而增加。

常用的无机混凝剂有硫酸铝、硫酸亚铁、三氯化铁及聚合铝；常用的有机絮凝剂有聚丙烯酰胺等，还可采用助凝剂如水玻璃、石灰等。

（3）区域沉降（又称拥挤沉降、成层沉降）　当废水中悬浮物含量较高时，颗粒间的距离较小，其间的聚合力能使其集合成为一个整体，并一同下沉，而颗粒相互间的位置不发生变动，因此澄清水和浑水间有一明显的分界面，逐渐向下移动，此类沉降称为区域沉降。如高浊度水的沉淀池和二次沉淀池中的沉降（在沉降中后期）多属此类。

（4）压缩沉淀　当悬浮液中的悬浮固体浓度很高时，颗粒互相接触，挤压，在上层颗粒的重力作用下，下层颗粒间隙中的水被挤出，颗粒群体被压缩。压缩沉淀发生在沉淀池底部的污泥斗或污泥浓缩池中，进行得很缓慢。

在污水处理与利用的方法中，沉淀（或上浮）法常常作为其他处理方法前的预处理。如用生物处理法处理污水时，一般需事先经过预沉池去除大部分悬浮物质以减少生化处理时的负荷，而经生物处理后的出水仍要经过二次沉淀池的处理，进行泥水分离以保证出水水质。

3. 气浮法

气浮法就是在废水中产生大量的微小气泡作为载体去黏附废水中微细的疏水性悬浮固体和乳化油，使其随气泡浮升到水面，形成泡沫层，然后用机械方法撇除，从而使得污染物从废水中分离出来。

疏水性的物质易气浮，而亲水性的物质不易气浮。因此需投加浮选剂改变污染物的表面特性，使某些亲水性物质转变为疏水性物质，然后气浮除去，这种方法称为“浮选”。

气浮时要求气泡的分散度高，量大，有利于提高气浮效果。泡沫层的稳定性要适当，既便于浮渣稳定在水面上，又不影响浮渣的运送和脱水。常用的产生气泡的方法有两种：

① 机械法：使空气通过微孔管、微孔板、带孔转盘等生成微小气泡。

② 压力溶气法：将空气在一定的压力下溶于水中，并达到饱和状态，然后突然减压，过饱和的空气便以微小气泡的形式从水中逸出。目前废水处理中的气浮工艺多采用压力溶气法。

气浮法的主要优点有：设备运行能力优于沉淀池，一般只需 15～20min 即可完成固液分离，因此占地省，效率较高；气浮法所产生的污泥较干燥，不易腐化，且系表面刮取，操作较便利；整个工作是向水中通入空气，增加了水中的溶解氧量，对除去水中有机物、藻类表面活性剂及臭味等有明显效果，其出水水质为后续处理及利用提供了有利条件。

气浮法的主要缺点是：耗电量较大；设备维修及管理工作量增加，运转部分常有堵塞的可能；浮渣露出水面，易受风、雨等气候因素影响。

三、化学处理法

化学处理法是利用化学反应的作用来去除水中的杂质。主要处理对象是废水中无机的或有机的（难以生物降解的）溶解态或胶态的污染物质。该法既可使污染物与水分离，回收某些有用物质，也能改变污染物的性质，如降低废水的酸碱度、去除金属离子、氧化某些有毒有害的物质等，因此可达到比物理法更高的净化程度。常用的方法有混凝法、中和法、化学沉淀法和氧化还原法。

化学处理法的局限性是：

① 由于化学法处理废水时常需采用化学药剂（或材料），运行费用一般较高，操作与管理的要求也较严格。

② 化学法还需与物理法配合使用。在化学处理之前，往往需用沉淀和过滤等手段作为前处理；在某些场合下，还需采用沉淀和过滤等物理手段作为化学处理的后处理。

1. 化学沉淀法

化学沉淀法是指向废水中投加某些化学药剂，使其与废水中的溶解性污染物发生互换反应，形成难溶于水的盐类（沉淀物）从水中沉淀出来，从而减少或除去水中的污染物。

化学沉淀法多用于在水处理中除钙、镁离子以及废水中的重金属离子，如汞、镉、铅、锌等。此法优点是经济简便，药剂来源广，因此在处理重金属废水时应用最广。存在的问题是劳动卫生条件差，管道易结垢堵塞与腐蚀；沉淀体积大，脱水困难。

2. 中和法

按废水的 pH 值高低，将 pH 值小于 7 的废水称为酸性废水。酸性废水具有腐蚀性，会腐蚀管道，毁坏农作物，危害渔业生产，破坏生物处理系统的正常运行。pH 值大于 7 的称为碱性废水，危害程度较小，主要造成设备结垢。因此，对高浓度的酸、碱废水，例如达 3%～5%以上时，必须考虑回收和综合利用。当必须排放时，采用酸和碱作用生成盐和水的中和反应，将 pH 值调至允许排放范围（如 6.5～8.5）。

酸性废水的中和处理一般有如下四种方法：

(1) 投药中和法　最常采用的是投加碱性药剂石灰，石灰价廉、原料普遍，可制成乳液投加；采用苛性钠、碳酸钠和氨水为碱性药剂，具有组成均匀，易于贮存和投加，反应迅速，易溶于水且溶解度高等优点，但价格比较高。

(2) 过滤中和法　中和滤池用耐酸材料制成，内装碱性滤料。主要碱性滤料有石灰石、大理石和白云石。酸性废水由上而下或由下而上流经滤料层得以中和处理。中和硝酸、盐酸时所得的钙盐有较大的溶解度，因而三种碱性滤料均可采用；而中和硫酸时所得的硫酸钙溶解度小，会覆盖在石灰石滤料表面，阻止中和反应的进行，使滤床失效。因此，中和含硫酸废水以白云石（$CaCO_3 \cdot MgCO_3$）为佳，因一部分反应产物 $MgSO_4$ 的溶解度大，不易结壳。但是，白云石的来源少，成本高，反应速度慢。如能正确控制硫酸浓度，使中和产物（$CaSO_4$）的生成量不超过其溶解度，则也可以采用石灰石或大理石来处理硫酸废水。

(3) 利用碱性废水及废渣的中和处理法　在同时存在酸性废水和碱性废水情况下，可以以废治废，互相中和。利用碱性废渣中和酸性废水也有一定的现实意义。例如，锅炉灰中含有 2%～20%氧化钙，电石渣中也含有一定量的 $Ca(OH)_2$，用来中和酸性废水均获得了一定效果。

(4) 利用天然水体中碱度的中和法　天然水体中含有的碳酸氢盐可用来中和酸性废水。如：

$$Ca(HCO_3)_2 + H_2SO_4 \longrightarrow CaSO_4 + 2H_2O + 2CO_2 \uparrow$$

碱性废水要用酸性物质进行中和。通常采用的酸性物质有商品或废弃的无机酸（如硫酸、盐酸）、酸性废气（如 CO_2 和烟道气）和酸性废水。

3. 氧化还原法

(1) 氧化法　向废水中投加氧化剂氧化废水中的有毒有害物质，使其转变为无毒无害或毒性小的新物质的方法称为氧化法。此法几乎可以处理各种工业废水，如含氰、酚、醛、硫化物的废水，以及脱色、除臭、除铁，特别适用于处理废水中难以生物降解的有机物。

(2) 还原法　在废水处理中，采用还原剂改变有毒有害污染物的价态，使其转变为无毒无害或毒性小的新物质的方法称为还原法。常用的还原剂有铁粉（屑）、锌粉（屑）、硫酸亚铁、亚硫酸氢钠以及电解时的阴极等。

还原法常用于含铬、含汞废水的还原处理。

四、物理化学处理法

物理化学处理法（简称物化法）利用物理化学作用来处理或回收污水中溶解性物质或胶体物质，回收有用组分，使废水得到深度净化。因此，适用于处理杂质浓度很高的废水（用作回收利用的方法），或是浓度很低的废水（用作废水深度处理）。利用物理化学法处理工业废水前，一般要经过预处理，以减少废水中的悬浮物、油类、有害气体等杂质，或调整废水的 pH 值，以提高回收率，减少损耗。同时，浓缩的残渣要经过后处理以避免二次污染。

常用的物化方法有萃取法、吸附法、离子交换法、膜析法（包括渗析法、电渗析法、反渗透法、超滤法等）、混凝法等。

1. 吸附法

吸附法处理废水是利用一种多孔性固体材料（吸附剂）的表面来吸附水中的溶解污染物、有机污染物等（称为溶质或吸附质），以回收或去除它们，使废水得以净化。

吸附剂价格较贵，而且对进水的预处理要求高，因此多用于给水处理。

2. 萃取法

萃取法是向污水中加入一种与水不相溶且密度小于水的有机溶剂，充分混合接触后使污染物重新分配，由水相转移到溶剂相中，利用溶剂与水的密度差别，将溶剂分离出来，从而使污水得到净化的方法。再利用溶质与溶剂的沸点差将溶质蒸馏回收，再生后的溶剂可循环使用。使用的溶剂叫萃取剂，提出的物质叫萃取物。萃取是一种液-液相间的传质过程，是利用污染物（溶质）在水与有机溶剂两相中的溶解度不同进行分离的。

在选择萃取剂时，应注意萃取剂对被萃取物（污染物）的选择性，即溶解能力的大小，通常溶解能力越大，萃取的效果越好；萃取剂与水的密度相差越大，萃取后与水分离就越容易。常用的萃取剂有含氧萃取剂、含磷萃取剂、含氮萃取剂等。

用萃取法处理废水时，经过三个步骤：①混合传质，把萃取剂加入废水并充分混合接触，有害物质作为萃取物从废水中转移到萃取剂中；②分离，萃取剂和废水分离；③回收，把萃取物从萃取剂中分离出来，使有害物质成为有用物质的副产品。一种成熟的萃取技术中，萃取剂必须能回用于萃取过程。

3. 离子交换法

借助固体离子交换剂与溶液中离子的置换反应，除去水中有害离子的处理方法叫离子交换法。

离子交换是一种特殊的吸附过程，是可逆性化学吸附，其反应可表达为：

$$RH + M^{\pm} \rightleftharpoons RM + H^{+}$$

式中，R 为离子交换剂；$M^{\pm}$ 为交换离子；RM 为与 M 交换后的离子交换剂，称作饱和交换剂。

离子交换剂有无机和有机两大类。无机离子交换剂有天然沸石和合成沸石（铝代硅酸盐）等。有机离子交换树脂的种类很多，可分为强酸阳离子交换树脂（只能进行阳离子交换）、弱酸阳离子交换树脂、强碱阴离子交换树脂（只能进行阴离子交换）、弱碱阴离子交换树脂、螯合树脂和有机物吸附树脂等。

树脂是人工合成的具有空间网状结构的不溶解聚合物，在制造过程中引入不同的交换基团便成了离子交换树脂。当树脂放入水中就会像海绵一样膨胀，网状结构中的活动离子像电解质一样离解在树脂内部的水相中。废水中的某离子（称为交换离子）在离子浓度差作用下，从外水相扩散到树脂体内。由于交换离子与树脂体内固定离子的亲和力较大，所以可替代原有的同性活动离子并将其置换下来扩散到水相。

离子交换法多用于工业给水处理的软化和除盐，主要去除废水中的金属离子。离子交换软化法采用 Na 离子交换树脂，交换反应为：

$$2RNa^{+} + Ca^{2+} \longrightarrow R_2Ca^{2+} + 2Na^{+}$$

$$2RNa^{+} + Mg^{2+} \longrightarrow R_2Mg^{2+} + 2Na^{+}$$

离子交换树脂将水中的钙盐、镁盐转化为钠盐。由于各种钠盐在水中的溶解度较大，而且还会随温度的升高而增加，所以就不会出现结垢现象，达到了软化水的目的。需再生时，可用8%～10%的食盐溶液流过失效的树脂，使Ca型树脂还原成Na型树脂。

制备高纯水，要把水中的所有盐类全部除尽。因此需要使水通过H型阳离子交换器和H型阴离子交换器，分别除去水中各种阴离子和阳离子，交换到水中的H^+和OH^-则结合成水。

此外，离子交换法还广泛地用于废水处理，回收工业废水中的有用物质，净化有毒物质。近年来，我国在生产中采用离子交换法处理含铬废水、含汞废水、含锌废水、含镍废水、含铜废水以及电镀含氰废水等。

4. 膜析法

膜析法是利用薄膜来分离水溶液中某些物质的方法的统称。根据提供给溶液中物质透过薄膜所需要的动力，膜析法可分为扩散渗析法（依靠分子的自然扩散，简称渗析法）、电渗析法（利用电力）、反渗透法和超过滤法（以压力为动力）。

5. 混凝法

对于粒径分别为1～100nm和100～10000nm的胶体粒子和细微悬浮物，由于布朗运动、水合作用，尤其是微粒间的静电斥力等原因，能在水中长期保持悬浮状态，所以处理时须向废水中投加化学药剂，使得废水中呈稳定分散状态的胶体和悬浮颗粒聚集为具有沉降性能的絮体，这叫作混凝，然后通过沉淀去除。这样的处理方法为混凝法。

混凝法包括凝聚和絮凝两个过程。凝聚指胶体脱稳并聚集为微小絮粒的过程；絮凝是指微絮粒通过吸附、卷带和桥连而形成更大的絮体过程。

混凝处理工艺包括混合（药剂制备与投加）、反应（凝聚、絮凝）和絮凝体分离（沉淀）三个阶段。

混凝法在废水处理中可以用于预处理、中间处理和深度处理的各个阶段。该法除了用于除浊、除色之外，对高分子化合物、动植物纤维物质、部分有机物质、油类物质、微生物、某些表面活性物质、农药、汞、镉、铅等重金属都有一定的清除作用，应用十分广泛。其优点是设备费用低，处理效果好，管理简单；缺点是要不断向废水中投加混凝剂，运行费用较高。

五、生物处理法

生物处理法是利用自然环境中微生物的生物化学作用来氧化分解废水中的有机物和某些无机毒物（如氰化物、硫化物），并将其转化为稳定无害无机物的一种废水处理方法，具有投资少、效果好、运行费用低等优点，在城市废水和工业废水的处理中得到了广泛的应用。

水体中的微生物种类很多，不同的微生物在不同的条件下，对有机物的转化产物不同（见表9-2）。

表9-2　不同微生物分解产物的情况

微生物	C	H	N	S	P
好氧菌	CO_2、HCO_3^-、CO_3^{2-}	H_2O		SO_4^{2-}、HSO_4^-	PO_4^{3-}、HPO_4^{2-}、$H_2PO_4^-$
厌氧菌	CH_4	CH_4	NH_4^+、NH_3	H_2S、HS^-、S^{2-}	PH_3

由表9-2可以看出，微生物种群不同，生成的产物不同。好氧生化处理中，有机物分别转化成CO_2、H_2O、NO_3^-、SO_4^{2-}、HSO_4^-、PO_4^{3-}、HPO_4^{2-}、$H_2PO_4^-$等，基本无害。在厌

氧生物处理中，有机物先被转换成中间的有机物（如有机酸、醇类等）以及CO_2、H_2O，其中有机酸又被甲烷菌继续分解，最终产物为CH_4、NH_3、H_2S、PH_3等，产物复杂，有异味。

好氧生物处理法与厌氧生物处理法都能完成对有机物的生化处理，但实际上究竟采用哪种方法，应视具体情况而定。采用厌氧法处理污水，需要的时间较长，处理水发黑，有臭味，出水BOD仍然很高，所需的处理设备很庞大，一般污水有机物浓度若超过1%（约为10000mg/L）采用厌氧生物处理。好氧生物处理则多用于处理有机污染物浓度较低或适中的污水。

1. 好氧生物处理

主要依赖好氧菌和兼性菌的生化作用来完成废水处理的工艺称为好氧生物处理法。该法需要有氧的供应，主要有活性污泥法和生物膜法两种。

（1）好氧菌的生化过程　好氧菌在有足够溶解氧的供给下吸收废水中的有机物，通过代谢活动，约有三分之一的有机物被分解转化或氧化为CO_2、NH_3、亚硝酸盐、硝酸盐、磷酸盐、硫酸盐等代谢产物，同时释放出能量作为好氧菌自身生命活动的能源。此过程称为异化分解；另三分之二的有机物则作为其生长繁殖所需要的构造物质，合成为新的原生质（细胞质），称为同化合成过程。新的原生质就是废水生物处理过程的活性污泥或生物膜的增长部分，通常称为剩余活性污泥，又称生物污泥。生物污泥经固-液分离后还需做进一步的处理和处置。当废水中缺乏营养物质（主要是有机物）时，好氧菌则靠氧化体内的原生质来提供生命活动的能源（称内源代谢或内源呼吸），这将会造成微生物数量的减少。

用好氧菌处理废水不产生带臭味的物质，所需时间短，大多数有机物均能处理。在废水中有机物浓度不高，供氧速率能满足生物氧化的需要时，常采用好氧生物处理法。活性污泥法、生物膜法、污水灌溉、生物好氧塘等都属于此类处理方法。

（2）活性污泥法　活性污泥法是处理城市废水常用的方法，能从废水中去除溶解的和胶体的可生物降解的有机物以及能被活性污泥吸附的悬浮固体和其他一些物质，无机盐类（氮和磷的化合物）也部分地被去除。

向富含有机物并有细菌的废水中不断地通入空气（曝气），一定时间后就会出现悬浮态絮花状的泥粒，这实际上是由好氧菌（即兼性菌）、好氧菌所吸附的有机物和好氧菌代谢活动的产物所组成的聚集体，具有很强的分解有机物的能力，称之为活性污泥。活性污泥易于沉淀分离，使废水得到澄清。这种以活性污泥为主体的生物处理法称为活性污泥法。

（3）生物膜法　生物膜法是模拟土壤的自净过程所创造的一种人工生物处理方法，它是使污水流过生长在固定支撑物（碎石、炉渣等）表面的生物膜，利用生物氧化作用和各相间的物质交换，降解污水中有机污染物的方法。

2. 厌氧生物处理

厌氧生物处理法主要是依赖厌氧菌和兼性菌的生化作用来完成处理过程的。该法要保证无氧环境，包括各种厌氧消化法。

好氧生物处理效率高，应用广泛，已成为城市废水处理的主要方法。但好氧生物处理的能耗较高，剩余污泥量较多，特别不适宜处理高浓度有机废水和污泥。厌氧生物处理与好氧生物处理的显著差别在于以下方面。

① 不需供氧。

② 最终产物为热值很高的甲烷气体，可作清洁能源。

③ 特别适用于处理城市废水处理厂的污泥和高浓度有机工业废水。

目前厌氧-好氧联用工艺已在纺织印染废水处理及生物脱氮除磷处理中得到应用。

3. 生物处理法的新发展

目前，活性污泥法技术有了不少新发展。自20世纪50年代出现了氧化沟技术，20世纪70年代又开发了生物吸附氧化法（即AB法）及纯氧曝气法，近年来国内外又开发了序批式活性污泥法（SBR法）等。此外，还有向曝气池投加粉末活性炭以改善处理效果的粉末活性炭污泥法（PAOT法）以及利用射流曝气器以改善充氧效果的射流曝气工艺等。同时，活性污泥法在应用范围上也进一步扩大，并取得了进展。如利用活性污泥法脱氮、除磷、处理无机氰化物及无机硫化物，与化学法联用去除难降解的有机化合物等。

（1）A/O法（anoxic/oxic）　A/O生物脱氮工艺的功能是去除有机物和脱氮。该法对BOD_5和SS总处理效率为90%～95%，总氮的处理效率为70%以上。其流程见图9-1。

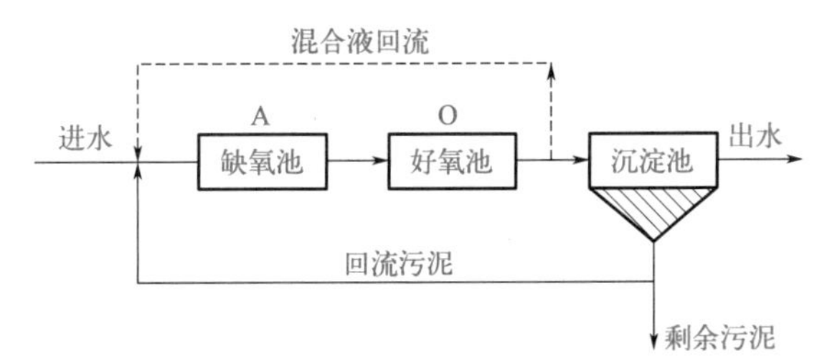

图9-1　A/O生物脱氮工艺流程

（2）AB法（absorption biodegration）　AB法的主要特点是不设初沉池，由A、B两段活性污泥系统串联运行，并各自有独立的污泥回流系统（见图9-2）。

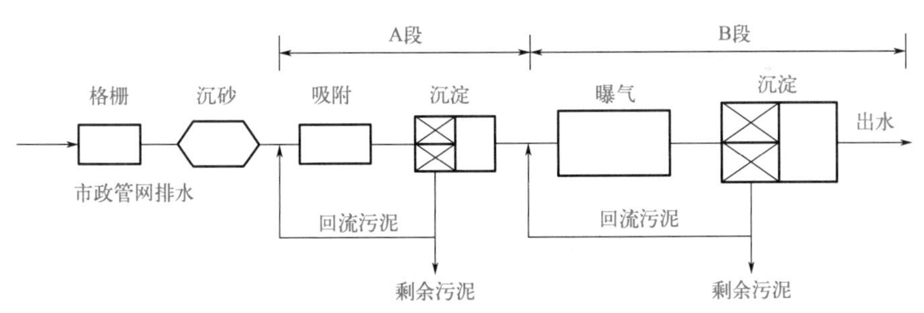

图9-2　AB法工艺流程

AB法工艺对BOD_5和SS的处理效率均可达90%～95%，对N、P的去除率取决于B段采用的工艺。该工艺适用于进水浓度高的城市污水处理厂。

（3）间歇式活性污泥法　间歇式污泥活性法（sequencing batch reacter activated sludge process，简称SBR活性污泥法）也称序批式活性污泥法。其工艺流程见图9-3。

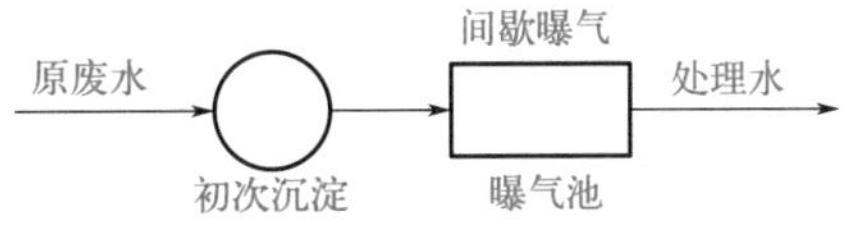

图9-3　间歇式活性污泥法工艺流程

原污水流入到间歇式曝气池，按照时间顺序依次实现进水—反应—沉淀—出水—等机（闲置）等五个基本过程组成的处理周期，并周而复始反复进行。SBR工艺同时具有均匀水量水质、曝气氧化、沉淀排水等三种功能。

（4）氧化沟活性污泥法　按照污水流态来分，又称循环混合式活性污泥法。氧化沟一般用延时曝气，并增加了脱氮功能，所以同时具有去除BOD_5和脱氮的功能。氧化沟对BOD_5和SS处理效率均在95%以上，总脱氮率为70%～80%。

六、废水中氮磷的去除

引起水体富营养化的营养元素有碳、磷、氮、钾、铁等，其中氮和磷是引起藻类大量繁殖的主要因素。要控制富营养化，就必须限制氮磷的排放，对出流废水进行脱氮除磷的处理。

1. 除磷

城市废水中磷的主要来源是粪便、洗涤剂和某些工业废水，以正磷酸盐、聚磷酸盐和有机磷的形式溶解于水中。常用的除磷方法有化学法和生物法。

① 化学法除磷。利用磷酸盐与铁盐（如 $FeCl_3$）、石灰、铝盐［如 $Al_2(SO_4)_3 \cdot 16H_2O$］等反应生成磷酸铁、磷酸钙、磷酸铝等沉淀，将磷从废水中排出。

② 生物法除磷。利用微生物在好氧条件下，对废水中溶解性磷酸盐的过量吸收，然后沉淀分离而除磷。整个处理过程分为厌氧放磷和好氧吸磷两个阶段。

含有过量磷的废水和含磷活性污泥进入厌氧状态后，活性污泥中的聚磷菌在厌氧状态下，将体内积聚的聚磷分解为无机磷释放回废水中。这就是“厌氧放磷”。聚磷菌在分解聚磷时产生的能量除一部分供自己生存外，其余供聚磷菌吸收废水中的有机物，并在厌氧菌的作用下转化成乙酸苷，再进一步转化为聚β-羟基丁酸（PHB）储存于体内。

进入好氧状态后，聚磷菌将储存于体内的 PHB 进行好氧分解，并释放出大量能量，一部分供自己增殖，另一部分供其吸收废水中的磷酸盐，以聚磷的形式积聚于体内。这就是“好氧吸磷”。在此阶段，活性污泥不断增殖。除了一部分含磷活性污泥回流到厌氧池外，其余的作为剩余污泥排出系统，达到了除磷的目的。

由此可见，在厌氧状态放磷越多，合成 PHB 越多，则在好氧状态下合成的聚磷量越多，除磷效果也越好。

2. 脱氮

生活废水中各种形式的氮占的比例比较恒定：有机氮 50%～60%，氨氮 40%～50%，亚硝酸盐与硝酸盐中的氮占 0～5%。它们均来源于人们食物中的蛋白质。脱氮的方法有化学法和生物法两大类。

（1）化学法脱氮　有氨吸收法和加氯法两种方法。

① 氨吸收法。先把废水的 pH 值调整到 10 以上，然后在解吸塔内解吸氨（当 pH 值 $>$ 10 时，氨是以 NH_3 的形式存在）。

② 加氯法。在含氨氮的废水中加氯。通过适当控制加氯量，可以完全除去水中的氨氮。为了减少氯的投加量，此法常与生物硝化联用，先硝化再除去微量的残余氨氮。

（2）生物法脱氮　生物脱氮是在微生物作用下，将有机氮和氨态氮转化为氮气的过程，其中包括硝化和反硝化两个反应过程。

硝化反应是在好氧条件下，废水中的氨态氮被硝化细菌（亚硝酸菌和硝酸菌）转化为亚硝酸盐和硝酸盐。反硝化反应是在无氧条件下，反硝化菌将硝酸盐氮（NO_3^-）和亚硝酸盐氮（NH_2^-）还原为氮气。因此整个脱氮过程需经历好氧和缺氧两个阶段。

3. 生物脱氮除磷

为了达到一个处理系统中同时去除氮和磷的目的，近年来研究了不少脱氮除磷的新工艺，如 A^2/O 工艺、改进的 Bardenpho 工艺、UCT 工艺和 SBR 工艺等。图 9-4 介绍了 A^2/O 工艺流程。它是在原来 A/O 工艺的基础上嵌入一个缺氧池，并将好氧池中的混合液回流到缺氧池中，达到反硝化脱氮的目的。这样厌氧—缺氧—好氧相串联的系统能同时除磷脱氮。该处理系统出水中磷浓度基本可在 1mg/L 以下，氨氮也可在 15mg/L 以下。由于污泥交替进入厌氧和好氧池，丝状菌较少，污泥的沉降性很好。

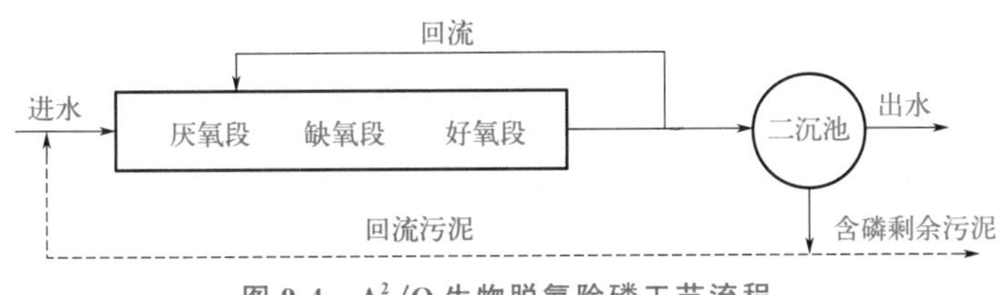

图 9-4 A^2/O 生物脱氮除磷工艺流程

影响 A^2/O 法的因素主要有三类：

① 环境因素，包括温度、pH 值、溶解氧等因素。

温度影响需要在运行过程中进行考察，一般来说，温度上升，微生物活性增强；城市废水的 pH 值通常在 7 左右，适于生物处理，略有波动影响不大，若低于 6.5 时处理效率下降；硝化菌和聚磷菌要求在有氧区有丰富的溶解氧，在缺氧区或无氧区没有溶解氧。但由于在回流混合液和回流污泥中会挟带一些溶解氧，所以有氧区的溶解氧也不宜过高，通常维持在 2mg/L 左右即可。

② 工艺因素，包括泥龄、各反应区的水力停留时间。

生物除磷要求污泥中含磷量高，因而泥龄要短，系统需在高负荷下运行；但是，对脱氮而言，硝化反应只能在泥龄长的低负荷系统中才能进行。这两者是矛盾的。这种矛盾在水温较低时更为明显。当水温低于 15℃时，硝化效果下降。

③ 废水成分，包括 BOD_5 与 N、P 的比值。

通常城市污水的 BOD_5、N、P 的组成可适应生物脱氮除磷的要求。

近年来的研究表明，通过缺氧、厌氧和好氧的合理组合，并提高活性污泥的浓度，在水力停留时间接近传统活性污泥法的情况下，出水的 COD、BOD_5、SS、NH_3-N 和总磷都能达到排放标准。若 N 或 P 过高，则较难同时达到排放标准。

七、污泥的处理

在城市污水和工业废水处理过程中产生了很多沉淀物与漂浮物，有的是从污水中直接分离出来的，如沉砂池中的沉渣、初沉池中的沉淀物等；有的是在处理过程中产生的，如化学沉淀污泥与生物化学法产生的活性污泥或生物膜。污泥是污水处理的副产品，也是必然产物。一座二级污水处理厂产生的污泥量约占处理污水量的 0.3%～5%（含水率以 97%计）。如进行深度处理，污泥量还可增加 0.3～1 倍。污泥的成分非常复杂，不仅含有很多有毒物质如病原微生物、寄生虫卵和重金属离子等，也可能含有可利用的物质，如植物营养素、氮、磷、钾、有机物等。这些污泥若不加以妥善处理，就会造成二次污染。所以污泥在排入环境之前必须予以充分的重视。

1. 污泥的处理

（1）污泥的浓缩　污泥浓缩的目的是使得污泥初步脱水，降低其含水率，缩小体积，以利于后续处理。

（2）污泥的脱水与干化　从二次沉淀池排出的剩余污泥含水率高达 99%～99.5%，污泥体积大，堆放和运输都不方便，所以污泥的脱水、干化是污泥处理方法中较为重要的环节。

（3）污泥的消化

① 厌氧消化。将污泥置于密闭的消化池中，利用厌氧微生物的作用，使有机物分解，这种有机物厌氧分解的过程称为发酵。由于发酵的最终产物是沼气，污泥消化池又称沼气

池。当沼气池温度为30～35℃时，正常情况下1m³污泥可产生沼气10～15m³，其中甲烷含量大约50%。沼气可用作燃料和提取甲烷等。

② 好氧消化。在污泥处理系统中曝气供氧，利用好氧和兼性菌，分解生物可降解有机物（污泥）及细菌原生质，并从中获得能量。

近年来，人们通过实践发现污泥厌氧消化处理工艺的运行管理要求较高，处理构筑物要求密封、容积大、数量多而且复杂，所以认为污泥厌氧消化法适用于大型污水处理厂，污泥量比较大、回收沼气量多的情况。污泥好氧消化法设备简单、运行管理比较方便，但运行能耗及费用较大，适用于小型污水处理厂，即污泥量不大、沼气回收量小的情况。另外当污泥受到工业废水影响，进行厌氧处理有困难时，也可采用好氧消化法。

（4）污泥的干燥与焚烧

① 干燥。污泥经脱水干化后，其含水率在65%～85%，体积还较大，仍有继续腐化的可能。如需进一步脱水，可采用加热干燥法，在300～400℃的高温下将含水率降至10%～15%。这样既缩小了体积，便于包装运输，又不破坏肥分，还杀灭了病原菌和寄生虫卵，有利于卫生。用于污泥干燥的设备有回转炉和快速干燥器等。

② 焚烧。污泥焚烧可将污泥中的水分全部除去，有机成分完全无机化，最后残留物减至最小。此法的成本较高，只有在别无他法可施时方予以考虑。此外还有一种湿法燃烧法，是在高温高压下，用空气将湿污泥中的有机物氧化，无须进行脱水干化。

在固体废物处理中也常采用焚烧的方法。

（5）污泥的最终处理　含有机物多的污泥经脱水及消化处理后，可用作农田肥料；当污泥中含有有毒物质，不宜作肥料时，应采用焚烧法进行彻底无害化处理、填埋或筑路。

2. 污泥的利用

污泥中含有许多有用物质，如能加以充分利用则能化害为利，这是从积极方面解决污泥的出路问题。污泥的利用主要有以下几个方面。

（1）用作农肥　污泥经过浓缩消化后可直接用作农肥，有显著肥效，但其中重金属离子等有害物质的含量应在允许范围内。

（2）制取沼气　污泥经过厌氧发酵产生沼气，可作能源使用，也可提取四氯化碳或用作其他化工原料。

（3）制造建筑材料　某些工业废水中的污泥和沉渣中的一些成分可用作建筑材料，如污泥焚烧后掺加黏土和硅砂制砖，或在活性污泥中加进木屑、玻璃纤维后压制成板材；以无机物为主要成分的沉渣可用于铺路和填坑等。

（4）其他用途　污泥的蛋白质部分可制饲料，或从中提取纤维素B_{12}、胡萝卜素、硫胺、烟酸等化学药物，甚至可用河底淤泥制作工艺品。

复习思考题

1. 什么是水体的自净作用？
2. 名词解释：化学需氧量、生化需氧量、总需氧量。
3. 试述三种沉淀分离悬浮固体方法的沉降原理和适用范围。
4. 物化处理和化学处理相比，在原理上有何不同？处理对象有何不同？

5. 用吸附法处理废水可以使出水极为洁净。那么，是否对处理要求高、出水要求高的废水，原则上都可以采取吸附法？为什么？
6. 哪些废水可采用生物处理？简述生物处理法的机理及生物处理法对废水水质的要求。
7. 如何利用微生物的特性处理工业废水？
8. 活性污泥法的基本概念和基本流程是什么？
9. 生物法除磷的原理是什么？有哪些影响因素？
10. 污泥的最终出路是什么？如何因地制宜地考虑？

第十章
固体废物的处理和资源化

学习目标

【知识目标】熟悉固体废物的特性、来源、危害和处理原则，掌握常见固体废物的处理方法。

【能力目标】会对固体废物进行分类，制订合理的处置方案，通过各种物理、化学、生物等方法实现固体废物的资源化综合利用。

【素质目标】践行创新、协调、绿色、开放、共享的新发展理念，积极参与"无废城市"和"美丽乡村"建设，养成绿色、低碳、循环的生活方式和良好习惯，形成节约资源和善待自然的意识。

第一节 概述

一、固体废物的概念及特性

1. 定义

固体废物（solid waste）是指在生产、生活活动中提取目的成分后所丢弃的固体、半固体泥浆状物质和装在容器里的废液废气物质等。

2. 固体废物的特性

（1）固体废物产生的必然性　固体废物产生有其必然性。一方面是由于人类在索取和利用自然资源从事生产和生活活动时，限于实际需要和技术条件，总会将其中一部分作为废物丢弃。另一方面是由于各种产品本身有其使用寿命，超过了一定期限，就会变成废物。

（2）固体废物与资源的相对性　固体废物的产生有其相对性。在具体的生产和生活环节中，由于原材料的性质、工艺设备、技术水平以及对产品的使用目的不尽相同，所丢弃的这部分物质的成分、状态也有所不同。而人类所生产产品的多样性，使其所用原料也具有多样性，这样在生产与生活中此地产生的废弃物就有机会被彼地的人们所利用。随着时间的推移和技术的进步，现在人们所产生的废弃物在将来会成为新的原料。因此，从这个意义上讲，它们不是废弃物，而是资源，这就是固体废物的二重性。所以，固体废物是"被放错了位置的原料（财富）"。近代许多国家已把固体废物视为二次资源或再生资源，把利用废物代替天然资源作为可持续发展战略中的一个重要组成部分。

（3）污染物富集终态与污染源头的双重性　在环境污染治理中，固体废物既是大气、水体和土壤污染的"富集终态"，又是这些环境污染的"源头"。例如，在大气污染治理中，一些有害气体或飘尘，通过各种方法治理，最终被富集成为废渣；在水污染治理中，一些有害溶质和悬浮物，通过治理，最终被分离出来成为污泥或残渣；在固废治理中，一些含重金属的可燃固体废物，通过焚烧处理，有害重金属浓集于灰烬中；所有这些“终态”物质中的有害污泥或残渣会被送进垃圾填埋场做最终处理。

但在长期的自然因素作用下，垃圾填埋场中的这些残渣污物又会转入大气、水体和土壤，成为大气、水体和土壤环境污染的“源头”。正是由于固体废物具有这种污染“源头”和“终态”的特征，使得对固体废物的控制成为世界各国关注的热点。

（4）污染危害具有潜在性、长期性和灾难性　危险固废的易燃性、易爆性、反应性、浸出毒性、放射性、急性毒性、其他毒性等性质对生物具潜在性、长期性和灾难性的危害。如水俣镇甲基汞污染事件和辽宁锦州镉渣污染地下水等环境污染事件都充分证明了这一点。

3. 固体废物的利用、处理与处置

（1）固体废物的利用　包括在产品生产工艺过程中的循环利用、回收利用，以及交由其他单位的综合利用。我国常用综合利用一词概括这三种利用方式。

（2）固体废物的处理　指经过采取一定的防止污染措施后，排放于可允许的环境中；或暂贮于特定的设施中，待具备适宜的经济技术条件时，再加以利用或进行无害化的最终处置。

（3）固体废物的处置　指固体废物的最终处理。

二、固体废物的来源及分类

固体废物主要来源于人类的生产和消费活动。人们在资源开发和产品制造过程中，必然产生废物，任何产品经过使用和消费后都会变成废物。表 10-1 列出了从各类发生源产生的主要固体废物。

表 10-1　固体废物的分类、来源和主要组成物

分类	来源	主要组成物
矿业废物	矿山、选冶	废矿石、尾矿、金属、废木、砖瓦石灰等
工业废物	冶金、交通、机械金属结构等工业	金属、矿渣、砂石、模型、陶瓷、边角料、涂料、管道绝热材料、黏结剂、废木、塑料、橡胶、烟尘等
	煤炭	矿石、木料、金属
	食品加工	肉类、谷类、果类、蔬菜、烟草
	橡胶、皮革、塑料等工业	橡胶、皮革、塑料、布、纤维、染料、金属等
	造纸、木材、印刷等工业	刨花、锯末、碎末、化学药剂、金属填料、塑料、木质素
	石油化工	化学药剂、金属、塑料、橡胶、陶瓷、沥青、油毡、石棉、涂料
	电器、仪器仪表等工业	金属、玻璃、木材、橡胶、塑料、化学药剂、研磨料、陶瓷、绝缘材料
	纺织服装业	布头、纤维、橡胶、塑料、金属
	建筑材料	金属、水泥、黏土、陶瓷、石膏、石棉、砂石、纸、纤维
	电力工业	炉渣、粉煤灰、烟尘
城市垃圾	居民生活	食物垃圾、纸屑、布料、木料、金属、玻璃、塑料陶瓷、燃料灰渣、碎砖瓦、废器具、粪便、杂品
	商业、机关	管道等碎物体、沥青及其他建筑材料、废汽车、废电器、废器具、含有易燃、易爆、腐蚀性、放射性的废物，以及类似居民生活栏内的各种废物
	市政维护、管理部门	碎砖瓦、树叶、死禽畜、金属、锅炉灰渣、污泥、脏土

续表

分类	来源	主要组成物
农业废物	农林	稻草、秸秆、蔬菜、水果、果树枝条、糠秕、落叶、废塑料、人畜粪便禽粪、农药
	水产	腥臭死禽畜、腐烂鱼、虾、贝壳、水产加工污水、污泥
放射性废物	核工业、核电站、放射性医疗、科研单位	金属、含放射性废渣、粉尘、污泥、器具、劳保用品、建筑材料

固体废物有多种分类方法，一般根据其性质、状态和来源进行分类。如按其化学性质可分为有机废物和无机废物；按状态可分为固体状废物、泥状废物和容装性废液、废气等废物；按其危害状况可分为有害废物和一般废物。但更多的是按来源分类。欧美许多国家按来源将其分为矿业固体废物、工业固体废物、城市垃圾（包括下水道污泥）、农业废物和放射性固体废物等。在固体废物中对环境影响最大的是工业有害固体废物和城市垃圾。

2022年，根据我国固体废物的规范化、精细化、信息化管理需要，生态环境部组织编制了**《固体废物分类目录（征求意见稿）》**。目录不包含列入**《国家危险废物名录》**的固体废物和放射性固体废物。按照产生源进行划分，将固体废物（一般废物）分为工业固体废物、生活垃圾、建筑垃圾和农业固体废物四大类，其中工业固体废物分为冶炼废渣、粉煤灰、炉渣、煤矸石、尾矿、脱硫石膏、污泥、赤泥、磷石膏、工业副产石膏、钻井岩屑、食品残渣、纺织皮革业废物、造纸印刷业废物、化工废物、可再生类废物和其他工业固体废物；生活垃圾分为有害垃圾、厨余垃圾、可回收物和其他垃圾；建筑垃圾分为工程渣土、工程泥浆、工程垃圾、拆除垃圾和装修垃圾；农业固体废物分为农业废物、林业废物、畜牧业废物、渔业废物和其他农业固体废物。

危险固体废物除了放射性废物以外，还指具有毒性、易燃性、反应性、腐蚀性、爆炸性、传染性中一种或一种以上危险特性，可能对人类的生活环境产生危害的固体废物。这类固体废物的数量约占一般固体废物量的1.5%～2.0%，其中大约一半为化学工业固体废物。危险固体废物通过无害化利用或处置产生的废物，经鉴别不再具有危险特性的，属于一般废物。

三、固体废物的危害

中国传统的垃圾消纳倾倒方式是一种“污染物转移”方式。由于现有垃圾处理场的数量和规模远远不能适应城市垃圾增长的要求，大部分垃圾仍呈露天集中堆放状态，对环境即时的和潜在的危害很大，污染事故频出。固体废物对环境的污染往往是多方面的、多环境要素的。

1. 侵占土地，破坏地貌和植被

固体废物如不加以利用处置，只能占地堆放。堆积量越大，占地也越多。据估算，每堆积1×10^4t固体废物，约需占地667m^2，其中5%为危险废物。随着中国农业生产的发展和消费的增长，城市垃圾堆放场地日益显得不足，垃圾与人争地的矛盾日益尖锐。全国已有三分之二的城市陷入垃圾包围之中。以北京市为例，远红外高空探测结果显示，市区几乎被环状的垃圾堆所包围。固体废物的堆放侵占大量土地，造成了极大的经济损失，并且严重地破坏了地貌、植被和自然景观。

2. 污染土壤

固体废物不仅占用了大量的耕地，而且经过长期露天堆存，其中有害成分经过风化、雨淋、地表径流的侵蚀很容易渗入土壤中，使土地毒化、酸化和碱化，从而改变了土壤的性质和结构，影响土壤微生物的活动，妨碍植物根系的生长，有些污染物在植物机体内积蓄和富集，通过食物链影响人体健康。

中国内蒙古包头市堆放的尾矿矿渣堆积如山，占地已经达到 2000hm^2 并以每年增加 120hm^2 的速度扩展。这些废渣中含有大量的有毒物质，尤以氟含量较高。遇到旱季，周围地区的土壤直接被废渣粉尘所覆盖；到了雨季，被雨水淋溶出的大量可溶性氟等有毒物渗入土壤中，造成坝下游的大片土地被污染，使一个乡的居民被迫搬迁。

3. 污染水体

固体废物不但含有病原微生物，在堆放腐烂过程中还会产生大量的酸性和碱性有机污染物，并会将垃圾中的重金属溶解出来，是有机物、重金属和病原微生物三位一体的污染源。任意堆放或简易填埋的固体废物，其中的含水量和淋入堆放垃圾中的雨水所产生的渗滤液流入周围地表水体和渗入土壤，会造成地表水和地下水的严重污染。固体废物若直接排入河流、湖泊或海洋，又能造成更大的水体污染，不仅减少水体面积而且还妨害水生生物的生存和水资源的利用。

4. 污染大气

在大量垃圾堆放的场区，尾矿粉煤灰、污泥和垃圾中的尘粒随风飞扬；运输过程中产生的有害气体和粉尘、固体废物本身或在处理（如焚烧）过程中散发的有害有毒气体和臭味等严重污染大气。如煤矸石的自燃，曾在各地煤矿多次发生，散发出大量的 SO_2、CO_2、NH_3 等气体，造成严重的大气污染。一些有机固体废物在适宜的温度和湿度下被微生物分解，释放出有害气体，造成堆放区臭气冲天，老鼠成灾，蚊蝇滋生；由此而导致传染各种疾病。随着城市垃圾中有机质含量的提高和由露天分散堆放变为集中堆存，容易产生甲烷气体的厌氧环境，使垃圾产生沼气的危害日益突出，事故不断，造成重大损失。例如，北京市昌平区一个垃圾堆放场在 1995 年连续发生了三次垃圾爆炸事故。如不采取措施，因垃圾简单覆盖堆放产生爆炸事故的发生率将会有较大的上升趋势。

5. 对人体健康的危害

大气、水、土壤污染对人体健康有危害，而危险废物则会对人体产生危害。危险废物的特殊性质（如易燃性、腐蚀性、毒性等）表现在它们的短期和长期危险性上。就短期而言，是通过摄入、吸入、皮肤吸收、眼睛接触而引起毒害或发生燃烧、爆炸等危险性事件；长期危害包括重复接触导致的长期中毒、致癌、致畸、致突变等。

6. 影响环境卫生

城市的生活垃圾、粪便等由于清运不及时，堆存起来，会严重影响人们居住环境的卫生状况，对人们的健康构成潜在的威胁。

四、固体废物的处理原则

我国在 1995 年 10 月 30 日通过并公布了《中华人民共和国固体废物污染环境防治法》，2020 年 4 月 29 日第十三届全国人民代表大会常务委员会第十七次会议对该法进行第二次修订。该法提出，国家对固体废物污染环境的防治，实行减少固体废物的产生、充分合理利用固体废物和无害化处理固体废物的原则；国家鼓励、支持开展清洁生产，减少固体废物的产生量；国家鼓励、支持综合利用资源，对固体废物实行充分回收和合理利用，推行垃圾无害化和危险废弃物集中处理，并采取有利于固体废物综合利用活动的经济、技术政策和措施。具体战略是："实施废物（尤其是有害废物）最小量化；对于已产生的固体废物首先要实施资源化管理和推行资源化技术，发展无害化处理处置技术。"

根据我国国情，我国制定出近期以"无害化""减量化""资源化"作为控制固体废物污染的技术政策，并确定今后较长一段时间内应以“无害化”为主，从“无害化”向“资源化”过渡，“无害化”和“减量化”应以“资源化”为条件。

为了达到这“三化”，首先要转变观念。要保护环境、控制污染，就首先要选择减少固体废物产生的“减量化”（首端预防），而不是选择废物产生以后的“无害化”（末端处理）；其次要在法规、标准、政策和管理体制上采取一系列重大步骤和措施加以保证“减量化”的实施。

1. “无害化”

固体废物“无害化”处理的基本任务是将固体废物通过工程处理，达到不损害人体健康，不污染周围的自然环境（包括原生环境和次生环境）。

目前，废物“无害化”处理工程已经发展成为一门崭新的工程技术。例如，垃圾的焚烧、卫生填埋、堆肥、粪便的厌氧发酵，有害废物的热处理和解毒处理等。其中，“高温快速堆肥处理工艺”“高温厌氧发酵处理工艺”在我国都已达到实用程度，“厌氧发酵工艺”用于废物“无害化”处理工程的理论也已经基本成熟，具有我国特点的“粪便高温厌氧发酵处理工艺”，在国际上一直处于领先地位。

在对废物进行“无害化”处理时，必须看到，各种“无害化”处理工程技术的通用性是有限的，它们的优劣程度，往往不是由技术、设备条件本身所决定的。以生活垃圾处理为例，焚烧处理确实不失为一种先进的“无害化”处理方法，但它必须以垃圾含有高热值和可能的经济投入为条件，否则，便没有应用的意义。根据我国大多数城市生活垃圾平均可燃成分偏低的特点，在近期内，着重发展卫生填埋和高温堆肥处理技术是适宜的。特别是卫生填埋，处理量大，投资少，见效快，可以迅速提高生活垃圾处理率，以解决当前带有“爆炸性”的垃圾出路问题。至于焚烧处理方法，只能有条件地采用。就是在将来，垃圾平均可燃成分提高了，卫生填埋和堆肥也还是必不可少的方法，故又具有一定的长远意义。

2. “减量化”

固体废物“减量化”的基本任务是通过适宜的手段减少和减小固体废物的数量和容积。这一任务的实现，需从两个方面着手，一是对固体废物进行处理利用，二是减少固体废物的产生。

对固体废物进行处理利用，属于物质生产过程的末端，即通常人们所理解的“废弃物综合利用”，称之为“固体废物资源化”。例如，生活垃圾采用焚烧法处理后，体积可减小80％～90％，余烬则便于运输和处理。固体废物采用压实、破碎等方法处理也可以达到减量并方便运输和处理处置的目的。

减少固体废物的产生，属于物质生产过程的前端，需从资源的综合开发和生产过程中物质资料的综合利用着手。从国际上资源开发利用与环境保护的发展趋势看，世界各国为解决人类面临的资源、人口、环境三大问题，越来越注意资源的合理利用。人们对综合利用范围的认识，已从物质生产过程的末端（废物利用）向前延伸了，即从物质生产过程的前端（自然资源开发）起，就考虑和规划如何全面合理地利用资源。把综合利用贯穿于自然资源的综合开发和生产过程中物质资料与废物综合利用的全程，称之为“资源综合利用”。实现固体废物“减量化”，必须从“固体废物资源化”延伸到“资源综合利用”上来。其工作重点包括采用经济合作的综合利用工艺和技术，制定科学的资源消耗定额等。

3. “资源化”

（1）“资源化”概念　固体废物的“资源化”是指对固体废物进行综合利用，使之成为可利用的二次资源。基本任务是采取工艺措施从固体废物中回收有用的物质和能源。固体废物的“资源化”是固体废物的主要归宿。例如，具有高位发热量的煤矸石，可以通过燃烧回收热能或转换电能，也可以用来生产内燃砖。

“资源化”应遵循的原则是：进行“资源化”的技术是可行的，经济效益比较好，有较强的生命力；废物应尽可能在排放源就近利用，以节省废物在存放、运输等过程的投资；“资源化”的产品应当符合国家相应产品的质量标准，因而具有市场竞争力。

(2)“资源化”系统　“资源化”系统是指从原材料经加工制成的成品，经人们的消费后，成为废物又引进新的生产、消费循环系统。就整个社会而言，就是生产—消费—废物—再生产的一个不断循环的系统。

资源化系统可以分为两大部分。

第一部分叫作前期系统。在此系统中被处理的物质不改变其性质，是利用物理的方法如分选、破碎等技术对废物中的有用物质进行分离提取型的回收。此系统回收又可分为两类，一类是保持废物的原形和成分不变的回收利用；另一类是破坏废物的原形，从中提取有用成分加以利用。

第二部分叫作后期系统，是把前期系统回收后的残余物质用化学的或生物学的方法，使废物的物性发生改变而加以回收利用，采用的技术有燃烧、分解等，比前期系统要复杂，成本也高。后期系统也分为两类，一类是以回收物质为主要目的，使废物原料化、产品化而再生利用；另一类是以回收能源为目的。当然这两种目的有时不能截然区分，应视主要作用而分类。

五、固体废物的污染控制

固体废物对环境的污染不同于废水、废气和噪声。固体废物呆滞性大、扩散性小，对环境的影响主要是通过水、气和土壤进行的。废水和废气既是水体、大气和土壤环境的污染源，又是接受其所含污染物的环境。固体废物则不同，它们往往是许多污染成分的终极状态。固体废物这一污染“源头”和“终态”特性告诉人们，控制“源头”、处理好“终态物”是固体废物污染控制的关键。

固体废物一般具有某些工业原材料所具有的化学、物理特性，且较废水、废气容易收集、运输、加工处理，因而可以回收利用。

基于以上分析，固体废物污染控制需从两方面着手，一是防止固体废物污染，二是综合利用废物资源。现将主要控制措施略述于后。

1. 改革生产工艺

(1) 采用无废或少废技术　生产工艺落后是产生固体废物的主要原因，首先应当结合技术改造，从工艺入手，采用无废或少废技术，从发生源消除或减少污染物的产生。例如，传统的苯胺生产工艺是采用铁粉还原法。该法生产过程产生大量含硝基苯、苯胺的铁泥和废水，造成环境污染和巨大的资源浪费。南京化工厂开发的流化床气相加氢制苯胺工艺，便不再产生铁泥废渣，固体废物产生量由原来每吨产品 2500kg 减少到每吨产品 5kg，还大大降低了能耗，是一很好的典型。

(2) 采用精料　原料品位低、质量差，也是造成固体废物大量产生的主要原因。像一些选矿技术落后、缺乏烧结能力的中小型炼铁厂，渣铁比相当高。如果在选矿过程，提高矿石品位，便可少加造渣溶剂和焦炭，并大大降低高炉渣的产生量。一些工业先进国家采用精料炼铁，高炉渣产生量可减少一半以上。因此，应当稳定矿源，进行原料精选，采用精料，以减少固体废物的产量。

(3) 提高产品质量和使用寿命，使产品不会过快地变成废物。

2. 发展物质循环利用工艺

发展物质循环利用工艺，使第一种产品的废物，成为第二种产品的原料，使第二种产品的废物又成为第三种产品的原料等等，最后只剩下少量废物进入环境，以取得经济、环境和社会的综合效益。

3. 进行综合利用

有些固体废物中含有很大一部分未起变化的原料或副产物，可以回收利用。像硫铁矿烧渣（含 Fe_2O_3 33%～57%、SiO_2 10%～18%、Al_2O_3 26.6%）和烧碱盐泥（含 $BaSO_4$ 30%～40%、NaCl 12%～15%、MgO 10%～15%、$CaCO_3$ 5%～10%）等可用来制砖和水泥。再如，硫铁矿烧渣、废胶片、废催化剂中含有 Au、Ag、Pt 等贵金属，只要采取适当的物理、化学熔炼等加工方法，就可以将其中有价值的物质回收利用。

4. 进行无害化处理与处置

通过焚烧、热解、氧化-还原等方式，改变有害固体废物中有害物质的性质，可使之转化为无害物质或使有害物质含量达到国家规定的排放标准。

第二节 常见固体废物的处理方法

固体废物的处理是指通过各种物理、化学、生物等方法将固体废物转变为适于运输、利用、储存或最终处置的过程。常见的处理方法如下。

一、焚烧法

焚烧法是将可燃固体废物置于高温炉内，使其中的可燃成分充分氧化的一种处理方法。焚烧法的优点是可以回收利用固体废物内潜在的能量，减少废物的体积（一般可以减少80%～90%），破坏有毒废物的组成结构，使其最终转化为化学性质稳定的无害化灰渣，同时还可彻底杀灭病原菌，消化腐化源。所以，用焚烧法处理可燃固体废物能同时实现减量化、无害化和资源化的目的，是一种重要的处理方法。焚烧法的缺点是只能处理可燃物含量足够高的固体废物（一般要求其热值大于 3347.2kJ/kg），否则，必须添加助燃剂，增加运行费用。另外，该法投资比较大，处理过程中不可避免地会产生可造成二次污染的有害物质，从而产生新的环境问题。

影响焚烧的因素主要有四个方面，即温度、时间、湍流程度和供氧量。为了尽可能焚毁废物，并减少二次污染的产生，焚烧的最佳操作条件是：①足够的温度；②足够的停留时间；③良好的湍流；④充足的氧气。

适合焚烧的废物主要是那些不可再循环利用或不宜安全填埋的有害废物，如难以生物降解的、易挥发和扩散的、含有重金属及其他有害成分的有机物、生物医学废物（医院和医学实验室所产生的需特别处理的废物）等。

中国 1992 年在深圳建成第一座垃圾发电厂，日处理垃圾 300 多吨，总装机容量为 4000kW，随后全国又有 10 余座垃圾发电厂投入运营。按照 2001 年中国环境状况公报提供的数字，年产城市垃圾达 1.6×10^8t，其中的 50%所产生的热量就相当于 3750×10^4t 标准煤。兴办垃圾处理业可以成为一大产业，不仅可以回收能源和减轻环境污染，同时可以产生上百亿元的产值，解决上百万的就业问题。垃圾电站结构如图 10-1 所示。

二、化学法

化学法是通过化学反应使固体废物变成其他安全和稳定的物质，使废物的危害性降到尽可

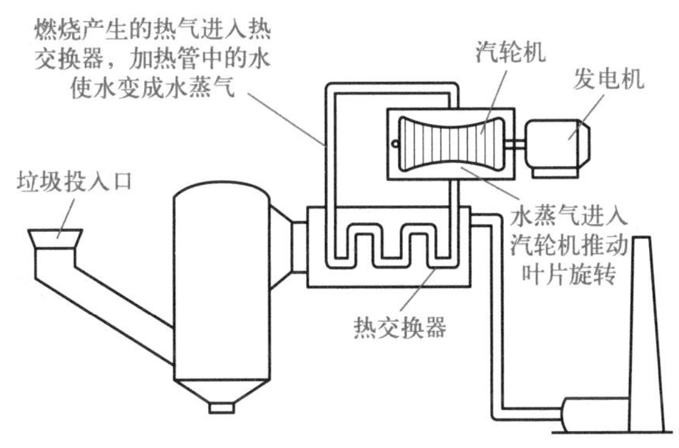

图 10-1 垃圾电站结构示意图

能低的水平。此法往往用于有毒、有害的废渣处理，属于一种无害化处理技术。化学法不是固体废物的最终处置，往往与浓缩、脱水、干燥等后续操作联用，从而达到最终处置的目的。

1. 中和法

呈强酸性或强碱性的固体废物，除本身造成土壤酸碱化外，往往还会与其他废弃物反应产生有害物质，造成进一步污染。因此，在处理前，pH 值宜先中和到应用范围内。

该方法主要用于处理化工、冶金、电镀等工业中产生的酸、碱性泥渣。处理的原则是根据废物的酸碱性质、含量及废物的量选择适宜的中和剂，并确定中和剂的加入量和投加方式，再设计处理的工艺及设备。有许多化学药物可用于中和反应。中和酸性废渣可采用 $NaOH$、$Ca(OH)_2$、CaO 等。中和碱性废渣通常采用 H_2SO_4。

2. 氧化还原法

通过氧化还原反应，将固体废物中可以发生价态变化的某些有毒、有害成分转化为无毒或低毒且具有化学稳定性的成分，以便无害化处置或进行资源回收。例如对铬渣的无害化处理，由于铬渣中的主要有害成分是 $Na_2CrO_4 \cdot 4H_2O$ 和 $CaCrO_4$ 中的 Cr^{6+}，因而需要在铬渣中加入适当的还原剂，在一定条件下使 Cr^{6+} 还原成 Cr^{3+}。经过无害化处理的铬渣，可用于建材工业、冶金工业等部门。再如镀锡罐头盒可以用于铜矿溶液中，将 Cu 转换出来生产铜锭。美国西南部每年用 10t 罐头盒生产铜锭。

3. 化学浸出法

该法是选择合适的化学溶剂作浸出剂（如酸、碱、盐的水溶液等）与固体废物发生作用，使其中有用组分发生选择性溶解后进一步回收的处理方法。该法可用于含重金属的固体废物的处理，特别是在石化工业中废催化剂的处理上得到了广泛的应用。下面以生产环氧乙烷的废催化剂的处理为例加以说明。

用乙烯直接氧化法制环氧乙烷，必须使用银作催化剂，大约每生产 1t 产品要消耗 18kg 银催化剂，催化剂使用一段时间（一般为两年）就会失去活性成为废催化剂。回收的过程由以下三个步骤组成。

① 以浓 HNO_3 为浸出剂与废催化剂反应生成 $AgNO_3$、NO_2 和 H_2O。

$$Ag + 2HNO_3 \longrightarrow AgNO_3 + NO_2 + H_2O$$

② 将上述反应液过滤的 $AgNO_3$ 溶液，然后加入 NaCl 溶液生成 AgCl 沉淀。

$$AgNO_3 + NaCl \longrightarrow AgCl\downarrow + NaNO_3$$

③ 沉淀后再经过熔炼制得产品银。

$$6AgCl + Fe_2O_3 \longrightarrow 3Ag_2O + 2FeCl_3$$

$$2Ag_2O \longrightarrow 4Ag + O_2$$

该法可使催化剂中银的回收率达到95%，既消除了废催化剂对环境的污染，又取得了一定的经济效益。

三、分选法

分选是根据物质的粒度、密度、磁性、电性、光电性、摩擦性、弹性以及表面润湿性等的差异，采用相应的手段将其分离的过程。在固体废物的回收与利用中，分选是继破碎后一道重要的操作，机械设备的选择以分选废物的种类和性质而定。分选处理技术主要有风力分选、浮选、磁选、筛分等。

1. 风力分选

风力分选是以空气为分选介质，在气流作用下使固体废物颗粒按密度和粒度进行分选的方法。风力分选属于干式分选，主要分选城市垃圾中的有机物和无机物。风力分选系统如图10-2所示。其方法是：先将城市垃圾破碎到一定程度，再将水分调整在45%以下，定量送入卧式惯性分选器分选；当垃圾在设备内落下之际，受到鼓风机送来的水平气流吹散，即可粗分为重物质（金属、瓦块、砖石类）、次重物质（木块、硬塑料类）和轻物质（塑料薄膜、纸类）。这些物质分别送入各自的振动筛。筛分成大小两级后，由各自的立式锯齿形风力分选装置分离成有机物和无机物。

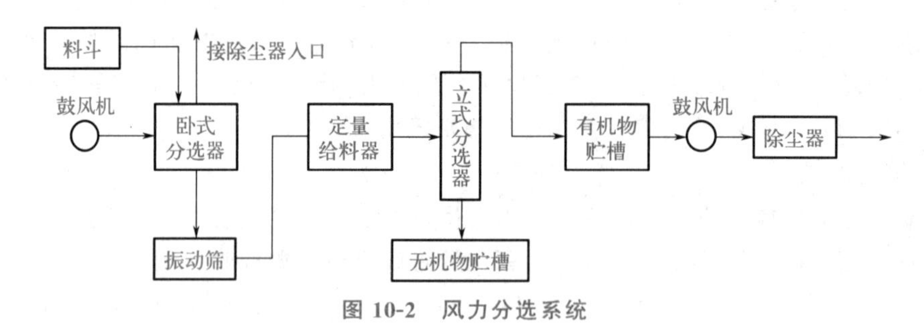

图10-2 风力分选系统

2. 浮选

浮选法是利用较重的水质（海水和泥浆水）与较轻的碳质（焦），在大水量、高流速的条件下，借助水和碳二者之间的相对密度差将焦与渣自然分离。如某化肥厂便采用了此种工艺，该厂地处海边，充分利用丰富的海水资源，用浮选法每年可回收粒度大于16mm以上的焦炭7000～7500t，返炉制氨约3500t/a，经济效益十分显著。该法较为先进，投资也少，遗憾之处是必须水源充足，不能为一般厂家采用。

3. 磁选

磁选法是利用以磁选设备产生的磁场使固体废物中的铁得以分离，在固体废物处理中一般用于两种目的，一是回收废物中的黑色金属，二是在某些废物处理工艺中排除铁质物质。

4. 筛分

筛分是依据固体废物的粒度不同，利用筛子将物料中小于筛孔的细粒物料透过筛面，而大于筛孔的粗粒物料留在筛面上，完成粗、细物料的分离过程。该分离过程可看作是物料分层和细粒透筛两个阶段组成的。物料分层是完成分离的条件，细粒透筛是分离的目的。筛分有湿筛和干筛两种操作，化工废渣多采用干筛，如炉渣的处理。

四、固化法

固化法是指通过物理或化学法，将废物固定或包含在坚固的固体中，以降低或消除有害成分溶出的一种固体废物处理技术。目前，根据废物的性质、形态和处理目的可供选择的固化技术有五种：水泥基固化法、石灰基固化法、热塑性材料固化法、高分子有机物聚合稳定法和玻璃基固化法。

水泥基固化法多应用于处理多种有毒有害废物，如电镀污泥、铬渣、砷渣、汞渣、氰渣、镉渣和铅渣等。石灰基固化法适用于固化钢铁、机械工业酸洗工序所排放的废渣和废液、电镀工艺产生的含重金属污泥、烟道脱硫废渣以及石油冶炼污泥等。热塑性材料（沥青）固化法一般被用来处理放射性蒸发废液、污水化学处理产生的污泥、焚烧炉产生的灰分、毒性较高的电镀污泥以及砷渣等危险废物。高分子有机物聚合稳定法已研究应用于有害废物和放射性废物及含有重金属、油、有机物的电镀污泥处理。玻璃基固化法一般只适用于极少量特毒废物的处理，如高放射性废物的处理。

五、生物法

生物法是利用微生物对有机固体废物的分解作用使其无害化。其基本原理是利用微生物的生物化学作用，将复杂有机物分解为简单物质，将有毒物质转化为无毒物质。许多危险废物可通过生物降解解除毒性，解除毒性后的废物可以被土壤和水体所接收。

目前，生物法有活性污泥法、堆肥法、沼气化法和氧化塘法等。

第三节 有害固体废物的处理

一、有害固体废物

1. 有害固体废物的含义

有害固体废物（危险废物）是指列入国家危险废物名录或是根据国家规定的危险废物鉴别标准和鉴别方法认定的具有危险特性的废物。

根据危险废物的特征可以分为易燃性、腐蚀性、反应性、放射性、浸出毒性、急性毒性等废物。如果对危险废物管理不当，就会对人体健康和生态环境造成严重的危害。这种危害包括短期的急性危害（如急性中毒、火灾、爆炸等）和长期的潜在性危害（如慢性中毒、致癌等）。这两种危害是由危险废物中存在的化学物质种类所决定的。但是大多数废物很可能是复杂的混合物，要确切地了解其化学成分是不现实的，就环境管理的角度而论，了解废物的危害性比知道其精确的化学成分更重要。另外，这种危害的产生不仅取决于废物所具有的固有特性，而且取决于人类或其他生物体接受、接触的数量及渠道。

2. 有害固体废物的鉴别

（1）易燃性　如果一种液体废物的代表性样品用标准的试验方法测定其闪点低于某规定值，或非液体废物经过摩擦、吸湿、自发的化学变化具有着火的趋势，或在加工及制造过程中发热，或者在点燃时燃烧剧烈而持续，以至管理期间会引起危险的物质均为易燃性有害固体废物。

（2）腐蚀性　腐蚀性废物通常指的是那些通过接触部位的腐蚀作用，损害生物细胞组织或使容器泄漏的废物。《危险废物鉴别标准　腐蚀性鉴别》（GB 5085.1—2007）规定，按GB/T 15555.12—1995 的规定制备的浸出液，pH≥12.5，或者 pH≤2 时，该废物是具有腐蚀性的危险废物。

（3）反应性　如果一种固体废物具有下列性质之一，则可视为反应性危险废物：

① 通常情况下不稳定，极易发生剧烈的化学反应；

② 遇水能剧烈反应，或形成可爆炸性的混合物或产生有毒的气体、臭气；

③ 含有氰化物或硫化物；

④ 在常温常压下即可发生爆炸反应，在加热或引发时可爆炸；

⑤ 其他所规定的废炸药或按照规定的试验方法可以着火、分解，对加热或机械冲击有不稳定性。

(4) 放射性　这是由于核衰变而放出中子、α射线、β射线或γ射线的一类废物。凡是废物中含有的放射性同位素超过最大允许浓度的均被视为放射性废物。

(5) 浸出毒性　这种特性按《危险废物鉴别标准　浸出毒性鉴别》(GB 5085.3—2007)的规定进行鉴别。固态的危险废物遇水浸沥，其中有害的物质迁移转化，污染环境，浸出的有害物质的毒性称为浸出毒性。

(6) 急性毒性　急性毒性初筛，按照《危险废物鉴别标准　急性毒性初筛》(GB 5085.2—2007)进行试验，对小白鼠（或大白鼠）经口灌胃，经过48h，死亡超过半数者，则该废物是具有急性毒性的危险废物。急性毒性一般多用半致死剂量（LD_{50}）表示，即一群试验动物出现半数死亡的剂量，单位是mg/kg（体重），表示的是动物每1kg体重接受毒性物质的量。当毒性物质以气态、粉尘等形态通过呼吸道使动物染毒时，其半致死剂量以半致死浓度（简称LC_{50}）表示，单位为mg/L或mg/m^3。

急性毒性按照摄毒方式又可分为口服毒性、吸入毒性和皮肤吸收毒性。凡其半致死剂量小于某一规定值的废物应视为危险废物。

(7) 其他毒性　包括生物蓄积性、刺激或过敏性、遗传变异性、水生生物毒性、传染特性等。表10-2列出了美国用以鉴别危险废物的标准及其阈值，相应的试验方法可从有关法规和手册查阅。

表10-2　美国关于有毒有害废物的鉴别

序号	危险特性	阈值	试验方法
1	易燃性	闪电＜60℃	ASTM法
2	腐蚀性	pH＞12.5或＜2，腐蚀钢的	pH计测量，防腐工程师协会EPA法
3	反应性	速度＞6.35mm/s	环保局(EPA)和运输局提出的方法
4	放射性	最大允许浓度	EPA/EP法
5	浸出毒性	饮用水标准100倍	国家安全卫生研究方法
6	口服毒性	半致死剂量$LD_{50}\leqslant$50mg/kg(体重)	
7	吸入毒性	半致死剂量浓度$LC_{50}\leqslant$2mg/L	
8	皮肤吸收毒性	半致死剂量$LD_{50}\leqslant$200mg/kg(体重)	
9	生物蓄积性	阳性	
10	刺激性	使皮肤发炎≥8级	
11	遗传变异性	阳性	
12	水生生物毒性	半数耐受限度TL_{m50}＜0.1%(96h)	
13	植物毒性	半抑制浓度TL_{m50}＜1000mg/L	

3. 危险废物的管理

基于环境保护的需要，许多国家将危险废物单独列出加以管理。1983年联合国环境规划署已经将危险废物污染控制问题列为全球重大的环境问题之一，1989年3月通过了《控制危险废物越境转移及其处置巴塞尔公约》，并于1992年生效，中国是巴塞尔公约最早缔约国之一。对危险废物的管理，有三类基本措施，这三类基本措施均要求有法律依据。

第一类是控制危险废物的产量，即减量化措施。

第二类是对于危险废物的运输、储存、处理或处置均要求有管理部门的许可证。

第三类是从收集到处置的所有环节，都要进行有组织地控制，并建立“从摇篮到坟墓”的申报制度。

二、有害固体废物的处理

有害固体废物的处置是危险废物管理中最重要的一环，受到广泛的重视。一般的处理方法有：填埋法、焚烧法、固化法、化学法、生物法。

1. 填埋法

安全填埋是处置有害废物的一种较好的方法。

2. 焚烧法

对于有毒、有害的有机性固体废物最好用焚烧法处理，这样处理后还可以回收其中的无机物。而某些特殊的有机固体废物只适合于用焚烧法处理，例如医院的带菌性固体废物，石化工业生产中某些含毒性的中间副产物等。

3. 固化法

固化法是对危险固体废物进行最终处置前的最后处理，目的是减少危险固体废物的流动性，降低废物的渗透性，从而达到稳定化、无害化、减量化。

根据用于固化的凝结剂的不同，此法又分为以下几种。

(1) 水泥固化法　水泥固化是以水泥为固化剂将危险废物进行固化的一种处理方法。用污泥（危险固体废物和水的混合物）与水泥通过混合泵混合，水泥便与污泥中的水发生水化反应生成凝胶，将有害污泥微粒包容，并逐步硬化形成水泥固化体。

水泥固化法费用低，操作简单，固化强度高、长期稳定性好，对受热和风化有一定的抵抗力，特别适用于固化含有有害物质的污泥。

水泥固化法的缺点有：水泥固化体的浸出率高，通常为10^{-5}～10^{-4}g/(cm^2·d)，主要由于水泥的空隙率较高所致，因此，需作涂覆处理；由于污泥中含有一些妨碍水泥水化反应的物质，如油类、有机酸类、金属氧化物等，为保证固化质量，必须加大水泥的配比量，结果固化体的增容比较高；有的废物需进行预处理和投入添加剂，使处理费用增高。

(2) 塑料固化法　以塑料为凝结剂，将含有重金属的污泥固化而将重金属封闭起来，同时又可将固化体作为农业或建筑材料加以利用。

塑料固化技术有两类。一类是热塑性塑料固化。采用在常温下呈固态，高温时可变为熔融胶黏液体的热塑性塑料如聚乙烯、聚氯乙烯树脂等，将有害废物掺和包容其中，冷却后形成塑料固化体。另一类是热固性塑料固化。热固性塑料有脲醛树脂和不饱和聚酯等，可在常温、常压下固化成型，固化体具有较好的耐水性、耐热性及耐腐蚀性，适用于对有害废物和放射性废物的固化处理。

塑料固化法的特点是常温操作，增容比小，固化体的密度也较小，且不可燃。此法既能处理干废渣，也能处理污泥浆。主要缺点是塑料固化体耐老化性能差，固化体一旦破裂，污染物浸出会污染环境，因此，处置前都应有容器包装，因而增加了处理费用。此外，在混合过程中释放的有害烟雾会污染周围环境。

(3) 水玻璃固化法　水玻璃固化是以水玻璃为固化剂，无机酸类（如硫酸、硝酸、盐酸等）作为辅助剂，利用水玻璃的硬化、结合、包容及其吸附的性能，与一定配比的有害污泥混合进行中和与缩合脱水反应，形成凝胶体，可将有害污泥包容，并逐步凝结硬化形成水玻璃固化体。

水玻璃固化法具有工艺操作简便、原料价廉易得、处理费用低、固化体耐酸性强、抗透水性好、重金属浸出率低等特点，但目前此法尚处于试验阶段。

（4）沥青固化法　沥青固化是以沥青为固化剂与危险废物在一定的温度、配料比、碱度和搅拌作用下发生皂化反应，使危险废物均匀地包容在沥青中，形成固化体。经沥青固化处理所生成的固化体空隙小、致密度高，性能稳定，有害物质的沥滤率比水泥固化体更低，且固化时间短。主要缺点是，沥青在固化时，由于沥青的导热性不好，加热蒸发的效率不高；若污泥中所含水分较大，蒸发时会有起泡现象和雾沫夹带现象，容易排出废气发生污染。所以对于水分含量大的污泥，在进行沥青固化之前，要通过分离脱水的方法使水分降到50％～80％。沥青还具有可燃性，加热蒸发时必须防止沥青过热而引起更大的危险。

4. 化学法

化学法是利用危险废物的化学性质，通过酸碱中和、氧化还原以及沉淀等方式，将有害物质转化为无害的最终产物。

5. 生物法

许多危险废物是可以通过生物降解来解除毒性的，解除毒性后的废物可以被土壤和水体所接受。目前，生物法有活性污泥法、气化池法、氧化塘法等。

三、有毒废渣的回收处理与利用

1. 含汞废渣

含汞固体废物主要有汞矿和冶炼厂排出的含汞矿石烧渣以及化学工业中的水银法制碱、电解法生产烧碱定期更换下的含汞催化剂。由于汞的沸点低于废物中其他物质，目前国内外多采用焙烧法处理并回收废物中的汞。此外还有氧化法和固定法等。

对于含汞污泥和固态含汞废物，首先加入碱性药剂处理后才送去焙烧。焙烧所产生的含汞蒸气经除尘器除去大部分灰尘后进入冷凝器回收大部分汞。尾气再依次进入吸收塔和吸附器，吸收剩余汞蒸气。最后由鼓风机经烟囱排出。因此含汞废物焙烧系统需有尾气和废水处理装置，以确保环境不会受到污染，残渣需做安全填埋处理。

2. 含铬废物

（1）铬渣　铬渣是冶金和化工行业在生产金属铬或铬盐时排出的废渣，其中所含有的六价铬的毒性较大，处理方法是将毒性大的六价铬还原为毒性小的三价铬，并生成不溶性化合物，在此基础上再加以利用。我国对铬渣的处理利用主要有以下几个方面。

① 铬渣作玻璃着色剂。用铬渣代替铬铁矿作着色剂制造绿色玻璃。在玻璃窑炉1600℃高温还原气氛下，铬渣中的六价铬被还原成三价铬而进入玻璃熔融体中，急冷固化后即可制得绿色玻璃，同时铬也被封固在玻璃中，达到除毒的目的。

② 铬渣作助熔剂制造钙镁磷肥。可替代蛇纹石、白云石等与磷矿石配料，经高炉或电炉的高温焙烧（800～1500℃），六价铬还原成三价铬和金属铬，分别进入磷肥和铬镍铁中。经研究，铬渣用于生产钙镁磷肥是可行的，已规定了铬渣钙镁肥中铬的安全控制指标。此法可使铬渣彻底解毒并资源化。

③ 铬渣作炼铁烧结熔剂。铬渣中含有大量的CaO、MgO、Fe_2O_3（三者之和大于60％），且具有自熔性和半自熔性，可代替石灰石等作炼铁辅料。在烧结过程中六价铬还原率达99.98％以上，残留的微量六价铬还可在高炉冶炼中进一步被还原。此法还能节约能源。

此外，铬渣还可用于制造铬渣铸石、制砖、作水泥添加剂生产水泥等。不少技术的推广还有难度，有待进一步研究和实践。

（2）电镀铬废液、污泥　电镀铬的离子交换洗脱液可以通过化学法（酸还原、碱和盐基中和）制鞣革剂。镀铬污泥可以代替黏土制砖或与煤渣等配料制成废渣砖；铬铁氧化污泥可制铁铬红、铁氧铁基远红外涂料、中温变换催化剂等。

3. 可燃性危险废物

可燃性危险废物主要指受铅污染的废油、多氯联苯、甲苯、氯化烃、含重金属的润滑油、氟利昂、醇类、废可燃溶剂等。这些废物中的毒性组分在1450℃高温和碱性气氛中可以得到分解，主要有机有害物去除率在99.99%以上，烟气的各项指标均可达到排放标准。因此国外的许多水泥厂利用可燃废物替代25%～65%的燃料，节约了能源，降低了水泥成本。

第四节　城市垃圾及化学品的处理

城市垃圾指的是城镇居民生活活动中废弃的各种物品，包括生活垃圾、商业垃圾、市政设施和房屋修建中产生的垃圾或渣土。其中有机成分有纸张、塑料、织物、炊厨废物等；无机成分有金属、玻璃瓶罐、家用什物、燃料灰渣等。国外有的还包括大量的大型垃圾，诸如家庭器具、家用电器和各种车辆等。

随着城市化进程的不断推进，城市人口越来越多，生活垃圾也会越来越多（见表10-3），中国城镇垃圾的产量大，无害化处理率低，为防止城镇垃圾污染，保护环境和人体健康，处理、处置和利用城镇垃圾具有重要意义。

表10-3　中国城市人口、生活垃圾现状及增长趋势

项目	1977年	2010年	2030年	2050年
全国人口/($\times10^8$人)	12.36	13.95	15.50	15.87
城市人口/($\times10^8$人)	3.70	6.00	9.30	11.99
城市生活垃圾/($\times10^8$t)	1.3	2.64	4.09	5.28

一、城市垃圾的处理方法

城市垃圾的处理、处置和利用方法主要有三种方式——填埋、焚烧和堆肥。从垃圾成分来看，有机物含量高的垃圾宜采用焚烧法；无机物含量高的垃圾宜采用填埋法；垃圾中可降解有机物多者宜采用堆肥法。此外还有热解法、填海、堆山造景等新方法。但最终都是以无害化、资源化和减量化为处理目标。

1. 压缩处理

对于一些密度小、体积大的城市垃圾，经过加压压缩处理后可以减小体积，便于运输和填埋。有些垃圾经过压缩处理后，可成为高密度的惰性材料和建筑材料。

2. 填埋

城市垃圾填埋是废物的一种最终处理方式，可以根据各地所能提供的基础条件采用不同的填埋方式，满足作业和消纳的要求。目前，城市垃圾多采用卫生填埋方法。

3. 焚烧和热能回收

焚烧是目前世界各国广泛采用的城市垃圾处理技术。焚烧可使垃圾体积减小90%，重

量减少80%，还可以将垃圾对地下河流的影响降至最低；同时垃圾焚烧后产生的热能可用于发电或供热。根据计算，每5t的垃圾，可节省1t标准燃料。在目前能源日渐紧缺情况下，利用焚烧垃圾产生的热能作为热源，有着现实意义。

垃圾焚烧的主要问题是“二次污染”。垃圾焚烧后虽然可以把炉渣和灰分中的有害物质降低到最低程度，但却向大气排放了有害物质并在城市散布灰尘。因此，垃圾焚烧工厂必须配备消烟除尘装置以降低向大气排放的污染物质，一次性投资较大。

4. 堆肥

城市垃圾堆肥通常采用机械化堆肥，即利用容器使堆肥在罐内进行氧化，并且有分离装置将燃料、玻璃、金属等惰性粗粒成分分离出去，用通风搅拌装置加快有机物的分解速度。采用现代化的堆肥处理方法，可在两天内制成堆肥。如常州环卫综合厂采用“焚烧、堆肥、填埋三合一”处理方法，可将垃圾基本“吃”掉，并变废为宝，在城市垃圾综合处理方面取得了经验。

5. 生物处理

在城市生活垃圾中约有50%为厨房食物垃圾，处理这些有机废物，现代生物技术是大有作为的。利用微生物技术来消除垃圾，可以使我国厨房垃圾的处理技术来一场彻底的革命。

目前我国已研制成功WBF微生物有机垃圾处理机，适用于居民小区、食堂、宾馆甚至家庭。日本研制的“厨房垃圾消除机”更是现代生物技术与微电脑技术的巧妙结合，突破了传统的通过发酵分解消除垃圾的概念。它通过一种称为“白朗”的特殊生物工质，在传感器及微电脑的控制下，将投入处理槽内的各种厨房垃圾，不论生熟，经过短则数小时，长者达3～5天的快速分解，从体积上几乎全部消失。产生的微量水汽及二氧化碳通过过滤器净化后排至大气；残剩的极微量碳、钙、磷、铁及其他元素混于白朗工质之中。经该系统充分分解消除后，厨房垃圾的重量减量率高达92%以上。白朗生物工质在正常使用条件下至少可连续使用六个月，新研制成的白朗生物工质可以再生，能连续使用2～3年。

二、城市垃圾的回收利用

城市垃圾的回收利用是城市垃圾综合处理的重要环节，包括再生资源的回收利用和能源的回收。

1. 再生资源的回收利用

城市垃圾是丰富的再生资源的源泉，其所含成分（按重量）分别为：废纸40%，黑色和有色金属3%～5%，废弃食物25%～50%，塑料1%～2%，织物4%～6%，玻璃4%，以及其他物质。大约80%的垃圾为潜在的原料资源，可以重新在经济循环中发挥作用。

利用垃圾有用成分作为再生原料有着一系列优点，其收集、分选和富集费用要比初始原料开采和富集的费用低好几倍，可以节省自然资源，避免环境污染。例如废纸是造纸的再生原料，每处理利用100万吨废纸，可避免砍伐600km^{2}的森林。从120～130t罐头盒可回收1t锡，相当于开采冶炼400t矿石，这还不包括经营费用。回收垃圾所含废黑色金属，可节省铁矿石炼钢所需电能的75%，节省水40%，而且能显著减少对大气的污染，降低矿山和冶炼厂周围堆积废石的数量。所以从城市垃圾中回收各种材料资源，既处理了废物，又开发了资源，已越来越引起人们的重视。目前在城市中大力开展生活垃圾分类收集与袋装化，并创造和开发机械化的高效率处理方法，为再生资源的回收利用创造了良好的条件。

2. 能源的回收利用

从总的趋势看，城市垃圾中的有机成分比例逐渐上升。不少国家的城市垃圾中有机成分占60%以上。其中如废纸、塑料、旧衣物等热值较大，一般在8kJ/kg以上。因此以垃圾作为煤的辅助燃料，可用来生产蒸汽和发电。我国已经建立了不少焚烧垃圾试验工厂。1999年在上海江桥兴建的垃圾焚烧厂采用西欧先进技术，环保标准较高，日处理垃圾1500t，日发电46×10^4kW·h。

另外，用城市垃圾生产沼气、制造堆肥，已在我国城市郊区普遍采用。

三、消除“白色污染”

1.“白色污染”日趋严重

“白色污染”主要是指塑料制品、包装品使用后被遗弃于环境中对环境所造成的污染。造成污染的品种主要有塑料包装袋、泡沫塑料餐盒、一次性饮料杯、农用塑料薄膜及其他塑料包装用品等，其中以塑料餐盒和包装袋危害尤甚。

近年来由于全国各地流动人口的增加，人们生活节奏的加快和消费观念的改变，以及农业生产技术改进的需要，这些塑料制品的使用急剧增加。以一次性使用的快餐盒为例，据统计，仅铁路上每年的消耗量为4亿只，上海快餐业每天用掉的塑料餐具就超过50万份，产生的垃圾多达200吨。由于市场需求量大，生产厂家也蜂拥而上，如自1985年引进第一条聚苯乙烯生产线至今，我国生产一次性塑料餐盒等产品的聚苯乙烯泡沫等片材生产线已有70多条，塑料餐盒年生产能力已超过70亿只。塑料包装袋的使用更是广泛，各类商场、城镇自由市场均用塑料袋作为包装物，且多为一次性使用，随用随扔。这些塑料制品用量的逐年激增，使“白色污染”问题日益严重，甚至已成为继水污染、大气污染之后的第三大社会公害。

2.“白色污染”的危害

“白色污染”最直接的危害是严重损害了环境景观。在铁路、公路沿线，由于沿途抛扔了大量餐盒和塑料袋，与铁路并行形成两条“白色长廊”；在内河航道的水面到处飘浮着白色餐盒；在旅游景点、城市街道，到处散布着塑料袋与餐盒，塑料袋随风飘舞，挂在树枝上或堆积于杂草中，使环境景观变得十分恶劣。

更为严重的是，塑料制品在自然界中很难降解，据测算，一般塑料制品在自然界的降解周期为200～400年。抛弃的塑料制品会造成土壤恶化，影响作物生长；被牲畜误食，会造成生病甚至死亡。有些泡沫塑料生产过程中需用氟利昂，这是将被弃用的破坏臭氧层物质。

抛入河流、湖泊等处的塑料制品还会影响航运，使水质变坏，并可影响水电站的正常运行，如漂浮在长江中的塑料包装物等曾使葛洲坝水利枢纽的发电机组多次停机。

3.防治“白色污染”的对策及治理情况

“白色污染”已引起社会各界的广泛关注，我国曾将治理“白色污染”列为1997年的一项重点工作，并提出了“以宣传教育为先导，强化管理为核心，回收利用为手段，产品替代为补充”的防治对策。

对铁路上的“白色污染”，我国曾在1997年发布了《关于维护旅客列车、车站及铁路沿线环境卫生的规定》，要求对列车垃圾进行封装、定点投放并严禁沿途抛扔。对长江航道，则制定了《防止船舶垃圾和沿岸固体废物污染长江水域管理规定》，禁止向江中抛扔垃圾并要求进行转运处理。《国务院办公厅关于限制生产销售使用塑料购物袋的通知》被国内外媒体称为中国的“限塑令”，自2008年6月1日起实施。以上这些都是我国强化管理、加强回收的具体体现。

为消除城市“白色污染”，以北京、天津两市作为治理的试点城市。北京市确定了“回收为主、替代为辅、区别对待、综合治理”的基本对策，并以塑料餐盒为突破口，发布了对一次性塑料餐盒必须回收的通告以及禁用超薄塑料袋的通知。自1997年9月通告实施以来，塑料餐盒回收率目前已达50%，取得可喜成果，城市景观也大有改善。

此外，回收手段的重要辅助手段是发展实用替代品。目前具有实用意义的纸餐具、可降解塑料餐具等相继推出，有的已投入市场使用，这些都将推进根治“白色污染”的进程。

加大宣传力度，增强群众环保意识，人人从我做起，减少“白色污染”，也是根治“白色污染”必不可少的措施。

四、主要化学工业固体废物处理

（一）来源、分类及污染现状

化学工业固体废物简称化工固废，是指化学工业生产过程中产生的固体、半固体或浆状废弃物和装在容器里的废液废气物质，包括化工生产过程中进行化合、分解、合成等化学反应时产生的不合格产品（包括中间产品）、副产品、失效催化剂、废添加剂、未反应的原料及原料中夹带的杂质等，以及直接从反应装置排出的或在产品精制、分离、洗涤时由相应装置排出的工艺废物，还有空气污染控制设施排出的粉尘、废水处理产生的污泥、设备检修和事故泄漏产生的固体废物及报废的旧设备、化学品容器和工业垃圾等。

化工固体废物具有下列特点：

（1）固体废物产生量大　化工生产固体废物产生量较大，一般每生产1t产品产生1～3t固废，有的产品可高达8～12t。据统计，1985年全国7000多个化工企业共产生3721.87×10^4t固体废物，占全国工业固体废物产量的6.16%，年排放量占工业排放量的7.24%，化工万元产值固体废物产生量为7.16t/万元，成为较大的工业污染源之一。

（2）危险废物种类多，有毒物质含量高，对人体健康和环境危害大　化工固废中有相当一部分具有急性毒性、反应性、腐蚀性等特点，尤其是危险废物中有毒物质含量高，对人体健康和环境会构成较大威胁，这些固体废物中有害有毒物质浓度高，若得不到有效处理处置，将会对人体和环境造成较大影响。

（3）废物再资源化潜力大　化工固废中有相当一部分是反应的原料。如一部分硫铁矿烧渣、废胶片、废催化剂中还含有Au、Ag、Pt等贵金属，通过加工就可将有价值的物质从废物中回收利用，能取得较好的经济和环境双重效益。

随着化工生产的发展，化工固废的产生量日益增加，除一部分进行处理处置外，相当一部分废物排至环境中，造成污染，其危害包括：侵占工厂内外大片土地，污染土壤、地下水和大气环境，直接或间接地危害人体健康。

（二）化工工业固体废物的处理

1. 无机盐工业固体废物的处理

在无机盐工业固体废物中，危害污染严重的污染物有铬盐、黄磷、氰化物和锌盐等的生产过程排放出的有毒固体废物，主要有铬渣、磷泥、氰渣和钡渣等20余种。下面着重对铬渣处理工程进行介绍。

（1）铬渣干法解毒　将粒径小于4mm的铬渣与煤粒以100∶15比例混合，在600～800℃温度下进行还原焙烧，使六价铬还原而达到解毒目的。为防止高温料中的三价铬与空气接触时再被氧化成六价铬，采用高温水淬骤冷。为提高解毒效果及解毒铬渣的稳定性，在水淬过程中可添加适量的硫酸亚铁和硫酸。目前已建成处理规模7000t/a和4500t/a的铬渣干法解毒治理装置。解毒后的铬渣可用作水泥混合料，也可替代石灰膏或部分水泥配制砂浆。

（2）铬渣作玻璃着色剂　我国从20世纪60年代中期起就用铬渣代替铬铁矿作为绿色玻

璃瓶的着色剂。目前国内每年有 4 万余吨铬渣用作玻璃着色剂，占铬盐行业年排渣量的40%以上。

（3）铬渣制钙镁磷肥 铬渣与磷矿石、硅石、焦粉或无烟煤混配在 1400℃以上的高温熔融，渣中 Cr^{6+} 被 C 及 CO 还原成 Cr^{3+}，熔融料经水淬、烘干及粉碎即为磷肥制品。已投产的年产 1.5×10^4t 铬渣钙镁磷肥装置，每年可处理铬渣 5000t，副产 400 多吨的磷铁，从而降低了磷肥生产成本。

（4）铬渣制钙铁粉（CT 防锈颜料） 现已建成年产钙铁粉 300～1000t 的生产装置，生产 1t 钙铁粉耗用 1.2～1.3t 铬渣。钙铁粉是铬渣经风化筛分后进行打浆、磨细（湿磨）到一定粒度，经水洗、过滤、烘干、粉碎而成。

（5）铬渣制铸石 以铬渣为主要原料加入适量硅砂、烟灰，在 1450～1550℃的平炉中熔融，经浇铸、结晶及退火后，经自然降温而制成。我国 20 世纪 80 年代已建成年产 2000t 和 5000t 铸石的生产装置。

（6）其他用途 铬渣可代替石灰石作炼铁辅料，还可制矿渣棉，烧红、青砖，以及轻质骨料、水泥早强剂、水泥熟料、彩色水泥、水泥砂浆和釉面砖等。

2. 氯碱工业固体废物处理

氯碱工业是重要的基本化学工业，其产品烧碱及氯产品在国民经济中起着重要作用。我国烧碱年产量近 300×10^4t，生产方法主要有四种：隔膜法（占 90%）、水银法（6%）、离子膜法（2%）、苛化法（2%）。我国以隔膜法生产为主，水银法不再发展，并已确定发展离子膜法烧碱的方向。氯碱工业生产的氯产品主要有液氯、盐酸和聚氯乙烯（PVC），其中 PVC 年产量 65×10^4t 左右。氯碱工业固废主要是含汞和非汞盐泥、汞膏、废石棉隔膜、电石渣泥和废汞催化剂。随着氯碱工业的迅速发展，其“三废”量日益增多，尤其是含汞废物的排出，给环境造成严重污染。如天津蓟运河、云南螳螂川、锦西五里河，多年来由于含汞盐泥的排入，水质、泥底、水生生物中含汞量超标，严重影响到周围居民的身体健康。氯碱工业已成为我国化学工业的主要污染行业之一。其典型废物处理如下。

（1）含汞盐泥

① 次氯酸钠氧化溶出法。盐泥中不溶性的氧氯化汞、硫化汞、甘汞以及金属汞在氧化剂次氯酸钠作用下氧化为可溶性的 $(HgCl_4)^{2-}$。将氧化后的盐泥过滤，滤液返回电解槽回收汞，滤饼加入硫化钠处理后装袋堆放，或加入水泥、沙搅拌均匀固化后深埋。

② 氯化-硫化焙烧法。将盐泥浆加入盐酸，反应后送入氧化槽通氯气进行反应，使不溶性汞全部转化为可溶性汞（$HgCl_2$），再经沉淀分离后，上清液加入硫化钠生成硫化汞沉淀，经压滤去除水分后送焙烧炉灼烧回收金属汞。其产生的含汞尾气经活性炭吸附后排放。处理后盐泥含汞量小于 0.01%，可加入硫化钠处理后装袋堆放或固化处理。

（2）非汞盐泥 可用非汞盐泥制备轻质氧化镁。盐泥经洗涤去除杂质后送入碳化塔，通入 CO_2 进行酸化，生成可溶性碳酸氢镁，经压滤，母液加热水解析出白色碱式碳酸镁，经灼烧后得轻质氧化镁，残渣可作制砖原料。

（3）汞膏和含汞催化剂处理 用恒电位阳极溶出法提取纯汞膏。将汞膏作阳极，控制其电位，可使汞膏中 Fe 逐渐溶解，而汞处于稳定状态，从而达到分离目的。此法汞回收率可达 99%以上，回收汞纯度达 99.99%，产生的含汞气体经活性炭吸附排放。

含汞废催化剂可进行再生处理，在将废催化剂经水洗、碱洗、烘干处理后，再用 $HgCl_2$ 浸渍，干燥后可得到再生催化剂。

除以上几种处理方法外，还可以用电石渣泥来制水泥。目前我国氯碱工业由于工厂规模小且布局分散，废物量大，污染物浓度高，加上治理技术尚不完善，设备不能满足要求，因此氯碱工业固废处理尚需努力探索。

3. 磷肥工业固体废物处理

我国磷肥生产目前以低浓度磷肥为主，主要品种是普钙和钙镁磷肥。磷肥工业固体废物主要是磷石膏、酸性硅胶、炉渣和泥磷等。磷肥固废占用大片土地，加上风吹雨淋，废物中可溶性氟和元素磷进入水体造成环境污染，应予以足够重视。其处理方法如下。

（1）磷石膏　可用来生产硫酸和水泥。如山东鲁北化工总厂 1984 年曾建成一套年产硫酸 7000t，水泥 1×10^4t 的生产装置，其他磷肥厂也在进行试产。其生产工艺是：磷石膏经再浆洗涤、过滤、干燥脱水成无水石膏，再加焦炭、黏土和硫铁矿渣后磨细，送入回转窑高温煅烧，生成熟料和 SO_2 窑气。熟料经冷却、掺入高炉炉渣、石膏，磨细成水泥；含 SO_2 8%～9%的窑气经电除尘进入硫酸生产系统生产硫酸。

此外，利用磷石膏还可以生产半水石膏（$CaSO_4\cdot1/2H_2O$），制硫铵副产磷酸钙、硫磷铵复肥，也可用于农业施肥和改良土壤。

（2）硅胶　可用于制白炭黑。酸性硅胶经漂洗、离心过滤、氨中和（pH>8）、离心过滤、碱中和、再离心过滤、烘干（间接加热至 200～250℃）、粉碎即得产品。白炭黑产品成分为 SiO_2 92.5%、R_2O_3 0.17%、H_2O 0.5%、挥发分 4.54%，pH 为 5～7，表观密度 0.19g/mL，细度为 200 目。我国安徽铜官山化工总厂曾建年产 50～60t 的生产装置，供天津鞋厂作胶鞋增强剂。

（3）钙镁磷肥炉气粉尘　可烧结成块料作磷肥原料。将磷矿粉、蛇纹石（6∶4）与 8%焦屑、8%的水混合后在 1300℃下抽风烧结成块料，具有很好的经济和环境效益。扬州磷肥厂安装了规模 4000t/年的烧结料试验装置，年收益 40 万元。

（4）黄磷炉渣　可用作水泥混合材料和烧砖或作釉面砖，云南昆阳磷肥厂水泥分厂、青岛红旗化工厂等分别进行生产。

（5）泥磷　南京化工公司磷肥厂和柳州磷肥厂用泥磷生产磷酸，昆阳磷肥厂用转炉法燃烧泥磷生产磷酸一钠。

4. 氮肥工业固体废物处理

我国氮肥厂合成氨产量约 2000×10^4t，其主要产品有碳铵、尿素、硝铵、氯化铵、硫铵，其次还有硝酸磷肥、磷铵、氨水等。氮肥工业的主要固废有造气炉渣、废催化剂和其他废渣。按氨产量估算，造气炉渣中煤造气炉渣约 1100×10^4t/a，油造气炭黑约 7×10^4t/a，废催化剂约 2×10^4t/a。这些固废如不加以适当处理，除堆放占用场地外，还会造成河道淤塞，污染地下水，并造成资源浪费。

（1）煤（焦）造气粉煤灰及炉渣　煤（焦）造气粉煤灰及炉渣大部分已得到综合利用，其处理率在 90%以上。目前的主要处理途径如下。

① 作造气原料和燃料。对于含固体碳较高的煤屑、焦屑，炉渣中的煤核以及除尘器中的飞灰，从造气洗气箱、洗涤塔洗涤中沉淀下来的粉煤灰，有的工厂重新制成焦块或煤球作为造气原料。缺煤地区则作为居民和职工的辅助燃料。如鲁南化肥厂每年回收焦屑 1.1×10^4～1.2×10^4t，节约能耗占总能耗的 4%；柳州化肥厂利用炉渣的固定碳与石灰石一起生产冶金用石灰。

② 作建筑材料。如制备渣砖、水泥，粉煤灰还可作聚氯乙烯塑料地板的填充料以及复合肥料。

（2）废催化剂　我国已开始对废催化剂进行处理和回收利用，除回收金属铜外，贵金属回收也得到了重视。

① 利用甲醇废催化剂生产Zu-Cu复合微肥。甲醇废催化剂含有Cu、Cu和Zn的氧化物和硫化物、少量Al_2O_3、石墨及其他微量元素。废催化剂经粉碎、高温焙烧将Al_2O_3变成不溶的α-Al_2O_3，然后用稀H_2SO_4溶解，使Cu、Zn以硫酸盐形式存在于溶液中，过滤除去不溶物，调整Zn/Cu比，蒸发、结晶、过滤，即得Zn-Cu微肥。这在湖南资江氮肥厂已投产。

② 从硝酸氧化炉灰中回收铂族金属。将硝酸氧化炉灰、酸槽沾泥及氧化炉内瓷环，以0.85：0.10：0.05的比例混合，在电弧中还原熔炼，然后水碎、磁选、酸富集、水和肼还原，离子交换、烘干、煅烧等工序，即可得到纯度大于99.95%的Pt、Rh、Pd三元纯金属。太原化肥厂铂网分厂已投产，年回收铂族金属30kg。

5. 硫酸工业固体废物处理工程

我国硫酸产量自1978年以来一直居世界第三位，仅次于美国和俄罗斯。硫酸工业产生的固体废物主要有硫铁矿烧渣、水洗净化工艺废水处理后的污泥、酸洗净化工艺含泥稀硫酸以及废催化剂。由于我国硫酸生产以硫铁矿为主要原料，生产技术上又以水洗净化和转化-吸收工艺为主，加上小型厂多（产量占50%以上），致使硫酸工业已成为我国化工污染较重的行业之一。其固体废物的处理方法如下。

（1）烧渣处理技术　目前我国硫酸厂的烧渣处理主要有五个方面：

① 作水泥配料。水泥中掺加硫酸烧渣可调整水泥成分，增加水泥强度，还可降低烧成温度，减少能耗，延长炉衬寿命，因此很多水泥厂都用烧渣作配料，只要含铁量>40%即可。大部分烧渣均可满足水泥配料要求，应用较为普遍。

② 制矿渣砖。将消石灰粉（或水泥）和烧渣混合成混合料，再成型，经自然养护后即制得矿渣砖。矿渣砖与黏土砖几乎无差别，且成本比黏土砖20%，具有较好效益。

③ 提取金、银、铁及有色金属。山东乳山化工厂等根据硫铁矿烧渣含Au、Ag元素较高的特点，成功地用氰化法回收其中的Au、Ag、Fe。南京钢铁厂从日本引进一套30×10^4t/a“光和法”处理烧渣装置，于1980年投产，用于处理有色金属含量较高的烧渣。在1250℃的回转窑炉内进行高温氯化焙烧，烧渣中有色金属中氯化物挥发，就可以加以回收利用，可回收90%左右的Cu、Pb、Zn。高温氯化法从烧渣中回收利用有色金属是行之有效的治渣方法。

④ 烧渣精选。烧渣通过重选，可把精铁矿含铁量提高到55%～60%，而含磷0.04%以下，含SiO_2在10%～16%。产品供炼铁厂使用，重选尾矿送水泥厂作添加剂。湛江化工厂1988年已安装此设备。

⑤ 掺烧炼铁。利用钢铁厂的烧结设备进行掺烧，简单易行，国内一些钢铁厂均有实践经验。一般掺烧10%左右。对烧结矿质量及各项指标均无影响。

由于我国硫铁矿大多品位低、成分杂，一般烧渣含Fe为40%～50%，含SiO_2为16%～20%，但冶金工业要求烧渣中各元素含量为：S<0.3%，As<0.07%，Pb<0.1%，Zn<0.2%，P<0.25%，Fe>60%，故烧渣质量很少能达到上述要求。因此，品位低已成为利用烧渣炼铁的主要障碍。

（2）含泥废酸处理技术　酸洗净化工艺一般生产1t硫酸产生0.075t含泥硫酸，每升废酸中含有$FeSO_4$ 25%～35%、酸泥25～30g以及微量As、Se等有毒物质。吉化公司通过分层沉淀和抽气处理，既解决了污染，又回收了稀酸中的SO_2气体等，获得了一定的经济效益。

（3）含矾废催化剂回收　平顶山1987联合工厂采用水解—沉淀—焙烧法从失活的催化剂中回收V_2O_5，使废催化剂中的V_2O_5从5%～7%降至0.2%以下，废渣砖藻土又可用作催化剂载体，成品V_2O_5达到国家出口级标准。按年处理4000t废矾催化剂计算，可回收提

取 V_2O_5 160t 左右，创产值 1200 万元，税利 280 万元。

复习思考题

1. 什么是固体废物？谈谈你对“世界上没有垃圾，只有放错了位置的资源”的感想和建议。
2. 有害固体废物的特征有哪些？
3. 固体废物的危害主要体现在哪些方面？
4. 常见固体废物的处理方法有哪些？
5. 谈谈你对城市垃圾无害化处理的看法。
6. 调查自己家庭中每天的垃圾量和种类都有哪些。应该如何做才能符合环保要求？

第十一章
其他污染及其防治

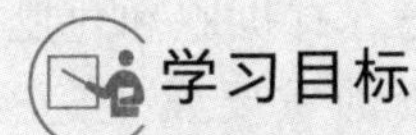

【知识目标】掌握土壤污染、噪声污染、电磁污染、热污染和光污染的概念以及其防治技术，了解它们的特征及其对环境的危害。

【能力目标】具备土壤污染、噪声污染、电磁污染、热污染和光污染状况的分析判断能力，能制订防范措施及合理的处置方案，懂得相应的环保技能。

【素质目标】树立生态环境意识，激发爱祖国、爱家乡的情感，养成绿色、低碳、健康的生活方式，树立保护环境的法治观念；培养系统思维，辩证看待人与自然的关系。

第一节 土壤污染及净化

一、土壤污染的发生

1. 作为独立自然体的土壤

土壤是位于陆地表面具有肥力的疏松层次，具有独特的组成成分、结构和功能。土壤由矿物质、生物有机体、水分和空气四种物质组成，是一个十分复杂的系统。

土壤的本质特性，一是具有肥力，即具有供应和协调植物生长所需要的营养条件（水分和养分）和环境条件（温度和空气）的能力；二是具有同化和代谢外界输入的物质的能力，输入物质在土壤中经过复杂的迁移转化，再向外界输出。土壤的这两种能力或功能往往是相辅相成的，所以土壤是一项宝贵的自然资源。

土壤是地理环境的一个重要组成要素，是复杂的多阶层地理环境系统的一个子系统。土壤系统与大气、水体、生物和岩石等自然因素，是相互联系、相互制约、相互转化和相互作用的。这种关系是通过物质、能量和信息的交换过程来体现的。物质和能量通过由环境向土壤系统的输入，二者在土壤系统内的转化必然引起土壤系统的成分、结构、功能和状态的变化；反之，物质和能量由土壤向环境系统的输出，也必然导致环境系统的成分、结构、功能和状态的改变。由于土壤位于各自然地理环境要素紧密交接的地带，是连接各自然要素的枢纽，是结合无机界和有机界的中心环节，因而土壤系统也是自然要素中物质和能量迁移转化最为复杂而又频繁的场所。

人类和环境之间存在着辩证的对立统一关系。人类通过生产活动从自然界取得的资源和能源，经过采掘、加工、调配和消费，再以“三废”形式通过大气、水体和生物间接地向土壤系统排放，排入土壤系统的“三废”物质数量，破坏了土壤系统原来的平衡，引起了土壤系统成分、结构和功能的变化，就发生了土壤污染。土壤系统中的污染物向环境输出，又使大气、水体和生物进一步受到污染。

对土壤系统来说，输入是因，输出是果。但输出也可以经过反馈而影响输入，也就是说，土壤受环境影响，同时也影响环境。因此，研究土壤污染的发生、污染物质的发生、污染物质在土壤系统中的迁移转化、土壤污染的控制和管理对环境保护来说具有十分重要的意义。

2. 土壤污染的主要发生途径

土壤污染的发生特征主要是与土壤的特殊地位和功能相联系的。首先是把土壤作为农业生产的劳动对象和生产手段。为了提高农产品的数量和质量，随着施肥（有机肥和化肥），施用农药和灌溉，污染物质进入土壤，并随之积累起来，这是土壤污染的重要发生途径。其次，土壤历来就作为废物（垃圾，废渣和污水等）的处理场所，使大量有机和无机污染物质随之进入土壤，这是造成土壤污染的主要途径。再次，土壤是作为环境要素之一，因大气或水体中的污染物质的迁移转化，从而进入土壤，使土壤随之亦遭受污染，这也是屡见不鲜的。此外，在自然界中某些元素的富集中心或矿床周围，往往会形成自然扩散晕，使附近土壤中某些元素的含量超出一般土壤的含量范围，这类污染物质称为自然污染物。

3. 土壤污染物质的主要种类

土壤中的污染物质与大气和水体中的污染物质很多是相同的，因此在这里只作简要叙述。

在土壤污染物质中，数量较大而又比较重要的是使用化学农药产生的有机物质。这些化学农药的种类繁多，主要分为有机氯和有机磷两大类。按其成分来分类主要有：有机氯类，如DDT、六六六、艾氏剂、狄氏剂等；有机磷类，如马拉硫酸、对硫磷、敌敌畏等；氨基甲酸酯类，其中有除草剂和杀虫剂；苯氧羧酸类，主要为除草剂，如2,4-二氯苯氧乙酸（2,4-D）、2,4,5-三氯苯氧乙酸（2,4,5-T）等；苯酰胺类，全为除草剂。

此外，还有酚、苯并芘和油类等有机化合物；氮素和磷素化学肥料；重金属如砷、镉、汞、铬、铜、锌、铅等；放射性元素如铯、锶；有害微生物类如肠细菌、炭疽杆菌、破伤风杆菌、肠寄生虫（蠕虫）、结核杆菌等。

4. 土壤净化和土壤污染

各种污染物质进入土壤以后，便与土壤固相、液相、气相物质之间发生一系列物理、化学、物理化学和生物化学反应过程，在土壤中进行迁移转化。其迁移转化的强度和速度，决定于污染物及土壤的物质组成和特性。这些土壤的物质组成和特性可归纳如下几方面。

① 土壤是一个多相的疏松多孔体系。污染物质在土壤中可进行挥发、稀释、扩散和浓集以至移出土体之外。这一过程显然是与土壤温度和含水量的变化、土壤质地和结构以及层次构型相关。

② 土壤是一个胶体体系。土壤胶体对离子的吸附和交换过程，是土壤中最重要的物理化学过程。其中包括对阳离子和阴离子的吸附和交换。土壤胶体对带相反电荷的污染物的吸附为正吸附，对带相同电荷的污染物质的“吸附”，称为负吸附。其吸附交换量则和土壤胶体或土壤有机-无机复合体的种类和数量，以及介质的pH值有关。

胶体对离子的吸附主要表现为表面吸附，所以其吸附量与胶体的比表面积大小有关。因而一般有机胶体的吸附量大于无机胶体的吸附量。

胶体的吸附交换量还与胶体所带电荷有关。土壤在一般情况下带有负电荷，只有在酸性条件下，才有少数胶体带正电荷。黏土矿物所带的负电荷一部分由晶格中离子同晶置换所产生，是永久负电荷（与 pH 变化无关）。另一部分是由晶格边缘与硅相连接的羟基，或有机胶体的羧基或羟基中氢的解离而产生的负电荷，称为可变性负电荷，即随土壤介质的 pH 而改变，亦称 pH 依变电荷。这部分电荷一般随 pH 的增大而增加。有机胶体均为可变性负电荷。胶体电荷量的大小决定了胶体对相反电荷离子的吸附能力和吸附交换量的大小。

在离子吸附交换过程中，胶体每吸附一部分离子，同时解吸等当量的其他同号离子。因此，胶体对离子的吸附交换作用，还与土壤的盐基饱和度和阳离子组成有关。

此外，土壤中还存在非交换性的离子吸附作用，即所谓专性吸附。其吸附载体主要为铁、锰氧化物。对于其吸附机制及其在土壤污染物（特别重金属）的自净和富集中的作用，已引起土壤环境研究者的日益重视和关注。

对于某些可呈离子态的污染物质，如重金属、化学农药，进入土壤后，土壤胶体的吸附交换作用，是这些物质迁移转化的重要过程之一。

③ 土壤是一个络合-螯合物质体系。土壤中有许多天然的有机和无机配位体，因而土壤中的络合和螯合作用过程具有普遍性，其重要性也愈益受到注意。

土壤中存在的配位体（或者络合剂、螯合剂），主要是土壤腐殖质、土壤微生物分解有机残体过程中产生的各种有机物质或分泌物，如酶等。土壤中几乎所有的金属离子都有形成络合物和螯合物的能力。但从形成的络合物或螯合物的稳定性看，则各离子间的差异较大。螯合物较络合物具有更大的稳定性，这也是它在土壤化学中具有更加重要作用的原因。但是土壤中金属离子和有机质形成的螯合物的实际结构，暂时尚未确切了解，所以还常将络合物和螯合物混同起来。

除天然配位体，还有人工合成的污染物质的有机配位体（如农药和其他有机污染物质）。金属离子进入土壤，使土壤中的络合和螯合作用更为复杂化。这是污染物质在土壤中迁移转化的重要途径之一，特别是其对金属离子污染物质或化学农药在土壤中迁移转化的影响。

④ 土壤是一个氧化还原物质体系。土壤空气中的自由氧、高价金属离子和少量 NO_3^- 为氧化剂，土壤中的有机质和低价金属离子为还原剂。在此体系中，若自由氧占优势，则以氧化作用为主，若有机质起主要作用，则还原过程占主导。

土壤氧化还原作用影响有机物质分解的速度和强度，也影响有机和无机物质存在的状态（可溶性和不溶性），从而影响到它们的迁移和转化。这也是一个关系到土壤和污染物质迁移和转化的重要土壤环境条件。特别是对某些变价元素，如铁、锰、硫、砷、汞、铬、钒等尤为重要。

⑤ 土壤是一个化学体系。土壤中的化合物或进入土壤的污染物质，还直接受到土壤中化学平衡（溶解和沉淀）过程的控制，在金属和磷的迁移转化中，化学平衡过程扮演着重要的角色。

⑥ 土壤是一个生物体系。土壤微生物是土壤生物的主体。土壤微生物在土壤有机质的转化过程（有机质的分解和合成）中起着巨大的作用。土壤对有机污染物质之所以具有强大的自净能力，即生物降解作用，也主要是因为有种类繁多、数量巨大的土壤微生物存在。土壤微生物除参与有机质的转化外，还积极参与其他土壤过程。此外，土壤动物在有机污染物的分解转化中也起着一定作用。

当然，对某些有机污染物质来说，除生物降解外，光化学分解也有重要作用。

上述过程，无论是个别地或是彼此联系地、同时地、相继地或是相互交迭地发生，也还没有完全概括复杂的土壤物质迁移转化的全貌。同时，还必须看到，进入土壤的各种污染物质，一方面受上述土壤过程的控制和影响，另一方面，随着它们进入土壤数量的增加，也完全可能改变上述过程的方向、性质和速度。

上面的内容为进一步讨论土壤污染和净化问题提供了基础。

什么叫土壤净化能力？土壤是一个处于半稳定状态的物质体系，对外界环境条件的变化或外来物质具有很大的缓冲能力。超过此缓冲能力，就涉及到土壤污染的问题。因此，从广义上理解土壤净化能力，是指污染物质进入土壤后，经生物和化学降解变为无毒害物质，以及通过化学沉淀、络合和螯合作用、氧化还原作用变为不溶性化合物，或是被土壤胶体较牢固地吸附、植物难以利用而暂时退出生物小循环，脱离食物链或被排至土壤之外。狭义的土壤自净能力，则主要是指微生物对有机污染物质的降解作用，以及使污染化合物转变为难溶性化合物的作用。

土壤净化能力决定于土壤的物质组成和其他特性，也和污染物质的种类和性质有关。不同土壤的净化能力（即对污染物质的负荷量或容纳污染物质的容量）是不同的，土壤对不同污染物质的净化能力也是不同的。

土壤污染是指人类活动产生的污染物质，通过各种途径输入土壤，其数量和速度，超过了土壤净化作用的速度，破坏了自然动态平衡，使污染物质的积累过程逐渐占据优势，从而导致土壤正常功能的失调，土壤质量的下降，并影响到作物的生长发育，以及产量和质量的下降。也包括由于土壤污染物质的迁移和转化，引起大气或水体的污染，并通过食物链，最终影响到人类的健康。

对于土壤污染量的指标，还需要更深入的研究，目前常用以度量土壤污染程度的指标有如下几个方面：

① 土壤背景值。土壤背景值的概念并不完全相同，通常以一个国家或一个地区的土壤中某元素的平均含量作为背景值，以与污染区土壤中同一元素的平均含量进行对比。由于在不同土壤中同一元素的含量是不同的，因此，用同一土壤类型的污染和非污染土壤的元素平均含量作对比，可能更确切些。超过背景值即属土壤污染。

这样对比，只能说明土壤元素含量存在异常现象或只能表示土壤有“相对污染”现象，但还不能就此断定对作物或人体一定有害。

② 植物中污染物质的含量。如果土壤中某有害元素或污染物含量较高时，根据质量作用定律，被植物吸收的量亦相应增加，即土壤和植物体中污染物含量之间有一定比例关系，所以可以用植物体的污染物含量作为土壤污染的指标。

但各种植物对各种污染物的吸收能力不同，不同植物中各元素的含量，或同一污染物在植物体不同的器官组织内的积累量都有很大差异。因此，选何种植物或植物体的哪一种组织器官，作为度量土壤污染的指标，还需进一步研究和考虑。

③ 生物指标。如植物生长发育受到抑制、生态发生明显变异、土壤微生物区系（种类和数量）的变化、人们食用污染土壤上生长的植物性食物后对人体健康的危害程度等。但是影响生物的因素很复杂，进行毒理实验的难度也较大。

因此，在度量土壤污染土壤时，最好要结合考虑土壤的背景值、植物体中有害物质的含量、生物反应和对人体健康的影响。但是它们并不完全一致，有时污染物超过背景值，但并未影响植物正常生长，也未在植物体内进行积累；而有时土壤污染物虽然没有超过背景值，但由于某种植物对某些污染物的富集吸收能力特别强，反而使植物体中的污染物达到了污染程度。所以土壤背景值只能作为土壤污染起始值的指标，或土壤开始发生污染的信号。土壤污染对人体健康的影响，还需要从食物链探索更为适宜的指标。

综上所述，可以说土壤污染是土壤所发生的一种障碍特征。它是用以推断人类活动影响土壤污染物累积的可容许或不容许的限度，以作为从事环境保护立法行动的根据。

二、土壤污染的防治

根据我国以预防为主的环境保护方针，为了防止土壤污染，首先要控制和消除土壤污染源。同时，对已经污染的土壤，要采取一切有效措施，清除土壤中的污染物，或控制土壤中污染物的迁移转化，使其不能进入食物链。

1. 控制和消除土壤污染源

（1）控制和消除工业“三废”的排放　大力推广闭路循环、无毒工艺，以减少或消除污染物质；对工业“三废”进行回收处理，化害为利。当前必须排放的“三废”，要进行净化处理，控制污染物排放的数量和浓度，使之符合排放标准。

利用污水灌溉和使用污泥时要了解污染物质的成分、含量及其动态，控制污水灌溉数量和污泥使用量，以免引起土壤污染。

（2）控制化学农药的使用　对残留量高、毒性大的农药，应控制使用范围、使用量和次数。大力试制和发展高效、低毒、低残留的农药新品种，探索和推广生物防治作物病虫害的途径，尽可能减少有毒农药的使用。

（3）合理施用化学肥料　对本身含有毒物质的化肥品种，施用范围和数量要严格控制。硝酸盐和磷酸盐肥料，要合理施肥、经济用肥，避免使用过多造成土壤污染。

2. 增加土壤容量和提高土壤净化能力

增加土壤有机质和黏粒数量，可增加土壤对污染物的容量。分离培育新的微生物品种，改善微生物土壤环境条件，增加生物降解作用，是提高土壤净化能力的重要环节。

3. 防治土壤污染的措施

（1）利用植物吸收去除重金属　羊齿类铁角蕨属的植物有较强吸收土壤中重金属的能力，对土壤中镉的吸收率可达10%。连种多年，可降低土壤的含镉量。

（2）施加抑制剂　重金属轻度污染的土壤，施加某些抑制剂，可改变重金属污染物质在土壤中的迁移转化方向，促进某些有毒物质的移动、淋洗或转化为难溶物质，以减少作物吸收。一般使用的抑制剂有石灰、碱性磷酸盐等。施用石灰可提高土壤pH值，而使镉、铜、锌、汞等形成氢氧化物沉淀。碱性磷酸盐可与土壤中的镉作用生成磷酸镉沉淀，特别在不能引起硫化镉沉淀的还原条件下，磷酸镉的形成对消除镉污染具有重要意义。

（3）控制氧化还原条件　水稻土的氧化还原状况，可控制水稻土中重金属的迁移转化。据研究，淹水可明显地抑制水稻对镉的吸收，落干则促进镉的吸收。特别在水稻抽穗到乳熟期，无机成分大量向穗部转移，落干更将显著提高稻粒中镉的浓度。这主要是土壤氧化还原条件的变化引起镉的形态转化所致。除镉外，铜、铅、锌等元素也能与土壤中的H_2S反应，产生硫化物沉淀。因此，加强水浆管理，控制氧化还原条件，可有效地减少重金属的危害。

（4）改变耕作制　改变耕作制、改变土壤环境条件，可消除某些污染物的毒害。据我国苏北棉田旱改水实验，DDT和666在棉田中的降解速度很缓慢，积累明显，残留量大。而棉田改水田后，可大大加速DDT的降解。

（5）客土、深翻　被重金属或难分解的化学农药严重污染的土壤，在面积不大的情况下，可以采用客土法去除污染物。但是对换出的污染土壤必须妥善处理，防止次生污染。此外，也可将污染土壤深翻到下层，埋藏深度应依据不同作物根系发育情况，以不致污染作物而定。

第二节 噪声污染及其控制

一、噪声及危害

1. 噪声和噪声污染

《中华人民共和国噪声污染防治法》（以下简称《噪声法》）第二条规定："本法所称噪声，是指在工业生产、建筑施工、交通运输和社会生活中产生的干扰周围生活环境的声音……"从两个方面理解：《噪声法》所称噪声是指人类活动产生的声音，不包括自然界产生的声音，如蛙鸣鸟叫、刮风下雨、黄河咆哮、惊涛拍岸产生的声音；噪声是干扰周围生活环境的声音，如果对周围生活环境没有造成干扰，不影响他人生活、工作和学习的声音，如在旷野大漠、深山老林等场所产生的声音，对周围生活环境没有干扰，就不属于噪声。

噪声污染是指超过噪声排放标准或者未依法采取防控措施产生噪声，并干扰他人正常生活、工作和学习的现象。构成噪声污染的情形包括两类：一是超过噪声排放标准产生噪声。噪声排放标准是排放噪声的最高限值，《噪声法》第二十二条规定排放噪声应当符合噪声排放标准，不得超标排放噪声，否则可能构成噪声污染。二是未依法采取防控措施产生噪声。对于没有噪声排放标准的领域，应当依照法律规定采取工程技术措施和管理措施等噪声防控措施，《噪声法》第二十二条还规定排放噪声应当符合有关法律法规、规章的要求，如民用机场管理机构应当依照《噪声法》第五十四条规定，会同相关单位采取低噪声飞行程序、起降跑道优化、运行架次和时段控制、高噪声航空器运行限制或者周围噪声敏感建筑物隔声降噪等措施降低噪声，否则可能构成噪声污染。

构成噪声污染，还应当具备干扰他人正常生活、工作和学习的要件。超标排放噪声或者未依法采取防控措施产生噪声，并不必然构成噪声污染，还需要造成干扰他人正常生活、工作和学习的后果。"正常"生活、工作和学习往往因人的忍受力不同而有一定差异，是否"干扰他人正常生活、工作和学习"，需要根据相关证据进行认定，地方在制定本地噪声污染防治具体办法时可作出具体规定，加以细化。

噪声污染与大气污染、水污染不同，是噪声干扰他人正常生活、工作和学习的现象，不包括对生态环境造成影响的现象。其特点为：

（1）噪声污染是局部的，多发性的，除飞机噪声等特殊情况外，一般从声源到受害者的距离很近，不会影响很大的区域。从汽车噪声污染来看，是以城市街道和公路干线两侧为最严重。噪声严重的工厂也可影响到数百米以外的居民区，尤其是在夏季及晚上。

（2）噪声污染是物理性污染，没有污染物，也没有后效作用，即噪声不会残留在环境中。一旦声源停止发声，噪声也消失。

（3）与其他污染相比，噪声的再利用问题很难解决。目前所能做到的是利用机械噪声进行故障诊断。如通过对各种运动机械产生噪声水平和频谱的测量和分析，作为评价机械机构完善程度和制造质量的指标之一。

2. 环境噪声的来源

（1）交通噪声　交通噪声是汽车、拖拉机、摩托车、飞机、火车等交通工具在行驶中产生的，对环境冲击最强。城市噪声中三分之二以上由交通运输产生，城市机动车噪声产生的原因除了机动车本身构造上的问题外，道路宽度、道路坡度、道路质量、车速、车种、交通量等都是产生噪声的因素。

（2）工业噪声　工厂机器运转发出多种噪声，如空压机（115dB）、电锯（100dB）、印刷机、纺织机、锻压、铆压等。普查结果表明，我国有些工厂的生产噪声都在 90dB 左右，有的超过 100dB。工业噪声不仅直接对生产工人带来危害，对附近居民影响也很大。我国约有 20%的工人暴露在听觉受损的强噪声中，有近亿人受到噪声的干扰。

（3）建筑施工噪声 近年来，我国基本建设迅速发展，城市道路、工厂、高层建筑不断兴起，采用打桩机、空压机等大型建筑施工设备的数量增加，这些设备运转时噪声高达 100dB 以上。这类噪声虽说是临时的、间歇性的，但在居民区施工，对人们的心理和生理损害很大。

（4）社会生活噪声 社会活动的噪声主要由商业、娱乐歌舞厅、体育及游行和庆祝活动等产生；家庭生活中家用电器（收录机、洗衣机、电视机、电冰箱等）引起的噪声以及繁华街道上人群的喧哗声等，是影响城市声环境最广泛的噪声来源。据环境监测表明，我国有近三分之二的城市居民在噪声超标的环境中生活和工作。

3. 噪声污染的危害

（1）对人体生理的影响 噪声的直接生理效应是引起听觉疲劳直至耳聋。在噪声长期作用下，听觉器官的听觉灵敏度显著降低，称作听觉疲劳，经过休息后可以恢复。若听觉疲劳进一步发展便是听力损失，分轻度耳聋、中度耳聋以至完全丧失听觉能力。比如，人耳突然暴露在高强度噪声（140～160dB）下，常会引起鼓膜破裂，双耳可能完全失聪。

噪声间接的生理效应是会诱发一些疾病。噪声会使大脑皮质的兴奋和压抑失去平衡，引起头晕、头疼、耳鸣、多梦、失眠、心慌、记忆力减退、注意力不集中等症状，临床上称之为神经衰弱；噪声还会对心血管系统造成损害，引起心跳加快、血管痉挛、血压升高等症状；噪声使人的唾液、胃液分泌减少，胃酸降低，引起胃肠功能紊乱，从而易患胃溃疡和十二指肠溃疡。

（2）对人体心理的影响 噪声的心理效应反映在噪声干扰人们的交谈、休息和睡眠，从而使人产生烦恼，降低工作效率，对那些要求注意力高度集中的复杂作业和从事脑力劳动的人，影响更大。另外，由于噪声分散了人们的注意力，容易引起工伤事故，尤其是在噪声强度超过危险警报信号和行车信号时（噪声的掩蔽效应），更容易发生事故。

（3）对生产活动的影响 噪声对语言通信的影响很大，轻则降低通信效率，影响通信过程，重则损伤人的听力。强噪声会损坏建筑物，干扰自动化机器设备和仪器。实践证明，噪声强度超过 135dB 对电子元器件和仪器设备有影响；当噪声强度达到 140dB 时，对建筑物的轻型结构有破坏作用，达到 160～170dB 时使窗玻璃破碎。另外，噪声还可能会造成飞机及导弹失事等严重事故。

二、噪声标准

噪声标准大致可分为三类：人的听力和健康保护标准、环境噪声允许标准和机电设备及其他产品的噪声控制标准。

1. 听力和健康保护的噪声标准

（1）国际标准化组织（ISO）推荐的噪声标准 为了保护人们的听力和健康，1971 年国际标准化组织（ISO）公布了噪声允许标准，规定每天工作 8 小时，允许等效连续 A 声级为 85～90dB，时间减半，允许噪声提高 3dB（A），但最高不得超过 115dB（A）。

（2）我国的《声环境质量标准》（GB 3096—2008） 该标准对声环境功能区进行了分类，并设定了环境噪声限值等。

按区域的使用功能特点和环境质量要求，声环境功能区分为以下五种类型：

0类声环境功能区：指康复疗养区等特别需要安静的区域。

1类声环境功能区：指以居民住宅、医疗卫生、文化体育、科研设计、行政办公为主要功能，需要保持安静的区域。

2类声环境功能区：指以商业金融、集市贸易为主要功能，或者居住、商业、工业混杂，需要维护住宅安静的区域。

3类声环境功能区：指以工业生产、仓储物流为主要功能，需要防止工业噪声对周围环境产生严重影响的区域。

4类声环境功能区：指交通干线两侧一定区域之内，需要防止交通噪声对周围环境产生严重影响的区域，包括4a类和4b类两种类型。4a类为高速公路、一级公路、二级公路、城市快速路、城市主干路、城市次干路、城市轨道交通（地面段）、内河航道两侧区域；4b类为铁路干线两侧区域。

2. 环境区域噪声允许标准

（1）国际标准化组织（ISO）推荐的噪声标准　为了保证居民正常生活和工作环境的安静，使人们不受噪声的干扰，ISO在1971年提出的环境噪声标准是：住宅区室外噪声的基本标准为35～45dB（A），对于不同的时间和不同的地区可加以修正。

（2）我国的有关标准　《声环境质量标准》（GB 3096—2008）规定的各类区域环境噪声限值如表11-1所示。噪声测点选在距居住或工作建筑物1m（窗外1m），传声器高于地面1.2m的噪声敏感区。对于夜间频繁突发出现的噪声（如短促鸣笛声），其峰值不超过标准值15dB（A）。其他的标准还有《工业企业厂界噪声排放标准》（GB 12348—2008）等。

表11-1　环境噪声限值　　单位：dB（A）

声环境功能区类别		时段	
		昼间	夜间
0类		50	40
1类		55	45
2类		60	50
3类		65	55
4类	4a类	70	55
	4b类	70	60

3. 关于机电设备及其他产品的噪声控制标准

国家各有关部门已参照ISO标准陆续颁布了不少机电设备及其他产品的噪声测量方法和限值标准。

一类是关于机电产品方面，如旋转电机噪声限值、锻压机械噪声限值、拖拉机噪声限值、船用柴油机辐射的空气噪声限值、动力用空气压缩机噪声声功率极限值等等，同时还颁布了各种噪声源的测量方法。

另一类是关于铁路、公路、轮船、飞机方面的环境噪声标准，有《汽车加速行驶车外噪声限值及测量方法》（GB 1495—2002）、《机场周围飞机噪声环境标准》（GB 9660—1988）、《内河船舶噪声级规定》（GB 5980—2009）等，以及相应的测量标准。

三、噪声控制技术

控制噪声的措施是多种多样的，主要是根据噪声源、声音传播的途径和接收者的具体情况，采取相应的技术措施。噪声控制的基本原则是既要满足降噪量的要求，也要符合技术和经济指标的合理条件，权衡治理污染所投入的人力、物力和环境效益，研究确定一个比较合理的控制和治理方案。

1. 消除和减少噪声源

消除和减少噪声源是控制噪声最有效的办法。例如防止冲击、减少摩擦、保持平衡、去除振动等都是消除和减少流体噪声的好办法。通过研制和选用低噪声设备、改进生产加工工艺、提高机械设备的加工精度和安装技术，或者采用别的生产工艺代替噪声大的工艺。达到减少发声体的数量，或降低发声体的辐射声功率，都是控制噪声的根本途径。

风机、水泵、空气压缩机等难以密闭的机械设备，最常用的消声办法是在设备的入口、出口或管道上安装消声器。消声器是防治空气动力性噪声的主要装置，既能阻止声音的传播又允许气流的通过，安装在设备的气流通道上，可使该设备本身发出的噪声和管道中的空气动力噪声降低。

2. 吸声降噪

声源发出的声波遇到顶棚、地面、墙面及其他物体表面时，会发生声波的反射。声波在室内的多次反射形成的叠加声波称为混响声。由于混响声的存在，室内任何声源的噪声级比室外景野的噪声级明显提高。这就要求充分利用吸声技术进行消声降噪处理，能够达到十分明显的效果。例如，在墙面和顶棚粘贴吸声材料，或在室内悬挂吸声板、吸声体等，同时在房屋设计时采用吸声结构。通过这一系列措施，可以使室内噪声降低。

吸声材料大都是由多孔材料做成的。因此，在使用时往往要加护面板或织物封套。当空气中湿度较大时，水分进入材料的孔隙，可导致吸声性能的下降。此外，对于低频噪声，吸声材料往往不是很有效。因此，对低频噪声常常采用共振吸声结构来降低噪声。

3. 隔声降噪

声音从室内传到室外或从室外传到室内，也会从一个厂房传到另一个厂房，需要应用隔声结构，阻碍噪声向空中传播，使吵闹环境与需安静的环境分隔开，这种降噪措施称为隔声降噪。各种隔声结构如隔声间、隔声墙、隔声罩、隔声屏等统称为隔声围护结构。

4. 距离降噪

如果有条件的话，把噪声源与受害者分开一定的距离来防止噪声，会收到理想的效果。

5. 隔振与阻尼

声音的本质是振动在弹性介质（如空气、水等）中的传播。振动源直接与空气接触，形成声源的辐射称为空气声。振动经过固体介质传递到与空气接触的界面，然后再引起声辐射，称为固体声。因此，隔绝振动在固体介质构件中的传递，改变固体界面辐射部分的物理性质都是有助于控制噪声的，前者称为隔振，后者称为阻尼。

（1）隔振　机器产生的振动直接传递到基础，并以弹性波的形式从基础传递到房屋结构上，引起其他房间结构和声辐射。许多隔声材料，如钢筋混凝土、金属虽然是隔绝空气的良好材料，但对固体声却难以减振。隔振的原理是用弹性连接代替刚性连接，以削弱机器与基础之间的振动传递。各种弹性构件，如弹簧、橡胶、软木、沥青、玻璃纤维等都可以减小振动的传递。控制振动传递的弹药性构件称为减振器。减振器有钢弹簧减振器、橡胶减振器及减振垫层等。

（2）阻尼　阻尼材料之所以能减弱振动是基于材料的内摩擦原理。当涂有阻尼材料的金属薄板作弯曲振动时，振动能量迅速传递给阻尼材料，由于阻尼材料忽而被拉伸，忽而被压缩，因而使阻尼材料内部分子产生相对位移，产生相对摩擦，使振动的能量转变为热能而被消耗掉。

6. 对接收者的防护

当采用以上措施仍不能达到预期的降噪效果时，可采用个人防护的办法。最常用的个人防护用品有防声耳塞、防声棉、耳罩和防声头盔等。采取工人轮换作业，缩短工人进入高噪声环境的工作时间。

第三节 电磁污染

一、电磁污染与危害

1. 电磁辐射污染

电磁辐射污染是指各种天然的和人为的电磁波干扰和对人体有害的电磁辐射。

电磁波是电场和磁场周期性变化产生的波动通过空间传播的一种能量，也称作电磁辐射。利用这种辐射可以造福人类，如无线通信、广播电视信号的发射以及在工业、科研、医疗系统中的应用。但是，电磁波又同时给环境带来了不利的影响，起着“电子烟雾”的作用。在环境保护研究中认定，当射频电磁场达到足够强度时，会对人体功能产生一定的破坏作用。因此，涉及各行各业的电磁辐射已经成为继大气污染、水污染、固体废物污染和噪声污染后的又一重要污染。

2. 电磁辐射污染的传播途径

电磁辐射所造成的环境污染，主要通过三个途径进行传播。

（1）空间辐射　当电子设备或电气装置工作时，相当于一个多向发射天线不断地向空间辐射电磁能量。这些发射出来的电磁能，在距场源不同距离的范围内以不同的方式传播并作用于受体。近场区（距场源一个波长范围内）传播的电磁能以电磁感应的方式作用于受体，如可使日光灯自动发光；在远场区（距场源一个波长范围之外），电磁能是以空间放射方式传播并作用于受体。

（2）导线传播　当射频设备与其他设备共用一个电源时，或它们之间有电气连接时，通过电磁耦合，电磁能便通过导线传播；另一种情况是，信号的输出输入电路和控制电路也会在强电磁场中“拾取”信号，并将所拾取的信号进行再传播。

（3）复合传播　当空间辐射和导线传播所造成的电磁辐射污染同时存在时称为复合传播。

3. 电磁辐射的危害

电磁辐射污染是一种能量流污染，看不见，摸不着，但却实实在在存在着。它不仅直接危害人类健康，还不断地“滋生”电磁辐射干扰事端，进而威胁人类生命。

（1）恶劣的电磁环境会严重干扰航空导航、水上通信、天文观测等。移动电话的工作频率会干扰飞机与地面的通信信号和飞机仪器的正常工作，引起飞机导航系统偏向，给飞行安全带来安全隐患，因此在飞机上要关闭所有的移动电话、电脑和游戏机。移动电话和通信卫星所发射的电磁波若闯入了天文射电望远镜使用的频带，将严重干扰天文观测。这些已引起各国政府和制造商的重视。我国要求各无线寻呼台的工作频率必须严格符合**《中华人民共和国无线电频率划分规定》**。

（2）对人类健康的危害。科学家从 20 世纪 70 年代就开始研究电磁辐射对人类的危害。科学家认为电磁辐射的生物效应对人体确实有害。当生物体暴露在电磁场中时，大部分电磁能量可穿透机体，少部分能量被机体吸收。生物体内有导电体液，能与电磁场相互作用，产生电磁场生物效应。

电磁场的生物效应分热效应和非热效应。热效应是由高频电磁波直接对生物机体细胞产生加热作用引起的。电磁波穿透生物表层直接对内部组织“加热”，而生物体内部组织散热又困难，所以往往肌体表面看似正常，而内部组织已严重“烧伤”。不同的人，或同一人的不同器官对热效应的承受能力不一样。老人、儿童、孕妇属于敏感人群，心脏、眼睛和生殖系统属于敏感器官。非热效应是电磁辐射长期作用而导致人体某些体征的改变。如出现中枢神经系统功能障碍的症状，头痛头晕、失眠多梦、记忆力衰退等；还会影响人体的循环系统、免疫功能、生殖和代谢功能，严重的甚至会诱发癌症。

电磁辐射对人体危害程度与电磁波波长有关。按对人体危害程度由大到小排列，依次是：微波、超短波、短波、中波、长波。波长愈短，危害愈大。而且微波对机体的危害具有积累性，使伤害不易恢复。微波极易引起胎儿畸形、免疫功能低下等，还会引起白内障和眼角膜损坏。德国 Essen 大学的科学家在 2001 年 1 月声称，经常使用手机的人患上眼癌的可能性是较少用手机人的 3 倍。这是科学家第一次发表手机辐射可致癌的正式声明。微波还会破坏脑细胞，使大脑皮质细胞活动能力减弱。所以科学家呼吁尽量减少手机的使用率。

4. 电磁辐射防护标准

电磁场的生物效应如果控制得好，可对人体产生良好的作用，如用理疗机治病。但当它超过一定范围时，就会破坏人体的热平衡，对人体产生危害。

电磁辐射防护标准经历了较长时间的探讨，至今仍没有全世界统一的标准，各国各行其是。1984 年国际非电离辐射委员会与世界卫生组织的环境卫生部联合推荐的电磁防护标准在最敏感段公众的标准为 $20\mu W/cm^2$。我国发布的**《电磁环境控制限值》**（GB 8702—2014）中给出了公众暴露控制限值。

5. 电磁辐射现状及防护的重要性

现在，由于无线电广播、电视以及微波技术、微波通信等应用迅速普及，射频设备的功率成倍提高，地面上的电磁波密度大幅度增加，已直接威胁到人的身心健康。因此，对电磁辐射所造成的环境污染必须予以重视并加强防护技术的研究和应用，处理好经济发展与环境保护，做到可持续发展。

为了保护环境，保障人体健康，防治电磁污染，我国自 20 世纪 60 年代以来，做了大量的工作，研制了一些测量设备，制定了有关高频电磁辐射安全卫生标准及微波辐射卫生标准，在防护技术水平上也有了很大的提高，取得了良好的成效。1988 年我国首次发布**《电磁辐射防护规定》**（GB 8702—88），标准规定了 0.1MHz～300GHz 频率范围内的电磁辐射防护限值。2014 年根据电磁环境基础研究的新进展和我国电磁环境特征的变化，同时为了适应经济建设发展的需求，对该标准进行了修订，并更名为**《电磁环境控制限值》**（GB 8702—2014）。新标准增加了 1Hz～0.1MHz 频率范围内电磁环境控制限值，明确了监测的要求，删除了职业控制限值。新标准于 2015 年 1 月 1 日起实施。**《2021 年全国辐射环境质量报告》**指出，2021 年全国辐射环境质量总体良好，环境电磁辐射水平低于国家规定的电磁环境控制限值。

二、电磁污染源

影响人类生活的电磁污染源可分为天然污染源和人为污染源两种。

1. 天然污染源

天然的电磁辐射源是某些自然现象引起的。

（1）雷电是最常见的天然电磁辐射源。除了对电气设备、飞机、建筑物、人类等造成直接危害外，还可在广大地区从几千赫兹到几百兆赫的极宽频率范围内产生严重的电磁干扰。

（2）火山喷发、地震。

（3）太阳黑子活动引起的磁暴、新星爆发、宇宙射线等，对短波通信的干扰特别严重。

2. 人为污染源

人为污染源指人工制造的各种系统、电气和电子设备产生的电磁辐射，可能危害环境。主要有脉冲放电、工频交变电磁场、射频电磁辐射等，其中射频电磁辐射已成为电磁污染环境的主要因素。

三、电磁辐射污染的防护

电磁辐射污染的防护需采取综合防治的方法，才能取得更好的效果。首先是减少电磁泄漏，这是解决污染源的问题。其次是通过合理的工业布局，使电磁污染源远离居民稠密区，尽量减少受体遭受污染危害的可能。对于已经进入环境中的电磁辐射，采取一定的技术防护手段（包括个人防护），以减少对人及环境的危害。

具体的防护方法如下：

1. 区域控制与绿化

区域控制大体分四类：自然干净区、轻度污染区、广播辐射区和工业干扰区。依据这样的区域划分标准，合理进行城市、工业等布局，可以减少电磁辐射对环境的污染。同时，由于绿色植物对电磁辐射能具有较好的吸收作用，因此加强绿化是防治电磁污染的有效措施之一。

2. 屏蔽防护

采用某种能抑制电磁辐射能扩散的材料——屏蔽材料将电磁场源与环境隔离开来，使辐射能被限制在某一范围内，达到防止电磁污染的目的。这种技术称为屏蔽防护。

当电磁辐射作用于屏蔽体时，因电磁感应，屏蔽体产生与场源电流方向相反的感应电流而生成反向磁力线，可以与场源磁力线相抵消，达到屏蔽效果。若使屏蔽体接地，还可达到对电场的屏蔽。

根据场源与屏蔽体的相对位置，屏蔽方式分为两类：

（1）主动场屏蔽（有场源屏蔽） 主动场屏蔽是将场源置于屏蔽体内部，作用是将电磁场限定在某一范围内，使其不对此范围以外的生物机体或仪器设备产生影响。主动场屏蔽时场源与屏蔽体间距小，结构严密，可以屏蔽电磁辐射强度很大的辐射源。屏蔽壳必须良好接地。

（2）被动场屏蔽（无源场屏蔽） 被动场屏蔽是将场源置于屏蔽体之外，使场源对限定范围内的生物体及仪器设备不产生影响。其特点是屏蔽体与场源间距大，屏蔽体可以不接地。

3. 接地防护

将辐射源的屏蔽部分或屏蔽体通过感应产生的高频电流导入大地，以免屏蔽体本身再成为二次辐射源。

接地防护的效果与接地极的电阻值有关，接地极的电阻越低，其导电效果越好。

4. 吸收防护

采用对某种辐射能量具有强烈吸收作用的材料，敷设于场源外围，使辐射场强度衰减下来，达到防护目的。吸收防护主要用于微波防护。

常用的吸收材料有谐振型吸收材料和匹配型吸收材料。前者是利用某些材料的谐振特性做成的吸收材料，特点是材料厚度小，只对频率范围很窄的微波辐射具有良好的吸收率。后者利用某些材料和自由空间的阻抗匹配特性来吸收微波辐射能（又称吸波材料），其特点是适用于吸收频率范围很宽的微波辐射。实际应用的吸收材料可在塑料、胶木、橡胶陶瓷等材料中加入铁粉、石墨、木材和水等做成，如泡沫吸收材料、涂层吸收材料和塑料板吸收材料等。

5. 个人防护

个人防护的对象是个体的微波作业人员。由于工作需要，操作人员必须进入微波辐射源的近场区作业时，或因某些原因不能对辐射采取有效的屏蔽或吸收等措施时，必须采用个人防护措施以保护作业人员的安全。

个人防护措施主要有穿防护服、戴防护头盔和防护眼镜等。这些个人防护装备同样也应用了屏蔽、吸收等原理，用相应的材料制作而成。

第四节　热污染

一、热污染的含义及形成原因

1. 热污染的含义

在能源消耗和能量转换过程中有大量化学物质（如 CO_2 等）及热蒸汽排入环境，使局部环境或全球环境发生增温，并可能对人类和生态系统产生直接或间接、即时或潜在的危害，这种现象称为热污染，或环境热污染。

当前，随着世界能源消费的不断增加，热污染问题也日趋严重，必须引起人们的重视。

2. 形成原因

（1）热直接向环境，特别是向水体排放　发电、冶金、化工和其他的工业生产通过燃料燃烧和化学反应等过程产生的热量，一部分转化为产品形式，一部分以废热形式直接排入环境。转化为产品形式的热量，在消费过程中最终也要通过不同的途径释放到环境中（如加热、燃烧等方式）。而且各种生产和生活过程排放的废热大部分转入到水中，使水升温。这些温度较高的水排进水体，形成对水体的热污染。电力工业是排放温热水最多的行业。据统计，排进水体的热量，有80%来自发电厂。

（2）大气组成的改变　人类的生产和生活活动向大气大量排放温室气体，引起大气增温；同时消耗臭氧层物质的排放，破坏了大气臭氧层，导致太阳辐射的增强。

（3）地表状态的改变　主要是改变了地面反射率，影响了地表和大气间的换热等，如城市中的热岛效应。另外由于农牧业的发展，使森林改变成农田、草场，很多地区更由于开垦不当而形成沙漠，这样就大面积地改变了地面反射率，改变了环境的热平衡，形成热污染。

二、热污染的危害

热污染主要表现在对全球性的或区域性的自然环境热平衡的影响，使热平衡遭到破坏。目前尚不能定量地指出由热污染所造成的环境破坏和长远影响，但已证实由于热污染使大气和水体产生了增温效应，对生命界会产生危害。

1. 大气热污染

由于向大气排放含热废气和蒸汽，导致大气温度升高而影响气象条件时，称为大气热污染。大气热污染会给人类带来各种不良影响，如城市热岛效应的存在，会加重工业区或城镇的环境污染，局部的大气增温也将影响大气循环过程，容易形成干旱。这些都将直接或间接危害人类。

2. 水体热污染

由于向水体排放含热废水、冷却水，导致水体在局部范围内水温升高，使水质恶化，影响水生物圈和人类的生产、生活活动时，称为水体热污染。主要表现为：

（1）水质变坏　水温上升，黏度下降，水中溶解氧减少。当淡水温度从10℃升至30℃时，溶解氧会从11mg/L降至8mg/L左右。同时，水体的生物化学反应加快，水中原有的氰化物、重金属离子等污染物毒性将随之增加。

（2）影响水生生物的生长　水温升高，鱼的发育受阻，严重时将导致死亡；在水温较高的条件下，鱼及水中动物代谢率增高，需要更多的溶解氧，此时溶解氧减少，而重金属污染物毒性增加，势必对鱼类生存形成更大的威胁。

（3）引起藻类及湖草的大量繁殖　藻类与湖草的大量繁殖，消耗了水中溶解氧，影响鱼类生存。另外在水温较高时产生的一些藻类，如蓝藻，可引起水的味道异常，并可使人畜中毒。

三、热污染的防治

（1）减少热量的排出　首先是改进热能利用技术，提高热能利用率，这样既节约能源又减少废热的排放。其次要加强废热的综合利用，基本出发点是把废热（如热力装置系统的散热、排放的热烟和温水等热能）作为宝贵的资源和能源来对待。在某一处排放的废热，可作另一处的能源。如对高温废气，可用来预热冷的原料气，或利用废锅炉气把冷水或冷空气加热，用于淋浴或取暖。至于温热的冷却水，可用于水产养殖，冬季灌溉农田，或用来调节港口水域的水温，防止港口冻结。

（2）开发和利用无污染或少污染的新能源，如太阳能、风能、海洋能及地热能等。

（3）植树绿化，扩大森林面积　森林对环境有重要的调节和控制作用。研究证明，夏季林区气温比无林区低1.4～2℃，林地比林外相对湿度高4%～6%，林区年平均风速比无林区低0.2～0.85m/s。并且林区水分蒸发量比无林区低，而降雨量比无林区高。这均能明显地减弱大气热污染。

人类对热污染的研究还属初级阶段，许多问题还在探索，有些问题人们的看法也有分歧。例如电厂排放的温水废热利用问题，不仅仅是一个单纯的技术问题，还涉及土地使用、生态环境保护、农业生产，只有把经济、社会和环境三方面的效益统一起来，才能形成共识，作出符合当地实际情况的决定。

第五节　光污染

一、光污染含义

光对人类的居住环境、生产和生活至关重要。但超量光辐射的生物效应，包括热效应、电离效应和化学效应，均对人体特别是眼部和皮肤产生不良影响。人类活动造成的过量光辐射对人类生活和生产环境形成不良影响的现象称为光污染。光污染是伴随着工业和城市发展所带来的一种新污染。科学上认为，光污染主要体现在波长在100nm到1mm之间的光辐射污染，即紫外线（UVR）污染、可见光污染和红外光（IR）污染。

二、光污染性质和危害

1. 可见光污染

（1）强光污染 电焊时产生的强烈眩光，在无防护情况下会对人眼造成伤害；汽车灯头的强烈灯光，会使视物极度不清，造成事故；长期工作在强光条件下，视觉受损；光源闪烁，如闪动的信号灯，电视中快速切换的画面，使人们眼睛感到疲劳，还会引起偏头疼以及心动过速等等。

（2）灯光污染 城市夜间灯光不加控制，使夜空亮度增加，影响天文观测；路灯控制不当或工地聚光灯照射到住宅，影响居民休息。另外，每天用的人工光源——灯，也会损伤眼睛。研究表明，普通白炽灯红外光谱多，易使眼睛中的晶状体内晶状液混浊，导致白内障；日光灯紫外线成分多，易引起角膜炎，加上日光灯是低频闪光源，容易造成屈光不正常，引起近视。

（3）激光污染 激光具有指向性好、能量集中、颜色纯正的特点，在科学研究各个领域得到广泛应用。当激光通过人体晶状体聚焦到达眼底时，其光强度可增加数百至数万倍，对眼睛产生较大伤害。大功率的激光能危害人体深层组织和神经系统。所以激光污染已越来越受到重视。

（4）其他可见光污染 随着城市建设的发展，大面积的建筑玻璃幕墙造成了一种新的光污染，它的危害表现为在阳光或强烈灯光照射下的反光扰乱驾驶员或行人的视觉，成为交通事故的隐患；同时玻璃幕墙将日光反射进附近居民的房内，造成光污染和热污染。

2. 红外光污染

红外光辐射又称热辐射。自然界中以太阳的红外辐射最强。红外光穿透大气和云雾的能力比可见光强，因此在军事、科研、工业、卫生等方面（还有安全防盗装置）应用日益广泛。另外在电焊、弧光灯、氧乙炔焊操作中也辐射红外线。

红外线是通过高温灼伤人的皮肤，还可透过眼睛角膜对视网膜造成伤害；波长较长的红外线还能伤害人眼的角膜；长期的红外照射可以引起白内障。

3. 紫外线污染

自然界中的紫外线来自太阳辐射，人工紫外线是由电弧和气体放电产生的。其中波长为250～320nm 的紫外线对人具有伤害作用，轻者引起红斑反应，重者的主要伤害表现为角膜损伤、皮肤癌、眼部烧灼等。

当紫外线作用于排入大气的污染物 NO_x 和碳氢化合物等时，会发生光化学反应形成具有毒性的光化学烟雾。

此外，核爆炸、电弧等发出的强光辐射也是一种严重的光污染。

三、光污染的防护

在工业生产中，对光污染的防护措施包括：在有红外线及紫外线产生的工作场所，应采用可移动屏障将操作区围住，防止非操作者受到有害光源的直接照射。对操作人员的个人防护，最有效的措施是佩戴防护目镜和防护面罩以保护眼部和裸露皮肤不受光辐射的影响。

在城市中，市政当局除限制或禁止在建筑物表面使用玻璃幕墙外，还应完善立法加强灯火管制，避免光污染的产生。

要大力提倡和开发绿色照明，即对眼睛没有伤害的光照。首先要求是全色光，光谱成分均匀无明显色差；其次，光色温贴近自然光（在自然光下视觉灵敏度比人工光高 20%以上）；最后，必须是无频闪光。

光对环境的污染是实际存在的，但由于缺少相应的污染标准立法，因而不能形成较完整的环境质量要求与防范措施，今后需要在这方面进一步探索。

复习思考题

1. 什么是土壤污染？衡量土壤污染程度的指标有哪些？如何进行土壤污染的防治？
2. 什么是噪声？噪声污染的特征是什么？有哪些危害？
3. 噪声对人体有何危害？如何去控制噪声？
4. 什么是电磁辐射污染？对环境和人体有什么危害？
5. 简述电磁辐射的防治技术。
6. 什么是热污染？对环境有哪些危害？
7. 什么是光污染？对环境有哪些危害？
8. 在你居住的周围存在哪些光污染？应采取什么措施加以防治或处置？
9. 简述植树造林、绿化环境在环境污染控制中的作用。

参考文献

[1] 魏振枢. 环境保护概论. 4版. 北京：化学工业出版社，2023.
[2] 奚旦立. 环境与可持续发展. 北京. 高等教育出版社，1999.
[3] 叶文虎. 可持续发展引论. 北京：高等教育出版社，2001.
[4] 李训贵. 环境与可持续发展. 北京：高等教育出版社，2004.
[5] 汪大翚、徐新华. 化工环境保护概论. 北京：化学工业出版社，2000.
[6] 郝吉明. 大气污染控制工程. 4版. 北京：高等教育出版社，2021.
[7] 左玉辉. 环境学. 北京：高等教育出版社，2002.
[8] 陈立民，吴人坚，戴星翼. 环境学原理. 北京：科学出版社，2003.
[9] 杨永杰. 环境保护与清洁生产. 北京：化学工业出版社，2002.
[10] 汪大晖，徐新华，杨岳平. 化工环境工程概论. 2版. 北京：化学工业出版社，2002.
[11] 解振华. 关于循环经济理论与政策的几点思考. 中国环境报，2003.11.15.
[12] 梁彤祥. 清洁能源材料导论. 哈尔滨：哈尔滨工业大学出版社，2003.
[13] 卢嘉瑞. 转变经济增长方式的战略选择. 人民日报，2004.10.08.
[14] 林肇信，刘天齐，刘逸农. 环境保护概论（修订版）. 北京：高等教育出版社，1999.
[15] 高廷耀，顾国维. 水污染控制工程. 北京：高等教育出版社，1999.
[16] 杨岳平，徐新华，刘传富. 废水处理工程及实例分析. 北京：化学工业出版社，2003.
[17] 陈静生，汪晋三. 地学基础. 北京：高等教育出版社，2001.
[18] 王福元，吴正严. 粉煤灰利用手册. 北京：中国电力出版社，2001.
[19] 杨志峰，刘静玲. 环境科学概论. 北京：高等教育出版社，2004.
[20] 郎铁柱，钟定胜. 环境保护与可持续发展. 天津：天津大学出版社，2005.
[21] 程发良. 环境保护与可持续发展. 2版. 北京：清华大学出版社，2009.
[22] 钱易. 环境保护与可持续发展. 2版. 北京：高等教育出版社，2010.
[23] 曲向荣. 环境保护与可持续发展. 北京：清华大学出版社. 2014.
[24] 刘芃岩. 环境保护概论. 2版. 北京：化学工业出版社，2018.
[25] 张景环. 环境科学. 北京：化学工业出版社，2016.
[26] 莫祥银. 环境科学概论. 北京：化学工业出版社，2017.